中国地质调查局项目（编号：DD20221653，DD20230043）
国家自然科学基金面上项目（编号：42472210）
资助

鄂西—渝东地区二叠系大隆组页岩气地质条件与资源潜力

李世臻　周　志　李　飞
宋　腾　徐秋晨　王　超　著
杨晓光　王昱荦　卢妍欣

地质出版社
·北　京·

内容提要

鄂西—渝东地区大隆组是我国页岩气勘探开发的重要新区、新层系，由于勘探和认识程度较低，许多油气地质问题和基础地质问题有待深入破解。为进一步明确该区页岩气地质条件和资源潜力，笔者结合近年来地震、钻井、实验测试等数据，系统分析了鄂西—渝东地区大隆组页岩的沉积、成岩、地化、储层、保存条件、含气性等特征，揭示了页岩气富集主控因素，建立了页岩气成藏模式，明确了该地区页岩气资源潜力和有利区分布。

本书可供基础地质、矿产地质、石油天然气地质等工作者参考，同时对沉积、页岩储层、沉积地球化学、页岩气等领域的科研人员和高等院校师生具有一定的参考价值。

图书在版编目（CIP）数据

鄂西—渝东地区二叠系大隆组页岩气地质条件与资源潜力 / 李世臻等著. -- 北京：地质出版社，2025. 4.

ISBN 978-7-116-14481-1

Ⅰ. P618. 130. 2

中国国家版本馆CIP数据核字第2024VP4772号

EXI-YUDONG DIQU ERDIEXI DALONGZU YEYANQI DIZHI TIAOJIAN YU ZIYUAN QIANLI

责任编辑： 肖莹莹
责任校对： 关凤云
出版发行： 地质出版社
社址邮编： 北京市海淀区学院路 31 号，100083
电　　话：（010）66554528（邮购部）；（010）66554571（编辑室）
网　　址： https：//www.gph.clmpg.com
传　　真：（010）66554686
印　　刷： 北京地大彩印有限公司
开　　本： 889mm × 1194mm　1/16
印　　张： 13.5
字　　数： 418 千字
版　　次： 2025 年 4 月北京第 1 版
印　　次： 2025 年 4 月北京第 1 次印刷
定　　价： 298.00 元
书　　号： ISBN 978-7-116-14481-1

前　言

页岩气作为一种低碳清洁能源，已成为世界天然气产量增长的重要组成部分，深刻改变了全球能源供给格局。从2012年发现我国第一个商业开发的涪陵页岩气田开始，我国页岩气勘探开发历经了十多年的快速发展，2023年产量达到252×10^8 m^3，已占国内天然气总产量10%以上。截至2023年底，我国已累计探明页岩气地质储量2.96×10^{12} m^3，探明率尚不足3%，且全部来自四川盆地及其周缘上奥陶统五峰组—下志留统龙马溪组页岩。开拓新区、新层系已成为我国页岩气勘探的当务之急。

可喜的是，近期中上扬子地区二叠系页岩气勘探已获得重大进展。自从四川盆地东部红星地区红页1井实现上二叠统吴家坪组页岩气勘探重大突破以来，目前已有多口井获得高产页岩气流；四川盆地开江—梁平海槽的大页1H井、雷页1井均获得良好页岩气发现并测试获得高产工业气流；四川盆地东部外围鄂西地区通过多口地质调查井钻探，在大隆组也见到良好页岩气显示。2022年，中国地质调查局油气资源调查中心在重庆巫山实施的渝巫地1井在上二叠统大隆组钻遇50 m厚的含气页岩层，气测全烃峰值高达14.76%，含气量平均值为3.34 m^3/t（22块样品，不含残余气），从含气量看，达到了Ⅰ类含气页岩储层标准。该井首次在渝东北地区大隆组获得良好页岩气显示，与周缘二叠系钻井相比，其含气层更厚，气测异常值更高，实现了新区、新层系页岩气地质调查重要发现。上述进展和突破展现出二叠系页岩气巨大的勘探开发潜力，拉开了中国南方页岩气勘探开发的新序幕，使得二叠系作为页岩气规模增储上产新层系成为可能。

鄂西—渝东地区大隆组页岩气地质条件优越，具有良好的页岩气勘探开发前景。但与四川盆地及周缘地区五峰组—龙马溪组页岩相比，鄂西—渝东地区二叠系页岩勘探程度低。此外，鄂西—渝东地区二叠系页岩沉积环境变化快、储层时空非均质性强、前期研究程度低、研究资料少，尤其是大隆组页岩气富集条件与勘探有利区不明确，制约了该地区页岩气的勘探开发进程。为了进一步明确鄂西—渝东地区页岩气地质条件和资源潜力，笔者结合近年来地震、钻井、实验测试等数据，系统分析了鄂西—渝东地区大隆组页岩的沉积、成岩、地化、储层、保存条件、含气性等特征，揭示了页岩气富集主控因素，建立了页岩气成藏模式，明确了该地区页岩气资源潜力，取得了一系列重要成果认识。

1.恢复了晚二叠世盆地原型与烃源岩展布，明确了战略选区方向

基于岩性、电性和非均质性等特征，将大隆组划分为下、中、上3段；厘定了大隆组地层年代为255～251.9 Ma，为吴家坪期晚期到长兴期沉积产物；明确了大隆组火山灰来自岩浆源，底部凝灰岩锆石主要来自亏损地幔，中上部凝灰岩锆石主要来自下地壳；查明了晚二叠世鄂西—渝东地区海槽发育范围，主要发育深水台盆相沉积，提出了双海槽交汇共同控制了鄂西—渝东地区大隆组富有机质页岩沉积；指出巫山—建始—恩施—鹤峰一带为页岩沉积厚度中心，富有机质页岩厚度一般为30～50 m，进一步明确了页岩气战略选区方向。

2.解译了区域构造改造过程，落实了有利保存单元

鄂西—渝东地区自二叠系沉积以来主要经历了印支期、燕山期和喜马拉雅期3次大的区域构造运动，大规模逆冲推覆构造主要由燕山期以来的构造运动形成。明确了构造活动造成地层抬升剥蚀、断裂褶皱变形，并改造破坏了早期形成的页岩气藏。分析了断裂、褶皱及抬升剥蚀作用对页岩气成藏保存条件的影响，建立了复杂构造区海相页岩气保存条件评价参数体系；引入构造保存条件评价指数概念定量评价页岩气保存条件，同时基于1：25万区域地质资料，落实了鄂西—渝东地区二叠系大隆组页岩气保存有利区主要为残留面积较大的万县复向斜、石柱复向斜、利川复向斜以及花果坪复向斜等。

3.系统查明了页岩气地质条件，优选了页岩气甜点层段

明确了大隆组富有机质页岩层段具有有机质含量高（TOC质量分数平均为5%～8%）、热演化程度适中（R_o=2%～2.6%）、有机质类型好（$Ⅱ_1$为主）等特征；查明大隆组矿物组分以石英为主，碳酸盐、黏土矿物次之，含少量长石和黄铁矿等；页岩发育有机质孔、矿物颗粒间孔、溶蚀粒间孔、粒内溶蚀孔、矿物层间缝、有机质与矿物间缝、有机质内裂缝等7种类型微孔隙，其中有机质孔最为发育，是主要的储集空间；孔隙度为0.04%～6.25%，平均2.41%，渗透率为7.19×10^{-4}～6.51 mD❶，中值7.2×10^{-2} mD，具有低孔超低渗特征；孔隙结构以狭缝孔和墨水瓶状孔为主，有利储层N_2吸附回滞环类型为H2型，平均孔径5 nm；基于有机碳含量、脆性矿物含量、孔隙度和含气量等参数，建立了二叠系大隆组海相页岩气有利储层标准，优选大隆组纵向上2个甜点层段。

4.获得2处页岩气重要新发现，实现了盆外页岩气地质找矿新突破

渝巫地1井实现盆外利川复向斜北部页岩气新发现，开拓了新区新层系，该井在

❶ 1 mD = 0.987×10^{-3} μm^2

1310～1360 m钻遇厚层灰黑色碳质含气页岩，气测全烃最高值14.76%，甲烷最高值12.36%，现场解析含气量平均值为3.34 m^3/t（22个样品），达到Ⅰ类含气页岩储层标准（>3 m^3/t）；鄂建页2井实现盆外花果坪复向斜页岩气新发现，大隆组埋深2360～2402 m，岩性为灰黑色含钙碳质页岩，气测全烃最高值16.18%，甲烷最高值15.67%，中下部总含气量平均值4.40 m^3/t（17块样品），达到Ⅰ类含气页岩储层标准。新发现进一步证实二叠系大隆组页岩气有利区优选结果，夯实了接续基地资源基础。

5.创新提出“四控”页岩气富集机理新认识，建立了复杂构造区自封闭页岩气成藏模式

提出了“海槽控页岩、物源控储层、温压控赋存、构造控富集”四控地质新认识，揭示了鄂西裂陷海槽的大小和形态控制了富有机质页岩的发育规模和分布特征；物质来源的多样性及多变性（内源、外源、生物源等）控制了储层的强非均质性；现今不同埋藏深度下的差异温压条件控制了页岩气的赋存状态；构造改造过程和现今构造特征控制了页岩气的富集程度。揭示了不同含水率页岩自封闭机理，创新建立了复杂构造区自封闭型页岩气成藏模式。

6.优选了大隆组页岩气富集有利区，评价了区域页岩气资源潜力

优选鄂西—渝东地区二叠系大隆组页岩气远景区6个，圈定有利区15个；评价页岩气远景区地质资源量$4.50\times10^{12}\ m^3$，页岩气有利区地质资源量$3.19\times10^{12}\ m^3$。生态环境评价结果显示，生态红线区外页岩气远景区地质资源量$3.43\times10^{12}\ m^3$，占总资源量的76.23%。调查发现，区内页岩气资源较多分布于丘陵及低山地带，交通条件较好，适宜开展页岩气资源勘探开发工作。矿权空白区资源潜力可观，具备开展下一步设置矿业权、推进勘探开发工作的有利条件。

本书是中国地质调查局项目（编号：DD20221653、DD20230043）、国家自然科学基金面上项目（编号：42472210）资助下取得的重要成果，也是笔者团队近年来持续攻关的成果。全书由李世臻主持撰写，包括提出编写提纲、安排章节内容、统稿和修改定稿。本书共分为9章。前言由李世臻撰写；第1章由周志、李飞、宋腾、王昱荦撰写；第2章由宋腾、杨晓光、王昱荦撰写；第3章由李世臻、卢妍欣撰写；第4章由李世臻、徐秋晨撰写；第5章由李世臻、宋腾、杨晓光撰写；第6章由周志、李飞撰写；第7章由徐秋晨、杨晓光撰写；第8章由李世臻、杨晓光撰写；第9章由王超、李世臻撰写。

中国地质调查局资源评价部对本项工作给予了长期支持和指导，湖北省地质局、湖北省地质调查院为调查和研究工作提供了支持和帮助，国家地质实验测试中心对钻井现场含气量解析和部分实验测试提供了重要支撑，研究中参考了中国石化江汉油田分公司、中国石化勘探分公司、中国石油西南油气田分公司等单位的钻井资料，参考了国内外页岩气的理论前沿和技术进展。在项目成果的凝练过程中，得到了戴金星院士、郭旭升院士、李阳院士、付锁堂教授级高工、乔德武研究员、董大忠教授级高工、张金川教授、姜振学教授、唐玄教授、聂海宽研究员、邱振高级工程师等专家的大力指导，在此一并表示衷心的感谢！

鄂西—渝东地区二叠系大隆组是页岩气调查评价的新区、新层系，工作程度仍然很低，仍有很多关键地质问题需要破解。受认识和水平所限，书中难免有不足之处，敬请各位读者批评指正。

目　录

1　区域地质概况

1.1　区域地质背景

研究区鄂西—渝东地区位于我国湖北省西部、重庆市东北部，包括湖北省恩施土家族苗族自治州、宜昌市，重庆市万州区、奉节县、巫山县等行政区。地理坐标范围：东经108°00′~111°40′，北纬29°00′~31°20′，面积约4.5×10^4 km²。研究区坐落于长江三峡腹部，西接四川盆地、东连江汉平原，是长江经济带上最重要的战略支点之一。

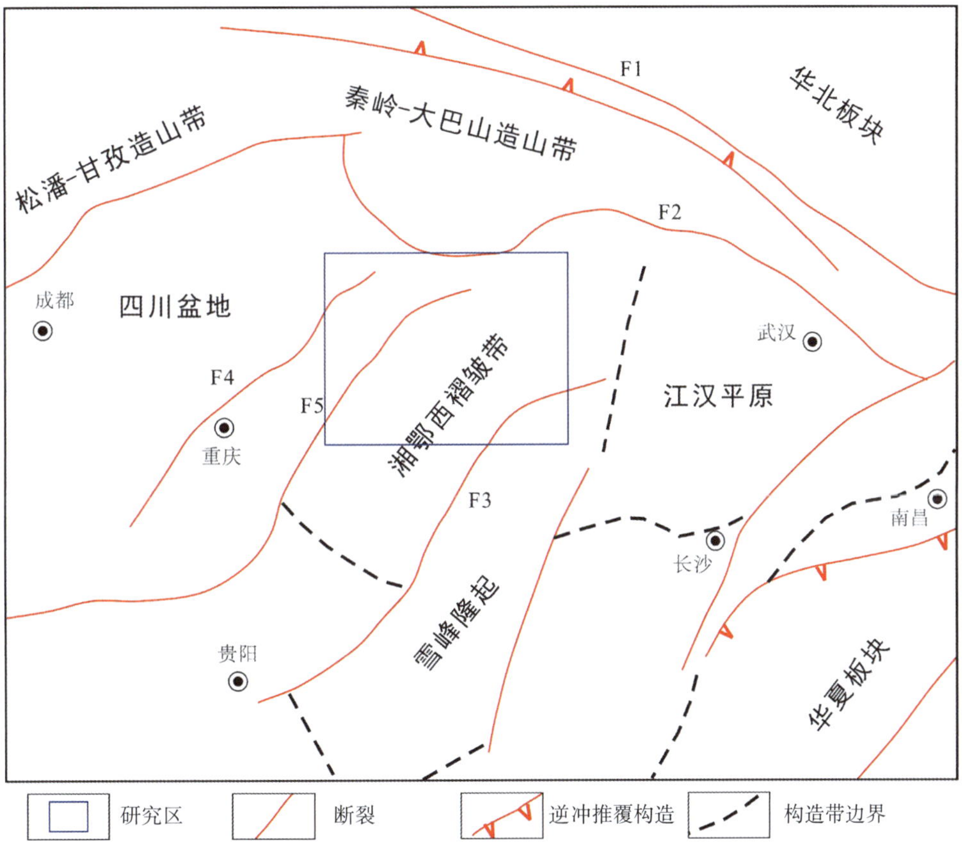

图1.1.1　鄂西—渝东地区区域构造位置示意图

F1—秦岭断裂带；F2—大巴山断裂带；F3—慈利—保靖断裂带；F4—华蓥山断裂带；F5—齐岳山断裂

研究区在构造上位于中、上扬子交接部位，主体夹持于秦岭—大巴山造山带、雪峰隆起和四川盆地之间，西部以华蓥山断裂带为界，东部以慈利—保靖断裂带为界，北部以大巴山—神农架—黄陵隆起一线为界（图1.1.1）。受多期构造运动影响，区内地质、地形条件复杂，山高谷深，河流纵横，喀斯特地貌十分发育。研究区整体位于湘鄂西—渝东褶皱带，该褶皱带是华南大陆内部最重要的巨型陆内变形构造之一（张国伟等，2013），整体上呈北北东—北东向延伸、北西向凸出，由一系列被断层切割的复背斜和复向斜相间组成。区内包括两种不同特征的变形域（李英强等，2020），以齐岳山断裂为界，西部为侏罗山式褶皱，背斜陡窄、向斜宽缓，称为川东隔挡式褶皱带，包括万县复向斜、方斗山复背斜、石柱复向斜、齐岳山复背斜等次级构造单元；东部以厚皮构造为主，背斜大多呈箱状、向斜间距较窄，称为湘鄂西隔槽式褶皱带，包括利川复向斜、中央复背斜、花果坪复向斜、宜都—鹤峰复背斜、桑植—石门复向斜等次级构造单元。研究区主要出露古生界—中生界。其中下古生界主要出露于复背斜核部，以寒武系—奥陶系为主。上古生界主要出露在复背斜翼部，从泥盆系到二叠系均有出露。中生界主要出露于复向斜核部，以三叠系—侏罗系为主。

1.2 区域地层特征

鄂西—渝东在地层分区上属于上扬子地层分区，区内地质构造复杂，新元古代—新生代地层发育尚全。在新太古代—古元古代微型陆核的基础上，经晋宁运动形成本地区统一的变质基底，在结晶基底之上发育震旦系、古生界和中生界三叠系（图1.2.1）。本章主要参考《中国区域地质志・湖北志》（湖北省地质调查院，2021）、《湖北省鄂西土家族苗族自治州1：20万地质图说明书》（湖北省地矿局，1987）等编写。

1.2.1 震旦系

震旦系主要分布在巴东、鹤峰一带，地层划分为下统陡山沱组（Z_1d），上统灯影组（Z_2dy）。其与下伏神农架群（或冷家溪群）呈不整合接触。

1）陡山沱组（Z_1d）为一套浅海相（或潟湖相）含磷硅砂泥质岩-碳酸盐岩沉积。在巴东一带，为紫红色薄层状硅质灰岩、薄层状黏土岩及灰色薄层云质泥质粉砂岩，交错层理发育。在鹤峰一带，依据岩性特征自下而上分为三段：一段为含锰粉晶云岩、硅质粉晶云岩夹粉砂质泥岩、水云母页岩，底部含砾，含黄铁矿晶粒，顺层和斜切层面的石英脉较发育，脉中见明金，厚1.72～15.16 m；二段为深灰色薄-中厚层状粉晶泥质云岩，微含碳质，夹粉晶云岩及云质泥岩、粉砂质页岩，含黄铁矿结核和条带，局部夹胶磷矿条带，具水平层理和包卷层理，底部为一层粉晶灰岩，上部为粉晶含磷云岩，厚363.0 m；三段为灰色中-厚层状砾屑粉晶磷块岩、鲕状云质磷块岩、藻磷块岩，胶状磷块岩、含磷粉晶云岩，厚19.89～51.22 m。地层厚300～400 m，与下伏南沱组为平行不整合接触。

2）灯影组（Z_2dy）为一套碳酸盐岩为主的潮坪沉积。下部为微晶白云岩、砂屑灰质白云岩、含砂屑微晶白云岩，具鲕粒结构及交错层理，局部可见燧石团块或结核、硅质条带、叠层石等；中部为含石膏的暗色沥青灰岩及硅质灰岩，含丰富的藻类化石；上部为纹层状微晶白云岩，具鸟眼构造。地层厚度变化较大，为50～450 m。与下伏陡山沱组整合接触。

1.2.2 寒武系

寒武系在巴东、建始、恩施、宜恩、咸丰、鹤峰等地均有分布，构成长梁—茶山背斜、白果坝背斜、咸丰背斜、八字山背斜、二坪背斜、走马—东山背斜等轴部地层。划分为纽芬兰统牛蹄塘组（$\epsilon_{1-2}n$），第二统石牌组（ϵ_2sp）、天河板组（ϵ_2t）、石龙洞组（ϵ_2sl），苗岭统覃家庙组（ϵ_3q），芙蓉统娄山关组（ϵ_4O_1l）。与下伏震旦系呈平行不整合接触，内部组与组之间均为整合接触。

1）牛蹄塘组（$\epsilon_{1-2}n$）广泛分布于扬子地层区神农架、宜昌、恩施、咸宁等地。下部以黑色碳质页岩为主，常夹“锅底状”泥灰岩，俗称“锅底灰岩”。锅底灰岩见于长阳一带，个体普遍较大，大者直径1 m以上；向南西五峰、恩施方向变小至逐渐消失，岩性变为较深水环境的硅质页岩；上部以薄层灰泥灰岩为主，夹碳质页岩。本组厚度变化大，鹤峰走马坪一带厚173 m，长阳木溪厚208 m，峡东厚仅24 m，总体趋势南厚北薄，西厚东薄，属浅海陆棚沉积。

2）石牌组（ϵ_2sp）在巴东、鹤峰一带出露较全，为一套浅海相碳酸盐岩—砂泥质岩沉积。在巴东

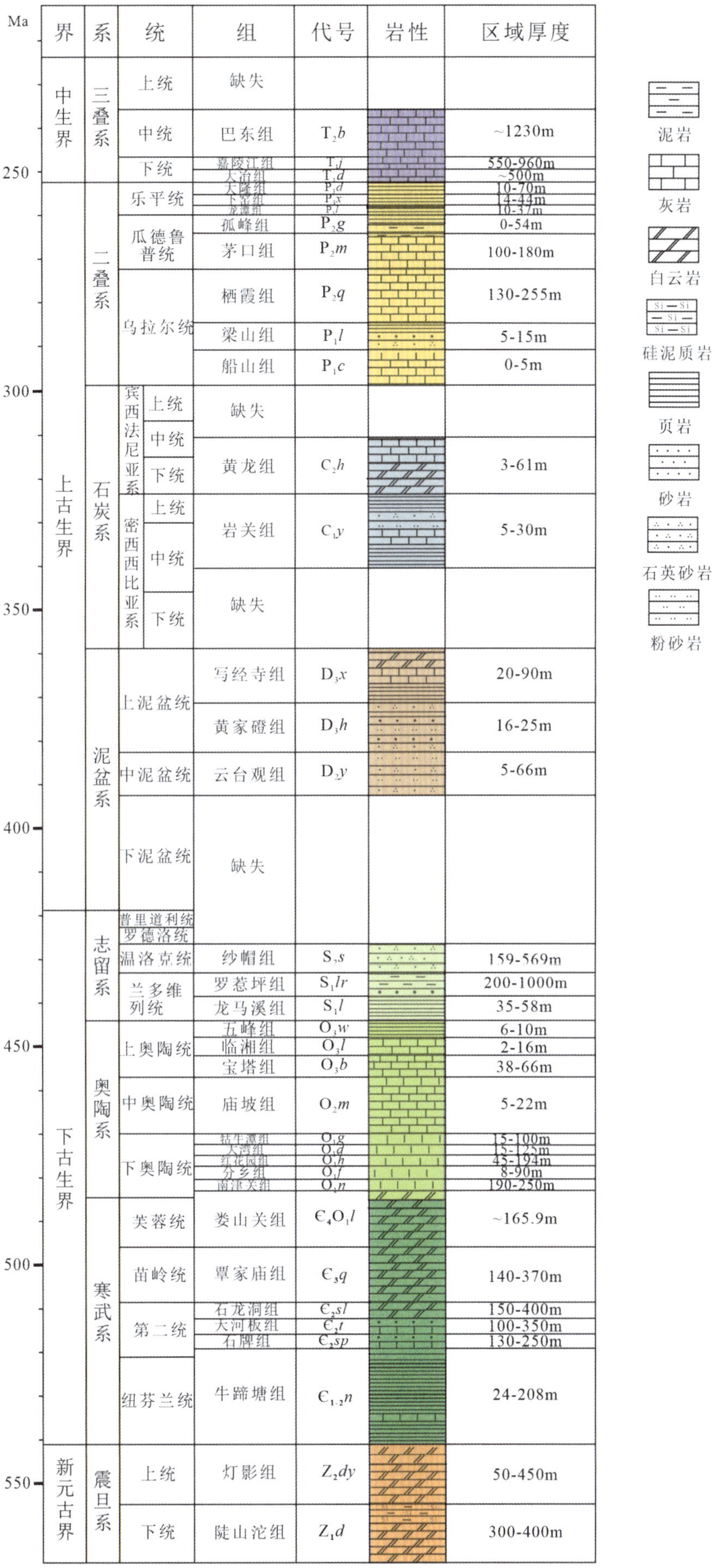

图1.2.1　鄂西—渝东地区地层综合柱状图

一带，下部为薄至厚层状泥质条带灰岩，底部为灰色中—厚层状粉砂、细砂岩；上部为灰绿色薄—中层状粉砂岩（或泥质粉砂岩）；在咸丰一带顶部为灰色薄层状泥质粉砂岩与浅灰色云质灰岩互层；在鹤峰一带下部为深灰、浅灰绿色水云母页岩夹条带状泥—粉晶灰岩，含三叶虫等化石；中部为灰、深灰色中厚层条带状泥—粉晶云质灰岩夹泥岩，含三叶虫、双壳类化石；上部为青灰、浅灰绿色含灰质水云母泥岩、灰质泥岩夹少量灰岩透镜体，厚130～250 m。

3）天河板组（$Є_2t$）出露较广，为一套浅海相砂泥质岩—碳酸盐岩沉积。在巴东一带为灰色薄—中厚层状泥质粉砂岩、粉砂质泥岩夹薄—中厚层状灰岩，上部为灰绿色薄层泥质粉砂岩夹鲕状灰岩和灰绿色水云母泥岩、粉砂质泥岩夹泥质粉砂岩、云质灰岩、灰岩。在鹤峰一带，下部为灰、深灰色中—厚层条带状泥质粉晶灰岩；中部为青灰、灰绿色水云母页岩、含粉砂质水云母页岩夹条带状泥—粉晶灰岩薄层及透镜体；上部为灰绿、青灰色薄层状泥质粉砂岩、粉砂质泥岩夹少量粉砂质粉晶灰岩透镜体及鲕状薄层灰岩，产三叶虫、腕足类等化石。本组从巴东到鹤峰，砂泥质成分逐渐减少，镁钙成分逐渐增多，厚度逐渐增厚，厚100～350 m。

4）石龙洞组（$Є_2sl$）出露较广，为一套浅海相碳酸盐岩沉积。岩性为灰色中—厚层状白云岩、角砾状白云岩、泥质白云岩夹灰岩、鲕状灰岩、云质灰岩，水平层理，条带状构造。本组在巴东一带上部含硅质，在咸丰一带和鹤峰一带砂质成分增多，在上部夹两层（或一层）深灰、灰绿色薄层状泥质粉砂岩，在咸丰、宣恩等地有汞矿化，厚150～400 m。

5）覃家庙组（$Є_3q$）出露较广，为一套浅海碳酸盐岩沉积。下部以灰黄色薄层状—片状泥砂质微晶白云岩、砂质页岩夹鲕粒粉晶白云岩为主，上部以浅灰色中厚层微晶白云岩、硅质白云岩夹灰黄色薄层状粉砂质白云岩为主，厚140～370 m。

6）娄山关组（$Є_4O_1l$）在建始、宣恩、鹤峰、五峰等地区具明显三分特点：下段为浅灰色中—厚层泥粒白云岩与浅黄色薄层泥质白云岩，为潮间带—潮上带沉积组合，垂向上具退积结构，区域上本段较稳定，厚165.9 m。中段由灰、浅灰色厚层灰质白云岩与白云质灰岩韵律叠覆组成，向上二者逐渐变为较纯灰泥灰岩，表现为潮间带和潮下带之间的沉积环境。上段由浅灰—灰白色厚层砾屑白云岩与厚—巨厚层—块状微、粉屑白云岩反复堆叠组成，垂向上具进积结构。在长阳背斜—香炉山背斜一线，发育多种类型浅水交错层理，在建始腰河口一带发育大型板状斜层理、双向交错层理、鱼骨状交错层理。属浅海台地—滨海潮坪环境沉积。其顶部产早奥陶世牙形石，综合生物特征，娄山关组为穿时岩石地层单位，顶部属奥陶系。

1.2.3 奥陶系

奥陶系总体为一套台地相碳酸盐岩夹少量泥质岩沉积，在巴东、鹤峰、长梁一带，白果坝背斜、咸丰背斜、二坪背斜、走马—东山峰背斜等翼部，发育较全。区内奥陶系划分为下奥陶统南津关组（O_1n）、分乡组（O_1f）、红花园组（O_1h）、大湾组（O_1d）、牯牛潭组（O_1g），中奥陶统庙坡组（O_2m），上奥陶统宝塔组（O_3b）、临湘组（O_3l）、五峰组（O_3w）。奥陶系各组间为连续沉积，与下伏寒武系呈整合接触。

1）南津关组（O_1n）出露较全，为一套浅海相泥质岩—碳酸盐岩沉积。岩性为灰色、深灰色中—厚层状灰岩、生物碎屑灰岩、云质灰岩夹白云岩、灰质云岩、页岩，页岩中含三叶虫、腕足类及笔石等化石。在巴东思阳桥一带，底部为生物碎屑灰岩与灰黑色页岩互层；在建始大转拐一带，相变为白云岩为主；在建始杉木梁子、鹤峰五里坪等地含燧石结核，并在鹤峰五里坪一带，夹有少量硅质层；本组具有较好的生油、气条件，并有油、气显示；同时，在恩施白果坝等地有铜、铅、锌矿化。本组厚度自北向南有逐渐增厚的趋势，厚度190～250 m。

2）分乡组（O_1f）为一套浅海相泥质岩—碳酸盐岩沉积，岩性为灰色中—厚层状灰岩、生物碎屑灰岩夹灰绿、黄绿色页岩，页岩中见丰富的腕足类、笔石、三叶虫、棘皮类、牙形石等化石。在建始一带，夹云质灰岩、燧石层；在来凤一带，夹少量泥灰岩，在深溪河一带夹硅质层，含燧石结核；在鹤峰五里坪一带，生物碎屑增多。厚8～90 m。

3）红花园组（O_1h）为一套碳酸盐岩沉积，深灰色中–厚层状生物碎屑灰岩、弱白云石化含团块藻砂屑灰岩夹含生物碎屑结晶灰岩、浅灰色厚层块状棘皮灰岩，产笔石、头足类、三叶虫、腕足类等化石。在来凤三堡岭，上部夹黄褐色页岩；在建始杉木梁子、来凤三堡岭和深溪河、鹤峰五里坪等地含燧石结核。厚45～194 m。

4）大湾组（O_1d）为一套浅海相泥质岩—碳酸盐岩沉积，下部为灰绿色薄层状含生物碎屑灰岩夹页岩或与页岩互层，中上部由层状灰绿色或灰紫色含泥质生物碎屑灰岩、瘤状生物碎屑灰岩组成，顶部为灰绿色页岩或泥岩，产头足类、三叶虫、笔石、腕足类等化石。厚度15～125 m。

5）牯牛潭组（O_1g）为一套浅海相碳酸盐岩沉积，岩性为灰绿色、紫红色中—厚层瘤状灰岩，产头足类、三叶虫及震旦角石等化石。厚15～100 m。

6）庙坡组（O_2m）为一套浅海相泥质岩—碳酸盐岩沉积，岩性为灰黑色页岩与中厚层状灰岩互层。在巴东思阳桥一带，相变为灰黑色薄—中厚层状灰岩；在建始大转拐一带，变为灰黑色灰岩夹页岩；在来凤三堡岭一带，变为杂色中厚层状灰岩，底部有一层厚0.03 m的灰绿色页岩；在鹤峰五里坪一带，相变为灰、深灰色中厚层状含生物碎屑灰岩，含*Liuites* sp.（喇叭角石）。厚度较薄，5～22 m。

7）宝塔组（O_3b）为一套浅海相碳酸盐岩沉积。在巴东思阳桥一带，为灰色厚层状龟裂纹灰岩夹薄层泥灰岩；在建始杉木梁子一带，夹有一层厚0.31 m的黄色页岩；在大转拐一带含生物屑；在来凤三堡岭一带，变为灰黑色中厚层状龟裂纹灰岩夹薄层含生物屑泥灰岩、灰岩，在深溪河一带则为云质灰岩、龟裂纹灰岩夹薄层泥质灰岩；在鹤峰五里坪一带，变为灰、深灰色中厚层状龟裂纹灰岩夹瘤状泥质灰岩，含生物屑。本组产头足类化石，具较好的生油、气条件，并有油气显示，厚38～66 m。

8）临湘组（O_3l）为一套浅海相泥质岩—碳酸盐岩沉积。巴东思阳桥一带，为灰、黄绿色中厚层瘤状泥质灰岩，顶部为灰绿色泥灰岩；在建始杉木梁子一带，相变为灰、黄绿色水云母页岩，底部为灰色中厚层状含泥质灰岩夹深灰色页岩；大转拐一带含生物屑；在来凤三堡岭一带，下部为深灰色厚层状瘤状泥质灰岩，上部为黄绿色黏土岩夹页岩；在深溪河一带变为瘤状云质灰岩夹灰岩，顶部为黄绿色含粉砂质水云母页岩；在鹤峰五里坪一带，为灰绿色、灰紫色中厚层状瘤状泥质灰岩，底部有一层厚0.2 m的灰绿色水云母页岩。含三叶虫化石，厚度较薄，厚2～16 m。

9）五峰组（O_3w）为一套滨海相碳硅泥质岩沉积，岩性为灰黑色碳质硅质岩夹碳质页岩，顶部为深灰色硅质灰岩，水平层理。在建始杉木梁子一带为黑色碳质页岩；在大转拐一带为灰黑色碳质页岩、硅质岩（或碳质、硅质页岩与紫红色页岩互层）。在来凤三堡岭一带为紫灰色高岭石水云母页岩夹灰色含硅质碳质页岩；在深溪河一带为黑色砂质高岭石水云母页岩、粉砂质页岩及灰紫色泥岩。在鹤峰五里坪一带，下部为灰黑色、灰紫色水云母页岩，上部为灰紫色、黑色碳质粉砂质页岩、碳硅质页岩夹硅质岩。在局部地段产石煤，厚6～10 m。

1.2.4　志留系

区内志留系缺失上统，仅发育中、下志留统。主要分布在巴东龙池坪一带和边连坪背斜、香炉山背斜、百福坪背斜等轴部，长梁—楠木园背斜、屯堡—茶山背斜、白果坝背斜、咸丰背斜、八字山背斜、二坪背斜、走马—东山峰背斜等翼部及洗马坪背斜轴部。下志留统划分为龙马溪组（S_1l）、罗惹坪组（S_1lr），中统纱帽组（S_2s）。志留系各组间为连续沉积，与下伏下奥陶统呈整合接触。

1）龙马溪组（S_1l）为一套滨海—深海相含碳硅砂泥质岩沉积，水平层理发育，自南往北，砂质成分增多，底部黑色页岩减少。在巴东龙池坪一带为黄绿色、灰绿色粉砂质页岩、薄层状粉砂岩、细砂岩，底部为黑色页岩；在思阳桥一带相变为灰绿色页岩、粉砂质页岩夹泥质粉砂岩、细砂岩，底部为灰黑色含碳硅质黏土岩、含碳页岩夹粉砂质页岩。在建始杉木梁子一带为灰绿色、黄绿色粉砂质水云母页岩夹薄—中厚层状石英粉砂岩、泥质粉砂岩、细粒石英砂岩（两层）。在恩施太阳河一带为灰绿色、灰色泥岩、粉砂质泥岩夹粉砂岩，底部为黑色页岩、碳质泥岩、硅质泥岩夹粉砂岩。在宣恩两河口一带为灰绿色、黄绿色薄—中厚层状粉砂岩、泥质粉砂岩、粉砂质页岩夹细砂岩、石英砂岩，底部为灰黑色含碳泥质粉砂岩、含碳粉砂质黏土岩、粉砂质页岩。在鹤江口一带为灰绿色粉砂质页岩、水云母页岩夹泥质粉砂岩、粉砂岩、细砂岩，底部为灰黑色水云母页岩。富含放射虫和笔石，厚35 ~ 58 m。

2）罗惹坪组（S_1lr）为一套滨海—浅海相砂泥质沉积，岩性除在巴东龙池坪一带以细砂岩、粉砂岩为主外，其他地区岩性三分，下部为浅灰色泥质粉砂岩、粉砂质页岩；中部为灰绿色含粉砂质页岩、含泥粉砂岩、浅灰色粉细砂岩；上部为灰绿色含砂质条带粉细砂岩。厚200 ~ 1000 m。

3）纱帽组（S_2s）下部为浅灰色石英细砂岩、含泥粉细砂岩、泥质粉砂岩；中部主要发育浅灰色—青灰色石英细砂岩、泥质粉砂岩、含泥粉砂岩；上部以泥质粉砂岩、粉砂岩为主，夹黄白色条带状石英细砂岩。上部砂岩虫迹、虫管构造发育，见波痕、交错层理、泥裂构造，含腕足类、双壳类、三叶虫等化石，尚见珊瑚、笔石、鱼类化石。长阳厚569 m，建始厚310 m，恩施厚206 m，五峰厚159 m，整体具东厚西薄和南厚北薄之特点，属浅海陆棚—滨海环境沉积。

1.2.5 泥盆系

区内泥盆系缺失下统，仅发育中、上泥盆统。主要分布在两河口向斜、长梁—楠木园背斜、香炉山背斜、屯堡—茶山背斜、大路坡向斜、白果坝背斜、黄金洞背斜、长潭河向斜、洗马坪背斜、八字山背斜、咸丰背斜、来凤—鹤峰向斜等翼部，百福坪背斜、龙坪背斜、前坪背斜、太山庙背斜等近轴部。泥盆系划分为中统云台观组（D_2y），上统黄家磴组（D_3h）、写经寺组（D_3x）。中、上泥盆统各组间为连续沉积，与下伏中志留统纱帽组呈平行不整合接触。

1）云台观组（D_2y）为一套滨岸—滨海相碎屑岩沉积，岩性为灰白色中层—块状石英岩状砂岩、细粒石英砂岩，局部夹粉砂岩、粉砂质页岩、含砾砂岩。在局部地段，底部砂岩含砾；在建始长梁、咸丰蒿子坝、宣恩马虎坪等地，底部有5 ~ 23 cm厚灰白、褐黄色黏土。区内本组岩性变化不大，岩性单一，砂岩分选性好，质纯，具水平层理、斜层理，化石贫乏，仅在上部见炭化植物化石碎片。地层厚度5 ~ 66 m。

2）黄家磴组（D_3h）为一套滨海—浅海相含铁碎屑岩沉积。主要为黄绿、灰绿色中层细粒石英砂岩、粉砂岩、粉砂质页岩，夹1 ~ 2层鲕状赤铁矿层。局部具波痕构造，厚度16 ~ 25 m。

3）写经寺组（D_3x）为一套滨海—浅海相含铁砂泥—碳酸盐岩沉积。岩性三分，下部为钙质泥页岩、微晶灰岩夹透镜状灰岩；中部为瘤状灰岩、块状泥质灰岩、微晶灰岩；上部主要为粉砂质页岩，顶部为块状白云岩。因其沉积古地形和残留厚度不同，各地变化较大，在巴东麻砂坪、建始长梁牯牛坪，宣恩长潭河、马虎坪，咸丰蒿子坝、农家盖、鹤峰等地缺失。本组中上部的生物屑灰岩、灰岩、泥质灰岩、泥灰岩、泥质白云岩、白云岩等（残留）厚度各地有所不一，在巴东麻砂坪一带缺失；在恩施—五峰一线以南，以泥质灰岩为主夹泥质白云岩，在鹤峰留驾司一带夹10余米厚的粉砂质泥岩；此线以北则以灰岩、生物屑灰岩为主夹泥质灰岩、泥灰岩。厚20 ~ 90 m。

1.2.6 石炭系

区内石炭系缺失下统和上统部分地层，仅有下统岩关组（C_1y）和上统黄龙组（C_2h），两者呈假整合接触。主要分布在香炉山背斜、龙坪背斜、长梁—楠木园背斜、三岔背斜北东段、柳林向斜、白果坝背斜、前坪背斜、太山庙背斜咸丰北东倾伏端、长潭河向斜、来凤—鹤峰向斜等翼部以及利川土溪、和平垭口等地。赋存有天然气、白云岩、石灰岩等矿产。

1）岩关组（C_1y）不发育，为一套滨岸—滨海相碳酸盐岩—砂泥质岩沉积。岩性特征：下部为灰黑色、深灰色页岩、碳质页岩、生物碎屑灰岩；上部为杂色、紫红色粉砂岩、细粒石英砂岩、页岩，局部夹菱铁矿、褐铁矿物质。由于沉积地形遭剥蚀，残存岩性和厚度各地不一，厚5 ~ 30 m。

2）黄龙组（C_2h）为一套浅海相碳酸盐岩沉积，岩性可分为上、下两部分：下部为灰色、深灰色厚层—块状白云岩；上部为灰白色、肉红色中层—厚层状灰岩夹生物屑灰岩、云质灰岩，局部有燧石结核。由于沉积地形不同和遭后期剥蚀，残存岩性和厚度各地有所不一，厚3～61 m。

1.2.7 二叠系

区内二叠系发育，出露齐全，自下而上划分为下二叠统船山组（P_1c）、梁山组（P_1l），中二叠统栖霞组（P_2q）、茅口组（P_2m），孤峰组（P_2g），上二叠统龙潭组（P_3l）、下窑组（P_3x）、大隆组（P_3d）。二叠系与下伏地层平行不整合接触，内部各组之间除龙潭组（P_3l）与孤峰组（P_2g）之间为平行不整合接触以外，其余各组之间均为整合接触。

1）船山组（P_1c）为一套碳酸盐岩台地浅滩相沉积，岩性为灰色厚层结晶含藻球灰岩、生物屑灰岩夹深灰色中、厚层微晶灰岩，富含珊瑚等化石，与下伏黄龙组呈整合至平行不整合接触，地层厚度较薄，为0～5 m。

2）梁山组（P_1l）为一套滨岸沼泽相沉积，岩性以黄白色、浅灰色石英砂岩、石英粉砂岩、石英细砂岩为主，顶部为灰黑色含碳泥质粉砂质页岩夹煤层，厚5～15 m。

3）栖霞组（P_2q）为一套局限海台地相沉积，下部为深灰色、灰黑色厚层、中厚层含燧石结核微晶灰岩与微晶生物屑灰岩夹钙质碳质页岩；中部为深灰色微晶灰岩、微晶生物屑灰岩；上部为深灰色中厚层微晶生物屑灰岩，具瘤状构造，顶部为深灰色含沥青灰岩，全区岩性、厚度较稳定。本组产䗴类和珊瑚类等，其时代为中二叠世早期，地层厚度130～255 m。

4）茅口组（P_2m）为一套开阔台地相沉积，由下而上可分为三部分。下部为深灰色—灰黑色厚层瘤状含生物屑亮晶—微晶灰岩、含泥质微晶生物屑灰岩；中部为深灰色厚层—巨厚层微晶生物屑灰岩，含燧石结核和硅质条带；上部以灰黑色薄层硅质岩、碳质硅质岩为主，有时夹钙质泥岩、泥灰岩。富含生物化石，由下而上可建立四个䗴带，厚110～180 m。

5）孤峰组（P_2g）为一套台盆相沉积，岩性为深灰色薄层含黏土质生物屑硅质岩夹黑色钙质页岩，间夹少量薄层灰泥岩，下部页岩含锰及磷结核。建始茅草街见硅化层凝灰岩。普遍含菊石、腕足类及放射虫类等中二叠世晚期化石，以厚层灰岩消失、含锰页岩出现为界，厚度0～54 m。

6）龙潭组（P_3l）为一套滨岸沼泽相沉积，为深灰色厚层状含碳粉砂质黏土岩、粉砂岩、含碳质灰岩、碳质页岩夹煤层或煤线。普遍含晚二叠世植物化石等。煤层多位于中下部，西部建始、巴东一般夹煤2～3层，厚1～3 m；东部长阳一带一般为煤线或不成煤。区内龙潭段厚度较小，岩相类型及其含煤性变化较大，厚度10～37 m。

7）下窑组（P_3x）为一套开阔海台地沉积，为深灰色、灰色含中—薄层状硅质条带、硅质团块灰泥灰岩、生物屑粒泥灰岩、泥晶生物屑灰岩，向上颜色变浅。顶底岩层为中层状粒泥灰岩，中部为薄层状灰泥灰岩，该组在建始以东相变为硅质岩，底部普遍夹白色凝灰质黏土层，其内见基性火山岩屑。主要产腕足类和䗴类等，厚14～40 m。

8）大隆组（P_3d）为一套深水陆棚相沉积，岩性为深灰色薄层硅质岩夹含碳质页岩，向上碳质页岩增多，上部硅质岩中含多水高岭石基性玻屑凝灰质。含菊石*Pseudotirolites asiaticus*，腕足*Waagenites barusiensis*及放射虫等化石。本组向西硅质岩厚度增大，向东于长阳马鞍山、五峰仁和坪尖灭，往南灰岩成分递增。顶部见7 cm厚灰白色黏土岩。厚度10～70 m。

1.2.8 三叠系

区内三叠系残留下统和中统，自下而上分为下三叠统大冶组（T_1d）、嘉陵江组（T_1j）和中三叠统巴东组（T_2b），与下伏地层整合接触。

1）大冶组（T_1d）为一套浅海相钙泥质岩—碳酸盐岩沉积，岩性为灰色薄—厚层状灰岩夹黏土质灰岩、泥灰岩，下部夹黄绿色黏土质页岩，底部为黄绿色黏土质页岩（或钙质页岩）夹灰色薄—中厚层状灰岩、泥灰岩。赋存有天然气、石灰岩、泥灰岩等矿产，地层厚约500 m。

2）嘉陵江组（T_1j）为局限台地—潟湖相沉积，以灰色中厚层白云岩、白云质泥粒灰岩为主，夹薄层—中层泥灰岩、岩溶角砾岩。常见石膏、石盐假晶，偶见燧石结核或条带，顶部出现渣状、钙结核等暴露带标志。厚550～960 m。

3）巴东组（T_2b）为一套滨海—浅海相砂泥质岩—碳酸盐岩沉积。自下而上划分为四段，巴东组一段岩性为浅灰、灰、深灰色薄—厚层状白云岩夹溶崩角砾岩（3～5层）、灰岩、云质灰岩，含石盐、石膏假晶。巴东组二段岩性，下、中部为紫红色泥岩、粉砂质泥岩、粉砂质黏土岩夹黏土质粉砂岩，底部夹泥灰岩、白云岩，中部夹灰岩、细砂岩（少量）；上部为紫红色中—厚层状黏土质粉砂岩、粉砂岩夹钙质泥岩、粉砂质泥岩，含灰质结核。巴东组三段岩性为浅灰、灰色薄—中厚层状灰岩、黏土质灰岩夹钙质黏土岩、泥质灰岩、钙质泥岩，局部含鲕粒、生物屑。巴东组四段为紫红色粉砂质黏土岩、黏土岩、粉砂质泥岩夹黏土质粉砂岩，含钙质，顶部为紫红色夹灰绿色黏土质白云岩。地层厚度较大，可达1230 m。

1.3 区域构造特征

1.3.1 区域构造演化

鄂西—渝东地区在显生宙经历了多期构造演化（舒良树，2012）。在前人研究的基础上，通过野外构造调查及地层接触关系的综合分析，认为主要经历了加里东期、海西期、印支期、燕山期和喜马拉雅期五个阶段的构造演化过程。

加里东期构造变形的时限从630～416 Ma，主要对应的地层为震旦系—志留系。研究区的加里东期构造形迹尽管局部变化非常大，后期褶皱叠加改造强烈，但是从整个华南加里东期褶皱轴迹的包络面分析，主体构造线方向为近东西向，其形成的主要原因是云开地块在晚寒武世—早奥陶世由南向北推覆挤压，并与桂滇—北越地块发生碰撞；与此同时，桂滇—北越地块也在向北移动，开始与扬子地块发生作用，同时北边由于秦岭板块扩张对扬子地块产生挤压，导致都匀运动进入萌芽阶段，近东西向的黔中隆起开始形成，至中—晚奥陶世都匀运动结束，黔中隆起最终定型，并在雪峰山西侧形成大隆大坳的格局，在雪峰山东侧的湘中涟源地区形成东西向的下古生界宽缓褶皱。总体上来说，加里东期并未影响到鄂西—渝东地区（图1.3.1）。

海西期构造变形的时限从416～250 Ma，主要对应的地层为泥盆系—二叠系。在研究区总体表现为升降运动为主，造成泥盆纪—二叠纪地层之间发育了多个平行不整合面。

印支期构造变形的时限为250～200 Ma，对应的地层主要为三叠系。研究区主要发育的是北东轴向的褶皱，其主要分布的范围是在慈利—保靖断裂以南（图1.3.1a）。印支早期，主要运动为华南板块的陆内造山作用，构造应力以南北向挤压为主，它促使了泸州古隆起和开江古隆起等一系列古隆起的重新活动；印支晚期，以华南与华北板块的碰撞为主要构造事件，该事件导致整个研究区逐渐隆升，形成北东—南西向的褶皱。

燕山早期构造变形的时限为200～165 Ma，对应的地层为下—中侏罗统。构造变形已越过慈利—保靖断裂附近，但限制于东山峰断裂以南区域，近东西向构造子良坪背斜、太清山向斜、大同山背斜、沿家湾向斜形成（图1.3.1b）。

燕山中期构造变形的时限为165～100 Ma，对应的地层为侏罗系—白垩系。桑植—石门区域存在着两个方向的褶皱——北东向与北北东向的褶皱，前者对应着构造运动的第一幕，后者则是在构造运动第二幕时形成的。燕山早期，整个中扬子处于构造平静期，未形成明显的构造变形；燕山中期，伊泽奈崎板块朝北西方向运移、俯冲到东亚大陆之下，使中国大陆及邻区总体上向北西挤压与缩短，从而产生北东向的变形作用并由此产生了北东向的褶皱与断层。该时期形成的曲尺河断层将近东西向子良坪背斜斜切成两部分，西部仍为子良坪背斜，东部则称为刘家场背斜。印支期所形成的沿家湾向斜则被改造为杨家坊向斜、燕子山背斜与霞溪洞向斜。

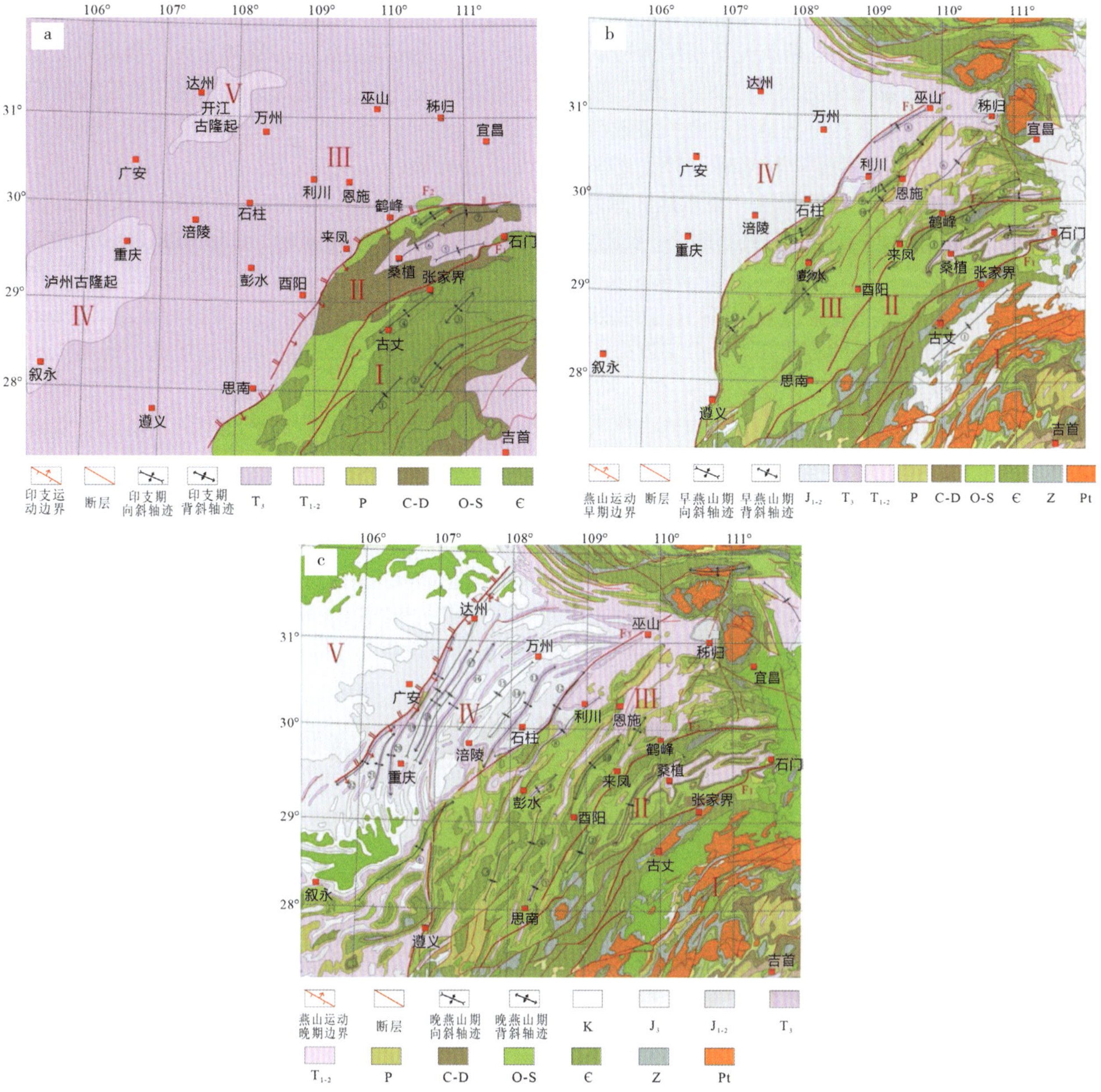

图1.3.1　鄂西—渝东及邻区印支期以来构造演化

（据张旭亮，2019）

a—印支期；b—燕山早期；c—燕山中期

Ⅰ—雪峰山核部隆起；Ⅱ—雪峰山西缘扩展带；Ⅲ—鄂渝湘黔隔槽式断褶带；Ⅳ—川东隔挡式断褶带；Ⅴ—四川盆地；F1—慈利—保靖断裂；F2—鹤峰—龙山断裂；F3—齐岳山断裂；F4—华蓥山断裂

燕山晚期构造变形的时限为100～65 Ma，库拉—太平洋板块北北西向快速向亚洲及中国东部大陆之下俯冲，并且库拉—太平洋板块转换断层在洋壳消减过程中伴随着洋壳的俯冲消减快速斜向划过中国东部陆壳，而湘鄂西区主要呈现整体隆升（图1.3.1c）。

喜马拉雅期构造变形的时限为65～3 Ma，对应地层为古近系—第四系。其间构造运动主要是垂向上的抬升，褶皱的分布主要位于四川盆地内，方向为近东西向。

通过对湘鄂西地区地震长剖面平衡剖面恢复与不同地层缩短量的测量与缩短率的计算，得知湘鄂西地区构造变形具有分层特征，至少存在3套构造层，各个构造层的缩短量不同。自下而上划分为基底构造层，寒武系至下志留统龙马溪组构造层以及龙马溪组至下三叠统构造层，部分地区存在下三叠统嘉陵江组以上构造层。基底构造层，即以寒武系为顶界，此地层缩短量为30.45～42.12 km，缩短率相对较小，为12.3%。其中向斜部位的缩短率平均为9.65%，背斜地区的平均缩短率为14.94%，高于向斜部位的缩短率。寒武系至下志留统龙马溪组构造层，测量层位为龙马溪组底部与奥陶系底，测得缩短量为57.9～104.75 km，缩短率为25%～28%，缩短率高于下部构造层，并且构造层由西向东，各个构造带的缩短率呈增加趋势。下志留统至下三叠统嘉陵江组构造层，测量地层以中、下二叠统为代表，测得缩短量为37.5～64.15 km，缩短率为16%～18%，缩短率低于下部构造层。

梅廉夫等（2010）在湘鄂西—渝东地区选取三个磷灰石裂变径迹测试的点，分别取自利川复向斜、花果坪复向斜与桑植—石门复向斜。桑植—石门复向斜处样品3的测试年龄显示，在印支末期（约165 Ma）处于强烈隆升阶段，在125 Ma处于缓慢隆升或平静阶段，在45 Ma左右又处于快速隆升阶段。花果坪复向斜样品2的测试年龄显示，其最初隆升与剥蚀时间近似于或早于154 Ma。而利川复向斜样品1的测试年龄显示，在145 Ma左右迅速抬升，早白垩世处于持续隆升阶段，一直持续到晚白垩世中期，喜马拉雅期（约32 Ma）再次迅速隆升。

通过上述可知，鄂西—渝东地区构造演化大体可划分为三个阶段：①燕山期之前的构造运动整体以区域性的整体升降为主，地层接触关系以平行不整合为主。②燕山期区域构造开始隆升缓慢变形，构造变形由东开始，向西逐渐传递。变形为分层变形，基底构造层发育由东向西逆冲的断层，并逐渐向西北传递，为叠瓦状构造，在顶部形成宽缓的背斜，为箱状褶皱，并引起上覆地层的变形；在变形的过程中，上下构造层的变形存在不协调性，上部构造变形层龙马溪组至嘉陵江组中的断层由西向东逆冲，与下伏的下部构造变形层中的逆冲断层逆冲方向相反。③晚喜马拉雅期研究区表现为弱挤压，并以隆升、剥蚀为主，伴有微弱的褶皱，从而造成区域内凸起、凹陷相间排列的坳褶隆升构造格局（图1.3.2）。

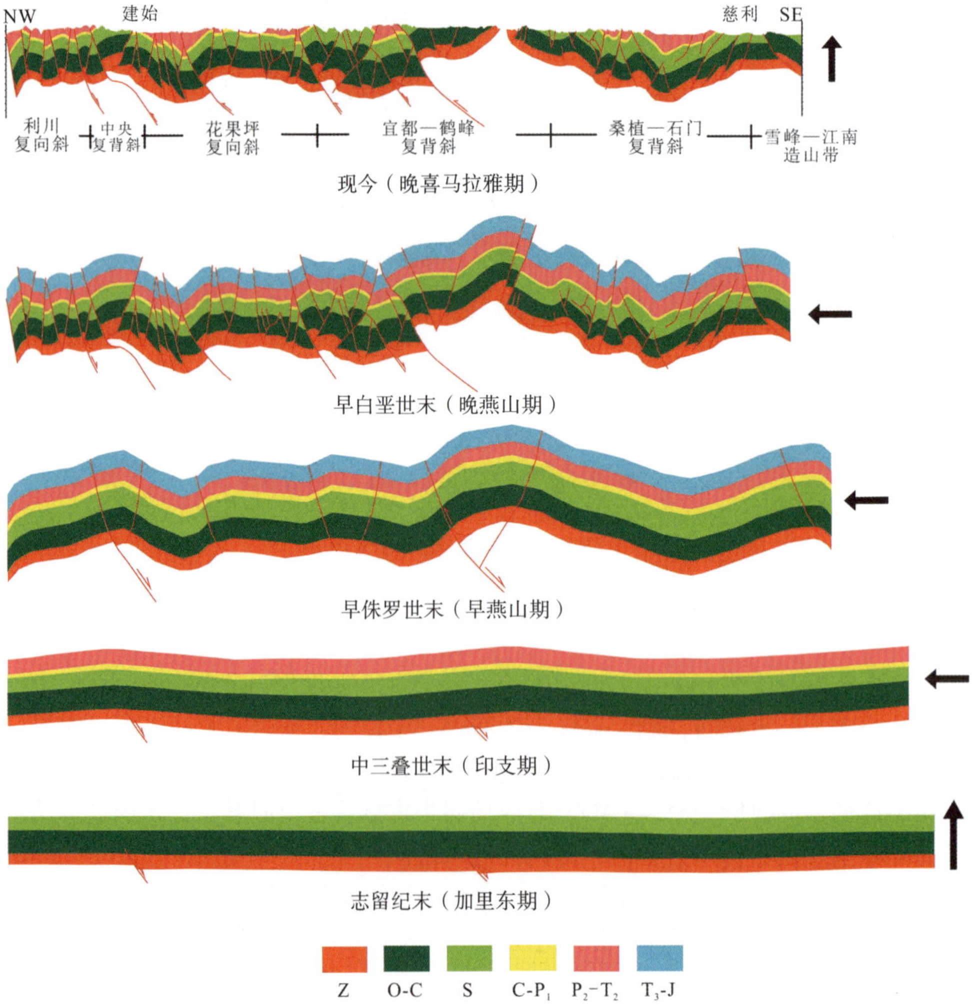

图1.3.2 鄂西—渝东地区构造演化剖面（二维地震测线HGP2012-04+SZ2012-03）

1.3.2 主要构造单元

鄂西—渝东地区位于中、上扬子结合部位，夹持于秦岭造山带与江南褶皱带之间，处于雪峰山核部隆起带和四川盆地的过渡位置；北至黄陵背斜与秭归复向斜，西至万县复向斜，东至桑植—石门复向斜。自江南隆起带经湘西—鄂西—渝东到川中，鄂西—渝东地区位于湘鄂西隔槽式褶皱带和川东隔挡式褶皱带2个二级构造单元变形带中。

隔挡式褶皱和隔槽式褶皱同属于侏罗山式褶皱，又称为过渡型褶皱。隔挡式褶皱由一系列平行褶皱组成，其特征是背斜紧闭，发育完整，而两个背斜之间的向斜平缓开阔；隔槽式褶皱与前者相反，特征是向斜紧闭且发育完整，而两个向斜之间的背斜平缓开阔，常呈箱状（朱志澄，2002）。这类褶皱尤其是隔挡式褶皱在欧洲侏罗山发育完善，所以通称为侏罗山式褶皱。

以控制区域构造的大断裂为单元边界，结合典型构造样式，将具有相似构造成因和变形特征的区域归为同一构造单元，同时兼顾对油气勘探的指导意义，对鄂西—渝东地区进行了构造单元划分。鄂西—渝东地区处于2个二级构造单元，由北西至南东依次为：川东隔挡式褶皱带、湘鄂西隔槽式褶皱带；进一步将鄂西—渝东地区所处位置又细划分为8个三级构造单元，川东隔挡式褶皱带可细分为万县复向斜、方斗山复背斜、石柱复向斜和齐岳山复背斜；湘鄂西隔槽式褶皱带可进一步分为利川复向斜、中央复背斜、花果坪复向斜以及宜都—鹤峰复背斜（图1.3.3；徐立明，2007；任泓霖，2020）。

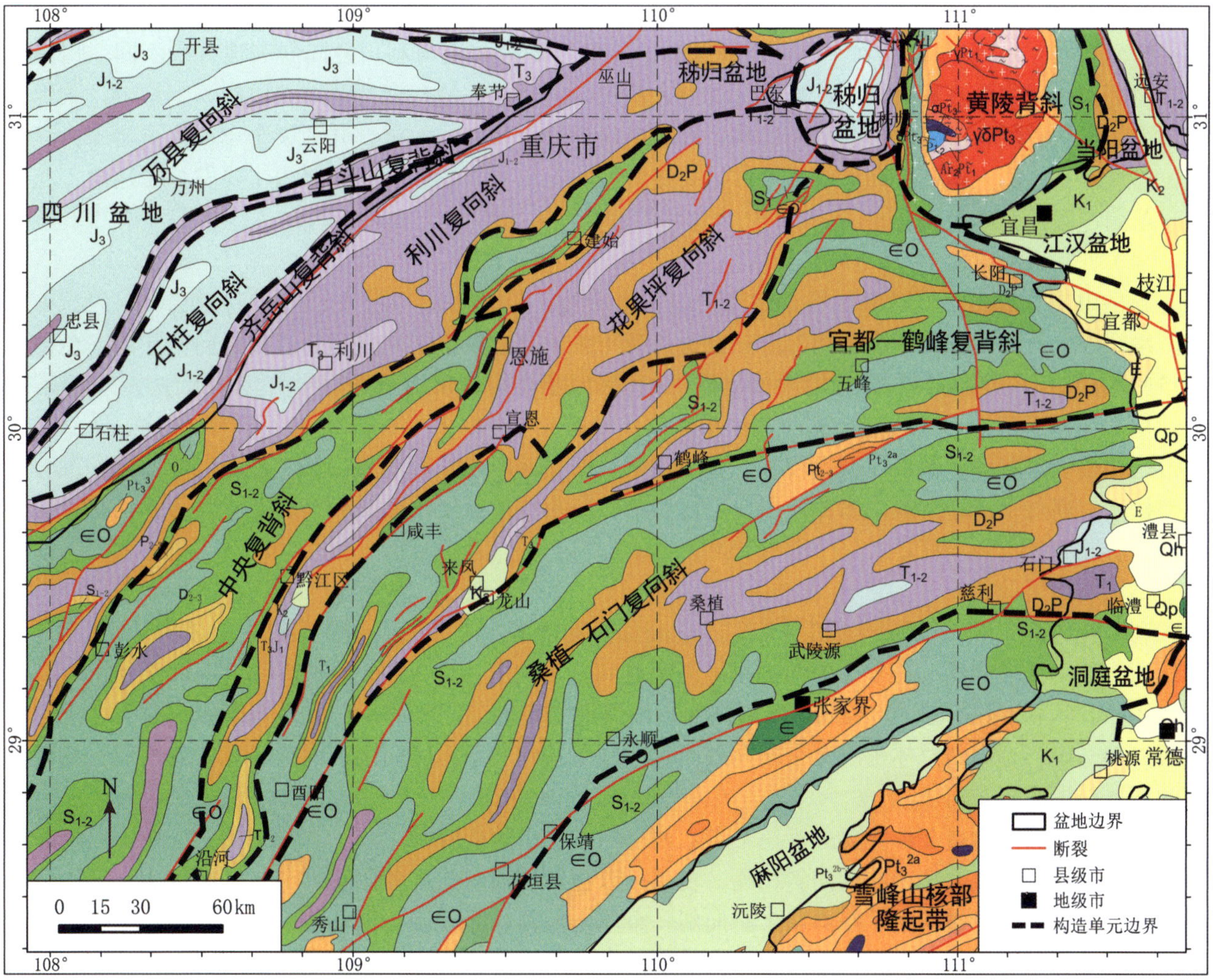

图1.3.3 鄂西—渝东地区构造单元划分图

（1）万县复向斜

万县复向斜位于天池背斜和方斗山复背斜以及齐岳山复背斜之间，由万州向斜、黄柏溪向斜、新场背斜和故陵向斜组成，呈左行雁行式排列，向北东在齐岳山背斜北西翼扬起消失，形成向突向北西的万县弧形构造线。整个复向斜存在三处低点，分别对应万州向斜、黄柏溪向斜和故陵向斜核部，整体轴向NE20°～70°，核部及两翼皆由侏罗系（红层）组成。向斜内部岩层产状平缓；倾角近水平，靠近背斜则急剧变陡，北翼甚至倒转。

（2）方斗山复背斜

方斗山复背斜是位于万县复向斜与石柱复向斜之间的背斜褶皱，总体走向NNE30°～40°，长约90 km，宽约9 km，轴面南东倾。背斜核部发育有逆断层，断层下盘即背斜北西翼地层变形复杂，各类小型逆断层、褶皱和节理非常发育。而在断层上盘即背斜东南翼，地层倾向稳定，倾角变化缓慢。方斗山复背斜以东褶皱轴面，犁形断裂面多为南东倾，力源主要为来自南东方向的雪峰基底拆离造山带，形成期为燕山中期；方斗山背斜以西褶皱轴面除主体逆冲断裂为倾向南东外，有的倾向北西者可能叠加了来自西部喜马拉雅期龙门山造山带的作用力（丁道桂等，2003）。

方斗山复背斜进一步可以分为方西潜伏构造、方斗山主体构造和方东潜伏构造。其中方西潜伏构造内发育有乌龙池、寨沟湾、复兴场、潭溪、洋渡溪、新场和黄金台等小型构造；方东潜伏构造内有茨竹垭、马桉槽、中台子、月台寺和双河口等小型构造。

（3）石柱复向斜

石柱复向斜是位于方斗山复背斜与齐岳山复背斜之间的向斜褶皱，长约140 km，宽20～25 km，总体走向NNE42°。石柱复向斜在下构造层及上构造层的变形样式上与利川复向斜表现有所不同。川东褶皱带的下构造层主要表现为由一系列膝折背斜、箱状向斜及相关的共轭冲断层组成的弱变形带。共轭冲断层大多产状较陡，常以对冲或背冲形式，成对出现于膝折背斜的两翼，并消失于志留系页岩中，其水平位移量很小。而上构造层则形成不对称的高陡背斜和箱状向斜。石柱复向斜内主要发育了建南、龙驹坝、茶园坪等几个次级构造。

（4）齐岳山复背斜

齐岳山复背斜包括齐西潜伏构造和齐岳山主体构造，长35 km，宽5 km，走向NNE40°，为长轴背斜。整个背斜西侧以齐西断裂和磨刀溪—鱼龙—沙子关、金竹坝寄生向斜，与石柱复向斜相隔。东侧为马口驿断层（齐东断裂与利川复向斜的界线）。齐岳山主体构造带内发育有枫竹包、天生坪、北盐井、金铃坝和花棣棠等次一级构造。齐西潜伏构造内发育有粟子湾、盐井、张家祠、磨刀溪等次一级构造。该带内地层变形较弱，断裂发育也较少。齐岳山背斜轴面北西倾，南东翼倒转。逆断层北西倾，发育在背斜核部，断层下盘即背斜南东翼地层变形复杂，各类小型逆断层、褶皱和节理非常发育。而在断层上盘即背斜北西翼，地层稳定。

（5）利川复向斜

利川复向斜紧邻川东隔挡式褶皱带，位于湘鄂西隔槽式褶皱带最北面，形态上整体向NW突出，向南逐渐收敛，位于建始—彭水断裂与齐岳山断裂之间，复向斜总体走向NNE40°～45°，北至巫山，南至文斗场，长约174 km，宽约38 km。向斜内地表出露地层南为上三叠统—侏罗系覆盖区，北为中下三叠统灰岩裸露区。复向斜总体也由北东转向东西弧形展布，由一系列倾向南东的坡坪式滑脱断层、相关无根的断展与滑脱褶皱组成。

利川复向斜的构造变形主要分为三个带：西部与齐岳山膝折背斜之间，在马口驿（齐东）以冲断层下盘的侏罗系—上三叠统分布的向斜相隔，在南段以拦河坝向斜与齐岳山背斜分界；中部为九台山—罗圈坝—王家坝滑脱褶皱构造；东部以忠路向斜—金子山向斜，元堡咀—团堡寺—沐抚东侧沿NNE方向延伸的向斜，黄泥塘构造及其东侧的塘坝子向斜与建始—彭水断裂为界，这一系列东部向斜，实际上是建始—彭水断裂带下盘的挤压向斜变形。

（6）中央复背斜

中央复背斜位于利川复向斜和花果坪复向斜之间，西以建始—彭水断裂为界，东以恩施—黔江断裂为界，出露地层主要为寒武系—志留系。中央复背斜可进一步划分为白果坝—彭水背斜和楠木园—茶山背斜两个局部构造。该地区因受边界断裂影响，各种构造发育充分。

（7）花果坪复向斜

花果坪复向斜位于中央复背斜和宜都—鹤峰复背斜之间。该地区可进一步划分为三个次级构造单元，东南部为NE向挤压隆起带，中部为宽大的小幅度隆起带，北西部为NE向挤压隆起带。花果坪复向斜走向为NE向，在该区域发育的断裂走向基本为NE向。

（8）宜都—鹤峰复背斜

宜都—鹤峰复背斜位于花果坪复向斜和桑植—石门复向斜以及秭归复向斜之间。该地区主要出露地层为寒武系—第四系。宜都—鹤峰复背斜主要特征为：面积巨大，构造复杂且多，隆起幅度较高，可主要分为两组：NE向断裂，规模大，切割深；NW向断裂，大多为走滑断裂。

1.3.3 断裂特征

鄂西—渝东地区不同位置的构造特征和变形样式都较为复杂，该区断裂和构造变形特征的分析对理解该区演化特征和油气分布具有重要的控制作用。

总体而言，湘鄂西隔槽式构造内的断裂系统分布特征具有分区性。从断裂发育程度来看，其西部靠近齐岳山断层带的断裂发育程度较低，东部靠近雪峰构造一侧的断裂发育程度中等，而该构造的中部地区的断裂发育程度较高；湘鄂西隔槽式构造的断裂的走向主要是以北西—南东向和北东—南西向两组为主体，但同时还发育了近东—西向的断裂；一级断裂北东向展布，次级断裂呈雁列式排列，并与主断裂斜交，同时次级断裂之间交切关系较为复杂。川东隔挡式构造，由于地势较为低缓，断裂分布密度相对湘鄂西断裂相对不发育，密度也较小，且该区的断裂走向优势方位十分明显，主要是形成北东—南西向沿褶皱轴迹延伸幅度较大的1组和与褶皱轴迹斜交的NW、NE向2组断裂，而极少见东—西向的断裂。

断层的平面展布规律：湘鄂西隔槽式构造东侧以NE、NNE、NWW向三组剪切断裂为主，川东隔挡式构造主要以NE、NW两组逆断层为主。从构造的南东至北西，断裂以NE—NW向为主，形成与主边界断裂近似平行或斜交的次级断裂。但在构造外围地区，断裂的分布规律受到局部构造特征的影响而不明显。

鄂西—渝东地区的一级断裂包括：①华蓥山断裂，长近400 km，北部起源于万源地区，向南抵达四川宜宾市，呈北东—南西向延伸，断层地面露头不连续。在华蓥山天池、宝顶一带连续出露地表，但大部分位置多隐伏或断续出露，该断层是川中平缓构造与川东高陡构造的分界。②齐岳山断裂，长约350 km，与华蓥山断裂近似平行展布。在齐岳山背斜轴部位置连续出露，往南与时隐时现的方斗山断裂交汇成为金佛山断裂，是川东隔挡式褶皱与湘鄂西隔槽式褶皱的分界。③慈利—保靖断裂，展布于湘西北地区，为一条多期活动的压扭性断层，是湘鄂西区块与雪峰隆起的构造界线。鄂西—渝东地区内部不同构造位置，次级断裂的分布差异较大；正断层较为少见，整体以发育逆断层为主。

根据收集地质和地震等相关资料，鄂西—渝东地区主要发育有10个断层构造，由北西至南东依次为方斗山断层、齐岳山断层、九台山断层、建始断层、茶山断层、彭水断层、宣恩断层、大坪断层、咸丰断层、鹤峰—龙山断层（图1.3.4）。

（1）方斗山断层

方斗山断层位于重庆市万州、石柱、涪陵境内。地形起伏大，北为丘陵，地形简单，南为高山峻岭，山势陡峭。方斗山构造属川东构造区，构造高陡狭长。

方斗山地区表层构造与地腹构造存在很明显的不协调现象。地表的高陡背斜向地腹深处褶皱幅度逐渐变小，并最终消失在由塑软层所构成的滑动面上。而地腹褶皱和断裂却十分发育，由一系列逆冲断层及其相关褶皱所构成的对冲和构造三角带等复杂的冲断皱褶带组成。

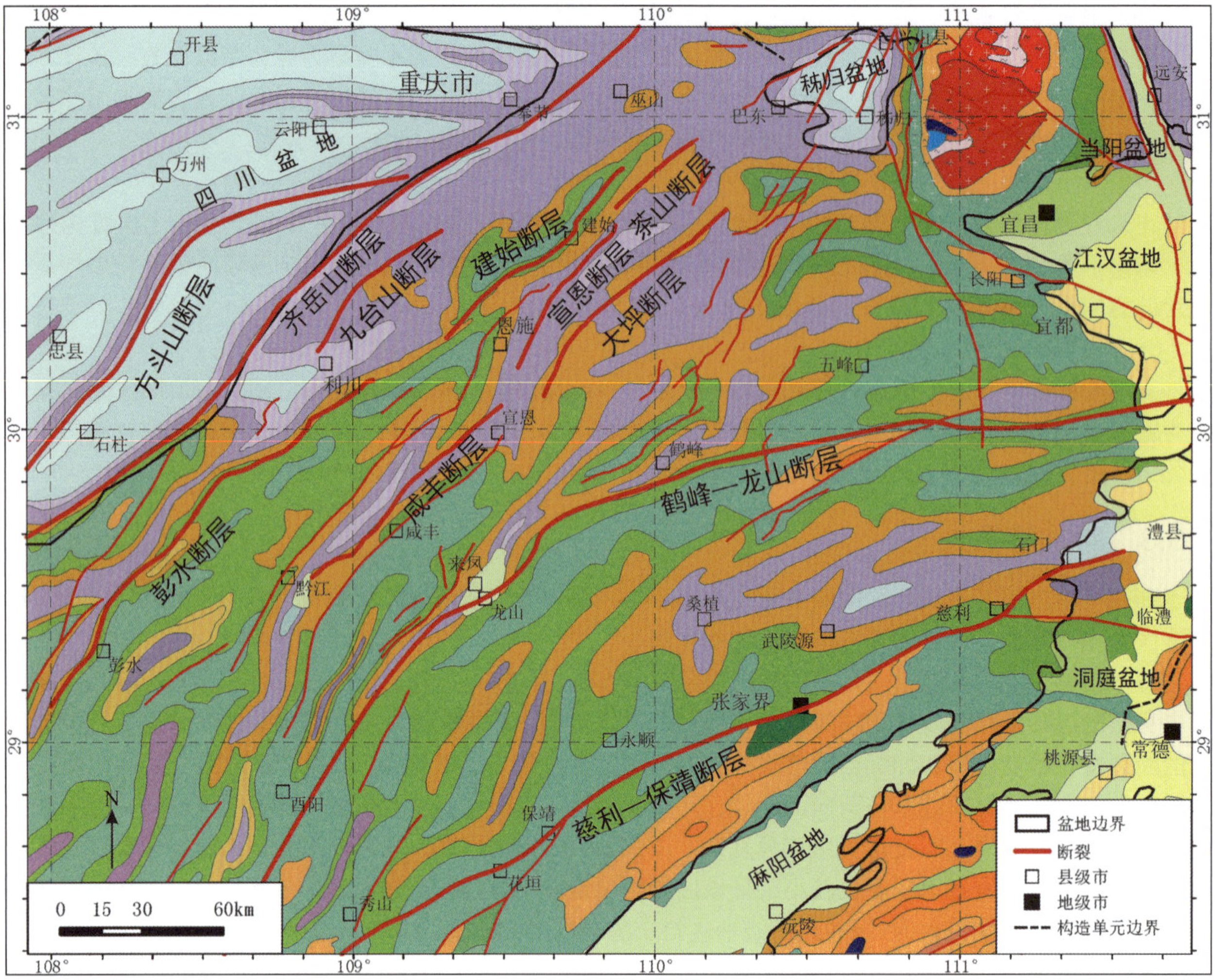

图1.3.4 鄂西—渝东地区主要断裂分布图

（2）齐岳山断层

齐岳山地区的断层显示为几条同倾向、近似平行的逆冲断层，总体上为一个倒“入”字形，区域构造变形的特征主要是逆冲断层以及滑脱褶皱的发育。受挤压作用而形成的反冲影响，主要断层的西部寒武系中发育有很多中小型断层，整体上形成了一系列比较连续的断夹块以及反冲构造。

（3）九台山断层

九台山断层位于利川复向斜内，区域构造变形主要受龙马溪组至嘉陵江组和基底构造层的控制。该断层为一小型逆冲断层，倾角约为60°，产状为NE向，与齐岳山东部断层近似平行，断层附近主要出露三叠系，该区域下部发育有两套滑脱层，与上部断层相连。

（4）建始断层

建始断层位于中央复背斜北部，长度约51 km，走向为NE向，倾角约为30°，为一逆断层。中央复背斜构造比较简单，整体形态上为一断层传播褶皱，南东翼比较缓且宽，北西翼较陡且窄，背斜的顶部比较平缓。建始断层上下盘地层厚度均没有明显变化。

（5）茶山断层

茶山断层同样位于中央复背斜北部，与建始断层近似平行，长度约43 km，走向为NE向，倾角约为45°，为一逆冲断层。茶山断层上下盘地层厚度同样没有明显变化，本区中部发育有两条与茶山断层近似平行的断裂，与建始断层相连。

（6）彭水断层

彭水断层位于中央复背斜中部，长度约62 km，倾角约为45°，走向为NE向，该断层为逆冲断层，断层两侧地层厚度没有明显的变化，断层露头附近主要出露寒武系。该断层形成时间比较早，约为寒武纪时期形成，断层的一部分由于褶皱作用而被剥蚀，该地区的构造变形主要受控于方斗山背斜和齐岳山背斜。

（7）宣恩断层

宣恩断层位于中央复背斜南部，长度约50 km，倾角约40°，走向为NE向，为一逆断层，断层上下盘地层厚度没有较大变化。宣恩断层向SW向延伸与咸丰断层相连。

（8）大坪断层

大坪断层位于花果坪复向斜内部，与宣恩断层均为逆冲断层且两断层倾角与走向相差不大，长度约55 km，倾角为40°，走向为NE向，断层上下盘地层厚度变化不大。大坪断层同样向SW向延伸与咸丰断层相连。

（9）咸丰断层

咸丰断层位于花果坪复向斜最南部，长度约45 km，倾角约70°，为一直立逆断层，走向为NE向，断层两盘地层厚度没有明显的变化，该断层附近发育有若干小断层。最北部地区下部发育一套滑脱层。在平面上，咸丰断层在NE向上与宣恩断层和大坪断层相连。

（10）鹤峰—龙山断层

宜都—鹤峰复背斜核部的逆冲断层，影响了上部背斜的形成。该地区的构造主要由寒武系—志留系构造层以及基底构造层控制。鹤峰—龙山断层位于宜都—鹤峰复背斜南部，长度为93 km，倾角约45°，走向NE向，为一逆冲断层。断层两侧地层厚度变化极大，主要是挤压应力和剥蚀作用引起的。该断层南部发育了一条直立逆断层，北部发育有一系列小断层，走向与鹤峰—龙山断层基本一致。

平面上，10条断层走向近平行，整体均由南西向北东方向展布。鄂西—渝东地区断层形成时间具有期次性，从平面上看，鄂西—渝东地区主要断层最早在南东部发育，并向北西部逐渐传递。

研究区主要断层演化大致分为4个时期，分别为印支期—燕山早期、燕山早期、燕山早期—燕山中期、燕山中期。首先，鹤峰—龙山断层发育于印支期—燕山早期；接着，大坪断层、宣恩断层和咸丰断层开始在燕山早期发育；然后，茶山断层、建始断层和彭水断层发育于燕山早期—燕山中期；最后，九台山断层、齐岳山断层和方斗山断层在燕山中期开始发育，它们是鄂西—渝东地区最晚形成的一批断层。

方斗山断层主要在寒武纪—志留纪活动，齐岳山断层主要在寒武纪—二叠纪活动，九台山断层主要在志留纪—三叠纪活动，建始断层主要在寒武纪—二叠纪活动，茶山断层主要在寒武纪—二叠纪活动，彭水断层主要在寒武纪—奥陶纪活动，宣恩断层主要在寒武纪—二叠纪活动，大坪断层主要在志留纪—三叠纪活动，咸丰断层主要在二叠纪活动，鹤峰—龙山断层主要在寒武纪—志留纪活动。

1.3.4 褶皱特征

鄂西—渝东地区不同构造带的褶皱分布特征差异较大。湘鄂西隔槽式构造带的地层剥蚀严重，褶皱形态不完整，可见部分向斜形态。川东隔挡式构造带的褶皱较为完整，但褶皱样式差异较大。鄂西—渝东地区褶皱的分布规律是：隔槽式褶皱分布在褶皱—冲断带的根带湘鄂西地区，隔挡式褶皱分布在褶皱—冲断带前缘的川东地区。典型的褶皱构造样式有箱状断背斜、碟形平缓向斜、对称宽缓向斜、侧卧宽缓向斜、紧闭向斜、高陡断褶皱、倒转向斜、非对称平缓碟状向斜。从构造样式特征可得，湘鄂西地区的构造变形相对复杂，地层的抬升剥蚀较为严重，以基底卷入变形为主，且形成一系列隔槽式褶皱。川东地区的基底变形相对较弱，且形成一系列隔挡式褶皱。

湘鄂西隔槽式褶皱带西以齐岳山断裂为界，东以慈利—保靖断裂为界，紧邻雪峰造山带。褶皱的形态主要以箱状为主，褶皱的走向由北向南主要由NEE向NNE转变，整个褶皱带为向NWW向突出的弧形。

隔槽式褶皱带出露地层较为丰富，主要为南华系至三叠系，背斜核心出露地层主要以寒武系—奥陶系为主，向斜核部出露地层主要以三叠系为主。湘鄂西隔槽式构造带褶皱特征表现为背斜宽缓、幅度较大，向斜紧闭且幅度较小。褶皱两翼的东南一侧地层抬升剥蚀大。志留系和奥陶系等古生代地层出露地表。湘鄂西的褶皱样式有不对称等厚褶皱、等厚同斜倒转褶皱、不协调褶皱、断弯褶皱等；该构造带发育的褶皱样式极为丰富，除了具备以上褶皱样式以外，还形成侧卧宽缓向斜、高陡断褶皱等。

川东隔挡式褶皱带主要位于方斗山至齐岳山之间，主要由大规模北西向长弧或短弧形褶皱组成。此地区宽约30 km，长150 ~ 200 km，背斜主要为棱状，两翼不对称，地层倾角为20° ~ 70°，基本走向都为NNE—NE向为主，背斜核部主要出露三叠系海相碳酸盐岩地层，向斜核部主要出露侏罗系陆相碎屑岩地层。川东隔挡式构造带褶皱特征表现为向斜幅度大、宽缓，而背斜幅度小、紧闭。该构造带褶皱分布范围较大，从东北部的大巴山前缘构造带至西南的右江褶皱带以北，形成NEE、NE和SN向三个方向延伸的褶皱，并且褶皱的运动学指向差异较大，即北东段的褶皱指向南东或北西，而南西段的褶皱无明显指向，褶皱轴迹近直立。

1.4 区域油气地质条件

1.4.1 油气地质概况

在构造位置上，鄂西—渝东地区南与雪峰—江南陆内造山带以慈利—保靖断裂（江南断裂）为界，北东与荆州—大冶对冲干涉带以天阳坪断裂为界，北西以齐岳山断裂为界与川东褶皱带过渡接触。构造演化主要经历了扬子旋回（前震旦纪）、加里东旋回（震旦纪—志留纪）、海西旋回（泥盆纪—二叠纪）、印支旋回（三叠纪）、燕山旋回（侏罗纪—白垩纪）和喜马拉雅旋回（古近纪—新近纪）六个阶段。沉积构造演化过程可分为三个阶段类型，包括克拉通盆地演化时期、前陆盆地演化时期和陆内造山时期。其中克拉通盆地阶段包括加里东期到早印支期；前陆盆地为晚印支期到早燕山期；早燕山期之后进入陆内造山阶段。

鄂西—渝东地区在新太古代—古元古代微型陆核的基础上，经晋宁运动形成本地区统一的变质基底，南华纪时期，随着罗迪尼亚（Rodinia）大陆的解体，构造环境由挤压转为伸展，扬子南北缘陆壳基底拉张开裂，形成大陆边缘裂谷盆地并出现快速沉降，发育了一套磨拉石（碎屑岩）—冰碛岩沉积建造序列。震旦纪（埃迪卡拉纪）—早奥陶世，初期继承了南华纪构造古地理格局，在先期裂陷盆地范围内沉积了下震旦统（下埃迪卡拉统）陡山沱组局部富有机质页岩层系；随后，海平面持续下降，进入初始碳酸盐岩台地建设时期，形成了分布广、厚度大、孔渗条件优越的灯影组储集岩系。寒武纪初期，全区发生了广泛的快速海侵，沉积了分布广泛而稳定的下寒武统牛蹄塘组（水井沱组）富有机质页岩层系（图1.4.1a），随后海平面逐渐下降，沉积了开阔台地相石龙洞组白云岩、潟湖相覃家庙组泥晶白云岩以及开阔（局限）台地相娄山关组鲕粒白云岩、砂屑白云岩储层。晚奥陶世—早志留世，由于加里东运动的影响，中上扬子地区边缘发生大规模的隆升作用，邻区川中古隆起、黔中隆起和雪峰山隆起等相继形成，本区则形成了局限滞留浅海盆地，沉积了区域稳定分布的上奥陶统五峰组—下志留统龙马溪组富有机质页岩层系（图1.4.1b）。至此，本区形成了上下叠置、具有立体勘探潜力的下震旦统（下埃迪卡拉统）陡山沱组、下寒武统牛蹄塘组（水井沱组）和上奥陶统五峰组—下志留统龙马溪组三套富有机质页岩层系。

晚古生代，鄂西—渝东地区继承加里东运动构造格局，以差异沉降演化为主。早中泥盆世扬子地区为古陆，随后海水从江南古陆方向侵入。海侵持续到早石炭世，地壳在柳江运动控制下抬升，广大地区重新进入剥蚀阶段，直到早二叠世早期。海陆过渡相的含煤沼泽被填平补齐沉积后，扬子地区重新进入沉降阶段，形成全区统一的开阔台地相碳酸盐岩沉积建造。东吴运动鄂西—渝东地区有小幅度抬升，在茅口组顶部普遍见有风化剥蚀痕迹。晚二叠世，在峨眉山玄武岩地幔柱影响下，扬子地区内部形成一

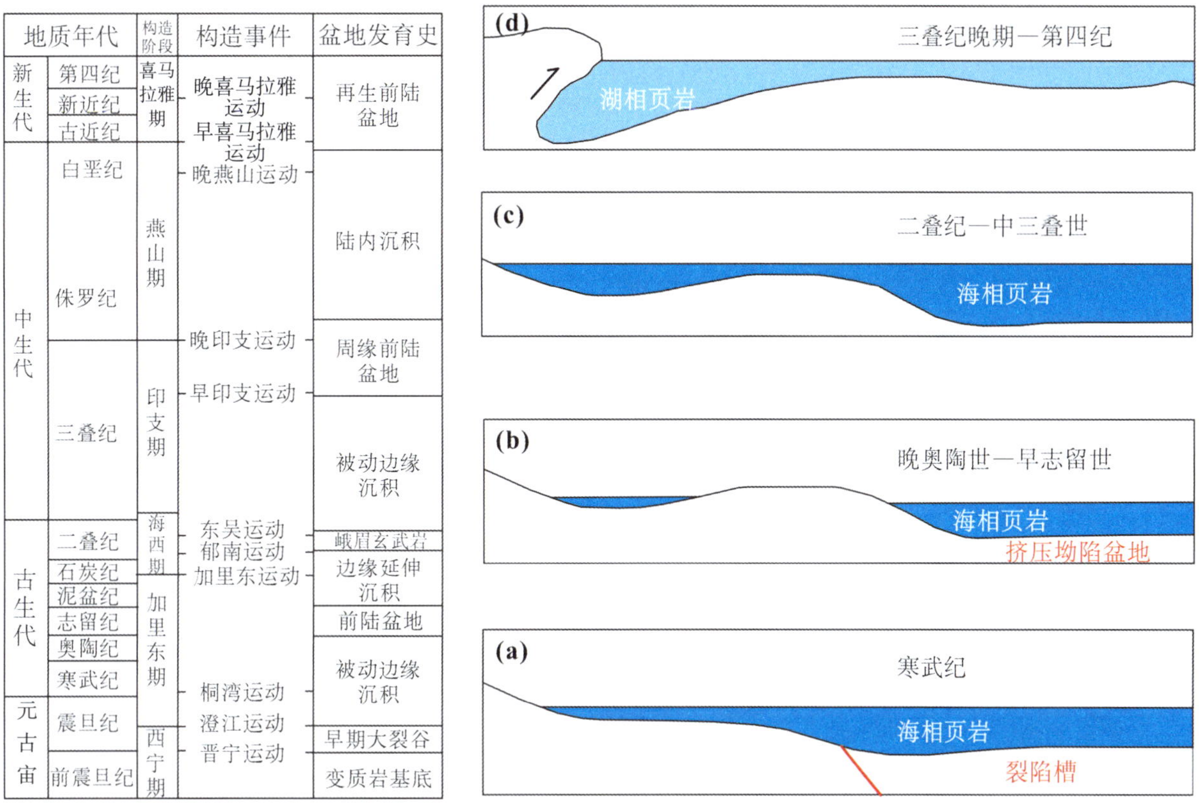

图1.4.1　鄂西—渝东地区构造沉积演化略图

系列深浅交错的台内坳陷，从北西向南东方向依次发育开江—梁平海槽和鄂西海槽。其中鄂西海槽受前寒武系基底控制，裂陷沉降剧烈，海槽内发育大隆组硅质岩沉积（余晓宇等，2012；图1.4.1c）。早三叠世海水逐渐下降，鄂西—渝东地区发育白云岩、泥灰岩和膏岩等反映炎热干燥气候的沉积物。中三叠世，在北部秦岭洋微地块挤压作用下，鄂西—渝东地区逐渐抬升，接受海陆过渡相滨海碎屑岩沉积物沉积。中三叠世末印支运动使整个扬子地区隆升成陆，之后扬子地区没有再接受海相沉积。这一阶段扬子地区以陆相湖盆沉积为主。三叠纪末期，扬子地区在北部秦岭洋微地块和南部江南隆起联合挤压作用下，在研究区发育类似前陆盆地性质的大型北东向坳陷（图1.4.1d）。

早燕山末期，在太平洋板块挤压作用下，扬子地区进入陆内造山演化阶段。在印支期构造格局的基础上，燕山末期构造运动的强度和范围都有所扩大。建始—彭水深大断裂的形成将湘鄂西和川东的厚、薄皮构造区分隔开来，在鄂西和川东地区分别形成隔槽式和隔挡式构造。中扬子地区在晚燕山期—早喜马拉雅期构造演化中进入反转期。受濒太平洋构造域对中扬子地区构造作用控制，中扬子进入伸展改造阶段。在造山作用后期，地层受到的应力作用减弱，造山作用期间形成的断层出现反转，鄂西—渝东地区由挤压褶皱阶段向伸展改造阶段改变，形成山间断陷小盆地。进入晚喜马拉雅期后，鄂西—渝东地区地层快速抬升，表现为强烈隆升和强烈剥蚀作用；局部地区甚至出露元古宇，中生界基本剥蚀殆尽。

受区域构造沉积演化控制，鄂西—渝东地区主要发育四套生储盖组合（图1.4.2）。第一套组合为上震旦统陡山沱组—下寒武统石牌组，这套组合中，震旦系陡山沱组和寒武系牛蹄塘组为烃源岩，震旦系灯影组为储集层，寒武系牛蹄塘组和石牌组为盖层，这套组合在鄂西—渝东地区基本具有较好盖层条件，有利区的展布主要取决于烃源层和储层的空间配置关系。第二套组合为下寒武统牛蹄塘组—志留系，这套组合中，下寒武统牛蹄塘组和上奥陶统五峰组—下志留统龙马溪组为烃源岩，寒武系石龙洞组和天河板组为储集层，寒武系石牌组为盖层；该套组合区域盖层在全区基本连片分布，仅局部构造上遭受剥蚀，有利区的分布同样取决于烃源层和储层的配置关系。第三套组合为上奥陶统五峰组—中二叠统

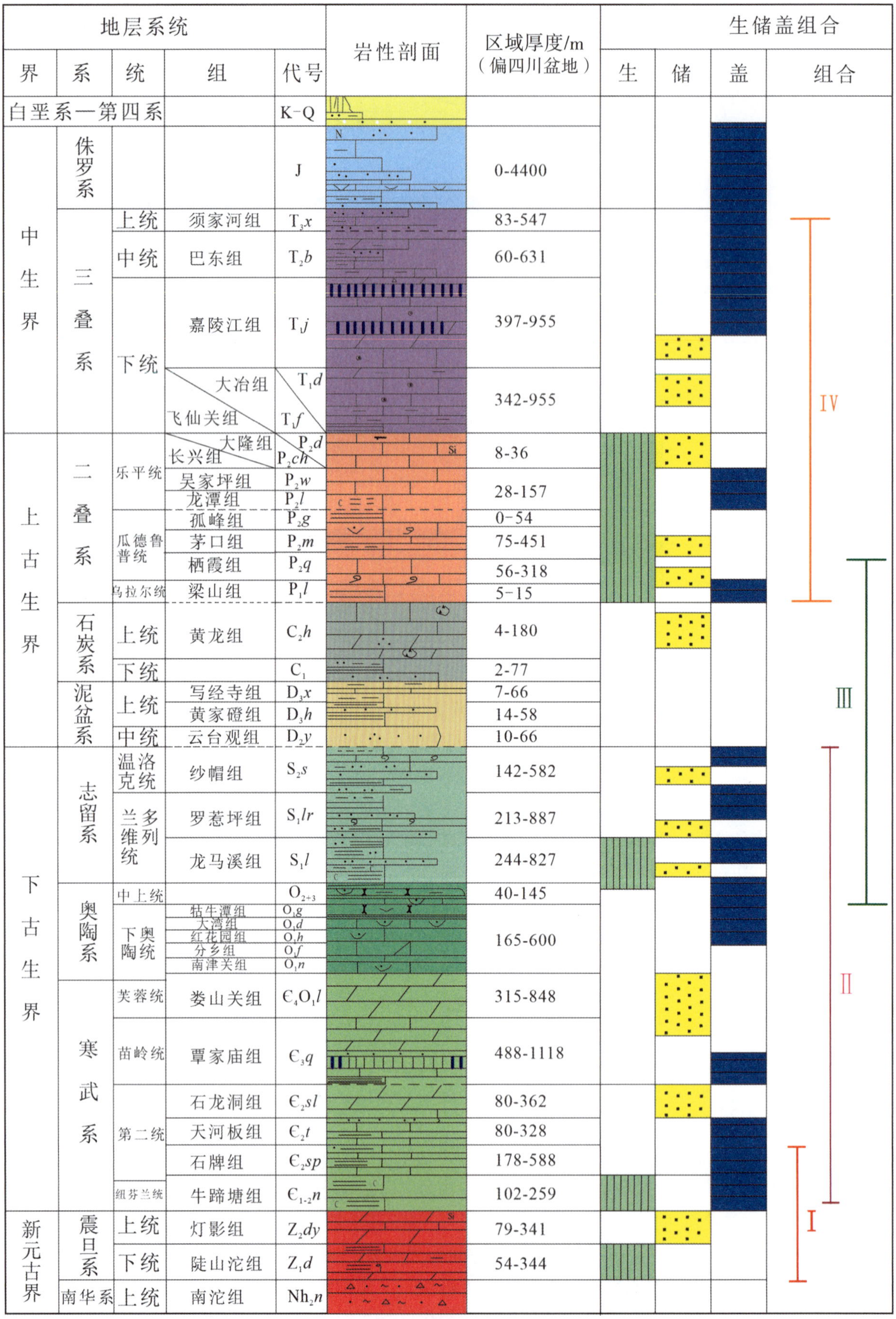

图1.4.2 鄂西—渝东地区生储盖组合示意图

栖霞组，这套组合中，上奥陶统五峰组—下志留统龙马溪组为烃源岩，泥盆系—石炭系不整合面以及二叠系栖霞组为储集层，二叠系栖霞组为盖层；该套组合全区生烃条件主体较好，从配置关系看，鄂西、江汉平原区为有利区，但鄂西—渝东地区由于缺乏盖层条件，油气难以聚集成藏。因此，生储盖组合是不利的。第四套组合为中二叠统栖霞组—中三叠统巴东组，这套组合为二叠系栖霞组—茅口组、孤峰组和大隆组为烃源岩，二叠系长兴组以及三叠系飞仙关组为储集层，三叠系嘉陵江组和巴东组为盖层。从生储配置关系看，鄂西—渝东地区处于有利烃源区，储集性能良好，但上覆盖层及以上剥蚀严重，仅残存在局部地区，所以鄂西—渝东地区总体上较差。但是，在上覆区域盖层残存区，只要具备较好的保存条件也能形成良好的生储盖组合。

1.4.2 勘探开发历程

鄂西—渝东地区油气地质调查始于1958年，总体勘探程度低。截至目前，区内油气勘探工作主要由中国石化江汉油田分公司完成，原中国石油天然气总公司（CNPC）新区勘探事业部、中国石化油田勘探开发管理部南方海相油气勘探项目经理部等也开展了不同程度的油气调查评价及研究工作。2007—2009年，中国地质调查局成都地质调查中心、武汉地质调查中心，以及湖北省地质调查院等开展的1∶10万走廊大剖面油气地质调查及综合研究等工作涉及工区大部分区域。依据主要勘探思想的变化以及勘探技术手段情况，该区油气勘探大致可划分为三大阶段：区域普查勘探阶段（1958—1985年）、区域攻关研究阶段（1986—1998年）、评价勘探阶段（1999—2009年）。勘探工作程度概述如下（图1.4.3）。

（1）地面地质调查

截至目前，本区开展了较全面的区域地质调查、油气地质普查及详查工作，其中1∶20万、1∶25万区调全部完成，1∶5万区调完成近60%，部分地区完成了油气地质普查及详查工作。在四川威远震旦系气田发现的启示下，部分区域开展了走廊大剖面油气地质详查、1∶5万构造详查等油气地质调查工作，如1993—2010年期间，中国石化江汉勘探研究院、江汉物探处、中国石油浙江石油勘探处、武汉地质调查中心、湖北省地质调查院等单位分别完成了万县—桃源、神农架—红花—江垭、三斗坪—临澧、利川—慈利、石门—枝城、五峰等走廊地质大剖面6条，总长度974 km，这些剖面穿越或覆盖工区；中国石化江汉勘探研究院、中国石油浙江石油勘探处等在秭归复向斜西部区域、湾潭—庙岭、五峰—花果坪等构造上还开展了局部地区的地面地质调查，详查面积3257 km^2，为该区前期地球物理勘探奠定了基础。

（2）地震勘探

为进一步探查五峰—花果坪地区地质结构特征，1999年中国石化江汉物探处在庙岭构造群上完成山地二维数字地震测线2条100.8 km，初步落实了太平庄、庙岭、周家台及安厂等地腹构造特征；2007年中国石化南方勘探分公司组织完成的普光—桑植地震大剖面穿越工区，进一步揭示了区内地质结构特征。此外，1993—1998年，中国石油天然气总公司（CNPC）渝鄂湘边区天然气勘探项目经理部委托江汉局在齐岳山以东的利川地区完成二维数字地震904.26 km，主要分布于利川南部的侏罗系覆盖区和鱼皮泽地区（图1.4.3），测线间距4～10 km；2000年完成551.56 km，主要针对建南、茶园坪和盐井构造的下组合勘探。

（3）重磁电等非震物探

1993—1999年，中国地质大学、中国石化江汉物探处在工区完成区域重磁力大剖面概查9条，物理点2227个，总长度1720 km。同济大学完成了全区老资料1∶50万重、磁力重新处理解释，总面积约70000 km^2。此外，本区还投入了一定量的电法MT勘探工作，完成MT区域大剖面1568.6 km，795个物理点。另在秭归等地开展了有限的MT面积概详查2127 km^2，共计2319个物理点。1999年5—9月，中国石化江汉物探处重力队对上述地质勘查区进行了地面重力详查，完成重力物理点3770个，详查范围达900 km^2。此外，中国石化南方经理部还委托江汉物探处、浙江石油勘探处、长江大学（原江汉石油学院）等五家

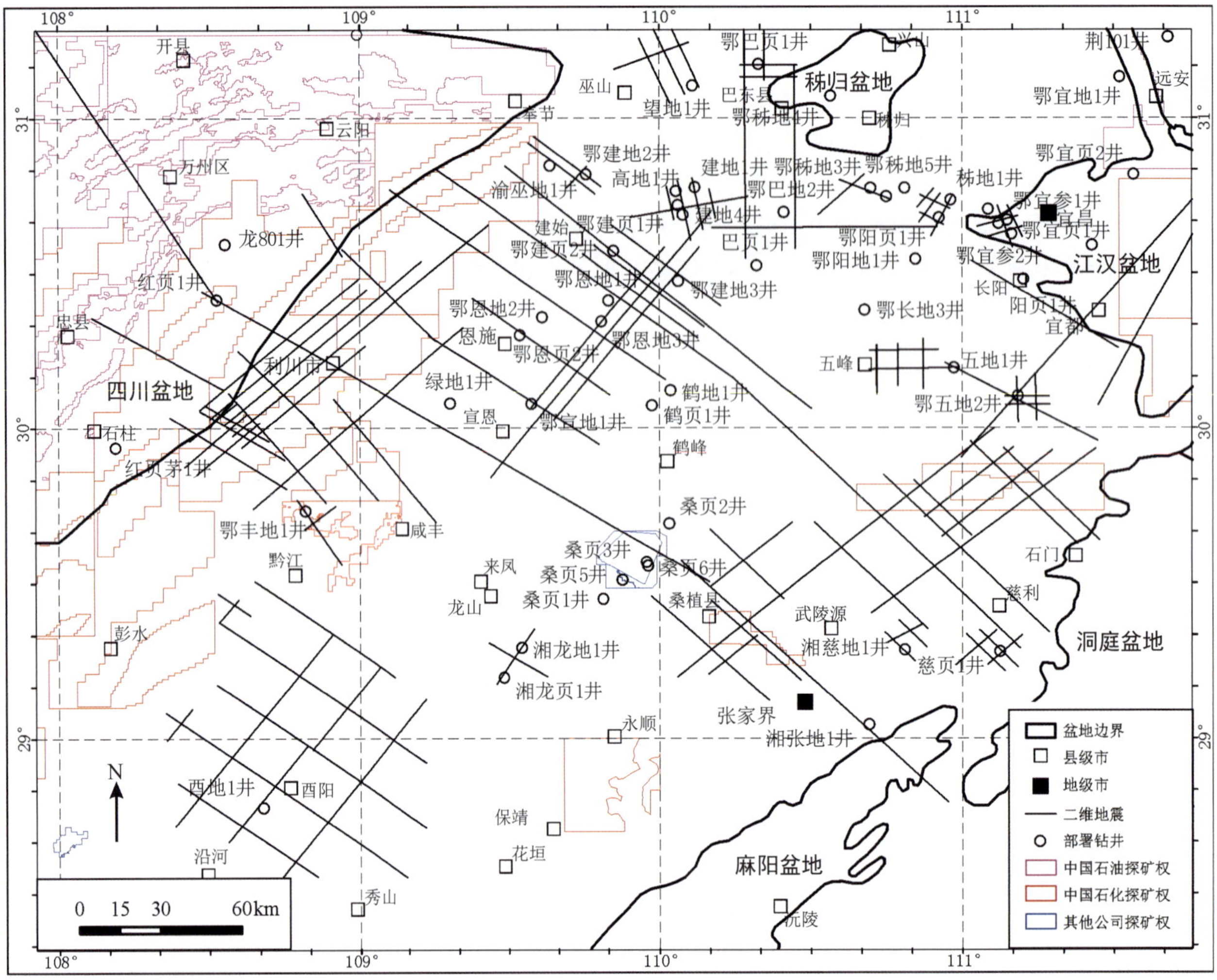

图1.4.3 鄂西—渝东地区油气（包括页岩气）勘探程度图

单位于1999年5—8月间对五峰庙岭地区进行MT概查，测网密度为点×线距=2×10 km，共计22条测线，总长度2144 km，1058个物理点。

（4）钻井勘探

主要由中国石化江汉分公司实施完成，钻探时间集中在1966—1969年，针对宜都、刘家场、香龙山、白果坝、红岩溪、咸丰、旧司等7个地面“高、老、大”背斜进行了浅井钻探，共钻井22口，除宜3井见微气显示外，其余的井在上震旦统至奥陶系产淡水。1970—1980年，在茶山、白果坝、河涝子、李子溪及洗马坪等5个构造上继续钻探，共钻井6口，除河2井见少量可燃气外，其他因地腹构造不清，大多未钻至主要目的层上震旦统。本阶段共钻探井28口，总进尺37997.85 m。此外，1970年以来，针对震旦系—下古生界在利川复向斜、齐岳山复背斜、石柱复向斜的建南构造、鱼皮泽构造等构造上先后钻探了利1井、鱼1井、建深1井等10余口深井，其中，建深1井在志留系中钻获5.13万m^3/d的工业气流。上述所钻30余口井，多是20世纪60—70年代根据地面地质调查确定的地面构造高点而钻的地质浅井，其中有26口井位于中央复背斜及宜都—鹤峰复背斜上，所钻构造地表多已出露寒武系，宜都构造上甚至震旦系已经出露，只有河2井和洗1井2口井位于花果坪复向斜内；并且受当时地质认识水平、技术条件和钻井工艺的限制，仅鄂参1井、李2井、咸2井及宜10井等钻井按当时的设计要求钻达目的层，其余多因各种原因未能钻达目的层。在早期勘探结束后，鄂西地区基本未进行新的常规油气钻井勘探。20世纪90年代后，仅开展了少量物探工作及研究工作，因此勘探程度还处于极低的水平。2010年后，以页岩气为调查目标，在此地区进行了大量钻探工作（见1.4.3节）。

（5）前人主要成果认识

经50余年的勘探实践，本区尽管地质构造复杂，但仍取得了一些油气成藏地质条件的基本认识，而且成功发现了建南气田，为下一步油气勘探奠定了基础。此外，建深1井发现工业气流更是增强了该区油气勘探的信心。主要成果认识如下：①工区震旦系—古生界发育齐全，地表油气苗显示丰富，表明曾经历过油气生成和运聚，其中陡山沱组、牛蹄塘组（水井沱组）、龙马溪组三套烃源层生烃潜力大，资源量丰富，总平均生烃强度达$176.98 \times 10^8\ m^3/km^2$，全区资源量达$36000 \times 10^8\ m^3$以上，具有巨大的生烃物质基础；②通过地面地质工作和区内30余口地质探（浅）井揭示，区内发育上震旦统灯影组、下寒武统石龙洞组、中寒武统覃家庙组、上寒武统娄山关组（三游洞组）、下奥陶统等多套勘探目的层，以及下寒武统和志留系两套区域盖层，具备多套生储盖组合；③通过地面地质概详查及其他综合物探等勘探技术手段共发现各类局部构造数十个，局部构造数量多、面积大、闭合幅度高，其中较好的局部构造20余个，另外，地震概查发现和证实湾潭等8个局部构造；④通过区块综合评价研究，认为石柱—方斗山复向斜属Ⅰ类有利保存单元，齐岳山复背斜—利川复向斜属Ⅱ类较有利保存单元。

1.4.3 页岩气勘探进展

鄂西—渝东地区页岩气调查评价工作大致从2009年开始，截至目前，大体经历了区域性页岩气资源潜力评价阶段和页岩气基础地质调查阶段。其中第一阶段主要有自然资源部油气资源战略中心于2009年启动实施的“中国重点地区页岩气资源潜力及有利区优选”、2010年实施的“川渝黔鄂页岩气资源战略调查先导试验区”、2011年开展的“全国页岩气资源潜力调查评价及有利区优选”等项目，这些项目不同程度覆盖鄂西地区。通过上述工作，初步评价包括鄂西在内的湖北省页岩气地质资源量为$9.48 \times 10^{12}\ m^3$，位居全国第五位。第二阶段从2012年开始至今，随着我国页岩气资源调查评价及勘探开发全面展开，中国地质调查局、湖北省国土资源厅、中国石化江汉分公司与中国石油浙江分公司等油气公司、中标企业华电集团湖北省页岩气开发有限公司等分别在区内先后启动实施了页岩气资源潜力调查评价、基础地质调查、战略选区调查或有利区优选、勘探开发等不同层次的页岩气资源调查评价及勘探开发工作。其中，页岩气资源潜力调查评价、基础地质调查工作主要由中国地质调查局、湖北省国土资源厅等组织实施，具体工作分别由中国地质调查局油气资源调查中心和武汉地质调查中心、湖北省地质调查院等单位实施完成。完成的主要工作包括页岩分布区域概查、1∶5万页岩气地质填图试点、1∶25万页岩气基础地质调查、页岩气战略选区调查、地震勘探、非地震（重磁电）勘探、地质调查井勘探等。

鄂西—渝东地区二叠系页岩气勘探工作起步晚，勘查程度较低。自2014年以来至今，随着鄂西—渝东地区页岩气调查评价工作的推进，二叠系页岩气勘探在部分地区取得重要成果进展，二叠系页岩气勘探工作才被相关单位和学者越来越重视。目前，在鄂西—渝东地区钻遇二叠系的钻井近20口（图1.4.3），80%以上的钻井在二叠系钻获良好的页岩气显示。

总体来说，鄂西—渝东地区二叠系页岩气勘探经历了以下两个阶段：第一阶段，鄂西—渝东地区二叠系页岩层系往往是作为区内页岩气兼探目的层系部署实施工作，仅有少量剖面工作用于获取该套页岩目的层评价参数；第二阶段，随着区内相关页岩气区块页岩气勘探进程的推进，在鹤地1井、高地1井见较好的页岩气显示之后，二叠系页岩层系显示较好的页岩气资源前景，二叠系作为一套新层系才逐渐走进大家的视野。2014—2016年期间，华电湖北省页岩气公司在鹤峰区块实施的鹤地1井、鹤地2井均显示大隆组存在明显的气测异常和较好的含气性。2015年，中国地质调查局油气资源调查中心在湖北巴东地区部署实施的巴页1井在二叠系大隆组亦获得较好的页岩气显示。2016年，湖北省地质调查院在建始高坪实施的高地1井在大隆组和孤峰组均获得了较好的页岩气显示。2017年，中国地质调查局油气资源调查中心在湖北建始地区部署实施的鄂建页1井在二叠系大隆组、孤峰组钻遇厚层富有机质页岩（40 m以上），气测异常显示活跃，大隆组气测全烃最高5.4%（埋深800 m左右）。

2019年以来，中国地质调查局油气资源调查中心加大鄂西—渝东地区二叠系页岩气调查评价力度。

2020年，针对红岩寺向斜二叠系富有机质页岩部署实施了1口大口径地质调查井——鄂建地4井，在设计深度范围内未钻遇二叠系，但在三叠系嘉陵江组一段、二段、四段钻遇多套石膏岩层（累计厚80 m），大冶组灰岩段中钻遇厚0.5 m（1708.5～1709 m）黑色碳质页岩，气测显示活跃，全烃0.07%↑4.02%，取芯后后效全烃：0.38%↑89.94%，显示本井上覆地层封盖、保存条件好。2022年，在重庆巫山地区实施页岩气地质调查井——渝巫地1井，在大隆组钻遇厚层富有机质页岩，含气层位厚50 m，气测全烃值高达14.76%，平均含气量为3. 34 m^3/t（22个样品），揭示二叠系具有良好的页岩气资源潜力和勘探前景。2023年，在湖北建始部署的鄂建页2井在2360～2402 m钻遇大隆组页岩，岩性主要为灰黑色含钙碳质页岩，该段气测全烃最高值16.18%，甲烷最高值15.67%，中下部页岩层现场解析总含气量平均值4.40 m^3/t（17块样品），达到Ⅰ类含气储层标准（>3 m^3/t）。2020年，湖北省地质调查院在恩施地区实施的鄂恩地1井，在不到550 m钻遇大隆组，气测全烃最高11%，页岩解析含气量达到2.8 m^3/t。2021年，实施的鄂恩地2井1220 m钻遇大隆组高含气量页岩，含气量平均为2.93 m^3/t，最高达5.78 m^3/t。

此外，2019年以来，中国石化江汉油田分公司在利川红星区块二叠系吴家坪组和茅口组取得工业突破。其中，吴家坪组主要开发层段位于吴家坪组二段中上部15.3 m优质页岩层段，岩性为灰色泥岩、灰黑色页岩，整体具有“低黏土、高脆性矿物”的特征，页岩有机碳（TOC）含量（质量分数）为5.25%～9.44%，页岩总含气量为4.41～5.89 m^3/t，平均为5.35 m^3/t。茅口组主要开发层段位于茅四段一亚段7.8～28.8 m优质页岩层段，岩性为黑色泥页岩，整体也具有“低黏土、高脆性矿物”的特征，页岩有机碳（TOC）含量（质量分数）为6.20%～10.70%，页岩总含气量为4.57～7.60 m^3/t，平均为5.89 m^3/t。2019年江汉油田部署的风险探井枫1井在二叠系页岩层段见良好的气测显示，风险探井红页1HF井在吴家坪组二段试获日产8.9×10^4 m^3工业气流，2020年10月试采，累产超2000×10^4 m^3。此后相继部署钻探的 HY-2，HY-3，HY-4，HY-5等井，基本确定了红星地区建南区块的资源规模超过 1000×10^8 m^3。截至2023年底，针对吴家坪组页岩累计投产页岩气井12口，针对茅口组页岩投产页岩气井1口。2023年针对茅口组部署实施的红页茅2HF在茅四段试获日产7.92×10^4 m^3工业气流。红星区块成为江汉油田重要的增储上产接替区块。

2 大隆组页岩沉积特征

2.1 年代地层学

鄂西—渝东地区二叠纪地层发育齐全，露头好，分布广，代表了中国南方二叠系的主要沉积类型。表2.1.1为研究区二叠纪年代及岩石地层划分方案，自下而上依次发育船山组、梁山组、栖霞组、茅口组、孤峰组、龙潭组、下窑组、大隆组。其中，船山组为晚石炭世至乌拉尔世早期沉积的陆棚碳酸盐岩；梁山组为亚丁斯克期含煤碎屑沉积；栖霞组为乌拉尔世空谷期浅海碳酸盐岩沉积；茅口组为瓜德鲁普世亚热带广阔陆表海清水碳酸盐岩沉积；孤峰组为瓜德鲁普世末期盆地相碎屑岩沉积（硅质页岩、灰质白云质页岩等）；龙潭组为乐平世吴家坪期早期三角洲体系沉积；下窑组为吴家坪期滨海—浅海沉积；大隆组为吴家坪期晚期至长兴期末期深水硅质页岩、钙质泥岩沉积。

表 2.1.1 鄂西—渝东地区二叠纪地层划分表

年代地层				岩石地层
系	统	阶	各阶底界时限	组
三叠系	下统	印度阶	251.9Ma	大冶组
二叠系	乐平统	长兴阶	254.1Ma	大隆组
		吴家坪阶	259.5Ma	下窑组 龙潭组
	瓜德鲁普统	卡匹敦阶	264.3Ma	孤峰组
		沃德阶	266.9Ma	
		罗德阶	273.0Ma	茅口组
	乌拉尔统	空谷阶	283.5Ma	栖霞组
		亚丁斯克阶	290.1Ma	梁山组
		萨克马尔阶	293.5Ma	船山组
		阿瑟尔阶	298.9Ma	
石炭系	宾夕法尼亚亚系	格舍尔阶		黄龙组

研究区总体上以碳酸盐岩沉积为主，中晚二叠世大部分地区属于台内盆地及台盆边缘沉积，发育富有机质泥页岩，大隆组沉积时期火山作用和洋流作用频繁，有机质生产力激增，极有利于优质烃源岩发育（蔡雄飞等，2011）。因此，孤峰组—大隆组是页岩气及常规油气发育与勘探的重点层系。然而，四川盆地内外油田部门和地调部门的地层划分不统一（表2.1.2；田望学等，2007；翟常博等，2021；陈建平等，2018；赵宗举等，2012），缺乏孤峰组—大隆组沉积古地理演化方面的系统研究，制约了区域性地层的时空展布整体认识。

表 2.1.2　鄂西—渝东地区及四川盆地内外地层划分方案对比

年代地层				鄂西地区岩石地层				川东北地区岩石地层			川西南地区岩石地层		
系	统	阶	年龄/Ma	湖北省地质调查院	中国石化研究院	本书	中国石化江汉油田	中国石化研究院	中国石油研究院	中国石化江汉油田	中国石化江汉油田	中国石化研究院	中国石油研究院
三叠系	下统	印度阶		大冶组	大冶组	大冶组	大冶组	飞仙关组	大冶组	大冶组	飞仙关组	飞仙关组	飞仙关组
二叠系	乐平统	长兴阶	251.9Ma	大隆组	大隆组	大隆组	长兴组	长兴组	大隆组	大隆组	宣威组	长兴组	宣威组：四段 / 三段
		吴家坪阶	254.1Ma	下窑组 / 龙潭组	吴家坪组	下窑组 / 龙潭组	吴家坪组（吴二段 / 吴一段）	吴家坪组 / 王坡页岩	吴家坪组	吴家坪组	峨眉山玄武岩	龙潭组 / 峨眉山玄武岩	二段 / 一段 / 峨眉山玄武岩
	瓜德鲁普统	卡匹敦阶	259.5Ma	武穴组 / 孤峰组	孤峰组	孤峰组	孤峰组	茅口组	茅口组	孤峰组	茅口组	茅口组	茅口组
		沃德阶	264.3Ma	茅口组	茅口组	茅口组							
		罗德阶	266.9Ma	栖霞组									

早期研究认为，鄂西地区大隆组是晚二叠世长兴期的沉积产物。近年来随着研究深入，发现大隆组硅质页岩层在区域上存在着明显的穿时现象，据其中所产菊石类和牙形石化石组合，认为大隆组沉积时代应为吴家坪晚期至长兴期（牛志军等，2000；张宗言等，2009），但未给出确切年龄，难以进行区域大范围对比。晚二叠世至早三叠世，华南地区广泛发育多层火山灰，单个剖面中火山事件层数量最高可达35层，总厚度累计可超过2 m。在野外常呈现与围岩相区别的独特颜色（例如白色、黄色、浅灰色或灰绿色）以及较高的黏土矿物含量，较易与围岩区分开来（图2.1.1）。

本节内容即是利用在鄂西—渝东地区部署的建地4井、渝巫地1井所钻取岩芯，采集多层火山凝灰岩，进行X射线衍射（XRD）实验、全岩主、微量元素地球化学实验、锆石阴极发光（CL）实验、LA-ICP-MS锆石U-Pb定年实验和Hf同位素实验共计830余项次。讨论了凝灰岩物源，获取了地层绝对年龄，对大隆组的沉积时限进行了厘定，为日后大区域地层对比工作提供了依据。

2.1.1　凝灰岩矿物组成及地球化学特征

X射线衍射（XRD）实验结果（表2.1.3）显示，凝灰岩主要由黏土类矿物（48.39%～93.03%）、石英（2.99%～10.17%）、斜长石（0.56%～14.43%）及黄铁矿（0.2%～17.32%）组成，但不同层位凝灰岩矿物组成存在差异。建地4井下窑组底部三层凝灰岩（2JD4-13、2JD4-14、2JD4-16）矿物组成相近；建地4井大冶组底部2JD4-22凝灰岩层较为特殊，具有较高的辉石含量，其余三层凝灰岩（2JD4-23、2JD4-24、2JD4-25）矿物组成相近，多含少量磷灰石（0.5%～1.81%）；渝巫地1井大隆组中上部凝灰岩层（YWD-46、YWD-52、YWD-88）矿物组成相近，均含有较高含量的磷灰石（4.84%～13.87%）及少量方解石（0.25%～3.03%）；渝巫地1井大隆组底部凝灰岩层（YWD-109、YWD-114）矿物组成则以较高的黄铁矿含量为特征。

凝灰岩全岩主量元素地球化学数据（表2.1.4）显示，样品均具有较高的烧失量（LOI，7.76%～20.99%），与较高的黏土类矿物含量相符。主要氧化物含量：SiO_2为25.54%～53.17%，Al_2O_3为12.88%～26.81%，TFe_2O_3为2.95%～35.17%。Addison等（1983）研究表明，酸性、碱性和基性凝灰岩的Al_2O_3/TiO_2值分别为大于50，12.5～50和小于12.5。Winchester和Floyd（1977）研究认为，Zr/TiO_2和Nb/Y值在侵蚀风化过程中保持不变，可用于原岩分类。建地4井下窑组底部三层凝灰岩主要氧化物含量相近，

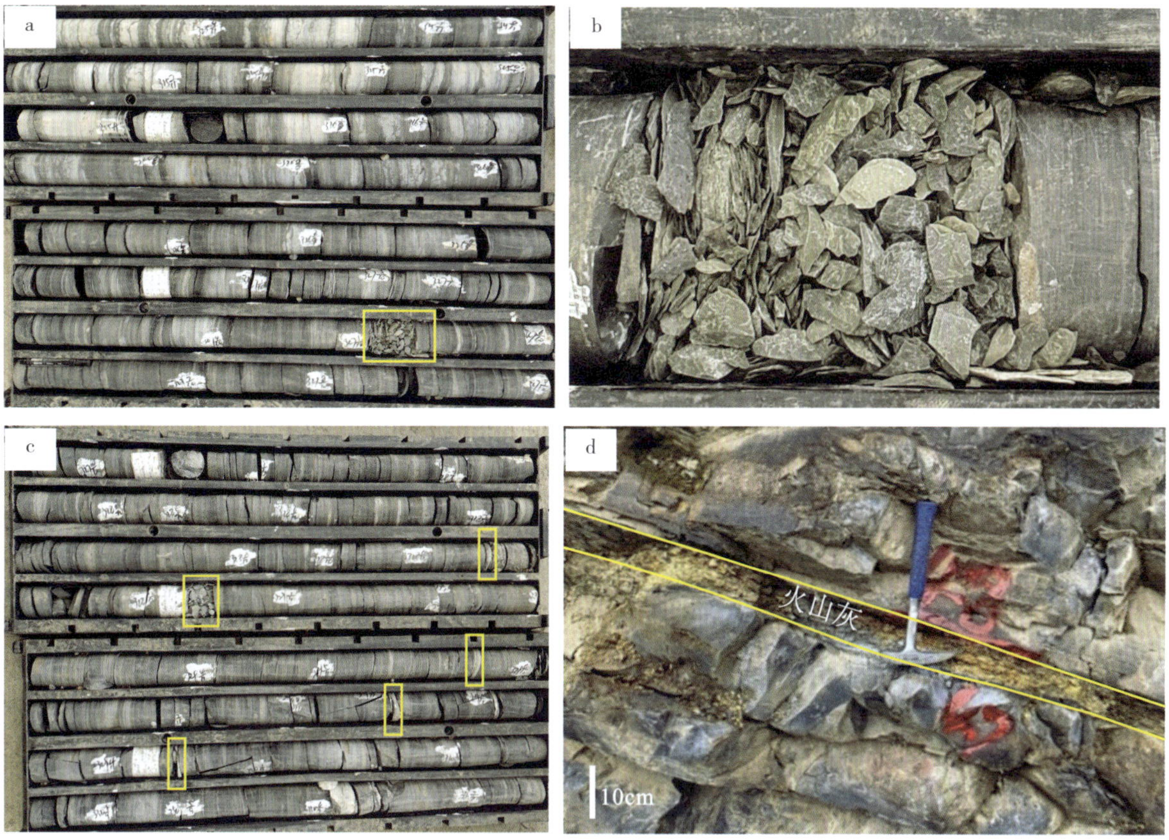

图2.1.1　二叠系大隆组页岩中火山凝灰岩照片

a—建地4井，948.7 m处见5～6cm厚的灰绿色凝灰岩；b—图a中火山灰的局部放大；c—建地4井，在952.9 m、953.3 m、954.8 m、955.7 m、956.3 m处均可见1～3cm厚的灰绿色凝灰岩；d—重庆奉节龙门坝剖面大隆组顶部见5 cm厚的灰白色火山灰

表 2.1.3　建地 4 井及渝巫地 1 井凝灰岩矿物组成及含量　　单位：%

井名	样品号	深度/m	云母类	石英	黄铁矿	斜长石	辉石	磷灰石	方解石
建地4井	2JD4-13	1068.4	89.12	2.99	3.32	4.57	/	/	/
	2JD4-14	1067.5	90.60	6.69	1.62	1.09	/	/	/
	2JD4-16	1067.9	90.49	7.22	1.62	0.67	/	/	/
	2JD4-22	958.8	48.39	3.21	17.32	3.87	26.20	1.01	/
	2JD4-23	955.7	85.06	8.51	2.93	1.69	/	1.81	/
	2JD4-24	948.7	93.04	4.86	1.02	0.59	/	0.50	
	2JD4-25	953.3	91.53	5.65	1.82	1.00	/	/	/
渝巫地1井	YWD-46	1326.19	69.96	7.54	0.20	14.43	/	4.84	3.03
	YWD-52	1328.63	76.14	7.7	0.28	10.13	/	5.50	0.25
	YWD-88	1347.74	77.08	5.4	0.85	2.82	/	13.87	/
	YWD-109	1358.08	81.67	10.17	5.7	2.46	/	/	/
	YWD-114	1360.68	76.89	8.98	10.03	3.49	/	0.61	/

Al_2O_3/TiO_2值为28.7～41.1，平均值为33.45，为碱性岩浆源（图2.1.2a），在Zr/TiO_2-Nb/Y图解中落在钠闪碱流岩所示区域（图2.1.2b），；建地4井大冶组底部四层凝灰岩中，2JD4-22凝灰岩层较为特殊，具有较低的SiO_2及Al_2O_3含量，而TFe_2O_3和烧失量（LOI）远高于其余三层凝灰岩，影响数据分析，其余三层

表 2.1.4　建地 4 井及渝巫地 1 井凝灰岩主量元素分析结果　　　　单位：%

样品号	SiO_2	TiO_2	Al_2O_3	TFe_2O_3	MnO	MgO	CaO	Na_2O	K_2O	P_2O_5	LOI	SUM
2JD4-13	44.19	0.74	22.67	11.39	0.032	2.20	1.45	0.95	3.09	0.20	12.30	99.21
2JD4-14	50.93	0.65	26.76	4.15	0.004	2.78	0.28	0.65	3.75	0.08	9.33	99.37
2JD4-16	50.71	0.93	26.60	4.34	0.007	2.71	0.68	0.61	3.71	0.12	9.61	100.02
2JD4-22	25.54	0.15	12.88	35.17	0.032	1.11	0.55	0.90	2.73	0.18	20.99	100.23
2JD4-23	48.70	0.79	25.10	5.04	0.035	2.13	1.60	0.98	5.54	0.31	8.42	98.65
2JD4-24	49.80	0.49	26.81	4.34	0.004	2.47	0.85	0.44	6.24	0.06	7.76	99.27
2JD4-25	49.43	0.56	26.26	5.42	0.025	2.45	0.59	0.53	6.10	0.17	8.15	99.68
YWD-46	51.70	0.56	24.45	2.95	0.047	2.10	2.82	2.08	3.46	0.30	8.98	99.45
YWD-52	53.17	0.39	25.82	3.23	0.013	2.32	0.58	1.86	3.82	0.20	8.70	100.10
YWD-88	49.57	0.49	24.54	4.87	0.070	2.61	1.50	1.07	4.23	0.88	9.75	99.60
YWD-109	47.43	0.27	22.17	7.76	0.046	2.50	0.47	0.78	4.21	0.06	13.42	99.11
YWD-114	43.26	0.81	19.81	13.21	0.248	2.33	1.18	0.48	3.94	0.17	13.54	98.97

凝灰岩主要氧化物含量相近，Al_2O_3/TiO_2值为31.6～54.4，平均值为44.36，为中酸性岩浆源（图2.1.2a），在Zr/TiO_2–Nb/Y图解中落在流纹岩所示区域（图2.1.2b）；渝巫地1井大隆组中上部凝灰岩层矿物组成相近，均含有较低的TFe_2O_3含量，Al_2O_3/TiO_2值为43.3～66.99，平均值为53.41，为酸性岩浆源（图2.1.2a），在Zr/TiO_2–Nb/Y图解中落在英安岩所示区域（图2.1.2b）；渝巫地1井大隆组底部凝灰岩层则以较高的TFe_2O_3含量为特征，与较高的黄铁矿含量相对应，YWD–109的Al_2O_3/TiO_2值为82.56，为酸性岩浆源（图2.1.2a），在Zr/TiO_2–Nb/Y图解中落在图2.1.2b所示区域，原岩应属于英安岩；YWD–114的Al_2O_3/TiO_2值为24.6，为碱性岩浆源（图2.1.2a），在Zr/TiO_2–Nb/Y图解中落在钠闪碱流岩所示区域（图2.1.2b）。

根据凝灰岩微量元素分析结果（表2.1.5），样品总体上具有相似的球粒陨石正态稀土元素（REE）模式（图2.1.3a），均具有较丰富的轻稀土元素和较强的Eu负异常。在碱性岩浆中，由于Si、Al含量不足，需要Nb、Ta、Zr、Hf等价态高、离子半径大的亲石元素形成阴离子和碱性阳离子来中和岩浆体系，因此碱性凝灰岩成分中高度富集高磁场强度元素（HSFE、Nb、Ta、Zr、Hf）（图2.1.3b），这是碱性凝灰岩的重要特征（李霄，2015）。

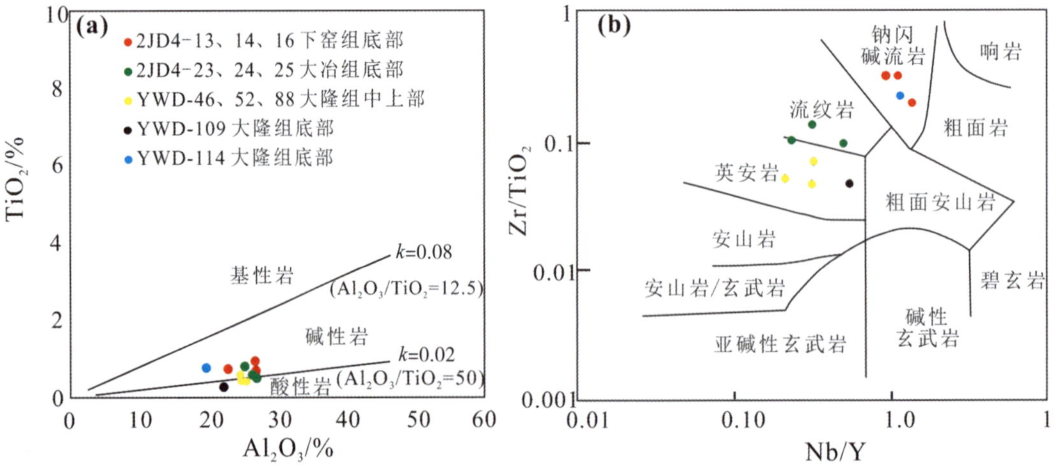

图2.1.2　建地4井及渝巫地1井凝灰岩Al_2O_3–TiO_2图解（a）及Zr/TiO_2–Nb/Y图解（b）
（图（a）据Addison et al.，1983；图（b）据Winchester和Floyd，1997）

表 2.1.5 建地 4 井及渝巫地 1 井凝灰岩微量元素分析结果

单位：10^{-6}

样品号	Rb	Sr	Y	Zr	Nb	Sn	Cs	Ba	La	Ce	Pr	Nd	Sm	Eu	Gd	Tb	Dy	Ho	Er	Tm	Yb	Lu	Th	U
2JD4–13	72.2	308	91.4	1623	124	14.1	5.35	281	195	586	74.6	265	36	3.17	23.2	3.77	20.7	3.88	9.91	1.25	7.1	0.92	47.5	7.36
2JD4–14	84.1	239	156	2221	144	18.3	7.39	307	234	621	74.3	259	41	2	30.4	5.04	30.6	6.09	16.3	2.27	13.6	1.82	76.4	19.5
2JD4–16	87.7	271	211	3183	232	22.3	7.54	347	281	628	73.8	257	45.9	2.69	43.4	7.4	47.7	9.04	22.3	3.08	18.6	2.52	82.2	19.3
2JD4–22	76.1	174	13.7	133	4.33	2.85	5.6	190	3.74	11.2	1.55	7.46	2.47	0.29	2.37	0.39	2.36	0.48	1.37	0.21	1.42	0.21	45.1	8.76
2JD4–23	188	224	96.2	821	47.1	9.74	17	458	38.1	119	17.1	71.6	16.6	2.34	14.2	2.41	15.9	3.55	10.7	1.69	11.4	1.7	65.5	18.9
2JD4–24	197	150	68.8	701	21.2	9.84	16.4	455	22.5	72.7	10.9	43.2	11.9	1.84	9.19	1.73	12.1	2.66	7.6	1.13	6.92	0.96	53.3	10.4
2JD4–25	186	136	68.8	586	15.3	10	15.8	458	30.6	99.1	15	66	17.7	2	13.3	1.97	12	2.55	7.67	1.18	7.88	1.14	73.9	20.4
YWD–46	114	282	39.3	451	16.8	5.72	8.6	229	46	100	12.3	41.7	8.66	0.84	7.59	1.21	7.56	1.56	4.52	0.67	4.33	0.64	50.6	12.2
YWD–52	131	83.8	15.2	192	4.66	6.08	8.95	296	49.2	94.9	10	28.6	4.68	0.47	3.42	0.48	2.76	0.59	1.74	0.27	1.73	0.27	39.7	9.18
YWD–88	126	227	51.3	274	10.7	3.61	9.05	209	25.7	57.3	7.6	31.1	8.72	1.4	8.66	1.4	8.47	1.67	4.55	0.63	4.06	0.6	40.1	56.5
YWD–109	130	1191	13.2	143	7.11	3.41	8.7	248	32.9	48.4	4.34	13	1.89	0.33	1.39	0.25	1.72	0.41	1.44	0.23	1.68	0.28	22.3	9.13
YWD–114	122	157	162	2035	184	13.9	8.15	276	513	941	89.4	222	22	2.32	26.9	5.32	36.2	6.69	18.4	2.57	15.8	2.17	77.7	13.6

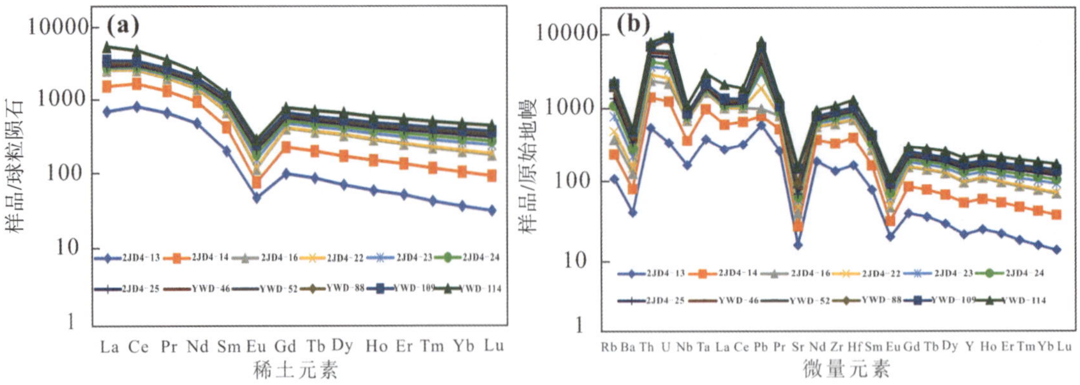

图2.1.3 建地4井及渝巫地1井凝灰岩球粒陨石标准化REE模式分布图（a）和原始地幔标准化微量元素蛛网图（b）

球粒陨石和原始地幔正态化值来自Sun和McDonough（1989）

2.1.2 凝灰岩锆石U–Pb年代学特征

（1）大冶组底部

将建地4井大冶组底部采集的2JD4–22、2JD4–23、2JD4–24、2JD4–25四层凝灰岩进行处理，共获得锆石颗粒2000多粒，选取其中600粒用来制靶进行测试。锆石颗粒多为短柱状或长柱状，长轴50～200 μm，短轴25～70 μm，长宽比1∶1.5～1∶2.5，自形或半自形且形态完整，少部分破碎但棱角分明，指示了近源的特征。阴极发光（CL）图像显示，绝大部分锆石岩浆震荡环带发育，部分弱分带，为典型的岩浆锆石结构特征（图2.1.4）。锆石Th含量在（58.99～1879.29）× 10^{-6}范围内，U含量在

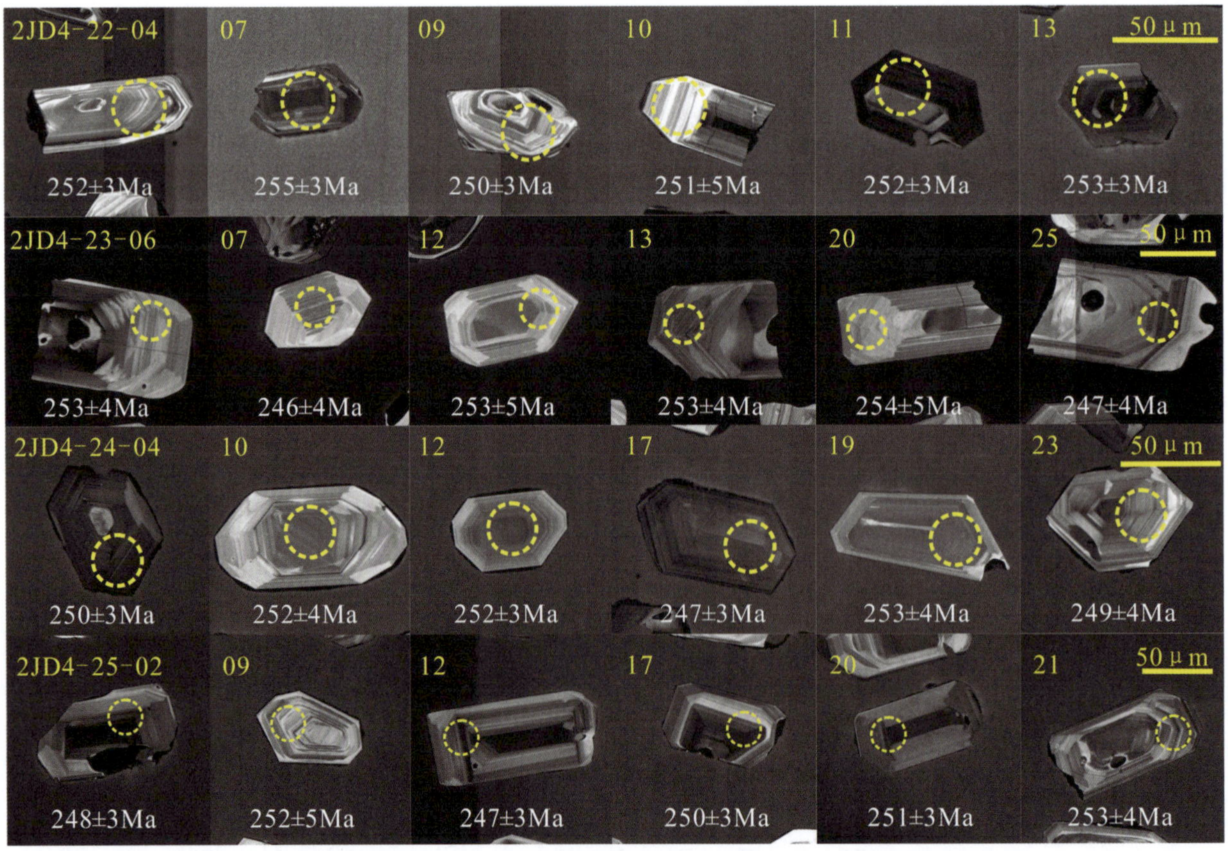

图2.1.4 建地4井大冶组底部代表性锆石CL图像及其U–Pb年龄（圆圈代表剥蚀位置）

（96.72～4562.25）× 10^{-6}范围内，Th/U在0.21～1.31范围内，平均值为0.69，比值均大于0.1。绝大多数锆石稀土元素配分模式图呈现出典型的Ce正异常及Eu负异常，HREE相对于LREE富集和陡峭上升的岩浆锆石微量元素特征（图2.1.5），也指示其应为岩浆岩物源，所测年龄可代表锆石的结晶年龄。

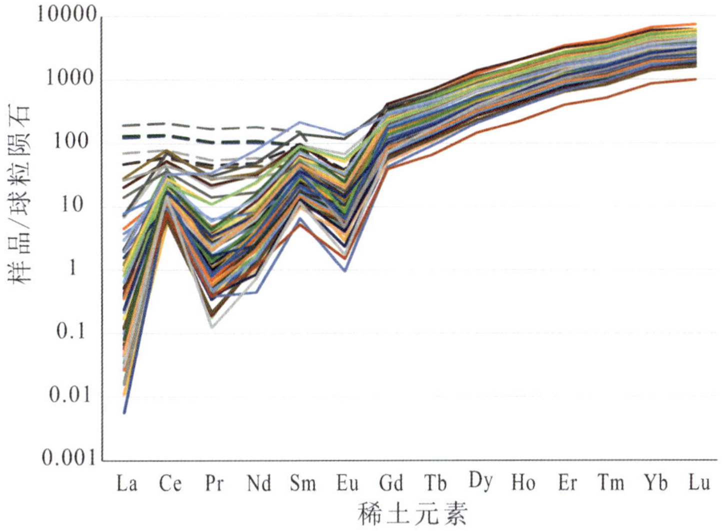

图2.1.5　建地4井大冶组底部锆石稀土元素配分模式图

建地4井大冶组底部采集的四层凝灰岩，结合锆石阴极发光（CL）、透射光和反射光图像，避开裂隙和包裹体，各选取测试点25个，获得谐和度高于90%的有效数据84个。锆石U-Pb谐和图显示，样品点基本全都落在谐和曲线上，只有个别不一致点（图2.1.6）。说明绝大部分锆石没有Pb丢失，可直接获得样品形成年龄，结合其自生、近源特点，将每件样品的$n(^{206}Pb)/n(^{238}U)$加权平均年龄解释为该层凝灰岩夹层的形成年龄：2JD4-22为251.8 ± 2.3 Ma，2JD4-23为251.6 ± 1.9 Ma，2JD4-24为251.6 ± 1.7 Ma，2JD4-25为251.9 ± 1.6 Ma（图2.1.6）。

（2）下窑组底部

将建地4井下窑组底部采集的2JD4-13、2JD4-14、2JD4-16三层凝灰岩进行处理，共获得锆石颗粒790多粒，选取其中390粒用来制靶进行测试。锆石颗粒多为短柱状或长柱状，长轴30～150 μm，短轴25～50 μm，长宽比1∶1～1∶3，自形或半自形且形态完整，少部分破碎但棱角分明，指示了近源的特征。阴极发光（CL）图像显示，绝大部分锆石岩浆震荡环带发育，部分弱分带，为典型的岩浆锆石结构特征（图2.1.7）。锆石Th含量在（51.5～751.14）× 10^{-6}范围内，U含量在（98.85～651.29）× 10^{-6}范围内，Th/U在0.49～1.68范围内，平均值为0.83，比值均大于0.4。绝大多数锆石稀土元素配分模式图呈现出典型的Ce正异常及Eu负异常，HREE相对于LREE富集和陡峭上升的岩浆锆石微量元素特征（图2.1.8），也指示其应为岩浆岩物源，所测年龄可代表锆石的结晶年龄。

建地4井下窑组底部采集的三层凝灰岩，结合锆石阴极发光（CL）、透射光和反射光图像，避开裂隙和包裹体，各选取测试点25个，获得谐和度高于90%的有效数据51个。锆石U-Pb谐和图显示，样品点基本全都落在谐和曲线上，只有个别不一致点（图2.1.9）。说明绝大部分锆石没有Pb丢失，可直接获得样品形成年龄，结合其自生、近源特点，将每件样品的$n(^{206}Pb)/n(^{238}U)$加权平均年龄解释为该层凝灰岩夹层的形成年龄：2JD4-13为256.3 ± 1.7 Ma，2JD4-14为256 ± 2.0 Ma，2JD4-16为255.9 ± 2.1 Ma（图2.1.9）。

（3）大隆组中上部

将渝巫地1井大隆组中上部采集的YWD-46、YWD-52两层凝灰岩进行处理，共获得锆石颗粒1500多粒，选取其中300粒用来制靶进行测试。锆石颗粒多为短柱状或长柱状，长轴50～150 μm，短轴

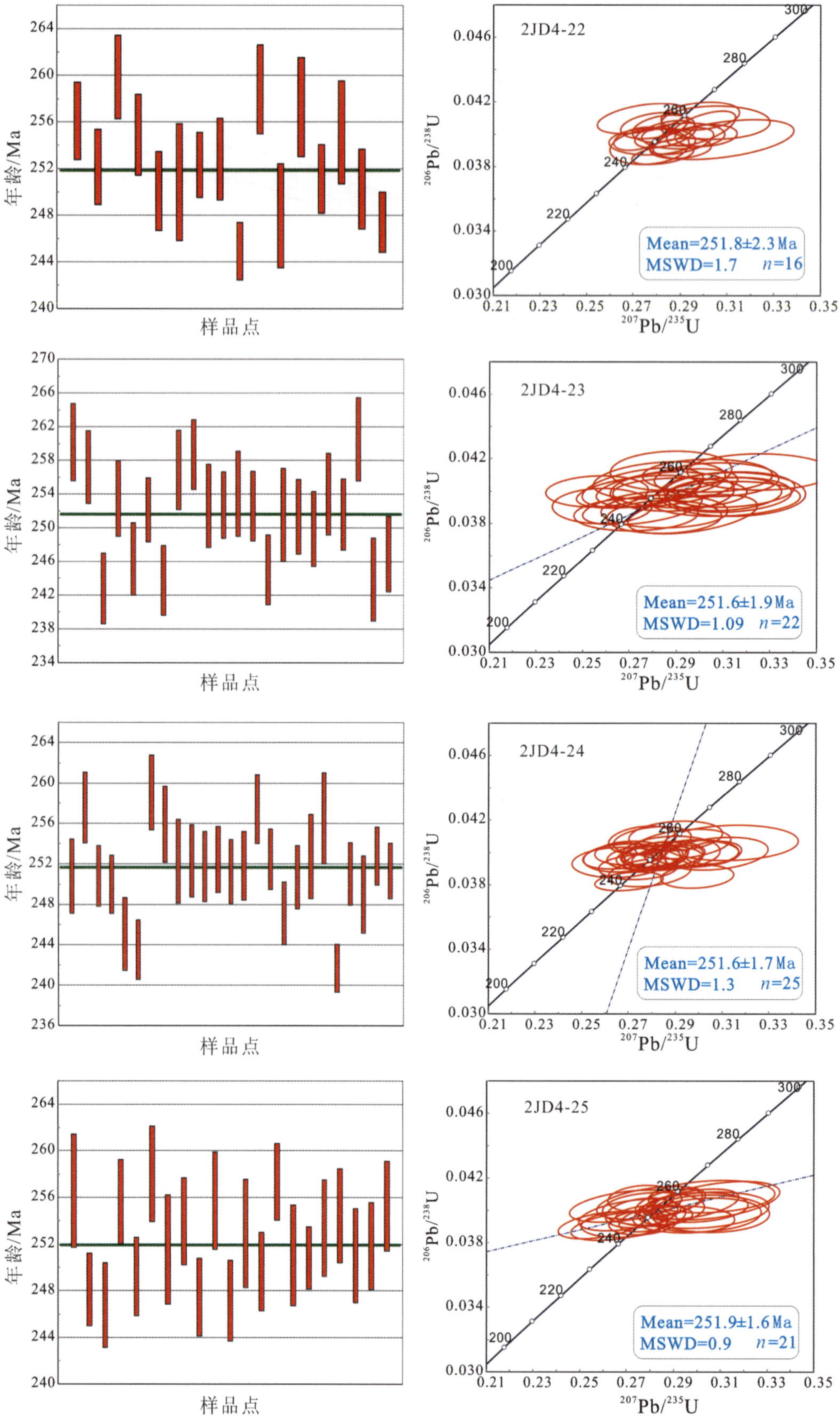

图2.1.6　建地4井大冶组底部锆石U-Pb测年谐和图

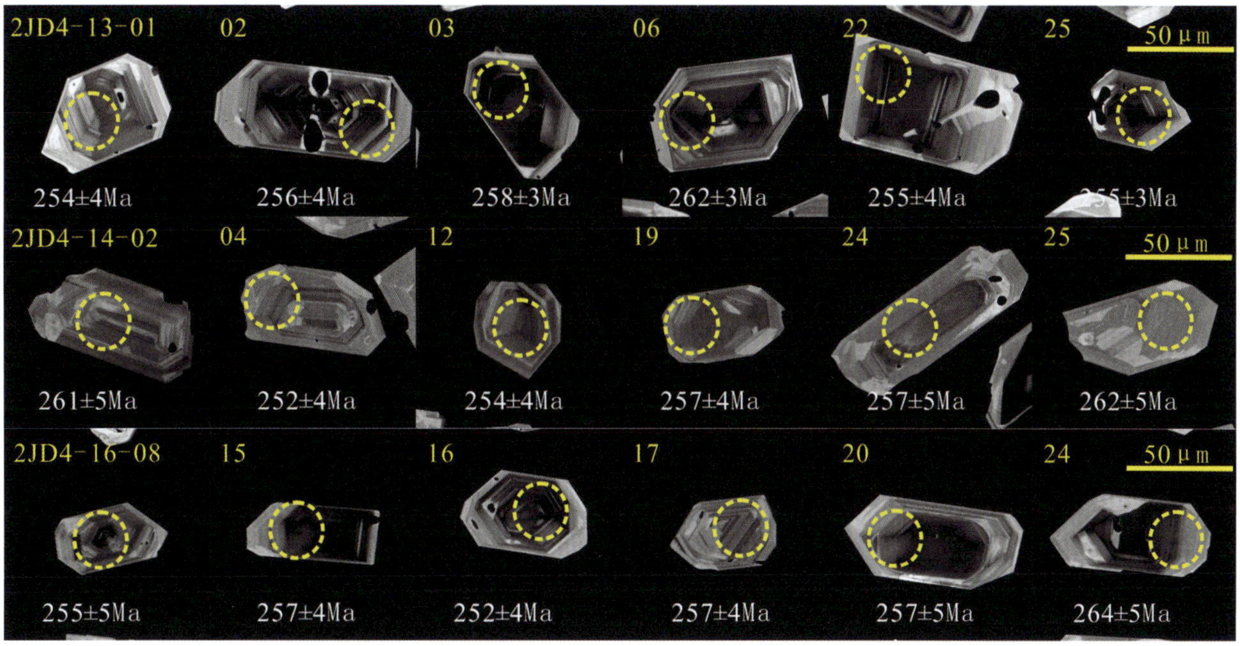

图2.1.7　建地4井下窑组底部代表性锆石CL图像及其U-Pb年龄（圆圈代表剥蚀位置）

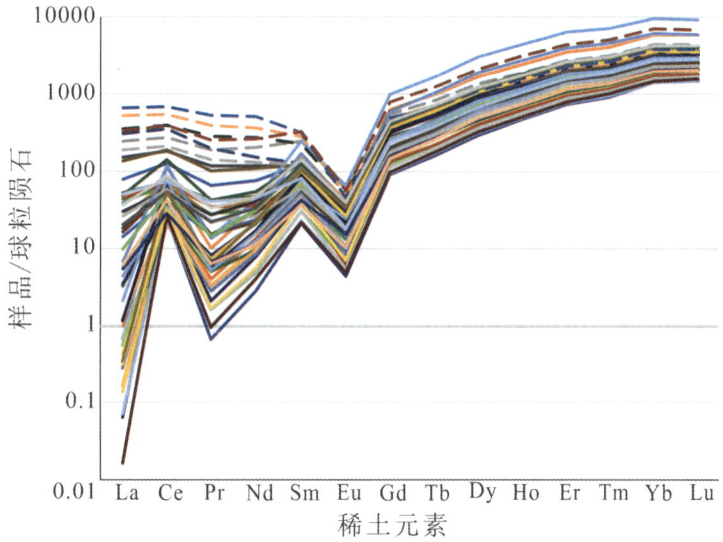

图2.1.8　建地4井下窑组底部锆石稀土元素配分模式图

25～50 μm，长宽比1：1.2～1：4，自形或半自形且形态完整，少部分破碎但棱角分明，指示了近源的特征。阴极发光（CL）图像显示，绝大部分锆石岩浆震荡环带发育，部分弱分带，为典型的岩浆锆石结构特征（图2.1.10）。锆石Th含量在（98.05～891.76）$\times 10^{-6}$范围内，U含量在（230.64～1142.67）$\times 10^{-6}$范围内，Th/U在0.29～0.93范围内，平均值为0.51，比值均大于0.1。绝大多数锆石稀土元素配分模式图呈现出典型的Ce正异常及Eu负异常，HREE相对于LREE富集和陡峭上升的岩浆锆石微量元素特征（图2.1.11），也指示其应为岩浆岩物源，所测年龄可代表锆石的结晶年龄。

渝巫地1井大隆组中上部采集的两层凝灰岩，结合锆石阴极发光（CL）、透射光和反射光图像，避开裂隙和包裹体，各选取测试点25个，获得谐和度高于90%的有效数据50个。锆石U-Pb谐和图显示，样品点基本全都落在谐和曲线上，只有个别不一致点（图2.1.12）。说明绝大部分锆石没有Pb丢失，可

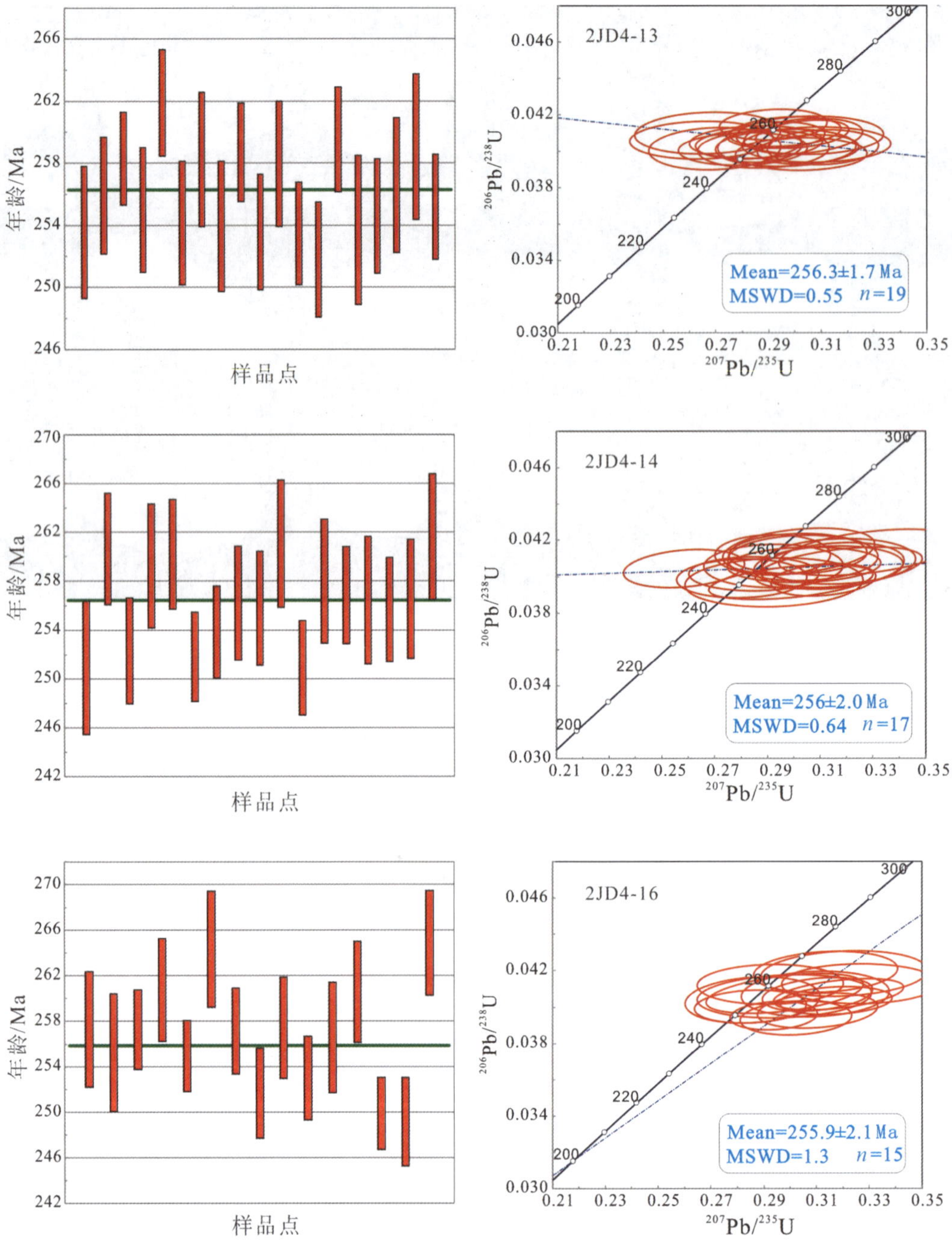

图2.1.9　建地4井大冶组底部锆石U-Pb测年谐和图

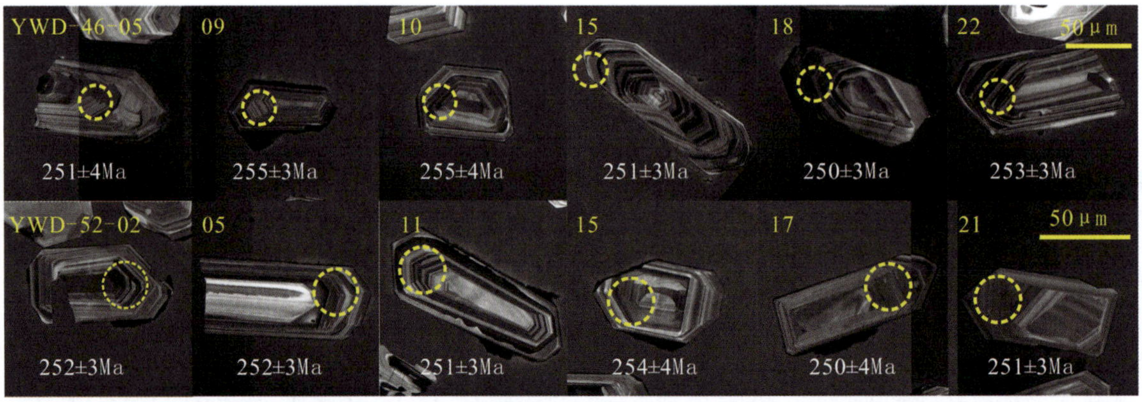

图2.1.10　渝巫地1井大隆组上部代表性锆石CL图像及其U-Pb年龄（圆圈代表剥蚀位置）

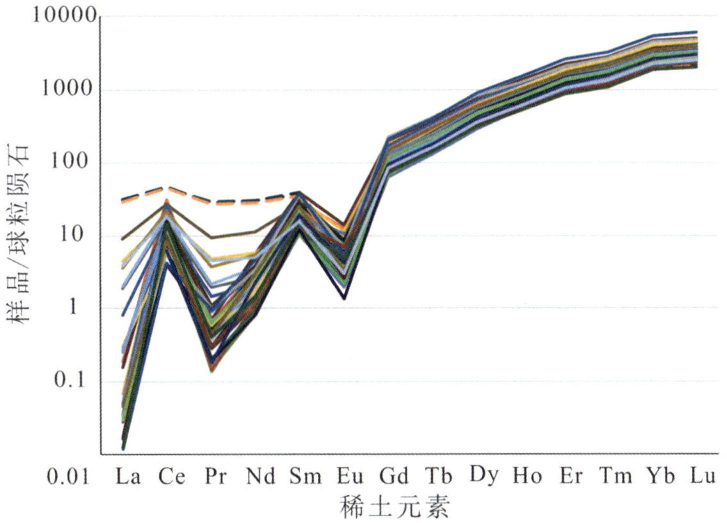

图2.1.11　渝巫地1井大隆组上部锆石稀土元素配分模式图

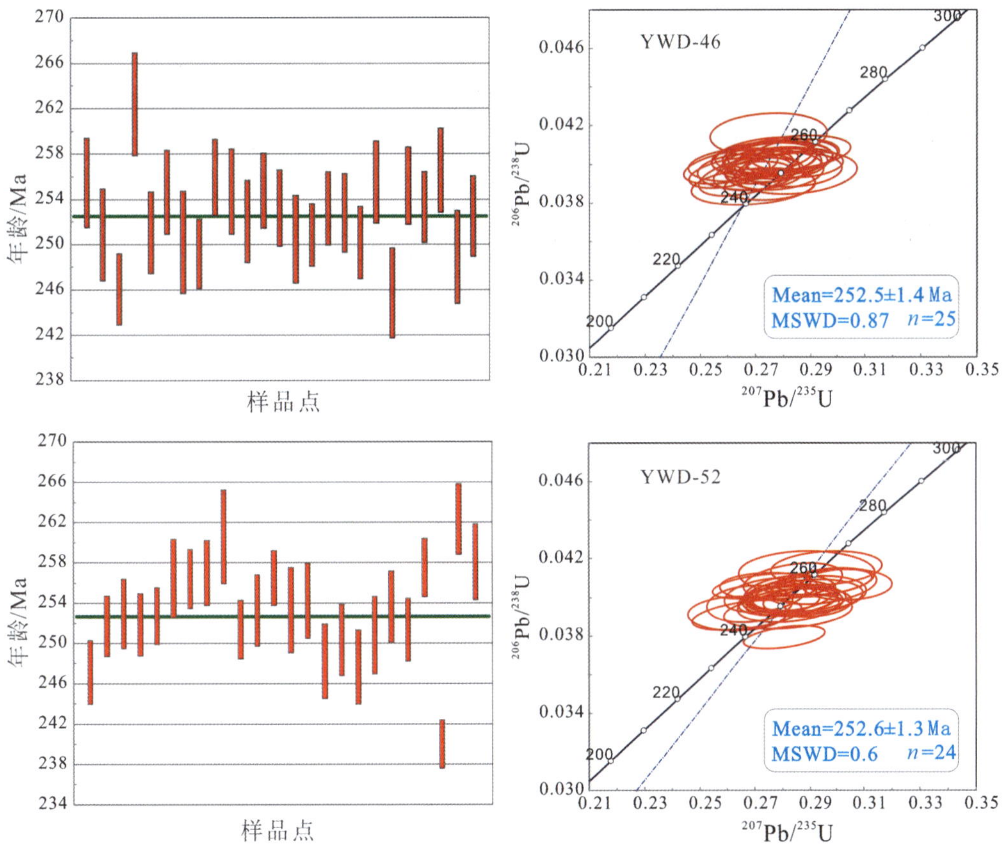

图2.1.12　渝巫地1井大隆组上部锆石U-Pb测年谐和图

直接获得样品形成年龄，结合其自生、近源特点，将每件样品的$n(^{206}Pb)/n(^{238}U)$加权平均年龄解释为该层凝灰岩夹层的形成年龄：YWD-46为252.5 ± 1.4 Ma，YWD-52为252.6 ± 1.3 Ma（图2.1.12）。

（4）大隆组下部和底部

将渝巫地1井大隆组下部采集的YWD-88和底部YWD-109、YWD-114三层凝灰岩进行处理，共获得锆石颗粒1000多粒，选取其中450粒用来制靶进行测试。锆石颗粒多为短柱状或长柱状，长轴50～180 μm，短轴25～45 μm，长宽比1∶1～1∶4，自形或半自形且形态完整，少部分破碎但棱角分明，指示了近源的特征。阴极发光（CL）图像显示，绝大部分锆石岩浆震荡环带发育，部分弱分带，为典型的岩浆锆石结构特征（图2.1.13）。锆石Th含量在（51.76～1153.26）×10^{-6}范围内，U含量在（96～1478.09）×10^{-6}范围内，Th/U在0.34～0.85范围内，平均值为0.56，比值均大于0.1。绝大多数锆石稀土元素配分模式图呈现出典型的Ce正异常及Eu负异常，HREE相对于LREE富集和陡峭上升的岩浆锆石微量元素特征（图2.1.14），也指示其应为岩浆岩物源，所测年龄可代表锆石的结晶年龄。

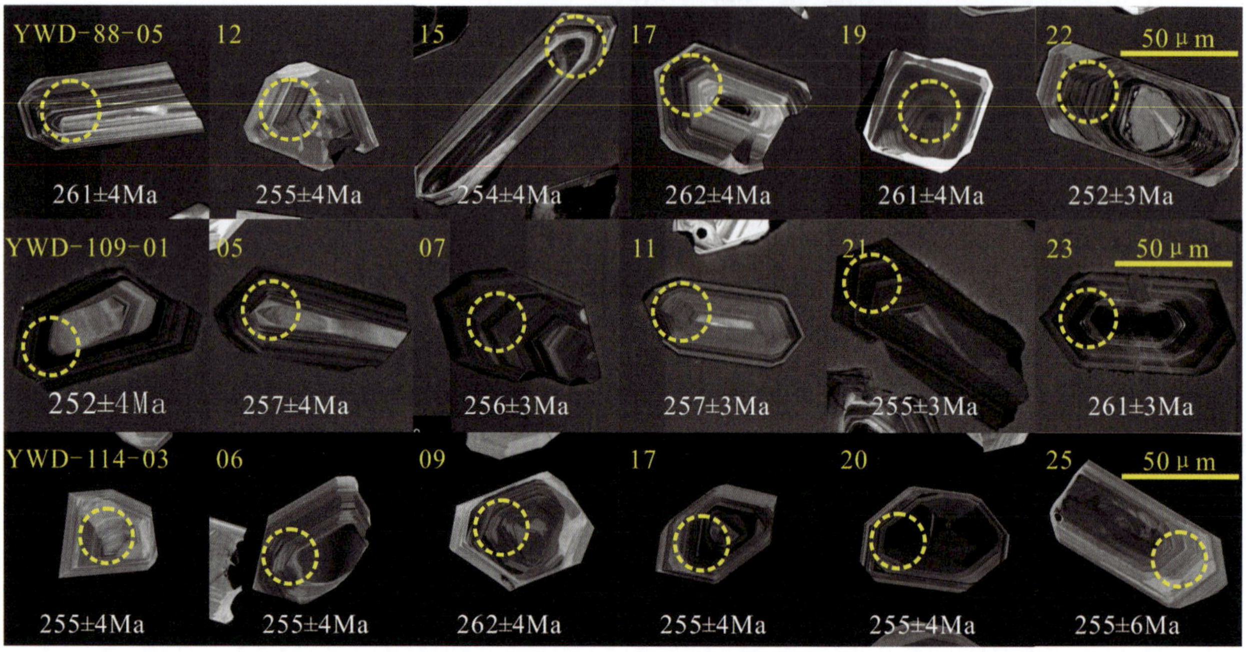

图2.1.13　渝巫地1井大隆组底部代表性锆石CL图像及其U-Pb年龄（圆圈代表剥蚀位置）

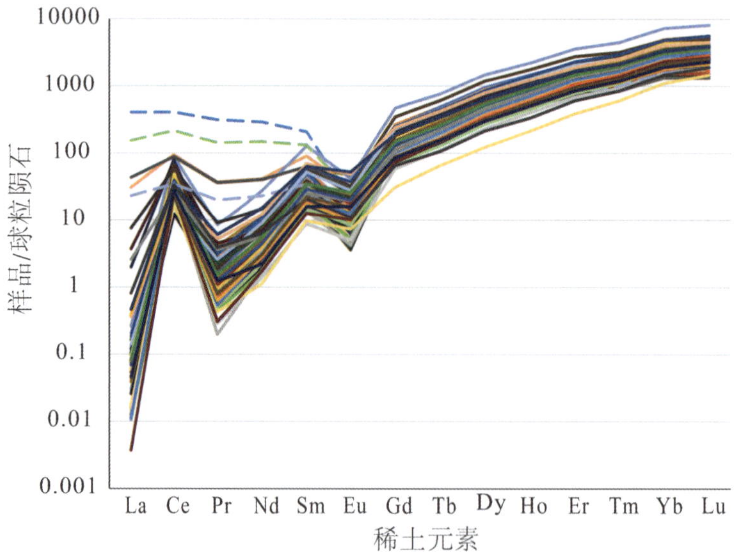

图2.1.14　渝巫地1井大隆组底部锆石稀土元素配分模式图

渝巫地1井大隆组下部和底部采集的三层凝灰岩，结合锆石阴极发光（CL）、透射光和反射光图像，避开裂隙和包裹体，各选取测试点25个，获得谐和度高于90%的有效数据66个。锆石U-Pb谐和图显示，样品点基本全都落在谐和曲线上，只有个别不一致点（图2.1.15）。说明绝大部分锆石没有Pb丢失，可直接获得样品形成年龄，结合其自生、近源特点，将每件样品的$n(^{206}Pb)/n(^{238}U)$加权平均年龄解释为该层凝灰岩夹层的形成年龄：YWD–88为254.4 ± 1.9 Ma，YWD–109为255 ± 2.1 Ma，YWD–114为255 ± 1.9 Ma（图2.1.15）。

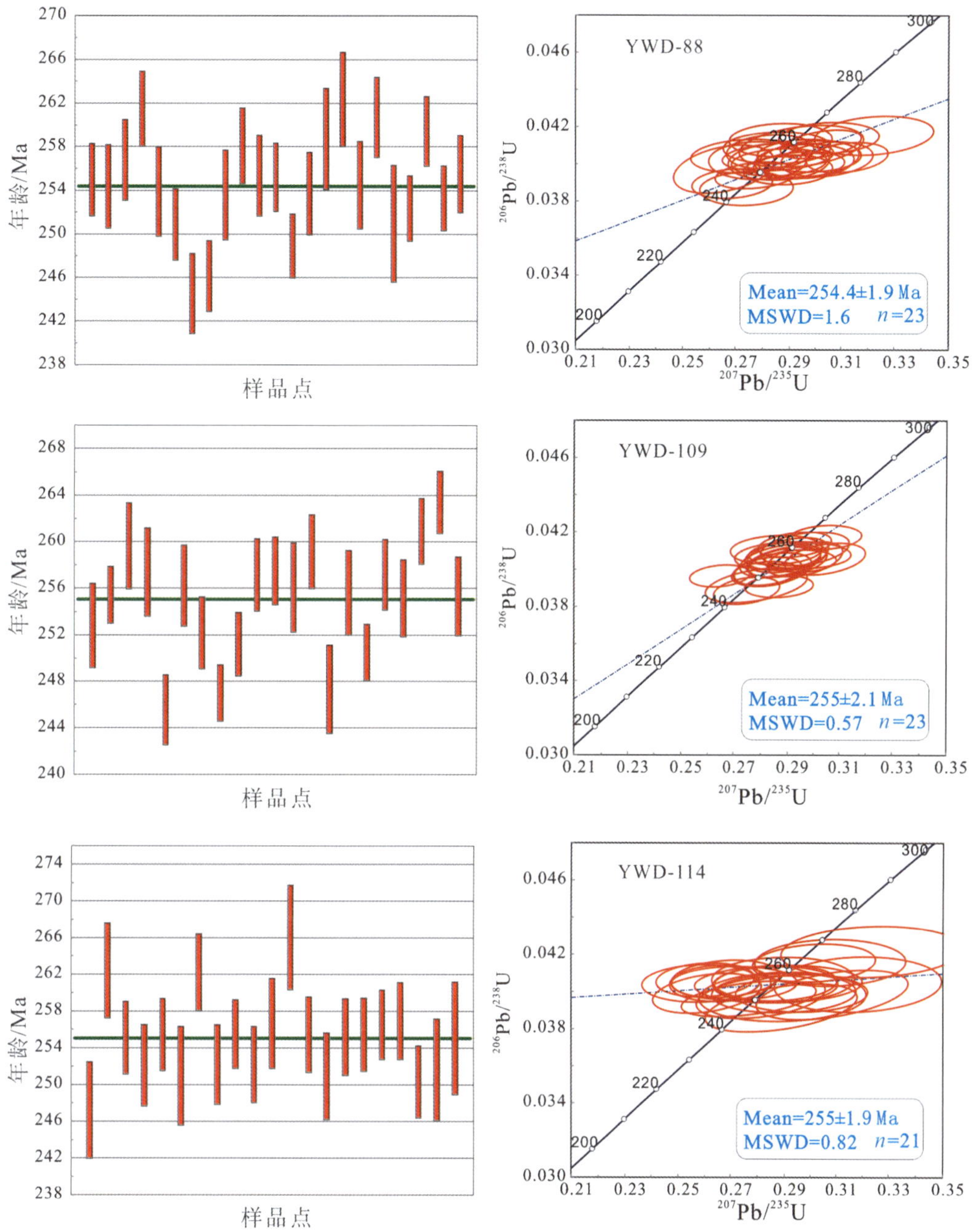

图2.1.15　渝巫地1井大隆组底部锆石U–Pb测年谱和图

综上所述，鄂西地区大冶组底部绝对年龄不晚于251.9 Ma，大隆组上部绝对年龄不晚于252.5 Ma，大隆组底部绝对年龄不晚于255 Ma，下窑组底部绝对年龄不晚于256.3 Ma（图2.1.16）。说明大隆组自吴家坪期晚期开始沉积，一直持续到长兴期晚期，接近P/T界线。根据地层对比可知，鄂建地4井和渝巫地1井地层基本一致，且灰岩段沉积速率较快，大冶组底部凝灰岩年龄基本能够代表大隆组顶部年龄，因此，大隆组沉积时限至少为255 ~ 252.5 Ma，可能持续到251.9 Ma。根据锆石$\varepsilon_{Hf}(t)$–t图解（图2.1.17），大隆组底部凝灰岩锆石主要来自亏损地幔，中上部凝灰岩锆石主要来自下地壳。

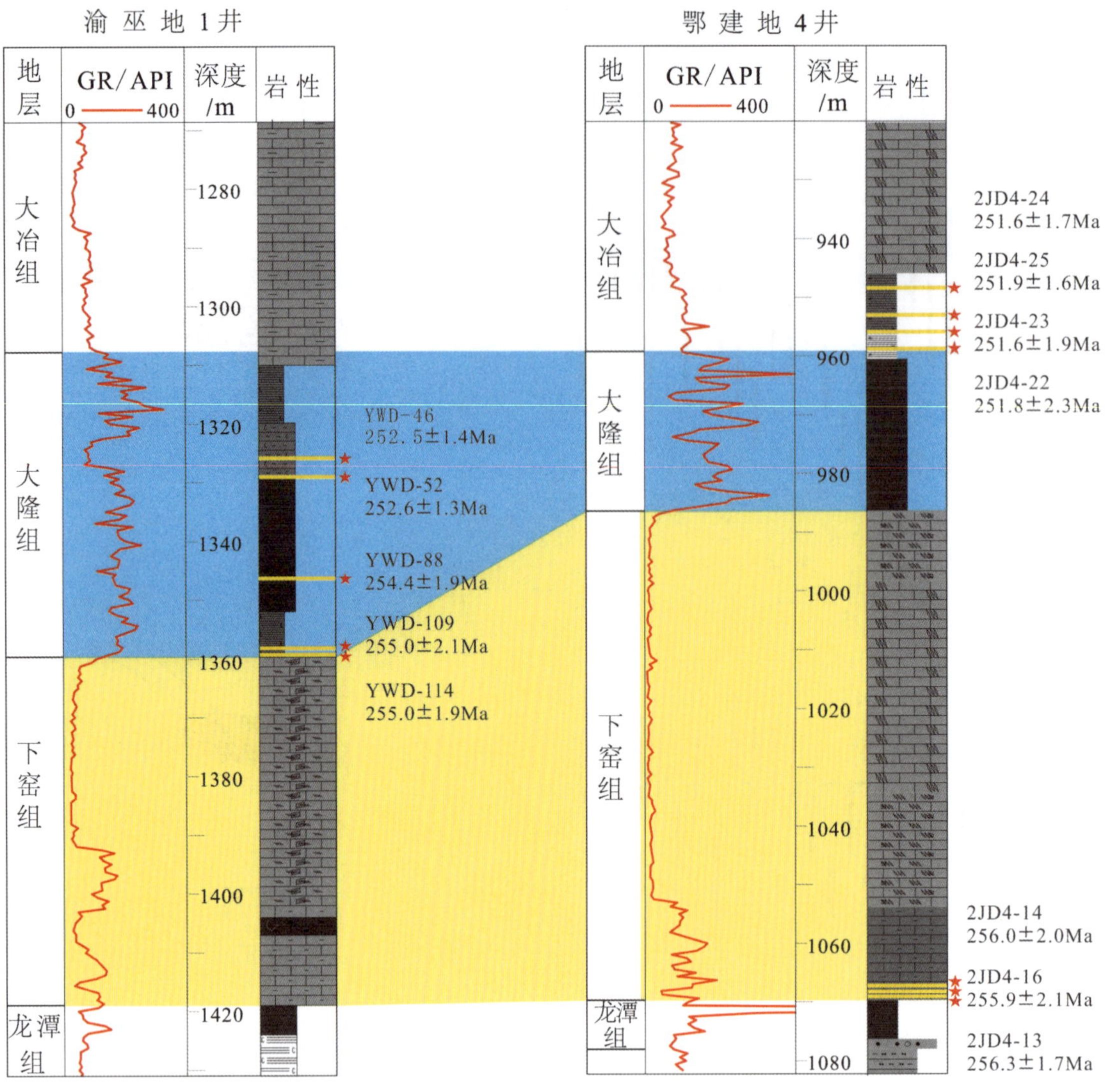

图2.1.16 鄂西—渝东地区晚二叠世地层年龄柱状图

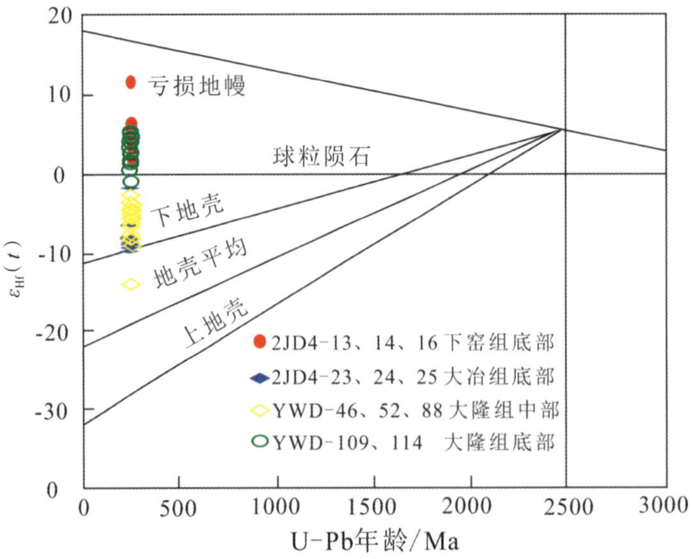

图2.1.17 鄂西—渝东地区凝灰岩锆石$\varepsilon_{Hf}(t)$-t图

（底图据吴福元，2007）

2.2 地层特征

大隆组是由张文佑、陈家天1938年所创的“大垅层”演变而来，创名地点在广西合山市大隆煤矿附近。原始定义为“由上部灰色、黄灰色、绿灰色硅质页岩、灰质页岩及砂岩，和下部暗色硅质页岩夹白灰色及杂色页岩、砂岩两部分组成的地层单位”。本书采用《中国区域地质志·湖北志》(2021)观点，将大隆组定义为以黑色硅质岩、放射虫硅质岩、硅质水云母黏土岩为主，局部地段上部夹少量泥灰岩的一套岩性组合。大隆组沉积时代为晚二叠世吴家坪晚期—长兴期，与四川盆地内长兴组为同期异相，为晚二叠世末期台地内部裂陷内深水沉积产物（卓皆文等，2009）。大隆组在研究区内除秭归—兴山—长阳一线以东外的地区均有发育，受沉积相带和古地貌影响，在不同地区的岩性组合和厚度略有差异。

2.2.1 典型剖面描述

（1）湖北省恩施市三岔镇上二叠统大隆组实测地层剖面

位于研究区中部恩施市三岔镇，起点坐标：109°36′55″E，30°16′35″N，剖面全长59.95 m，测制比例尺1∶100，地层剖面柱状图见图2.2.1，地层特征描述如下：

上覆地层	大冶组一段（T_1d^1）	＞2.47 m
60层	灰色中层泥晶灰岩与灰黑色中层钙质泥岩互层，未见顶	2.06 m
59层	灰色中层泥晶灰岩，底部含3 cm厚的凝灰岩	0.41 m
	——————————整合接触——————————	
大隆组（P_3d）		35.77 m
58层	灰黑色中层含碳钙质泥岩，夹灰色泥晶灰岩透镜体，中上部含5 cm厚的凝灰岩	1.35 m
57层	黑色中薄层含碳钙质泥岩	0.94 m
56层	灰黑色中厚层含碳钙质泥岩	0.42 m
55层	黑色中薄层含钙碳硅质页岩，底部发育3 cm厚的凝灰岩	0.31 m
54层	灰黑色中层含碳钙质泥岩	0.16 m
53层	灰黑色中层含碳钙质泥岩，夹极薄层碳质页岩	1.87 m
52层	灰黑色中层含碳钙质泥岩，单层厚10～15 cm	1.87 m
51层	灰黑色中层含碳钙质泥岩，向远端呈楔状	0.21 m
50层	黑色薄层碳硅质页岩，夹中薄层含碳钙质泥岩，顶部为20 cm厚的泥岩透镜体	0.62 m
49层	灰黑色中层含碳钙质泥岩，单层厚10～30 cm	0.42 m
48层	黑色薄层碳硅质页岩，夹灰黑色中层含碳钙质泥岩透镜体	0.93 m
47层	黑色薄层碳硅质页岩	0.15 m
46层	黑色薄层碳硅质页岩	0.42 m
45层	灰黑色中层含碳钙质泥岩，向远端呈楔状	0.14 m
44层	黑色薄层碳硅质页岩	0.47 m
43层	灰黑色中层含碳钙质泥岩，向远端呈楔状	0.15 m
42层	黑色薄层碳硅质页岩	0.36 m
41层	黑色薄层碳硅质页岩，夹黑色中层含碳钙质泥岩，底部含2 cm厚的凝灰岩	1.19 m
40层	黑色中薄层碳硅质页岩	0.89 m
39层	灰黑色中层含碳钙质泥岩，向远端呈楔状	0.21 m
38层	黑色中薄层碳硅质页岩，底部及中上部发育含碳钙质泥岩透镜体	0.78 m
37层	黑色薄层碳硅质页岩，单层厚3～5 cm	1.25 m

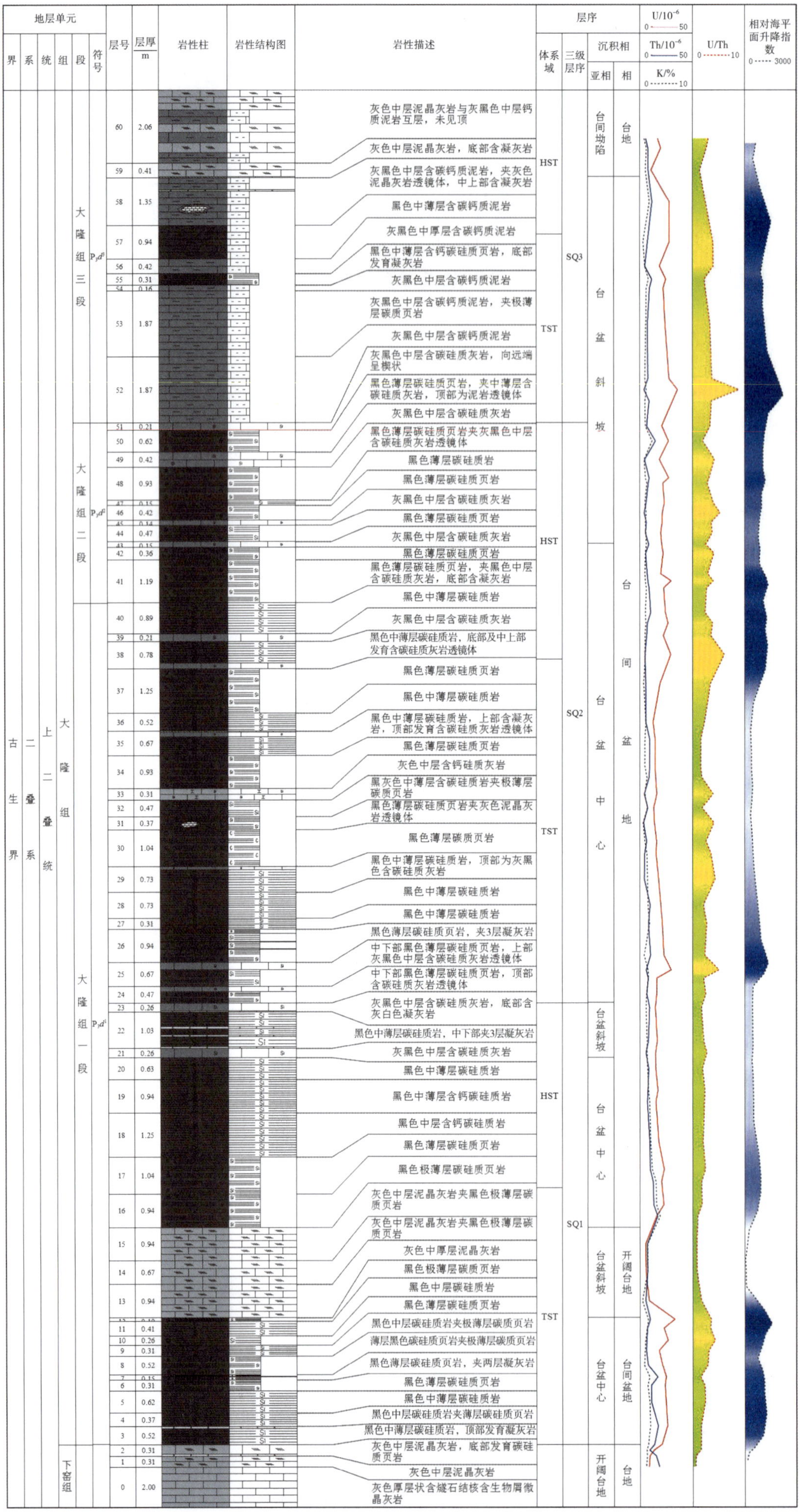

图2.2.1　恩施市三岔镇上二叠统大隆组实测地层剖面柱状图

36层	黑色中薄层碳硅质页岩	0.52 m
35层	黑色中薄层碳硅质页岩，上部含2 cm厚的凝灰岩，发育含碳钙质泥岩透镜体	0.67 m
34层	黑色薄层碳硅质页岩	0.93 m
33层	灰色中层含钙碳质泥岩	0.31 m
32层	黑灰色中薄层含碳硅质页岩，夹极薄层碳质页岩	0.47 m
31层	黑色薄层碳硅质页岩，夹灰色泥晶灰岩透镜体	0.37 m
30层	黑色薄层碳质页岩	1.04 m
29层	黑色中薄层碳硅质页岩，顶部为黑色含碳钙质泥岩	0.73 m
28层	黑色中薄层碳硅质页岩	0.73 m
27层	黑色中薄层碳硅质页岩	0.31 m
26层	黑色薄层碳硅质页岩，夹3层1 cm厚的凝灰岩	0.94 m
25层	中下部为黑色薄层碳硅质页岩，上部为灰黑色中层含碳钙质泥岩透镜体	0.67 m
24层	中下部为黑色薄层碳硅质页岩，顶部为含碳钙质泥岩透镜体	0.47 m
23层	灰黑色中层含碳钙质泥岩，底部含2 cm厚的灰白色凝灰岩	0.26 m
22层	黑色中薄层碳硅质页岩，中下部夹3层凝灰岩	1.03 m
21层	灰黑色中层含碳钙质泥岩	0.26 m
20层	黑色中薄层碳硅质页岩	0.63 m
19层	黑色中薄层含钙碳硅质页岩	0.94 m
18层	黑色中层含钙碳硅质页岩	1.25 m
17层	黑色薄层碳硅质页岩	1.04 m
16层	黑色极薄层碳硅质页岩	0.94 m
15层	灰色中层泥晶灰岩夹黑色极薄层碳质页岩	0.94 m
14层	灰色中层泥晶灰岩夹黑色极薄层碳质页岩	0.67 m
13层	灰色中厚层泥晶灰岩	0.94 m
12层	黑色极薄层碳质页岩	0.10 m
11层	黑色中层碳硅质页岩	0.41 m
10层	黑色薄层碳硅质页岩	0.26 m
9层	黑色中层碳硅质页岩，夹极薄层碳质页岩	0.31 m
8层	薄层黑色碳硅质页岩，夹极薄层碳质页岩	0.52 m
7层	黑色薄层碳硅质页岩，夹2层3 cm厚的凝灰岩	0.15 m
6层	黑色薄层碳硅质页岩	0.31 m
5层	黑色中层—薄层碳硅质页岩	0.62 m
4层	黑色中夹薄层碳硅质页岩	0.37 m
3层	黑色中薄层碳硅质页岩，顶部发育5～7 cm厚的凝灰岩	1.35 m

——————————整合接触——————————

下窑组（P_3x）		>2.62 m
2层	灰色中层泥晶灰岩，底部发育5～6 cm厚的碳硅质页岩	0.31 m
1层	灰色中层泥晶灰岩	0.31 m
0层	灰色厚层状含燧石结核含生物屑微晶灰岩，未见底	2.00 m

（2）湖北省恩施市龙凤坝镇上二叠统大隆组实测地层剖面

位于研究区中部恩施市龙凤坝镇，起点坐标：109°32′43″E，30°23′58″N，剖面全长112.6 m，测制比例尺1：100，地层剖面柱状图见图2.2.2，地层特征描述如下：

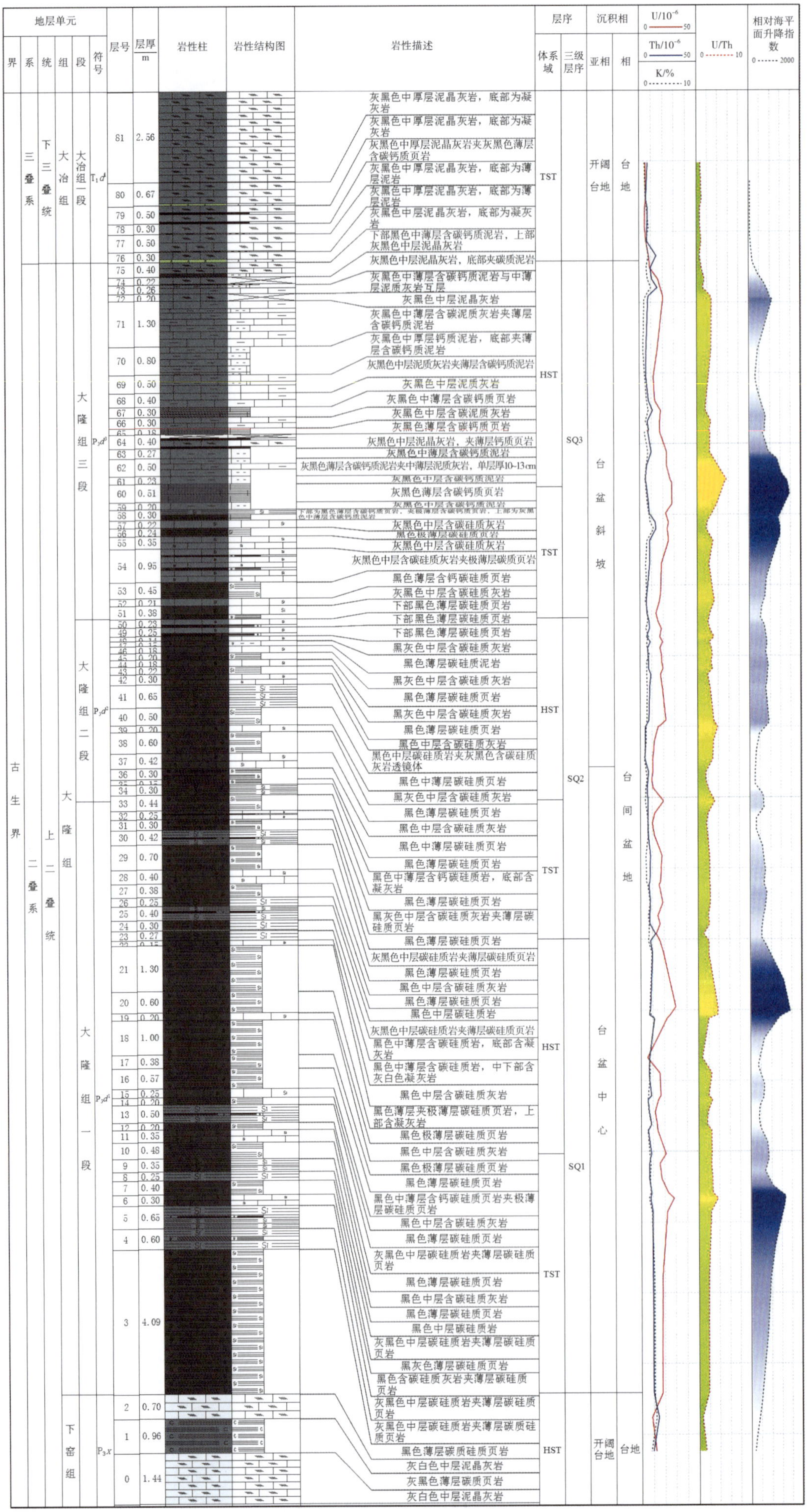

图2.2.2 恩施市龙凤坝镇上二叠统大隆组实测地层剖面柱状图

上覆地层	大冶组一段（T_1d_1）	>4.83 m
81层	灰黑色中厚层泥灰岩，底部为1 ~ 2 cm厚的凝灰岩，未见顶	2.56 m
80层	灰黑色中厚层泥灰岩，底部含5 ~ 6 cm厚的凝灰岩	0.67 m
79层	灰黑色中厚层泥灰岩，夹灰黑色薄层含碳钙质页岩	0.50 m
78层	灰黑色中厚层泥灰岩	0.30 m
77层	灰黑色中厚层泥灰岩	0.50 m
76层	灰黑色中层泥灰岩，底部为10 cm厚的凝灰岩	0.30 m
	——————————整合接触——————————	
大隆组（P_3d）		31.99 m
75层	下部为黑色中薄层含碳钙质泥岩，上部为灰黑色中层泥灰岩	0.40 m
74层	灰黑色中层泥灰岩，底部夹2 cm厚的碳质泥岩	0.22 m
73层	灰黑色中层夹薄层含碳钙质泥岩	0.26 m
72层	灰黑色中层含碳钙质泥岩	0.20 m
71层	灰黑色中层含碳钙质泥岩	1.30 m
70层	灰黑色中层含碳钙质泥岩，夹薄层钙质页岩	0.80 m
69层	灰黑色中层含碳钙质泥岩	0.50 m
68层	灰黑色中层含碳钙质泥岩	0.40 m
67层	灰黑色中薄层含碳钙质页岩	0.30 m
66层	灰黑色中层含碳钙质泥岩	0.30 m
65层	灰黑色薄层含碳钙质页岩	0.18 m
64层	灰黑色中层含碳钙质泥岩，夹薄层钙质页岩	0.40 m
63层	灰黑色中薄层含碳钙质泥岩	0.27 m
62层	灰黑色中层含碳钙质泥岩	0.50 m
61层	灰黑色中层含碳钙质泥岩，页理发育	0.23 m
60层	灰黑色中层含碳钙质页岩，页理发育	0.11 m
59层	灰黑色中层含碳钙质泥岩，页理发育	0.39 m
58层	灰黑色中层含碳钙质页岩	0.20 m
57层	下部为黑色薄层含碳钙质页岩，夹极薄层含碳钙质页岩， 上部为灰黑色中薄层含碳钙质泥岩	0.30 m
56层	灰黑色中层含碳钙质泥岩	0.22 m
55层	黑色极薄层碳硅质页岩	0.24 m
54层	灰黑色中层含碳钙质泥岩	0.35 m
53层	灰黑色中层含碳钙质泥岩，夹极薄层碳质泥岩	0.95 m
52层	黑色薄层含钙碳硅质页岩	0.45 m
51层	灰黑色中层含碳钙质泥岩，底部为3 cm厚的黑色薄层碳硅质页岩	0.21 m
50层	下部为黑色薄层碳硅质页岩，上部为灰黑色中层含碳钙质泥岩夹薄层碳质页岩	0.38 m
49层	下部为黑色薄层碳硅质页岩，上部为灰黑色中层含碳钙质泥岩	0.23 m
48层	下部为黑色薄层碳硅质页岩，上部为灰黑色中层含碳钙质泥岩	0.25 m
47层	灰黑色中层含碳钙质泥岩	0.14 m
46层	黑色薄层碳硅质泥岩	0.15 m
45层	黑色中层含碳钙质泥岩	0.18 m
44层	黑色薄层碳硅质页岩	0.20 m
43层	黑色中层含钙碳硅质页岩	0.18 m
42层	黑色薄层碳硅质页岩	0.22 m

41层	黑色中层含钙碳质泥岩	0.30 m
40层	黑色中层碳硅质页岩，夹灰黑色含碳钙质泥岩透镜体	0.65 m
39层	黑色中薄层碳硅质页岩	0.50 m
38层	灰黑色中层含碳钙质泥岩	0.20 m
37层	黑色中薄层碳硅质页岩	0.60 m
36层	黑色中层含碳钙质泥岩	0.42 m
35层	黑色中薄层碳硅质页岩	0.30 m
34层	黑色薄层碳硅质页岩	0.15 m
33层	黑色中薄层含钙碳硅质页岩，底部含3 cm厚的凝灰岩	0.30 m
32层	黑色薄层碳硅质页岩	0.14 m
31层	黑色薄层碳硅质页岩	0.31 m
30层	黑灰色中厚层含钙碳硅质页岩，夹薄层碳硅质页岩	0.25 m
29层	黑色薄层碳硅质页岩	0.30 m
28层	黑色中层夹薄层碳硅质页岩	0.42 m
27层	黑色中层—薄层碳硅质页岩	0.70 m
26层	黑色中层含碳钙质泥岩	0.40 m
25层	黑色薄层碳硅质页岩	0.38 m
24层	黑色中层碳硅质页岩	0.25 m
23层	黑色中夹薄层碳硅质页岩	0.40 m
22层	黑色中薄层碳硅质页岩，底部含3 cm厚的凝灰岩	0.30 m
21层	黑色中薄层碳硅质页岩，中下部含2 cm厚的灰白色凝灰岩	0.27 m
20层	黑色中层含碳钙质泥岩	0.15 m
19层	黑色薄层夹极薄层碳硅质页岩，上部含1 cm厚的凝灰岩层	1.30 m
18层	黑色极薄层碳硅质页岩	0.60 m
17层	黑色中层含碳钙质泥岩	0.20 m
16层	黑色极薄层碳硅质页岩	1.00 m
15层	黑色薄层碳硅质页岩	0.38 m
14层	黑色中薄层含钙碳硅质页岩，夹极薄层碳硅质页岩	0.57 m
13层	黑色中层含碳钙质泥岩	0.25 m
12层	黑色薄层碳硅质页岩	0.20 m
11层	黑色中夹薄层碳硅质页岩	0.50 m
10层	黑色薄层碳硅质页岩	0.20 m
9层	黑色中层含碳钙质泥岩	0.35 m
8层	黑色薄层碳硅质页岩	0.48 m
7层	黑色中层碳硅质页岩	0.35 m
6层	黑色中层夹薄层碳硅质页岩	0.25 m
5层	黑灰色薄层碳硅质页岩	0.40 m
4层	黑色含碳钙质泥岩夹薄层碳硅质页岩	0.30 m
3层	灰黑色中夹薄层碳硅质页岩	0.30 m

——————————整合接触——————————

下窑组（P_3x） >3.10 m

2层	灰白色中层泥晶灰岩	0.70 m
1层	灰黑色薄层碳质页岩	0.96 m
0层	灰白色中层泥晶灰岩，未见底	1.44 m

2.2.2 岩石地层特征

研究区大隆组岩性整体上呈现三段式特点（图2.2.3，图2.2.4）。下段为黑色中薄层状硅质岩、含碳硅质岩、硅质水云母黏土岩、钙质硅质岩夹黑色薄层状泥岩，具有高自然伽马（GR）、高铀钍比（U/Th）和低电阻率（RT）测井响应特征，厚度一般为18.5 ~ 35.5 m。中段由深灰色中层状—厚层状含碳泥灰岩、深灰色中层状—厚层状含碳微晶灰岩组成，横向上多以透镜体状顺层展布，具有低自然伽马（GR）、低铀钍比（U/Th）和中电阻率（RT）特征，厚度一般为1.7 ~ 4.7 m。上段为深灰色中薄层状硅质泥晶灰岩、泥灰岩夹黑色薄层状含碳钙质泥岩，其上夹多层浅色薄层凝灰质黏土层，泥岩中水平层理

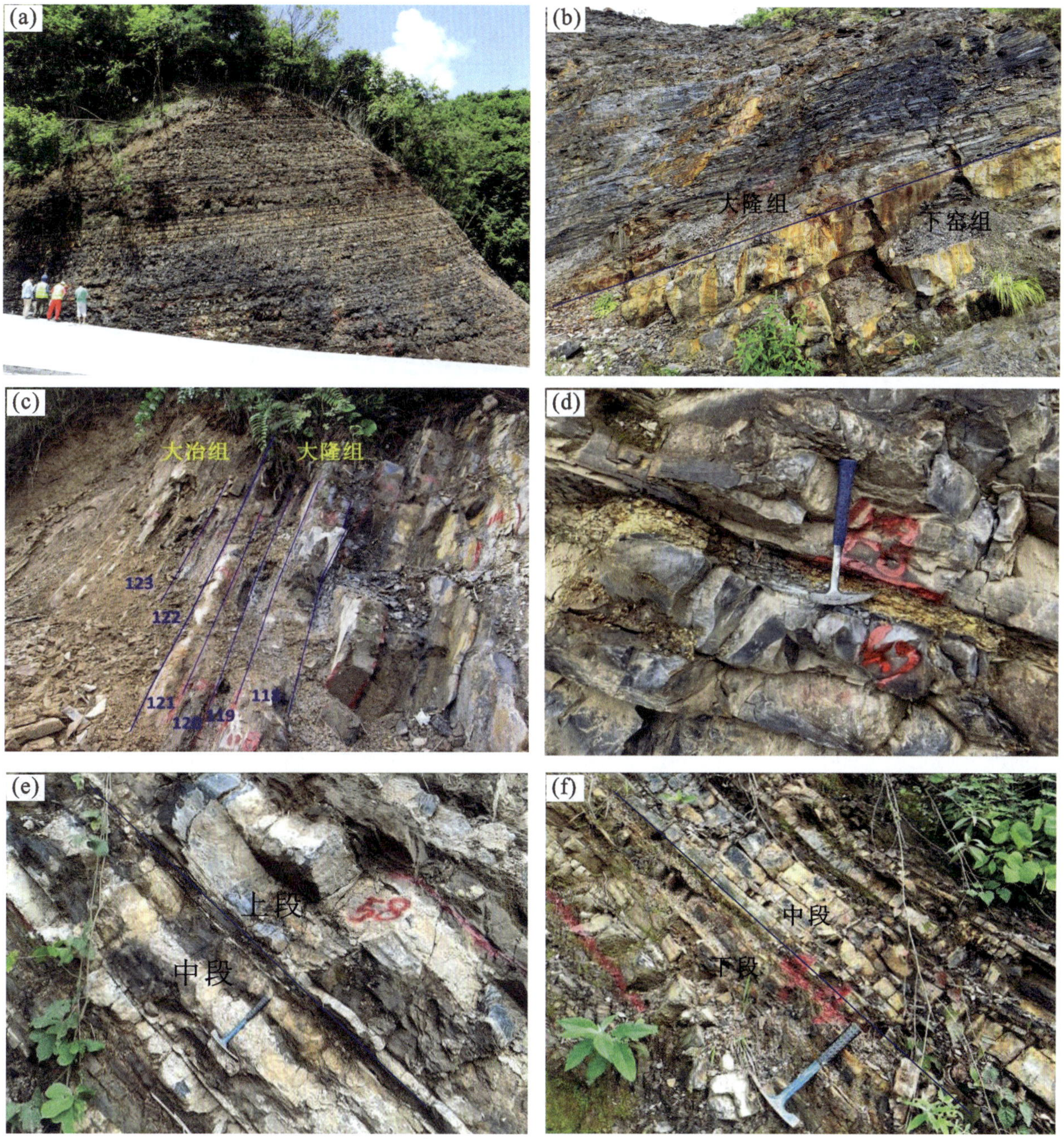

图2.2.3　鄂西—渝东地区大隆组顶、底界及内部层段划分野外照片

（a）大隆组露头全貌（建始铁屋脊剖面）；（b）大隆组与下窑组分界线（利川陈家湾剖面）；（c）大隆组与大冶组分界线（宣恩白泥坝剖面）；（d）大隆组顶部凝灰岩（宣恩白泥坝剖面）；（e）大隆组中段与上段分界线（宣恩邓家村剖面）；（f）大隆组下段与中段分界线（宣恩邓家村剖面）

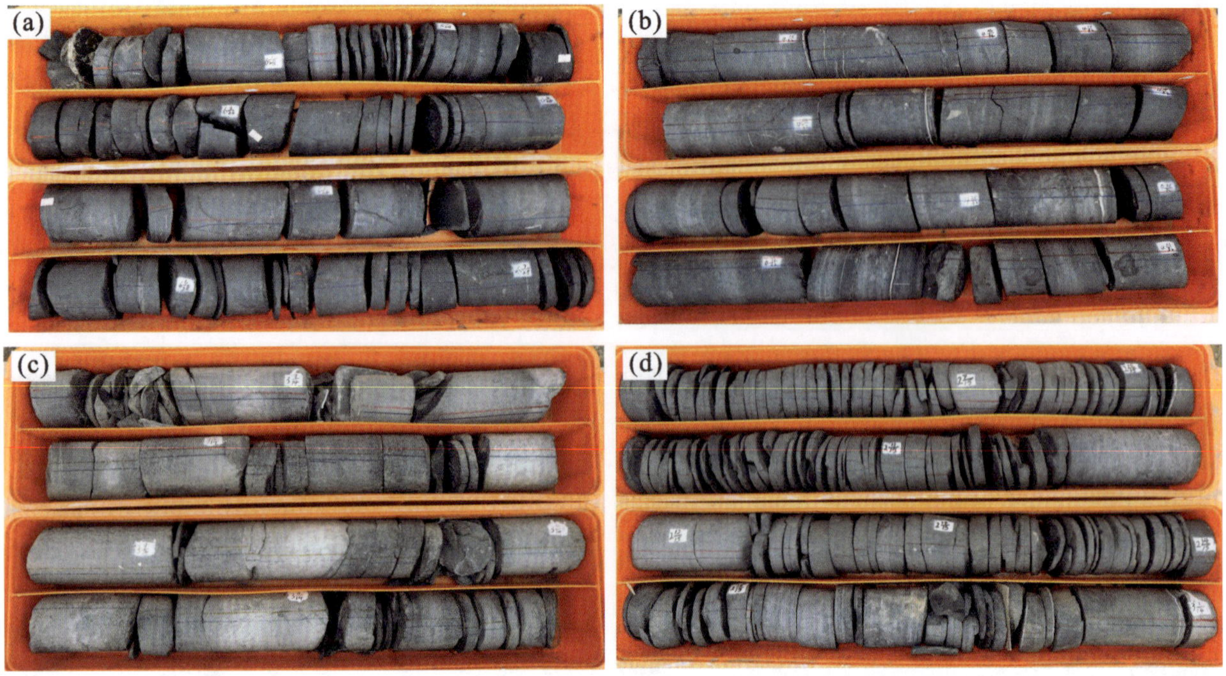

图2.2.4　鄂西—渝东地区渝巫地1井大隆组顶、底界及内部分段界线

（a）大隆组下段中薄层碳硅质页岩（井深1352.0～1355.7 m）；（b）大隆组中段中层碳硅质页岩（井深1334.7～1338.6 m）；（c）大隆组中段含碳泥灰岩（井深1323.7～1327.3 m）；（d）大隆组上部中层—薄层含钙碳质页岩（井深1316.3～1320.2 m）

发育，在P/T界面附近发育多层灰绿色薄层状含凝灰质泥岩，具有高自然伽马（GR）、高铀钍比（U/Th）和高电阻率（RT）特征，厚度一般为4.6～12.0 m。此外，大隆组岩性在横向上的变化与沉积环境有关，在鄂西不同地区岩性组合存在差别，在利川一带主要相变为长兴组灰岩、礁灰岩组合；在恩施—建始—鹤峰一带，主要为硅质岩、硅质页岩、含碳灰泥岩，层间发育大量火山凝灰岩夹层；在长阳以东，主要为灰色钙质泥岩、含碳含硅质泥页岩组合，通常单层厚度只有数厘米。

在测井响应特征上，大隆组整体表现为“三高两低一降”的特征，即高自然伽马、高中子、高声波时差、低电阻率、低密度、电阻率向底部逐渐降低。以渝巫地1井大隆组页岩层段为例（1308～1359 m，图2.2.5），自然伽马为65.75～379.28 API，平均值为177.96API；中子为8.33～27.70 pu，平均值为13.89 pu；声波时差为180.57～290.15 μm/s，平均值为242.47 μm/s；密度为2.42～2.82 g/cm^3，平均值为2.56 g/cm^3；浅侧向电阻率曲线由大隆组中上部最大值1583.83 Ω·m往底界逐渐减小为4.28 Ω·m，底部有4 m厚的页岩电阻率普遍小于10 Ω·m。目前，中国石油、中国石化在四川盆地开展勘探开发工作的各油气田针对上二叠统含气页岩的划分和命名尚存不一致，制约了对盆地二叠系的整体深入研究。“三高两低一降”特征在区域上具有良好的对比性，可作为区域地层对比和等时精细研究的一个重要标志（李世臻等，2024）。

2.2.3　划分标志及接触关系

（1）大隆组底界厘定

根据大隆组岩性地层定义，以灰色含生物屑微晶灰岩的消失和灰黑色厚层状微晶灰岩的首次出现为大隆组和下伏下窑组的分界标志，二者为整合接触（图2.2.3b）。本书继承了岩石地层学对大隆组底界划分的认识，并引入自然伽马（GR）和铀钍比（U/Th）放射性测井曲线特征，将大隆组的底界定义为下窑组顶部GR和U/Th曲线首次抬升处。在该界线之下，GR和U/Th值较低；向上跨过界线，大隆组GR和U/Th值迅速升高。

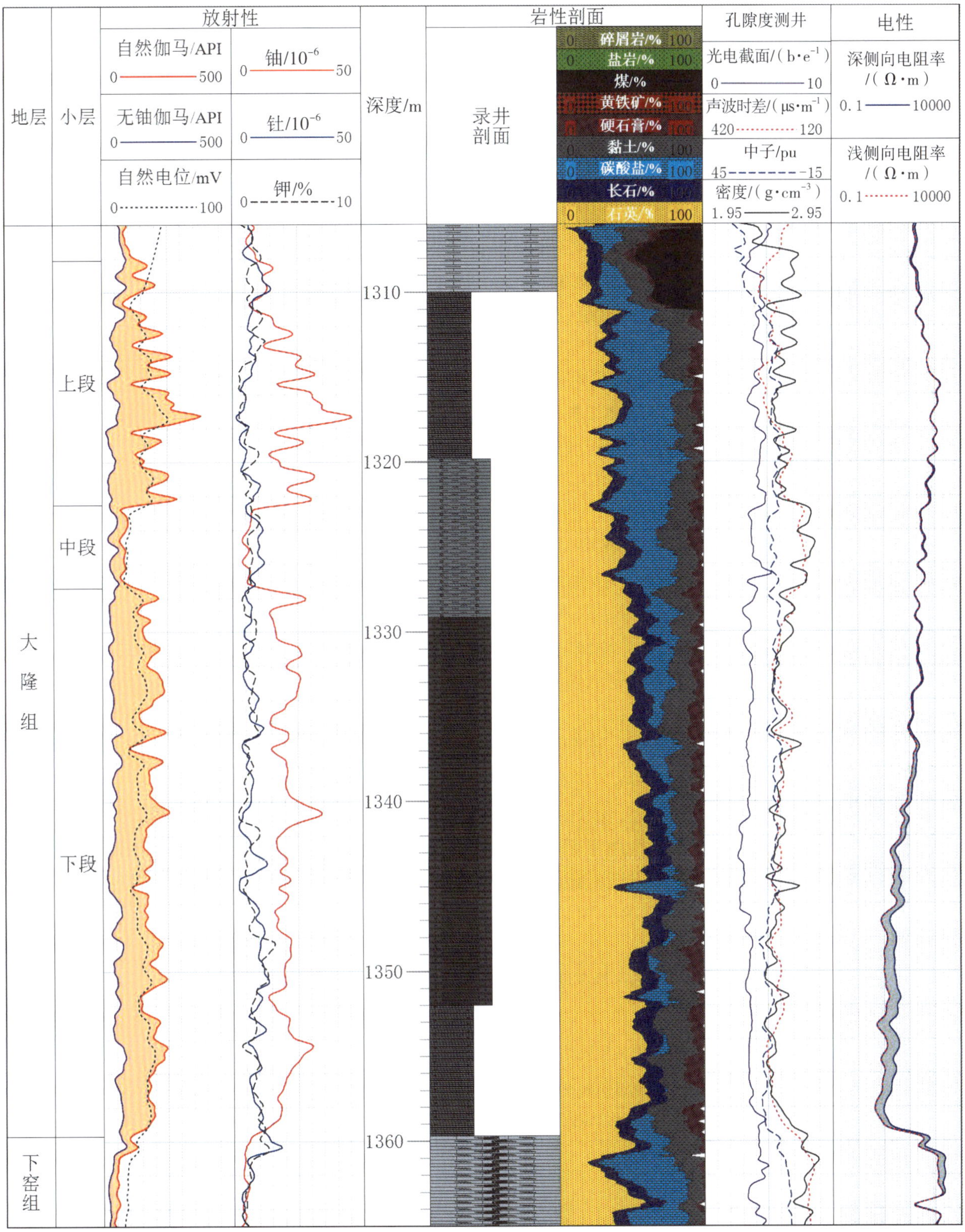

图2.2.5　鄂西—渝东地区大隆组渝巫地1井综合柱状图

以渝巫地1井为例（图2.2.5），界线从下到上，GR由61API上升至120API，并迅速升高至240API，U/Th值由0.64上升至1.68，并迅速升高至4.52。该测井界线标志在鄂西—渝东地区所有钻井中都易识别，可作为下窑组和大隆组的分界面，代表了二叠纪吴家坪期晚期—长兴期早期台内裂陷槽迅速拉张过程中海水加深导致的富有机质物质的沉积。

（2）大隆组顶界厘定

对大隆组顶界的认识一直众说纷纭。如《鄂西—渝东地区1：5万区域地质调查报告》（2017）将大隆组和上覆大冶组的界线定义为灰黑色碳质页岩的消失及灰色中层微晶灰岩、灰色页岩的大量出现（图2.2.3c）。湖北省地质调查院等（2021）则将大隆组顶部泥灰岩或钙质泥岩中最厚一层（厚10～15 cm）黄绿色、灰黄色凝灰岩（或凝灰质黏土岩）作为大隆组和大冶组的界线（图2.2.3d），并认为该界线代表了二叠纪末最大规模的一次火山喷发活动，导致了二叠纪末期全球性的火山喷发事件和生物大灭绝。本书的划分方案综合继承了上述两种认识，并引入自然伽马（GR）和铀钍比（U/Th）放射性测井曲线作为划分依据，将大隆组的顶界置于大隆组顶部GR和U/Th曲线迅速降低的转折线上。在该界线之下，GR和U/Th值较高；向上跨过界线，大隆组GR和U/Th值迅速降低。

以渝巫地1井为例（图2.2.5），由界线之下到界线之上，GR由89API降低至35API，并保持稳定低值；U/Th值由1.48降低至0.32，并保持稳定低值。该测井界线标志在所有钻井中都有明显显示，可作为大隆组和大冶组的分界面，代表了二叠纪长兴组沉积末期鄂西—渝东地区台内裂陷槽拉张活动的停滞和转化为台内坳陷后接受更多陆源输入的一套沉积产物。

（3）大隆组分段界线厘定

传统方案中，大隆组有“二分”和“三分”之争，对各段的识别往往局限于岩性判断，缺乏有效的地球物理手段。本书建立的划分方案继承了“三分法”认识，并引入了自然伽马（GR）和铀钍比（U/Th）测井曲线作为划分依据（表2.2.1），将大隆组三段的界线置于大隆组内部GR和U/Th曲线变化的台阶线上。

以渝巫地1井为例（图2.2.5）：下段和中段的界线位于1327.1 m处；由界线之下到界线之上，GR由211API迅速降低至69API，并保持稳定低值；U/Th值由5.22降低至0.81，并保持稳定低值；岩性由下部的含碳硅质岩、含碳质页岩变化为上部的钙质黏土岩、泥灰岩、含钙碳质泥岩或钙质泥岩，石英含量显著降低，黏土或方解石含量显著升高。该测井界线标志在所有钻井中都有明显显示，可作为大隆组下段和中段分界面，界面之上的低GR层段为进积—加积型陆架边缘体系域沉积物。中段和上段的界线位于1322.8 m处；由界线之下到界线之上，GR由96API迅速升高至292API，并保持稳定高值；U/Th值由0.65升高至4.16，并保持稳定高值；岩性由下部的含碳泥灰岩变化为上部的碳质钙质页岩和钙质碳质页岩，石英含量显著升高，黏土含量显著降低。该测井界线标志在所有钻井中都有明显显示，可作为大隆组中段和上段的分界面，界面之上的高GR层段为退积型海侵体系域沉积物。

表 2.2.1　鄂西—渝东地区大隆组各段岩性、电性及厚度特征统计

组	段	岩性	厚度/m	GR/API	U/Th	RT/（Ω·m）
大隆组	上段	含碳硅质岩、碳质硅质页岩	4.6～12.0	78.8～379.3	0.8～29.6	130.0～1700.3
	中段	含碳泥灰岩、含碳微晶灰岩	1.7～4.7	65.8～96.7	0.3～1.6	221.6～478.7
	下段	含碳钙质页岩、含碳泥灰岩	18.5～35.5	93.8～254.6	0.7～10.0	9.5～348.0

2.2.4　生物地层特征

大隆组化石以富含菊石、腕足类为主，亦有双壳类和牙形石等。其中产于大隆组下部的菊石主要有：*Anderssonoceras anfuense*，*Prototoceras hunanense*，*Konglingites* spp.，*Jinjiangoceras* cf. *stenosellatum*，*Pseudogastrioceras* spp.，*Sanyangites* spp. 等；腕足类有*Cathaysia chonetoides*等。产于大隆组上部的菊石有：*Pseudotirolites asiaticus*，*P. leibinensis*，*Pleuronodoceras mapingense*，*P. hubeinse*，*Rotodiscoeras kwangsiense*，*Tapashanites* sp.，*Pseudogastrioceras szechuanense*等；腕足类有

*Waagenites barusiensis*等（湖北省地质调查院，2021）。

在大隆组下部可划分出的牙形石带有：*Clarkina guangyuanensis*带，仅见于下窑组顶部—大隆组底部，主要产*Neogondolella guangyuanensis*，*N. longicuspidata*，*N.* sp.，*Hindeodus julfensis*等。*Clarkina orientalis*带在五峰县大隆组中下部产*C. orientalis*，在华南地区吴家坪组或龙潭组上部层位广泛发育*C. orientalis*。在大隆组中上部可划分出的牙形石带有：*Neogondolella changxingensis*带，*Hindeodus changxingensis*带，*Palaeofusulina sinensis*带等三个生物化石带。*Neogondolella changxingensis*带以*Neogondolella changxingensis*的大量出现为特征，本带同时发育*Neogondolella* sp.，*Neogondolella deflecta*，*Neogondolella subcarinata*等。与煤山剖面同期牙形石带*Neogondolella changxingensis*-*Neogondolella deflecta*可进行对比。*Hindeodus changxingensis*带：主要发育*Hindeodus*.sp.，*Hindeodus changxingensis*，*Neogondolella*.sp.，*Neogondolella carinata*等，以*Hindeodus changxingensis*的出现为特征，位于长兴阶顶部。*Palaeofusulina sinensis*带为䗴类带，该䗴带的常见分子有*Palaeofusulina sinensis*，*Palaeofusulina fusiformis*，*Palaeofusulina minima*，*Reichelina media*，*Nankinella* sp.。以*Palaeofusulina sinensis*富集为特征，产于长兴组中上部（湖北省地质调查院，2021）。

2.3 结构与构造特征

2.3.1 页岩结构

前人将沉积岩的结构划分为碎屑结构和非碎屑结构。对于碎屑结构来说，岩石中的颗粒是机械沉积的碎屑物，碎屑物可以是岩石碎屑（岩屑）、矿物碎屑（如长石、石英、白云母）、石化的生物有机体或其碎片（生物碎屑）以及火山喷发的固体产物（火山碎屑）等。对于非碎屑结构来说，岩石中的组成物质由化学沉积作用或生物化学沉积作用形成，其中大多数为晶质或隐晶质，少数为非晶质或凝聚的颗粒状结构。

泥页岩由于成分复杂、颗粒较小，观察起来难度较大。通过对鄂建页2井大量薄片的详细观察，二叠系大隆组页岩显示了较为复杂的结构，既包含碎屑结构中的生物碎屑结构、火山碎屑结构，又包括非碎屑结构中的隐晶质结构、白云石颗粒晶质结构。这是由大隆组形成时期所处的地质历史沉积环境所决定的。总体来说，大隆组页岩结构上以含生物碎屑的隐晶质结构为主。

（1）含生物碎屑隐晶质结构

大隆组页岩沉积时期，陆源碎屑输入量少，很难见到颗粒状陆源碎屑，由于气候温暖湿润，生物大量勃发，页岩中沉积了大量生物碎屑，完整的生物化石偶有见到，主要包括有孔虫、牙形石、放射虫、海绵骨针等，更多的是以破碎残留的生物碎屑为主（图2.3.1a ~ d），这些生物碎屑的成分主要是隐晶质的方解石为主，而放射虫则以隐晶质石英为主。其他基质成分主要以隐晶质石英为主，隐晶质方解石、黏土矿物次之。这种结构类型中，有机质含量高，TOC质量分数最高可达20%，是大隆组富有机质页岩的主要类型。

（2）含火山碎屑隐晶质结构

二叠系大隆组发育多层火山灰，在野外剖面和岩芯上可见到0.5 ~ 3 cm厚的灰绿色、灰白色凝灰岩，与上下黑色页岩较易区别，然而也存在一些隐火山灰与黑色页岩同时沉积，肉眼难以区分。在光学显微镜下能看到明显的棱角状的碎屑物质（图2.3.1e），为火山喷发快速冷凝形成的玻屑。

（3）含生屑白云石颗粒结构

大隆组发育少量白云质页岩夹层，在显微镜下可见到菱形的白云石颗粒，长轴主体长度为50 ~ 80 μm，呈单颗粒状散落在灰泥隐晶质结构中，另外也可见到浅水的放射虫碎屑（图2.3.1f），此类页岩有机质含量较低，可能是海平面下降、海水中成核、快速沉积的产物。

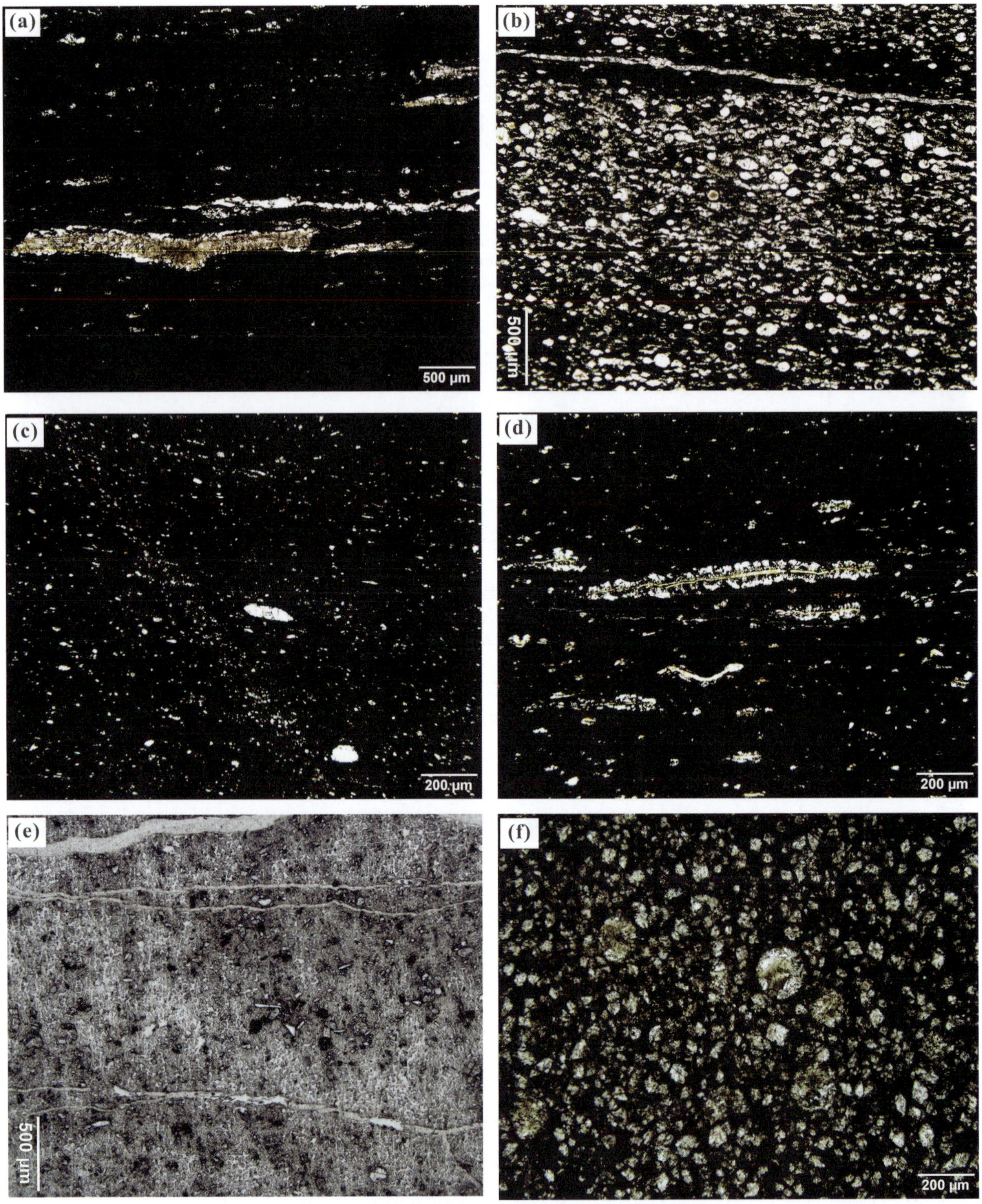

图2.3.1　鄂建页2井二叠系大隆组页岩结构特征

(a)EJY2-52，w(TOC)=5.67%，含生物碎屑隐晶质结构；(b)EJY2-81，w(TOC)=2.95%，含放射虫生物碎屑隐晶质结构；(c)EJY2-96，w(TOC)=15.94%，含生物碎屑隐晶质结构；(d)EJY2-113，w(TOC)=12.17%，含生物碎屑隐晶质结构；(e)EJY2-71，w(TOC)=4.49%，含火山碎屑隐晶质结构；(f)EJY2-77，w(TOC)=0.84%，含生屑白云石颗粒结构

2.3.2　页岩构造

（1）宏观构造——岩芯尺度

FMI成像测井形成的图像是基于电导率差异生成的。FMI已被广泛用于表征地下裂缝；它还可以清楚地显示地层界面、层面和层理。与肉眼观察露头和岩芯相比，FMI测井可以反映出更大精度的分层变化。FMI测井在页岩表征中的应用非常广泛（Zhang et al.，2023）。在岩性方面，灰岩具有电阻性，呈现出明亮的颜色，而页岩具有导电性，在FMI测井中呈现出较暗的颜色。在沉积构造方面，灰岩表现出块状构造，而夹层或页岩则表现出明亮和黑暗条纹的层状构造。

通过对鄂建页2井岩芯和FMI成像测井的对应（图2.3.2），两者具有良好的吻合性。二叠系大隆组页岩的构造特征相对单一，属于层理构造的水平层理，由悬浮物沉积而成，是低能台盆沉积环境的产物，

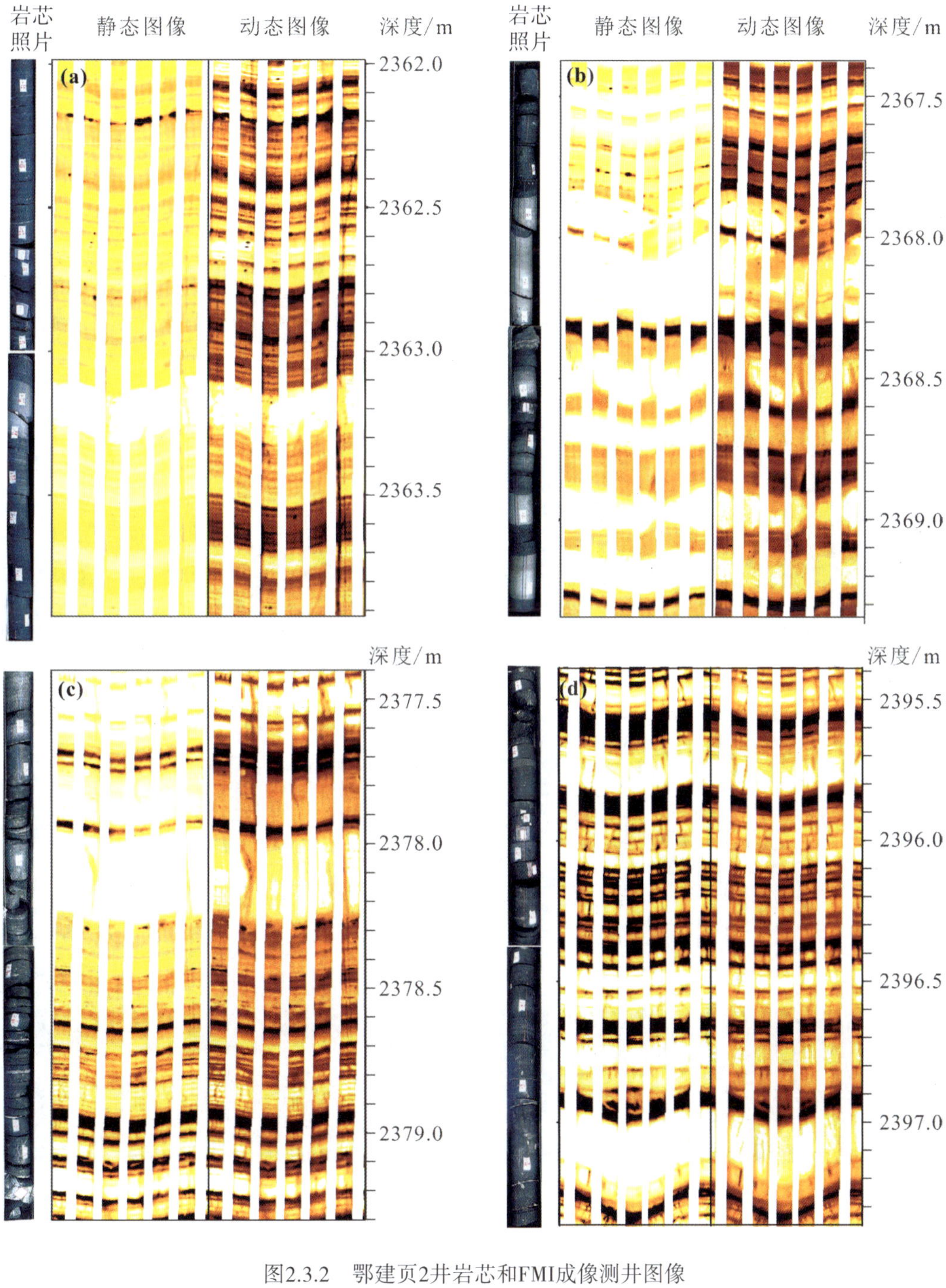

图2.3.2　鄂建页2井岩芯和FMI成像测井图像

反映了比较弱的水动力条件。按照层的厚度可分为：块状层（厚度>2 m）、厚层（2～0.5 m）、中层（0.5～0.1 m）、薄层（0.1～0.01 m）、微层（<0.01 m）。上段钙质页岩或钙质夹层多为薄层状构造，中段黏土质页岩多为中层状构造，下段硅质页岩多为薄层状构造，偶见中层状构造；上段相较于下段，薄层更为丰富。

（2）微观构造——薄片尺度

随着非常规纳米储层研究的兴起，学界及工业界对页岩小尺度沉积构造更加关注（赵迪斐等，2023）。目前，对页岩沉积构造的精细研究主要是对层理、纹层的表征。随着页岩油气勘探开发的深入，纹层发育特征及其对储层物性的影响越来越受到重视。根本原因是页岩纹层发育特征可反映储层非均质性，与矿物组成、孔隙特征、微裂缝展布等密切相关，从而控制着页岩的储集物性特征，进而影响页岩油气的富集机制（赵圣贤等，2024）。

二叠系大隆组微观构造主要发育钙质纹层、黏土质硅质纹层、硅质块状构造3类。钙质纹层通常发育于大隆组上段，与黏土质硅质纹层互层，主要成分为方解石，偶见白云石，透射单偏光下呈亮白色（图2.3.3），方解石含量高（平均>60%），粒度较大，黏土含量较低（不足30%），有机质含量很少，纹层界面清晰。黏土质硅质纹层通常发育于大隆组中段，颜色较深，主要成分为黏土矿物和石英，并发育有机质，透射单偏光下主要呈暗色（图2.3.3），黏土矿物和石英含量超过60%，黏土矿物主要为伊利石，

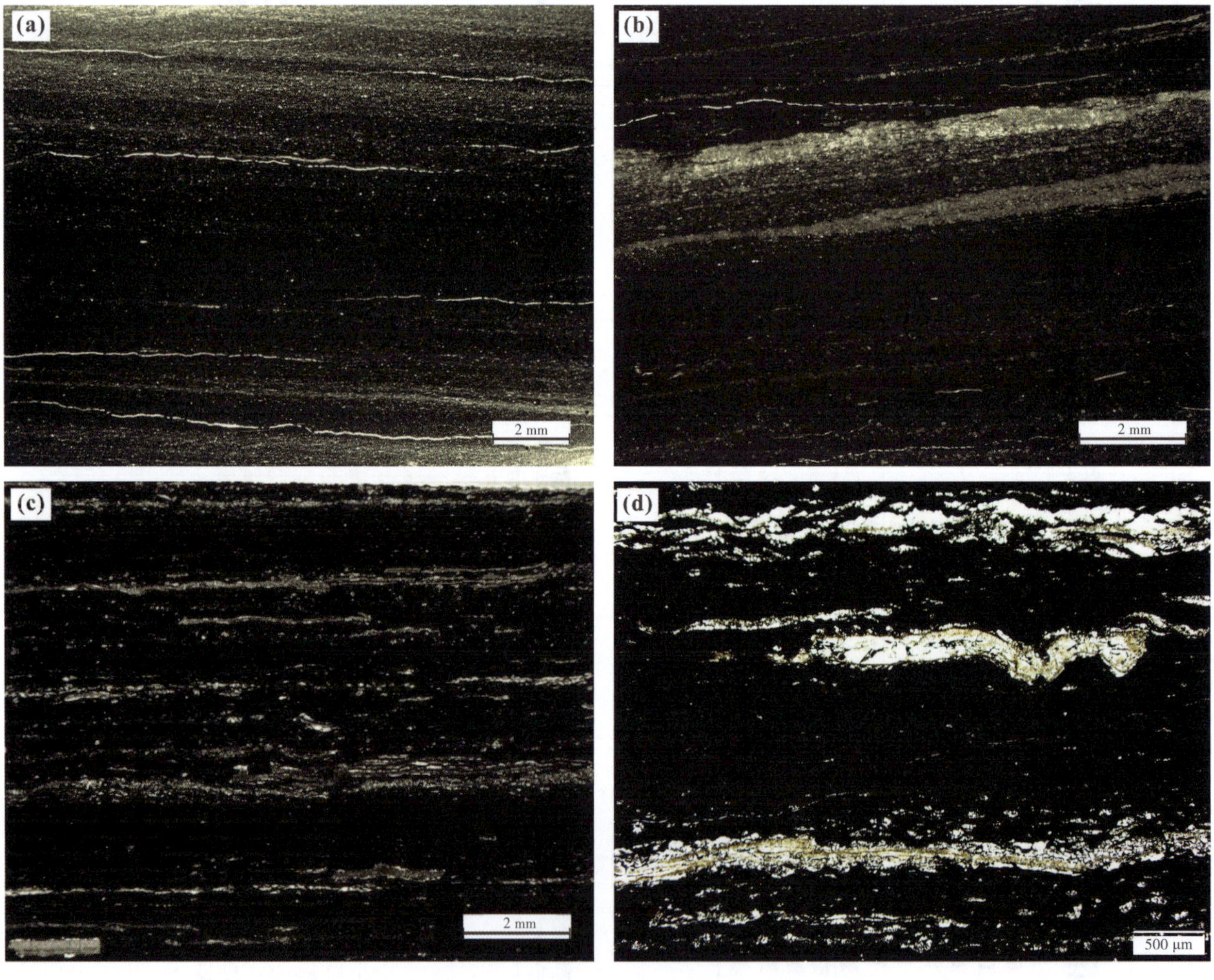

图2.3.3　二叠系大隆组页岩纹层显微构造

（a）EJY2-43，2360.91 m，亮白色钙质纹层与暗色黏土质硅质纹层互层；（b）EJY2-47，2363.15 m，亮白色钙质纹层与暗色黏土质硅质纹层互层；（c）EJY2-52，2365.87 m，亮白色钙质纹层与暗色黏土质硅质纹层互层；（d）图c的进一步放大

常与钙质纹层互层，纹层界面清晰，粒度较细。硅质块状构造通常发育于大隆组下段富有机质页岩层段，颜色较深，主要成分为石英，含量超过50%，其次为黏土矿物，有机质含量高（平均>5%），经常见具有一定规模的放射虫富集层，放射虫一般被石英或方解石交代，在透射光下呈亮白色（图2.3.4）。

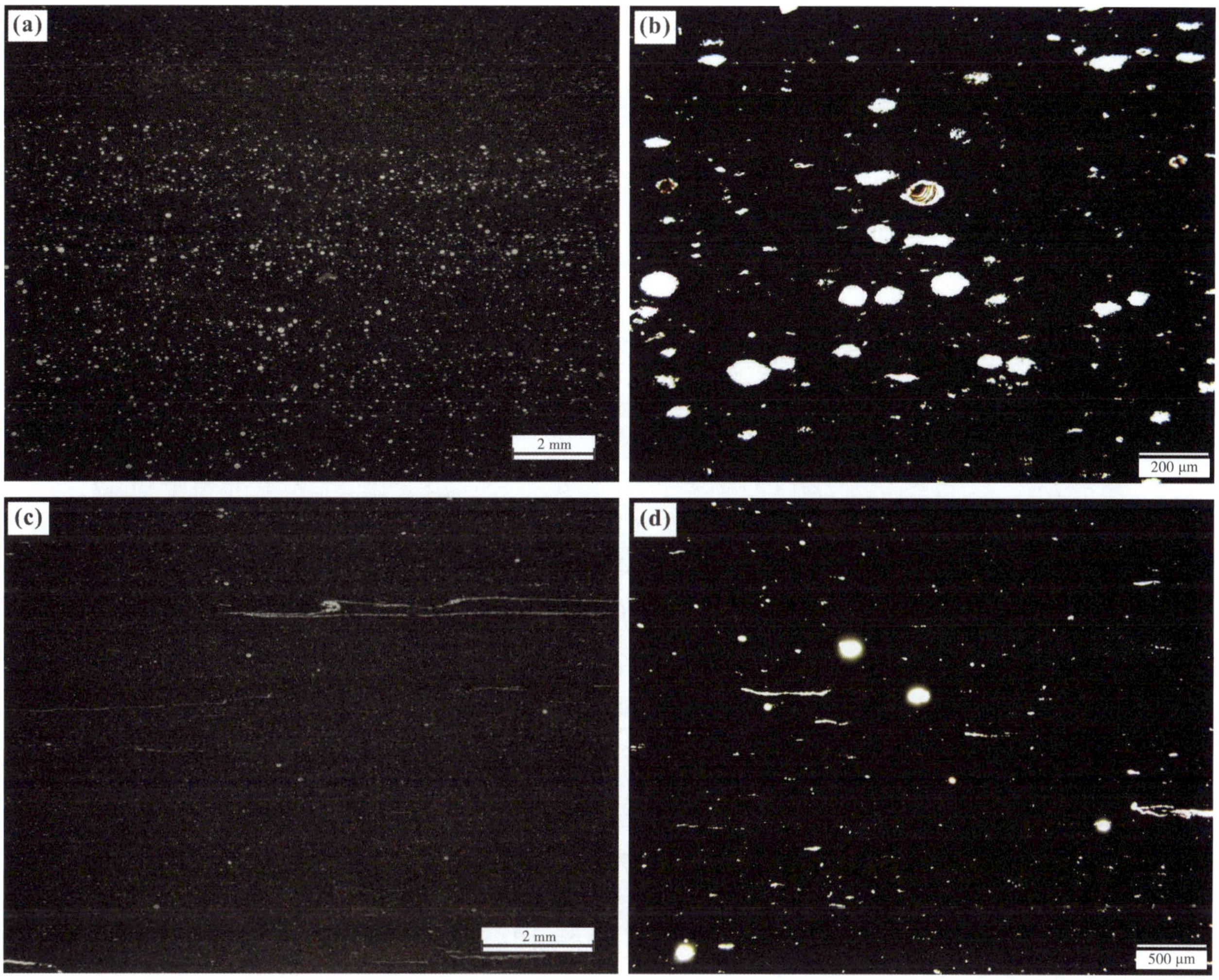

图2.3.4　二叠系大隆组页岩块状显微构造

（a）EJY2-90，2384.01 m，硅质块状构造，富集放射虫化石；（b）图a的进一步放大；（c）EJY2-93，2385.59 m，硅质块状构造；（d）图c的进一步放大

2.4　沉积相特征

2.4.1　沉积相划分

晚二叠世末期，受到板块汇聚和局部拉伸调整的影响，扬子北缘发生基底沉降，诱发了建始—恩施断裂系，鄂西—渝东地区海水加深，沉积形成大隆组台内盆地相深水沉积，与周边碳酸盐岩台地相浅水沉积体系形成明显分异（冯增昭等，1997）。在台内盆地相区沉积了以富有机质硅质页岩和钙质页岩为代表的大隆组，在台地相区沉积了以生物礁滩灰岩和亮晶灰岩为代表的长兴组（李雄，2016）。大隆组沉积可以分为深水陆棚相（台盆相）和浅水陆棚相两种相带。

（1）深水陆棚相（台盆相）

深水陆棚相（台盆相）是指位于浅水陆棚相外侧的深水区域，由于周围多为台地围限水体循环减弱，静水沉积为主（郭谨豪等，2023；姚素平等，2022）。岩性以硅质页岩为主（图2.4.1a），沉积厚度一般较薄，几米至十几米，沉积物颜色以灰黑至黑色为主，页理发育，层理类型以水平层理和微波状层理为主，反映静水还原沉积环境。在鄂西海槽大隆组中，台盆相以发育黑色薄—中层状碳质泥页岩、碳质硅质泥岩、含泥碳质硅质岩为主，TOC质量分数多在5.0%以上，最大可超过15%。沉积构造以水平层理为主。黄铁矿较为发育，分散分布或富集成纹层或条带（图2.4.1b），尤其是大量直径小于5 μm的草莓状黄铁矿集合体的发育指示了缺氧甚至硫化的沉积环境。硅质放射虫主要发育于碳质硅质（泥）岩中，含量可高达90%以上，以球形和椭球形为主，大小混杂，分散或富集成条带分布（图2.4.1c、d），高分异度和丰度指示较深的水体，如此丰富的硅质放射虫的存在指示大隆组部分层段硅质岩可能以海洋生物成因为主（翟常博等，2021）。同时，根据放射虫古测深研究，鄂西地区大隆组水深应在60 ~ 200 m范围。扫描电镜下可观察到部分剖面大隆组硅质岩主要由短纤维状石英晶簇组成（图2.4.1e），显示以海水化学沉淀为主。黄铁矿常与有机质共生，以多种形式发育在富有机质层段中（图2.4.1f）。

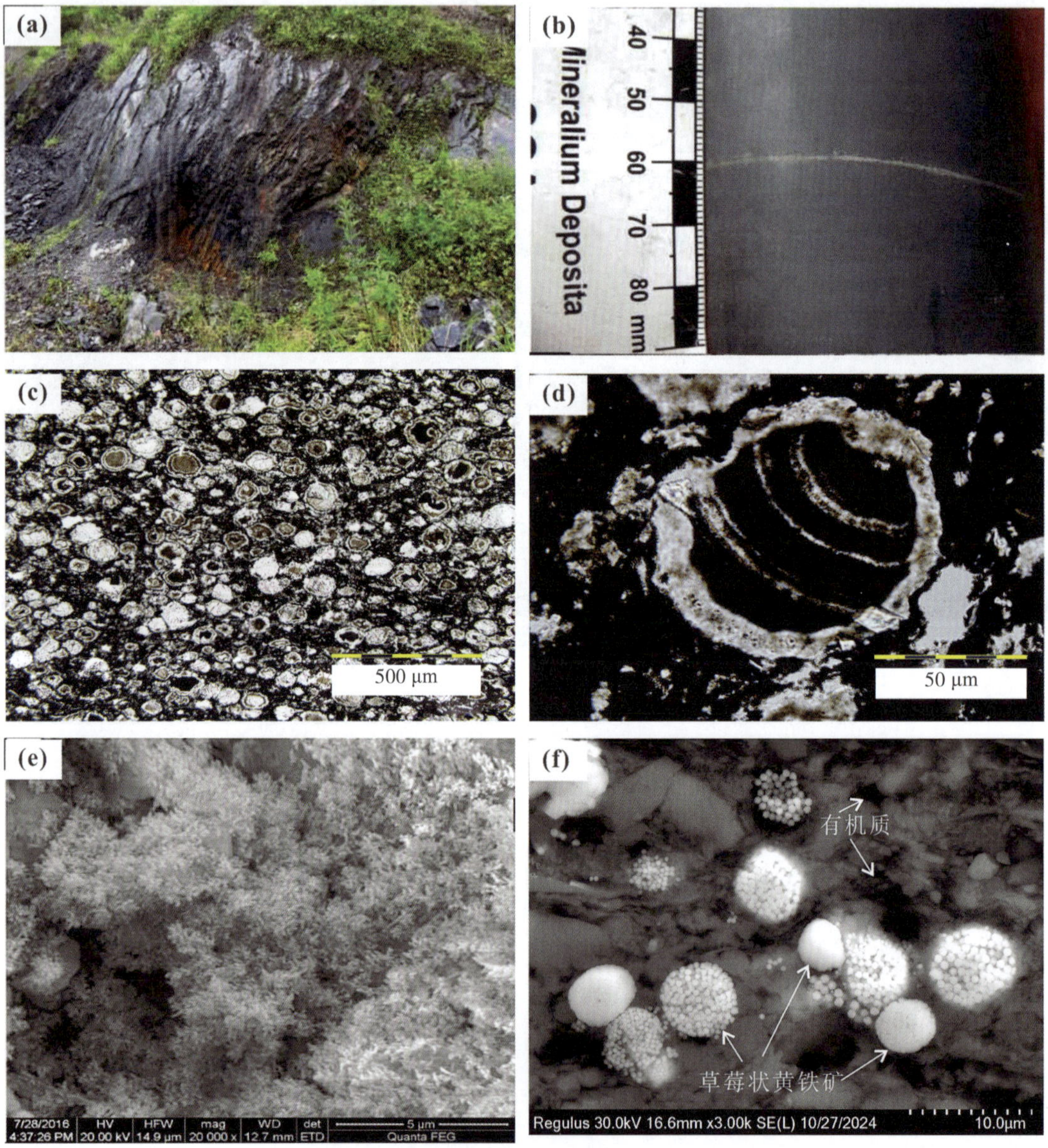

图2.4.1　鄂西海槽大隆组深水陆棚相（台盆相）特征

（a）恩施大坪大隆组碳质硅质泥岩野外特征；（b）鹤地1井大隆组碳质硅质泥岩中的黄铁矿条带；（c）大隆组富有机质硅质页岩生屑结构，建地3井，361.55 m，透射正交偏光；（d）放射虫内环带结构，建地3井，361.55 m，反射单偏光；（e）宣恩马虎坪大隆组硅质页岩扫描电镜下特征；（f）渝巫地1井大隆组草莓状黄铁矿扫描电镜下特征

（2）浅水陆棚相

浅水陆棚相是指碳酸盐岩台地斜坡或缓坡以下、风暴浪基面以上的浅水区域，局部发育风暴沉积（丁江辉等，2021；邱岐，2021）。浅水陆棚相主要发育在海槽边缘的大隆组上部，岩性主要为含不同程度碳质的泥岩、钙质泥岩、灰岩、泥质灰岩（图2.4.2a、b），部分剖面的部分层段亦可见白云岩的分布。沉积构造以水平层理为主，偶见小型波纹层理（图2.4.2c、e）。可见菊石、放射虫、牙形石等多种生物碎屑（图2.4.2d、f）。较高的碳酸盐矿物含量指示其水体相对较浅，属于鄂西海槽与扬子碳酸盐岩台地过渡区沉积。部分层段可见大量黄铁矿，以肉眼可分辨的晶粒集合体为主，多呈细小的脉体或透镜体，为成岩期产物（陈鸿鹏，2020）。

图2.4.2　鄂西海槽浅水陆棚相沉积特征

（a）恩施双河大隆组与大冶组界限线；（b）鄂建页2井大隆组顶部浅水陆棚相钙质页岩，2356.93 m；（c）建地3井大隆组顶部钙质页岩岩芯薄片照片，335.75 m；（d）大隆组浅水陆棚相钙质页岩中的生物碎屑；（e）大隆组浅水陆棚相钙质页岩的粉砂结构，透射单偏光；（f）牙形石切面，建地3井，钙质页岩，336.75 m，透射正交光

2.4.2 单井沉积特征

（1）渝巫地1井

渝巫地1井大隆组钻遇深度为1307.76～1359.6 m，厚度为51.84 m（图2.4.3）。底部为富有机质硅质黑色页岩，有机碳质量分数平均超过10%，富黄铁矿集合体，为缺氧的深水台盆相沉积；中部相较于底部电阻率逐渐升高，黄铁矿含量相对减少，代表含氧量增加，水体变浅，硅质含量不减，为深水台盆相沉积；上部钙质含量增加，岩性由碳质硅质页岩过渡为碳质钙质页岩，水体继续变浅，逐渐转变为浅水陆棚相沉积。

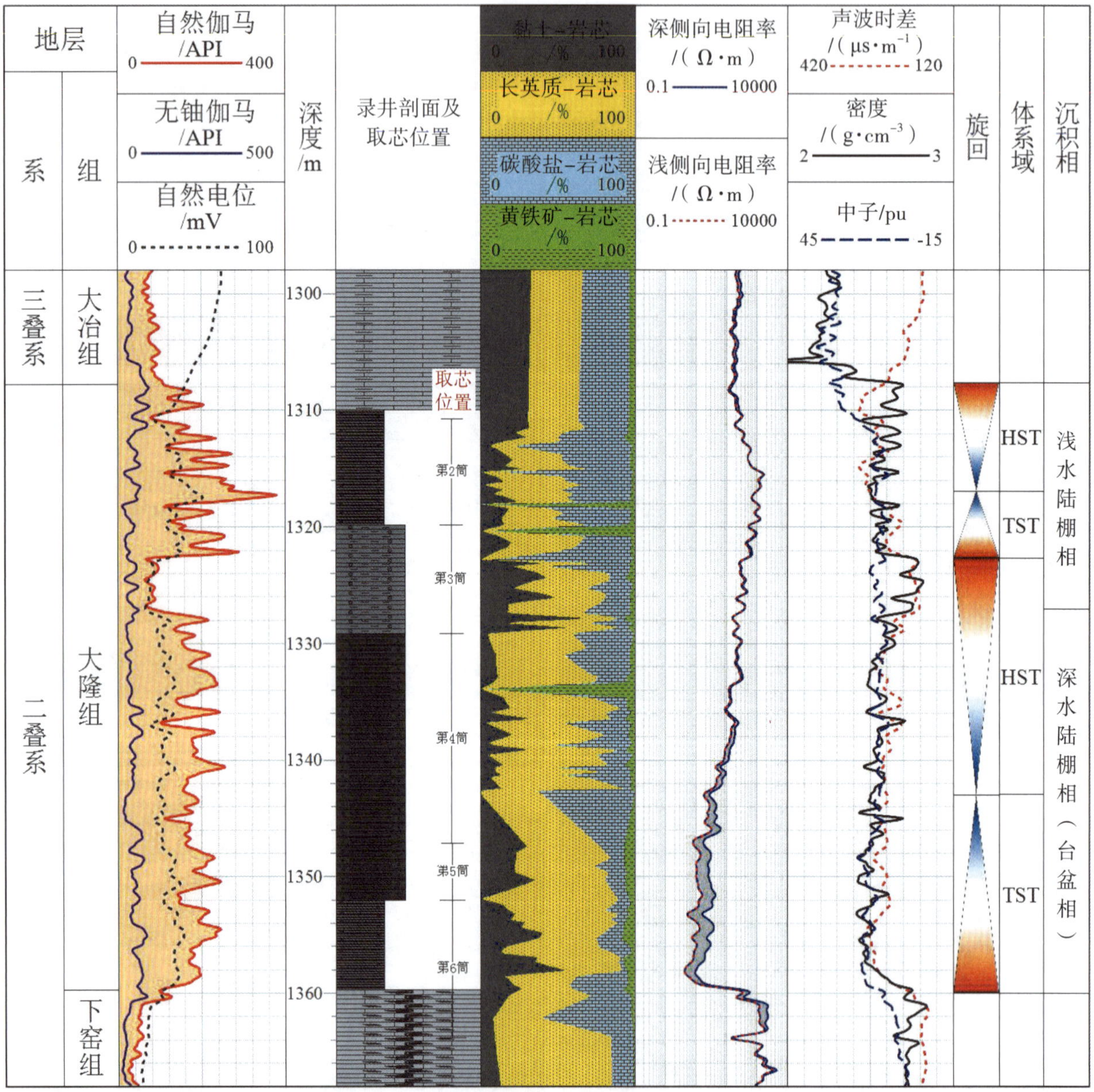

图2.4.3　渝巫地1井单井沉积相图

（2）鄂建页2井

大隆组钻遇井段深度为2359.8～2401.8 m，厚度为42.0 m（图2.4.4）。取芯可见顶底，底部为黑色含碳硅质页岩，含深灰色含碳泥晶白云岩夹层，夹层厚度0.3～0.8 m，整体有机质含量高，TOC质量分数平均为9.8%，为深水陆棚相（台盆相）沉积；中部为灰黑色钙质泥岩和泥质灰岩，电阻率升高，有机质含量显著降低，为海退的高位体系域，沉积相从深水陆棚相（台盆相）向浅水陆棚相转变；上部是灰黑色含碳钙质泥岩和深灰色含碳泥质灰岩互层分布，有机质升高，TOC质量分数平均为4.8%，水深相对增加，属浅水陆棚相。

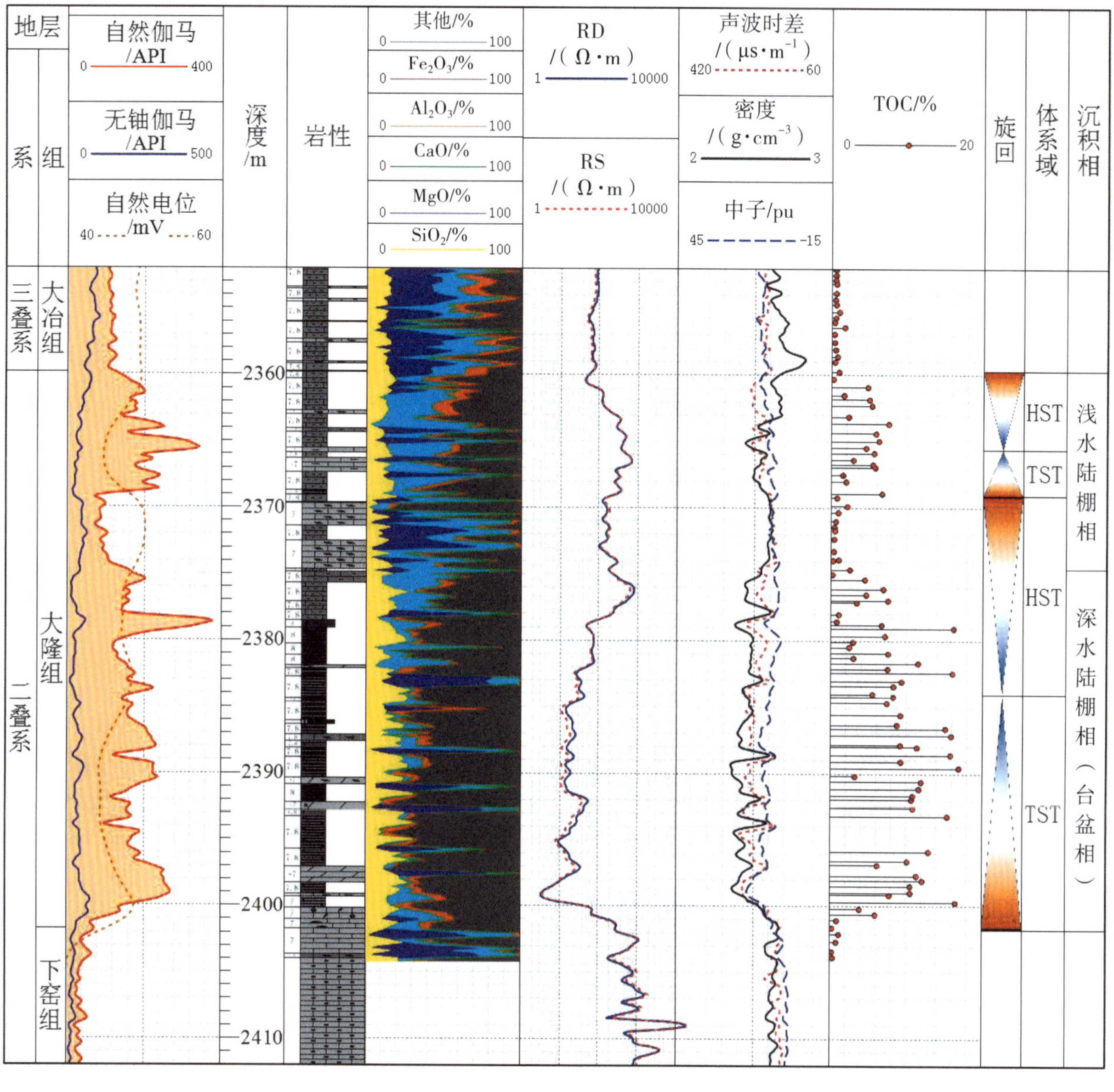

图2.4.4　鄂建页2井沉积相图

（3）鄂恩地3井

鄂恩地3井大隆组钻遇深度为81.3 ~ 125.3 m，厚度为44.0 m（图2.4.5）。取芯可见顶底，底部为灰黑色中厚层状钙质泥岩，可见高角度裂缝，局部破碎（图2.4.6a），为海进沉积，属于浅水陆棚相；中部以深黑色中薄层状硅质泥岩、硅质岩为主，裂隙和方解石脉发育（图2.4.6b），碳质、泥质和硅质含量增加，污手程度较高，属于深水陆棚相（台盆相）沉积；上部为薄层—极薄层状灰黑色钙质泥岩、含碳硅质岩，方解石脉发育，可见星点状黄铁矿（图2.4.6c），其中生物屑灰岩层（图2.4.6d）为海退沉积，属浅水陆棚相。

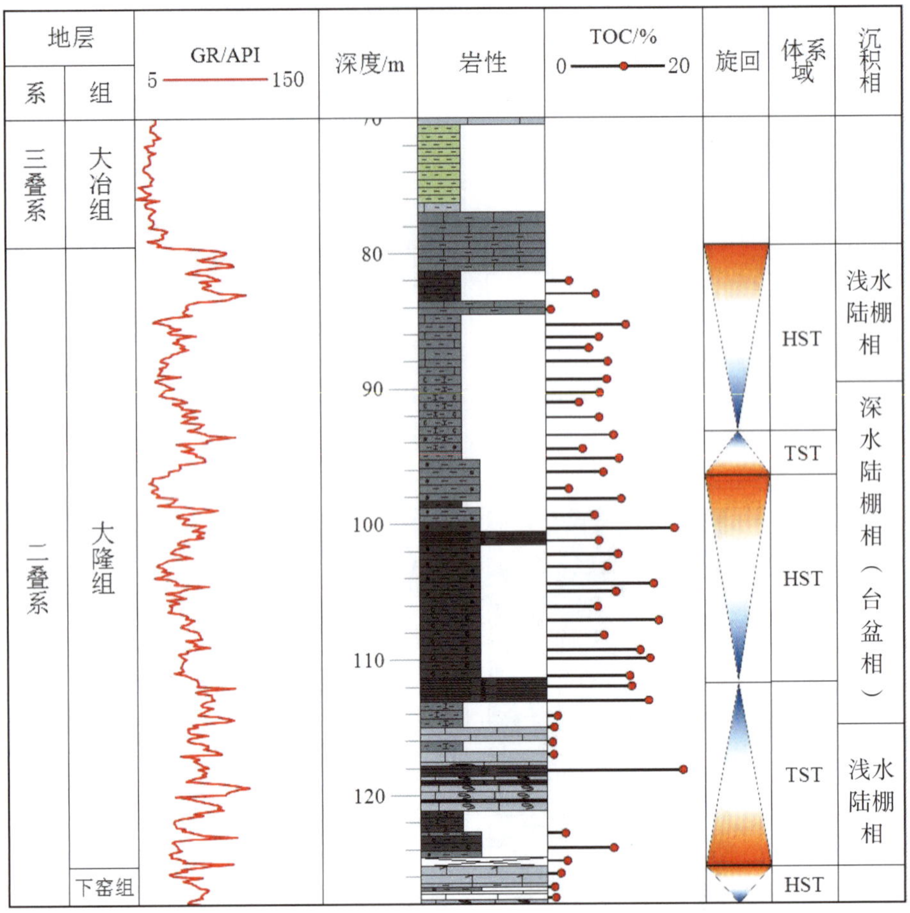

图2.4.5　鄂恩地3井沉积相图

（4）鄂建地3井

鄂建地3井大隆组钻遇深度为332.8～372.05 m，厚度为39.17 m（图2.4.7）。底部岩性为灰黑色含碳硅质岩，含碳硅质泥岩夹碳质泥页岩，局部夹含碳泥质灰岩，为深水陆棚相（台盆相）沉积；中部水体相对变浅，仍然以硅质岩夹碳质页岩为主，TOC含量略微降低，钙质含量略微升高；上部主要岩性为深灰色钙质泥岩、含泥—泥质灰岩，代表海平面逐渐下降的退积沉积，由深水富硅页岩向钙质页岩逐渐过渡，为浅水陆棚相沉积。

（5）鄂长地3井

鄂长地3井大隆组钻遇深度为880.25～892.1 m，厚度为11.85 m（图2.4.8）。该井大隆组沉积厚度明显减薄，代表该井位置已偏离海槽中心。大隆组底部和中部为钙质页岩和硅质页岩交替出现，主要岩性为灰黑色含钙碳质泥岩、灰黑色含碳硅质岩、深灰色含碳灰岩，由底部深水陆棚相（台盆相）沉积变为浅水陆棚相沉积；上部岩性再次变为碳质硅质岩，TOC含量和硅质含量显著升高，为深水陆棚相（台盆相）沉积。鄂长地3井大隆组处于深水陆棚相（台盆相）与台地相之间的过渡带，沉积物对水深变化敏感，水深相较于渝巫地1井和鄂建地3井明显变浅。

2.4.3　连井剖面沉积特征

渝巫地1井—建地4井—巴页1井—鄂长地3井—五地2井的东西向连井剖面显示（图2.4.9），大隆组深水陆棚相（台盆相）页岩从巫山县向东南逐渐减薄，渝巫地1井及鄂建页2井更接近深水陆棚相（台盆相）沉积中心，而巴页1井、鄂长地3井和鄂五地2井逐渐偏离沉积中心，变为浅水陆棚相沉积。鹤

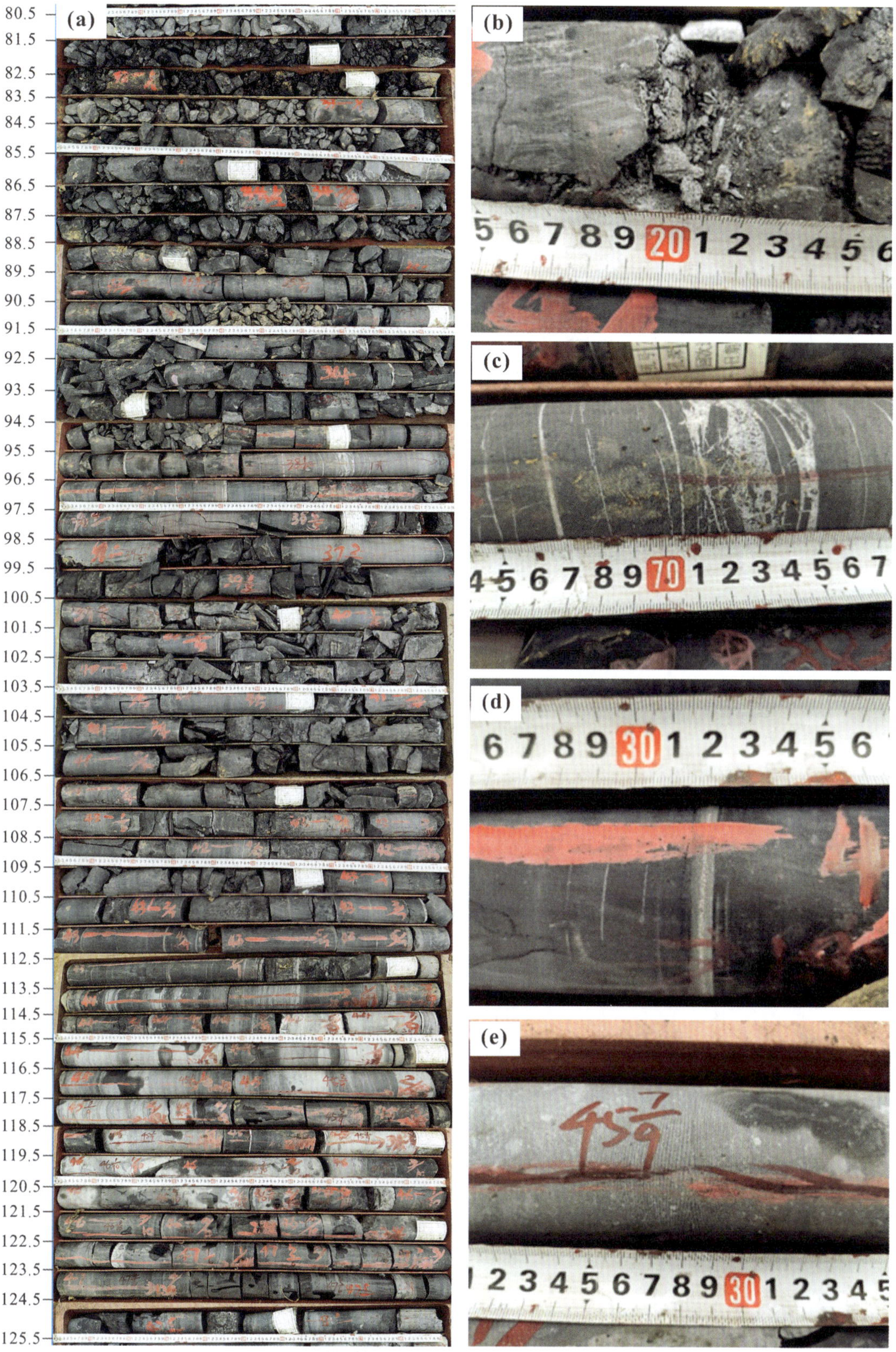

图2.4.6　鄂恩地3井大隆组岩芯特征

（a）岩芯整体照片（80.5～125.5 m）；（b）大隆组顶灰黑色中厚层状钙质泥岩；（c）大隆组中部中薄层状硅质泥岩、硅质岩，裂隙和方解石脉发育；（d）大隆组下部薄层状灰黑色硅质泥岩、含碳硅质岩；（e）大隆组中夹层为生物碎屑灰岩层

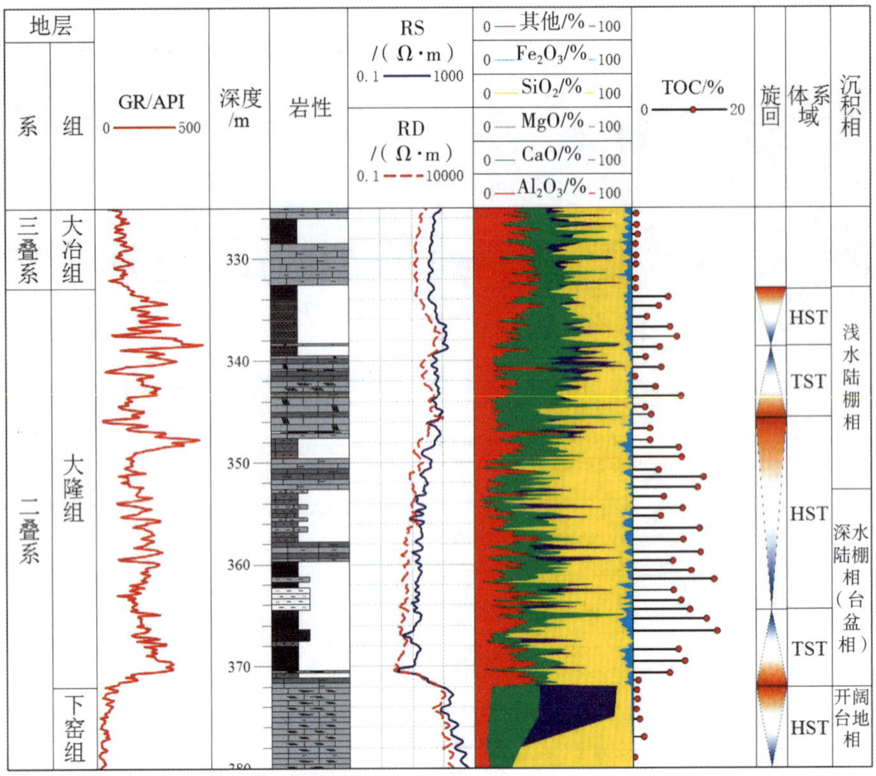

图 2.4.7　鄂建地3井沉积相图

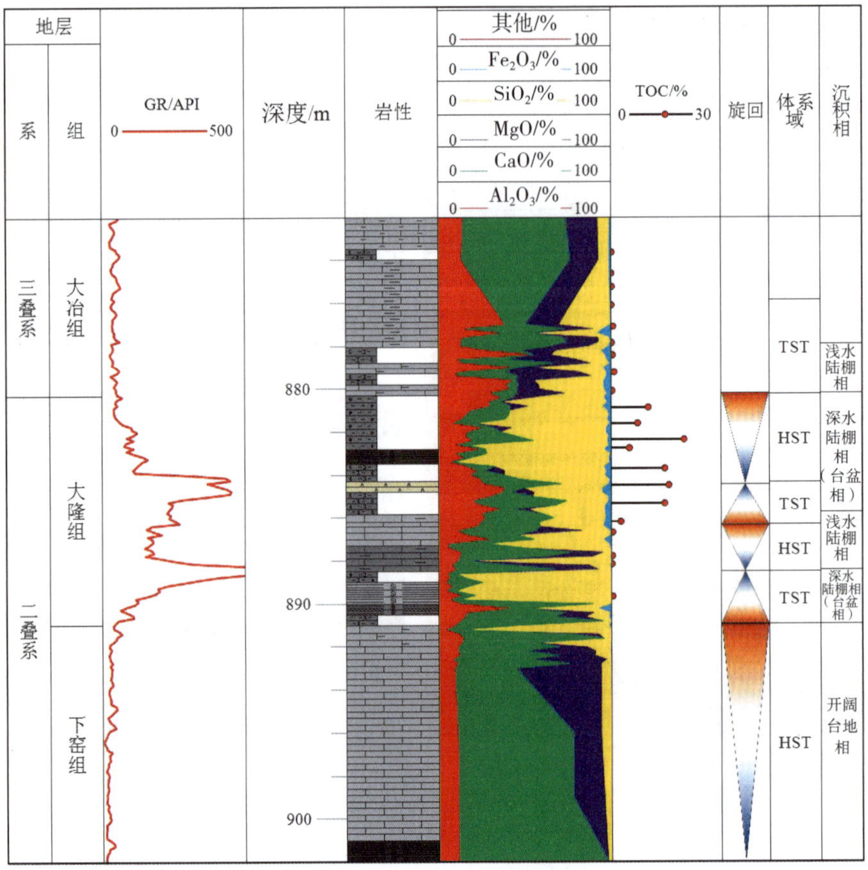

图2.4.8　鄂长地3井沉积相图

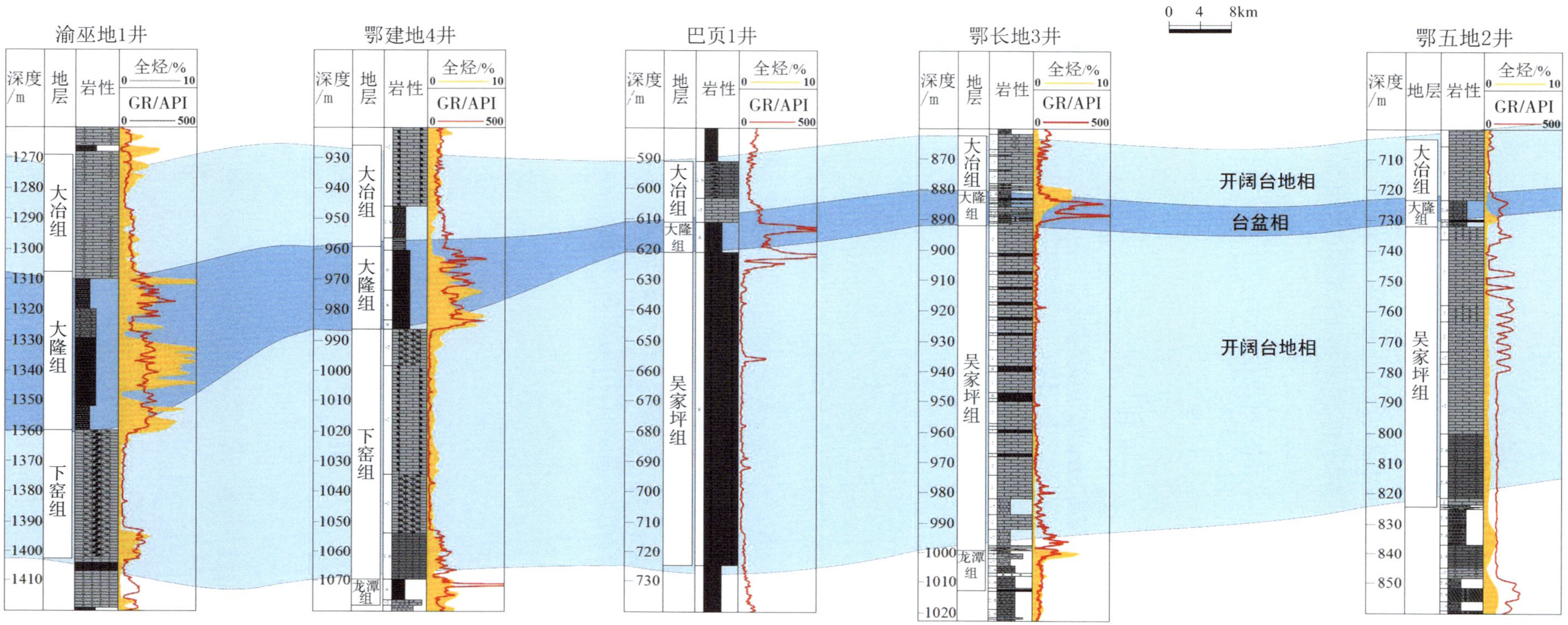

图2.4.9 渝巫地1井—建地4井—巴页1井—鄂长地3井—五地2井连井剖面沉积相图（东西向，剖面位置见图2.4.11）

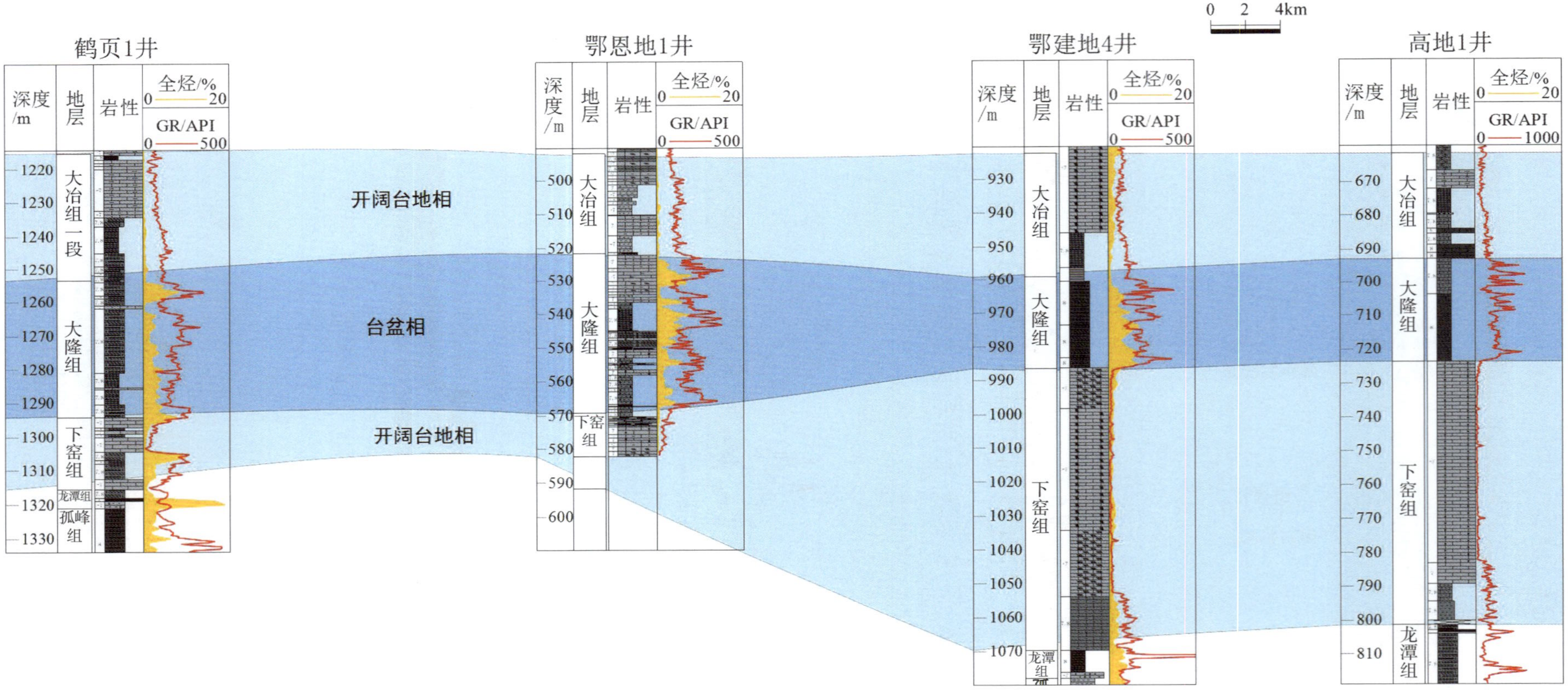

图2.4.10 鹤页1井—鄂恩地1井—鄂建地4井—高地1井连井剖面沉积相图（南北向，剖面位置见图2.4.11）

页1井—鄂恩地1井—鄂建地4井—高地1井的南北向连井剖面显示（图2.4.10），大隆组深水陆棚相（台盆相）在巫山—建始—宣恩—鹤峰一带发育稳定，沉积厚度为25～50 m，代表该剖面与海槽发育方向一致。

2.4.4 平面分布特征

晚二叠世长兴期，鄂西—渝东地区北部为南秦岭陆缘盆地伸入上扬子的海水通道，平面上看，该区普遍发育大隆组黑色碳硅质页岩沉积，岩石类型主要为深灰色—灰黑色薄层状泥质灰岩、泥晶灰岩、泥页岩和含放射虫硅质岩等（李飞等，2023）。鄂西海槽从北部由奉节—巫山县进入该区，一直延伸到鹤峰东南部，呈NNW至NW向展布。鄂西海槽与西部开江—梁平海槽近平行展布，两海槽之间被云阳孤立碳酸盐岩台地分割。鄂西—渝东大部分地区，如忠县、黔江、武陵源、五峰、秭归、宜昌等地区为浅水陆棚相沉积。鄂西海槽三面被碳酸盐岩台地所环绕，与台地之间发育有斜坡相和台地边缘礁滩沉积，前人文献（胡明毅等，2012；杨巍等，2015）报道了在鄂西海槽西侧和南侧的湖南慈利、湖北利川见天坝、宣汉盘龙洞、巫溪尖山等地发育大规模的台地边缘珊瑚礁、海绵礁和藻礁以及礁前的台地边缘斜坡重力流沉积。

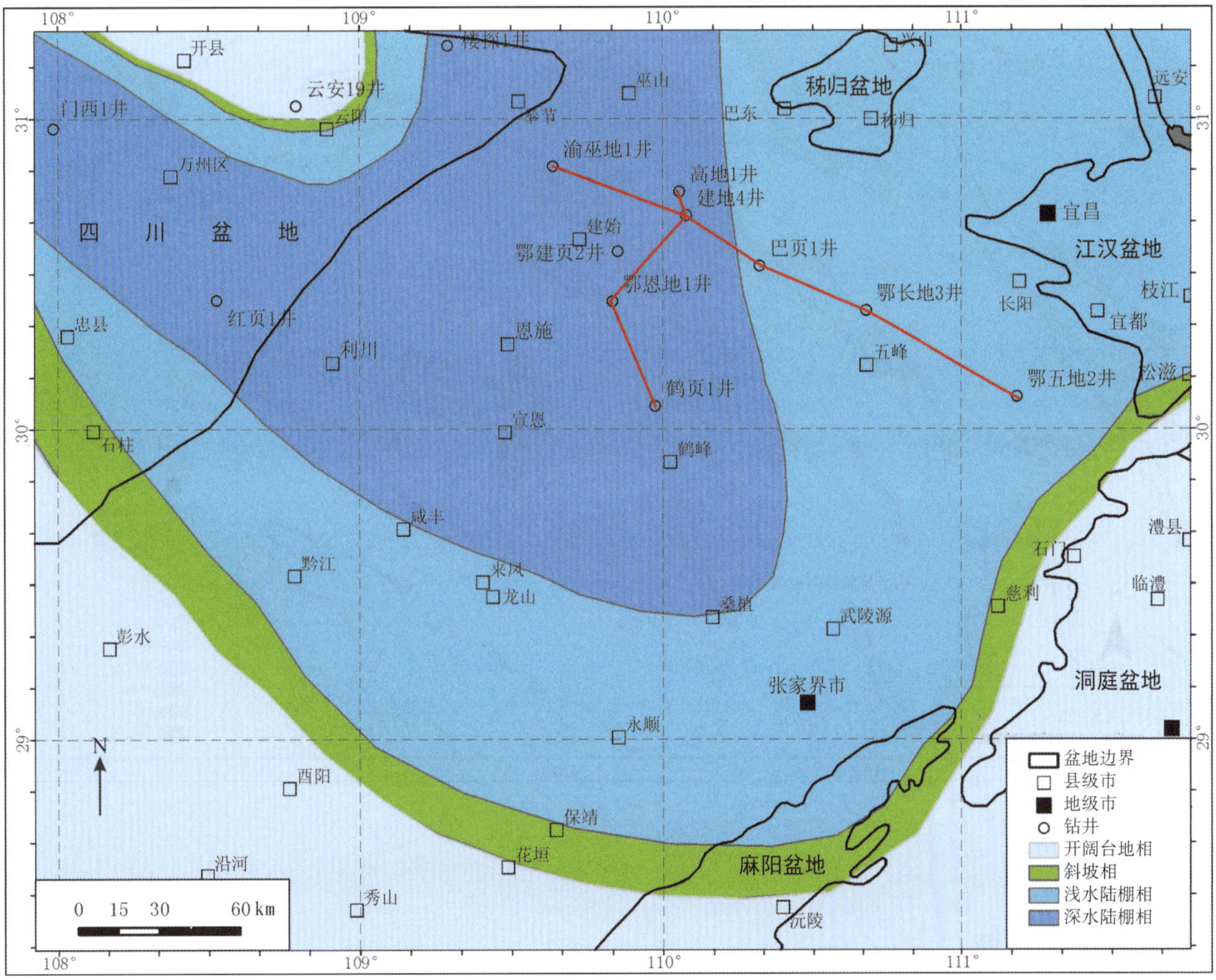

图2.4.11 鄂西—渝东地区晚二叠世沉积相展布图

2.5 页岩分布特征

2.5.1 页岩厚度

受后期强烈构造改造影响，鄂西—渝东地区二叠系部分地区被剥蚀，残留大隆组主要发育于宣恩—鹤峰地区、桑植县地区、奉节—巫山地区、巴东—秭归地区、建始县东南部、利川地区、四川盆地和江汉盆地。大隆组富有机质硅质页岩沉积中心沿奉节—建始—鹤峰一线发育，沉积厚度为40～50 m，向东西方向逐渐减薄，迅速减薄至10～25 m（图2.5.1）。在云阳县过渡为台地，发育长兴组灰岩。四川盆地内部、红星地区大隆组（与吴家坪组二段相当）发育相对较厚，向NW—SE方向发育稳定，分别与开江—梁平海槽和城口—鄂西海槽相连。

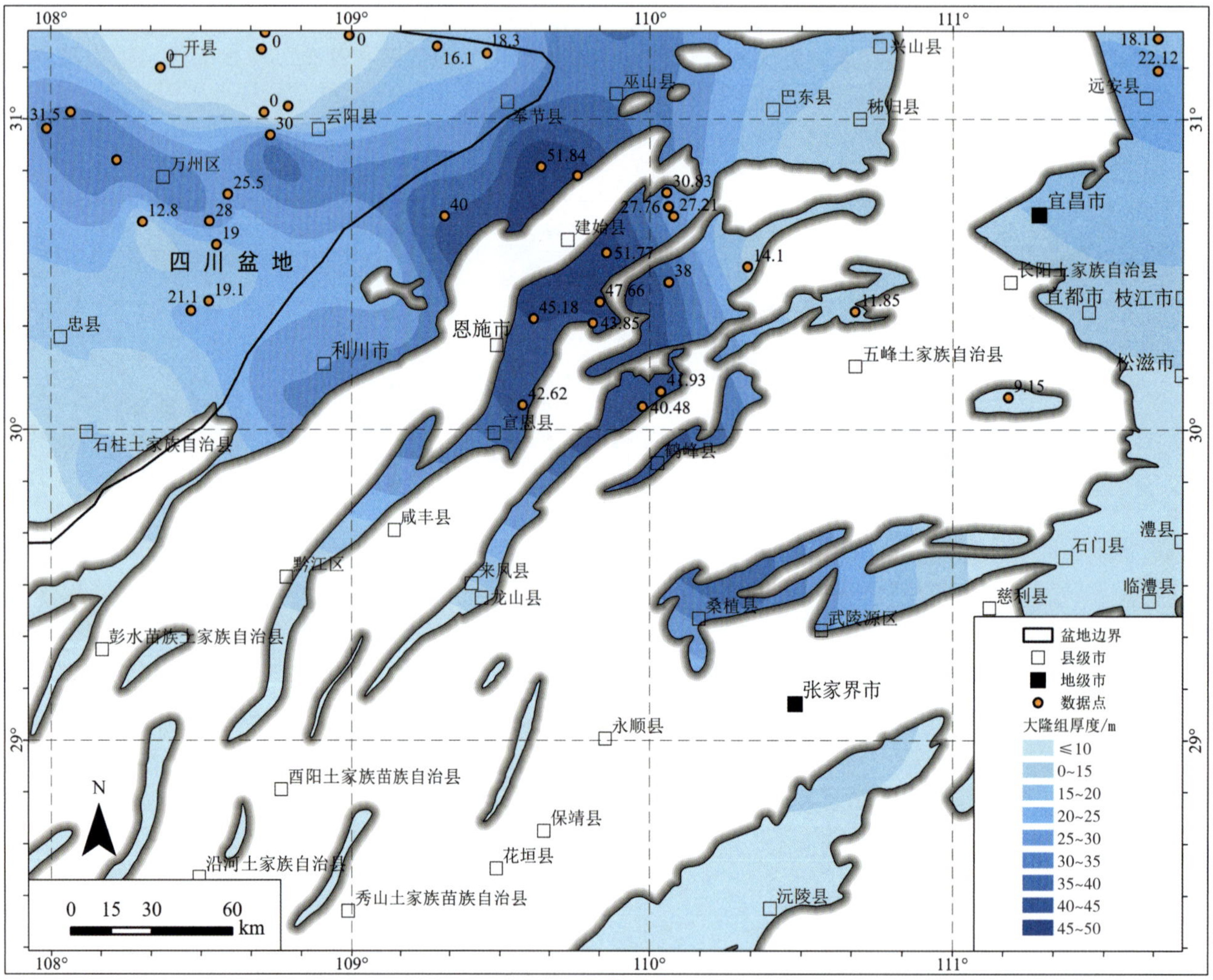

图2.5.1 鄂西—渝东地区大隆组富有机质页岩残余厚度图

2.5.2 页岩埋深

基于鄂西—渝东地区地震测网资料和钻井资料，平面插值获得鄂西—渝东地区二叠系大隆组底界埋深等值线（图2.5.2）。可知，鄂西—渝东地区大隆组底界等深线呈NE—SW展布，呈现出由西北向东南减小的特征，整体处于0～6500 m。

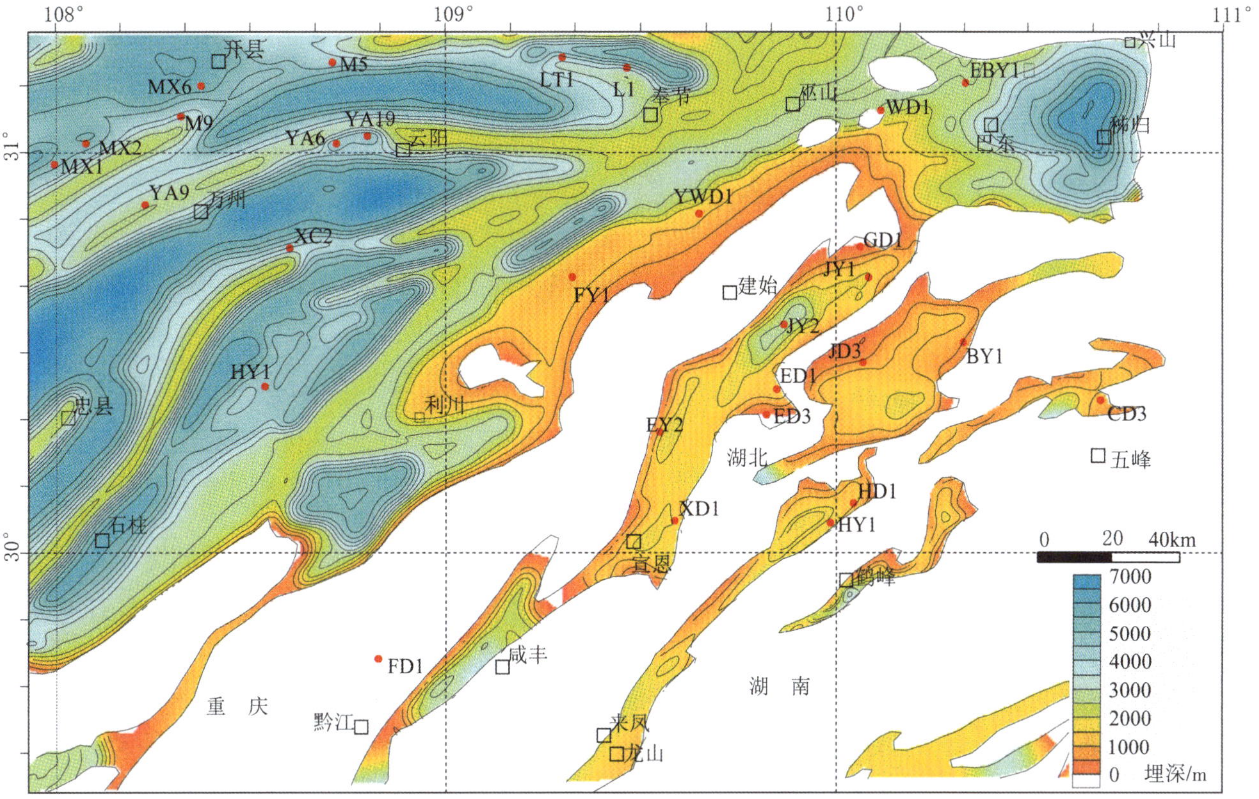

图2.5.2　鄂西—渝东地区大隆组底界埋深图

鄂西—渝东地区大隆组底界最大埋深处位于万川复向斜西部以及秭归盆地中部，埋深大于6500 m；万川复向斜大隆组底界整体埋深较深，介于2000～6500 m之间；秭归盆地内大隆组埋深等值线趋势类似构造边界，向盆地中部逐渐加深，介于3000～6500 m之间。石门复向斜大隆组埋深由北往南逐渐加深，为1000～5000 m。利川复向斜南部和西部大隆组底界埋深较深，范围介于2500～5000 m之间；东部和北部较浅，大部分埋深处于2500 m以下。花果坪复向斜和宜都—鹤峰复背斜大隆组埋深整体较浅，且埋深均沿着剥蚀线形态向核部逐渐加深，最深达到2500 m，大部分为500～2500 m，花果坪复向斜大隆组较宜都—鹤峰复背斜埋深更深。

3 大隆组成岩作用

3.1 成岩作用

成岩作用是指松散的沉积物在一定的温度、压力影响下，经各种成岩作用改造后，转变为沉积岩的过程。主要的成岩作用类型包括胶结、压实、溶蚀、交代、破裂和黏土矿物转化、重结晶作用、新矿物的生长等。页岩油气作为源—储一体型资源，其成岩作用不仅控制着油气的生成和运移，同时对物质组成、微观结构、储层物性和力学性质都具有重要影响（赵建华，2021）。

鄂西—渝东地区二叠系大隆组页岩成岩作用包括无机成岩和有机质成岩两种作用类型（表3.1.1），其中无机成岩作用包括压实作用、胶结作用、溶蚀作用、交代作用和黏土矿物转化作用。有机质成岩作用主要包括有机质的生烃演化过程。有机成岩作用和无机成岩作用共同控制了富有机质页岩的成岩过程（刘惟庆，2019）。

表 3.1.1 鄂西—渝东地区大隆组页岩主要成岩作用及特征

成岩作用类型		特 征
无机成岩	压实作用	普遍。颗粒凹凸接触，可见缝合线；矿物呈定向排列、层理清晰；生物碎屑轮廓清晰，有机质挤压变形
	胶结作用	普遍。呈现硅质胶结、钙质胶结、泥质胶结
	溶蚀作用	不常见。发育粒间溶蚀孔、粒内溶蚀孔
	交代作用	常见。黄铁矿交代硅质生物，铁白云石交代白云石
	黏土矿物转化作用	常见。伊利石与其他矿物共生形成泥级碎屑杂基
有机成岩	有机质热成熟作用	常见。沥青充填在裂缝中，呈块状或条带状；部分沥青与黏土矿物共生

3.1.1 压实作用

压实作用是指泥质沉积物沉积后在其上覆水体或沉积层的重荷下，或在构造变形应力的作用下，发生水分排出、孔隙度降低、体积缩小的作用，是成岩过程中的关键阶段之一。泥页岩压实作用下黏土矿物格架发生变形塌陷，片状黏土矿物呈平行排列，孔隙度快速减小。常呈现以下特征：①孔隙水被排出，孔隙度减小；②原生絮凝团被压破，形成片状质点趋于平行；③碎屑颗粒与泥质之间呈现凹凸接触，可见缝合线；④原生孔隙（主要是粒间孔）减少，粒间孔在泥质层之间定向排列，形态更像层间缝。

通过光学显微镜观察，鄂西—渝东地区大隆组页岩受到强烈压实作用影响，岩石相对致密，孔隙占比一般在10%以内，碎屑颗粒呈定向排列，层理清晰（图3.1.1a，b）；颗粒与泥质紧密接触并散落分布于泥质基质中，以悬浮接触为主，普遍呈现基底式胶结的特征（图3.1.1c，d）；骨架较大的生物碎屑受到明显的挤压变形，但由于其自身抗压实能力，可见明显清晰的轮廓边界（图3.1.1e，f）。

3.1.2 胶结作用

胶结作用是指矿物质在碎屑沉积物孔隙中沉淀，形成自生矿物并使沉积物固结为岩石的作用，通过

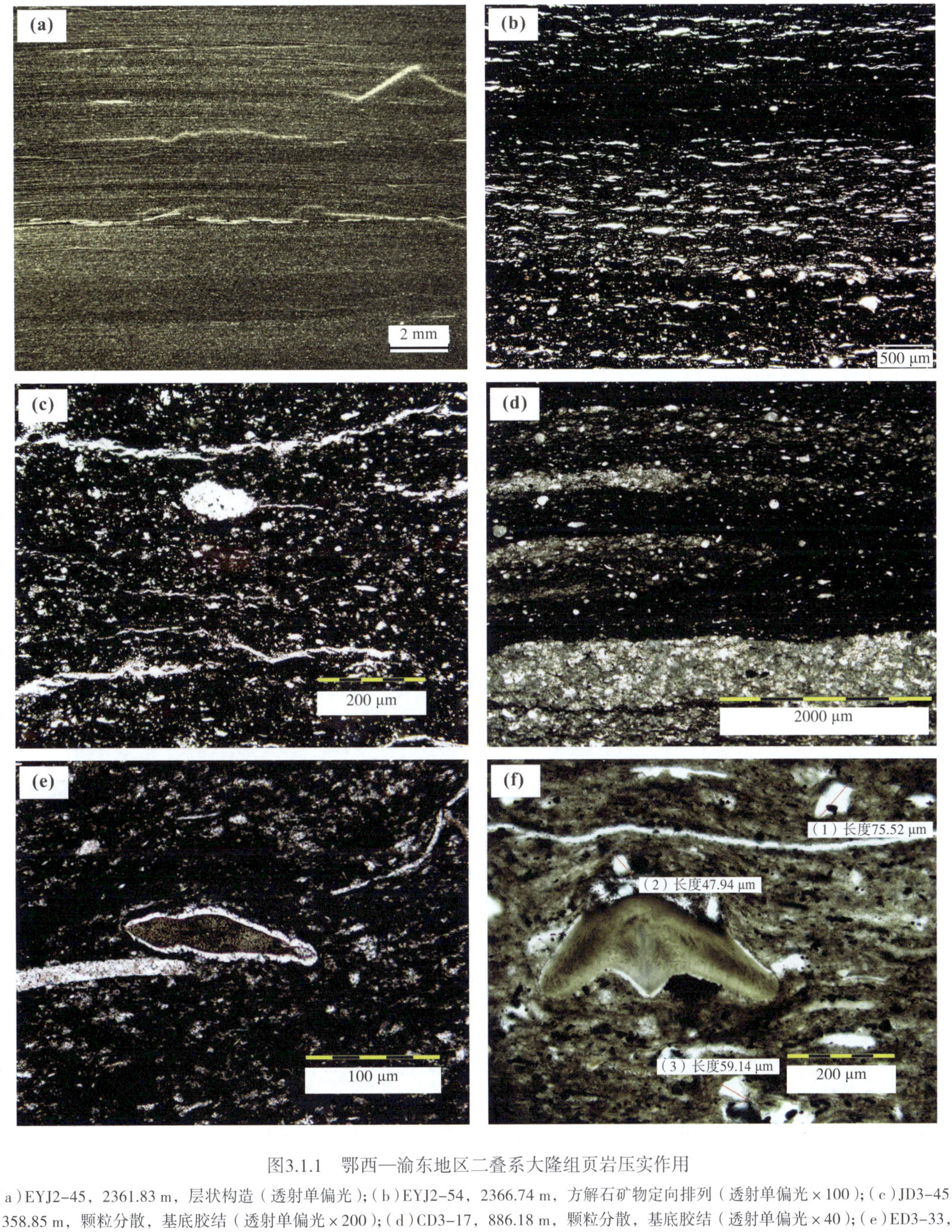

图3.1.1　鄂西—渝东地区二叠系大隆组页岩压实作用

(a) EYJ2-45，2361.83 m，层状构造（透射单偏光）；(b) EYJ2-54，2366.74 m，方解石矿物定向排列（透射单偏光×100）；(c) JD3-45，358.85 m，颗粒分散，基底胶结（透射单偏光×200）；(d) CD3-17，886.18 m，颗粒分散，基底胶结（透射单偏光×40）；(e) ED3-33，114.17 m，牙形石受挤压变形，边界清晰（透射单偏光×100）；(f) JD3-27，340.7 m，牙形石生物碎屑，周围矿物沿化石轮廓发生压缩和弯曲变形（透射单偏光×200）

充填孔隙、堵塞孔喉，对储层孔隙度和渗透率产生较大影响。

鄂西—渝东地区大隆组页岩胶结作用非常普遍，主要为硅质胶结、钙质胶结和泥质胶结。由于胶结物生长需要结晶晶核的存在，因此，硅质胶结主要在硅质页岩中出现，而钙质胶结主要在钙质页岩中发育。胶结作用充填储集空间，降低储层物性，使岩石储层致密化，这是大隆组页岩具有较低孔隙度的另一个重要原因。

（1）硅质胶结

硅质胶结为碎屑颗粒间孔隙水经过化学沉淀，形成的硅质物质对碎屑颗粒产生的胶结作用。大隆组页岩硅质矿物组分以石英为主，常见石英胶结物基底与黏土矿物共生，因此，硅质胶结往往与黏土矿物胶结同时存在，呈颗粒状、棱角状的自生矿物颗粒（如白云石和黄铁矿等）悬浮接触于该混合基底之上（图3.1.2a）。基底泥质结构中，石英晶粒与黄铁矿、有机质、黏土矿物伴生，粒径一般小于10 μm，呈弥散状分布，此类硅质组分形成时间较早，成岩后期在安静水体中原地胶结而成（图3.1.2b，c）。硅质页岩中常见放射虫和海绵骨针化石，在埋藏过程中生物中的硅质由不稳定的蛋白石-A（Opal-A）向较稳定的蛋白石-CT（Opal- CT）完成一系列转化，最终形成稳定的石英，形成硅质填充（图3.1.2d），指示了大隆组页岩中硅质的生物成因类型。

图3.1.2　鄂西—渝东地区二叠系大隆组页岩硅质胶结作用

（a）CD3-12，882.35 m，泥级碎屑为石英与伊利石隐晶体，白色箭头指示硅质胶结，菱形白云石颗粒周边分布黄铁矿颗粒（亮白色）（反射单偏光×500）；（b）YWD1-92，1349.62 m，w（TOC）=14.06%，白色箭头指示硅质胶结，红色箭头指示有机质；（c）JD3-57，371.42 m，泥级石英颗粒（反射单偏光×1000）；（d）JD3-30，343.5 m，硅质放射虫（透射单偏光×500）

（2）钙质胶结

钙质胶结为碎屑颗粒间孔隙水经过化学沉淀形成的钙质物质对碎屑颗粒产生的胶结作用。大隆组含有丰富的碳酸盐矿物，主要为方解石，其次为白云石，胶结物多以方解石为主。在同生—早成岩阶段形成钙质基底式胶结，与黏土矿物共生，如方解石含量高的页岩样品，在光学显微镜下观察到方解石呈隐晶质条带状展布（图3.1.3a），或方解石充填生物碎屑（图3.1.3b），有些常见包裹有机质或黏土矿物。成岩过程中，随着地层流体性质变化呈碱性，形成微细晶结构钙质矿物胶结，如放射虫内沉淀大量的钙质矿物结晶形成的填充物，部分保留了完整晶形（图3.1.3c，d）。在中成岩阶段，随着地层温度压力的升高，溶解了更多的钙质物质，以胶结物、重结晶的形式充填在页岩裂缝中（图3.1.3e，f）。

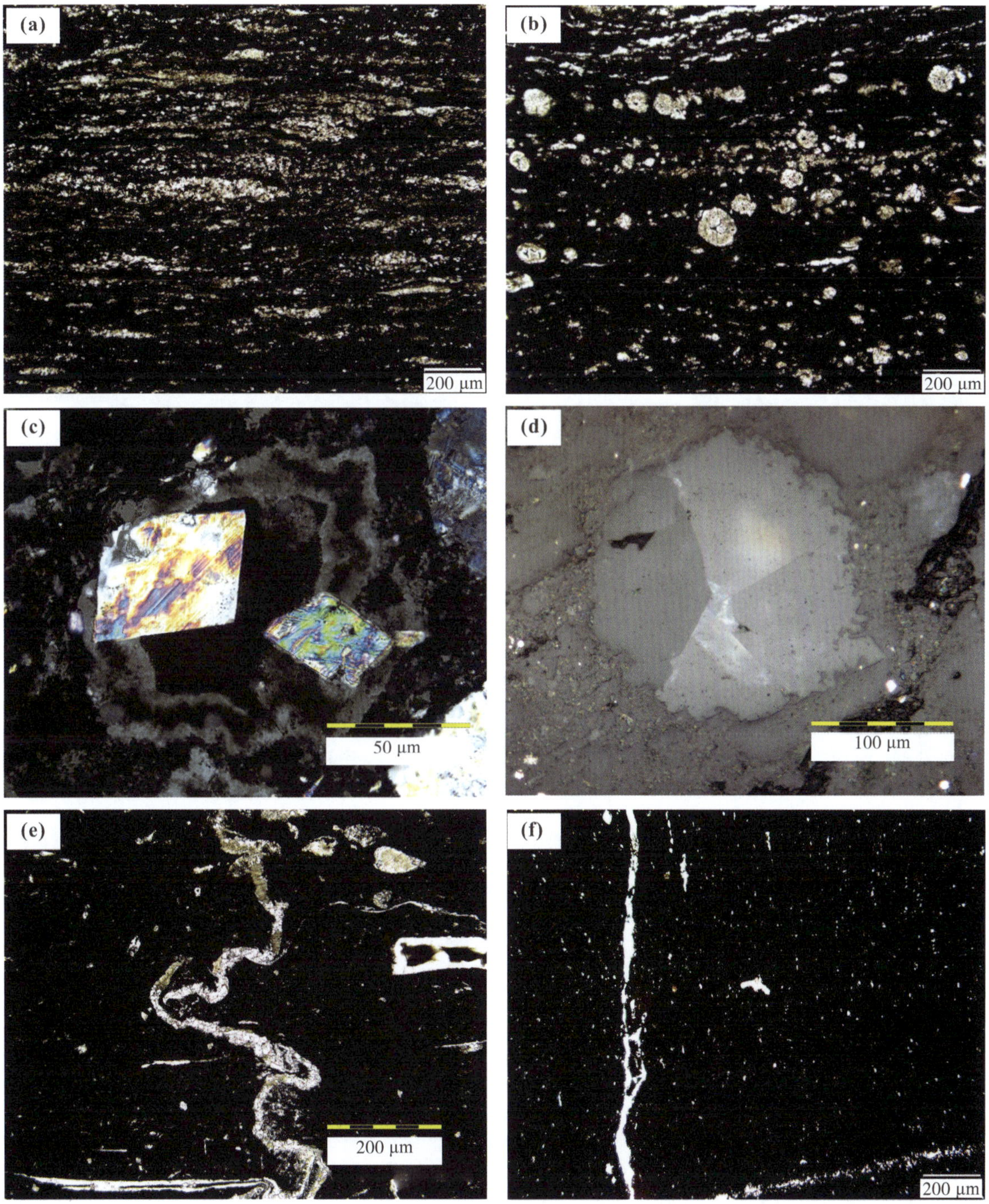

图3.1.3　鄂西—渝东地区二叠系大隆组页岩钙质胶结作用

（a）EJY2-45，2361.83 m，方解石泥级碎屑（透射单偏光）；（b）EJY2-46，2362.29 m，方解石颗粒和黏土杂基（透射单偏光）；（c）JD3-48，361.55 m，放射虫中填充白云石（透射正交偏光×500）；（d）CD3-14，883.70 m，放射虫中充填方解石沉淀（反射单偏光×100）；（e）ED3-38，122.78 m，生烃增压裂缝内充填方解石（透射单偏光×200）；（f）EJY2-105，2391.67 m，裂缝内充填方解石（透射单偏光×200）

（3）泥质胶结

泥质胶结是指在沉积岩中，泥质矿物（如黏土矿物）在沉积物颗粒之间通过物理和化学作用形成的胶结。鄂西—渝东地区大隆组泥质胶结作用主要表现为黏土矿物胶结，黏土矿物以伊利石为主，常与石英等矿物形成泥级碎屑基底，原地胶结且成片分布，部分充填在生物骨架周围呈杂乱分布，边缘不规则状（图3.1.4a），部分在生物骨架内部零星分布，部分与有机质共生充填裂缝（图3.1.4b）。黏土矿物还包括绿泥石，局部有绿泥石矿物零星分布于基底中，含量较少。

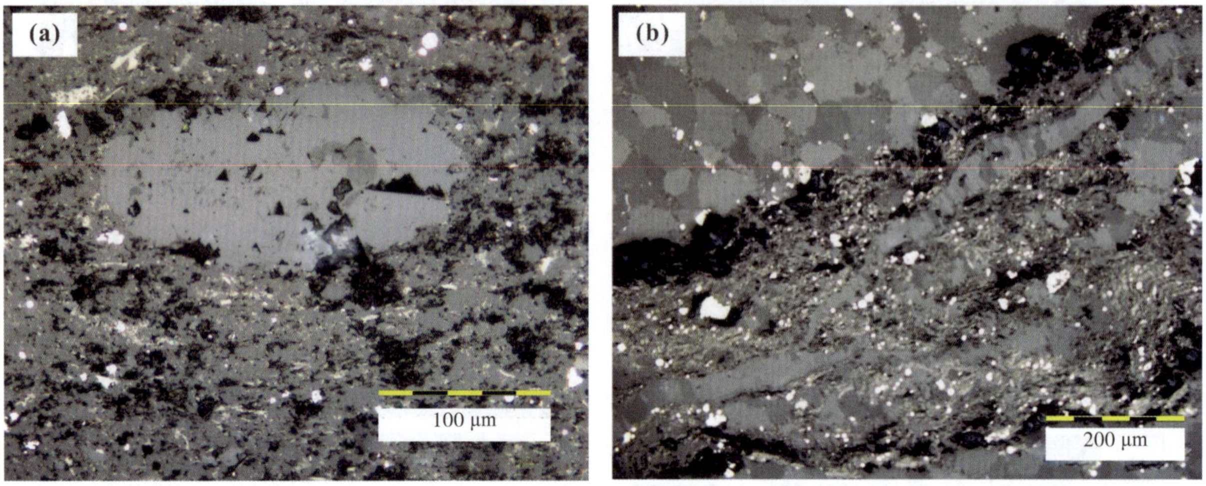

图3.1.4　鄂西—渝东地区二叠系大隆组页岩泥质胶结作用
（a）JD3-39，352.5 m，放射虫周围见伊利石杂基（反射单偏光×1000）；（b）HD1-42，1275.67 m，裂隙内见有机质和伊利石（反射单偏光×200）

3.1.3　溶蚀作用

页岩中，矿物的溶蚀作用几乎发生于成岩作用的各个阶段，沉积物、胶结物或其他矿物在成岩过程中被流体局部溶解称为溶蚀，残留下来的部分就具有溶蚀结构。有机质热演化产生有机酸对碳酸盐岩和长石进行溶解，会沿着矿物颗粒边缘或孔洞溶蚀，形成溶蚀孔。在岩石光学显微镜下，页岩的溶蚀作用很难观察到。在电子显微镜下一般有如下特征：①矿物颗粒边缘的不规则或圆化；②矿物溶解后次生孔隙形成；③岩石中由流体流动造成的溶蚀管道或溶蚀孔洞；④矿物晶体的溶蚀纹理；⑤溶蚀后新形成的矿物，如方解石或白云石的溶蚀可能伴随新的方解石晶体生成。

大隆组页岩溶蚀作用并不发育，在扫描电镜下观察，大隆组页岩溶蚀孔发育较差。可见少量碳酸盐矿物、石英和放射虫的部分溶蚀现象，这一时期对应有机质热演化过程中有机酸的大量生成，酸性流体与白云石、方解石、黄铁矿等矿物发生水—岩反应，形成粒间溶蚀孔（图3.1.5a），部分矿物发育粒内溶蚀孔（图3.1.5b）。

3.1.4　交代作用

交代作用是成岩作用过程中流体携带离子替换原矿物中另一种离子而形成新矿物的作用，交代作用常常发生于成岩作用中后期或是成岩作用结束之后，受温度和压力影响，进一步形成新的矿物组合，从而改变页岩的物理或化学性质。常常表现为：①矿物置换，一种矿物被另一种矿物取代，可能保留原有矿物的晶形或结构特征；②矿物颗粒间界线变化，导致原有矿物与新生矿物界线变模糊；③矿物成分的增减，某些特定矿物的含量增加或减少。镜下观察大隆组的交代作用，可见方解石交代硅质生物放射虫（图3.1.6a，b），可能为成岩早期方解石对蛋白石的交代；也可见黄铁矿交代硅质生物（图3.1.6c，d），可能为成岩中后期黄铁矿对硅质骨架的交代，另外还存在铁白云石交代白云石等类型。

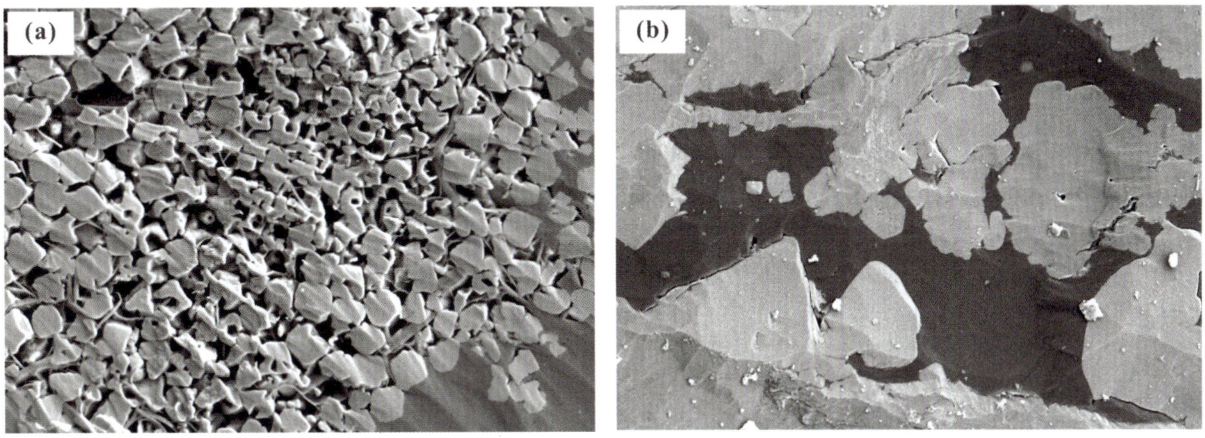

图3.1.5　大隆组富有机质页岩氩离子抛光扫描电镜特征照片
（据李世臻等，2024）
（a）建地4井，946.0 m，草莓状黄铁矿溶蚀孔，不规则，较圆滑；（b）建地4井，955.8 m，粒内溶蚀孔，孤立出现，相对圆滑

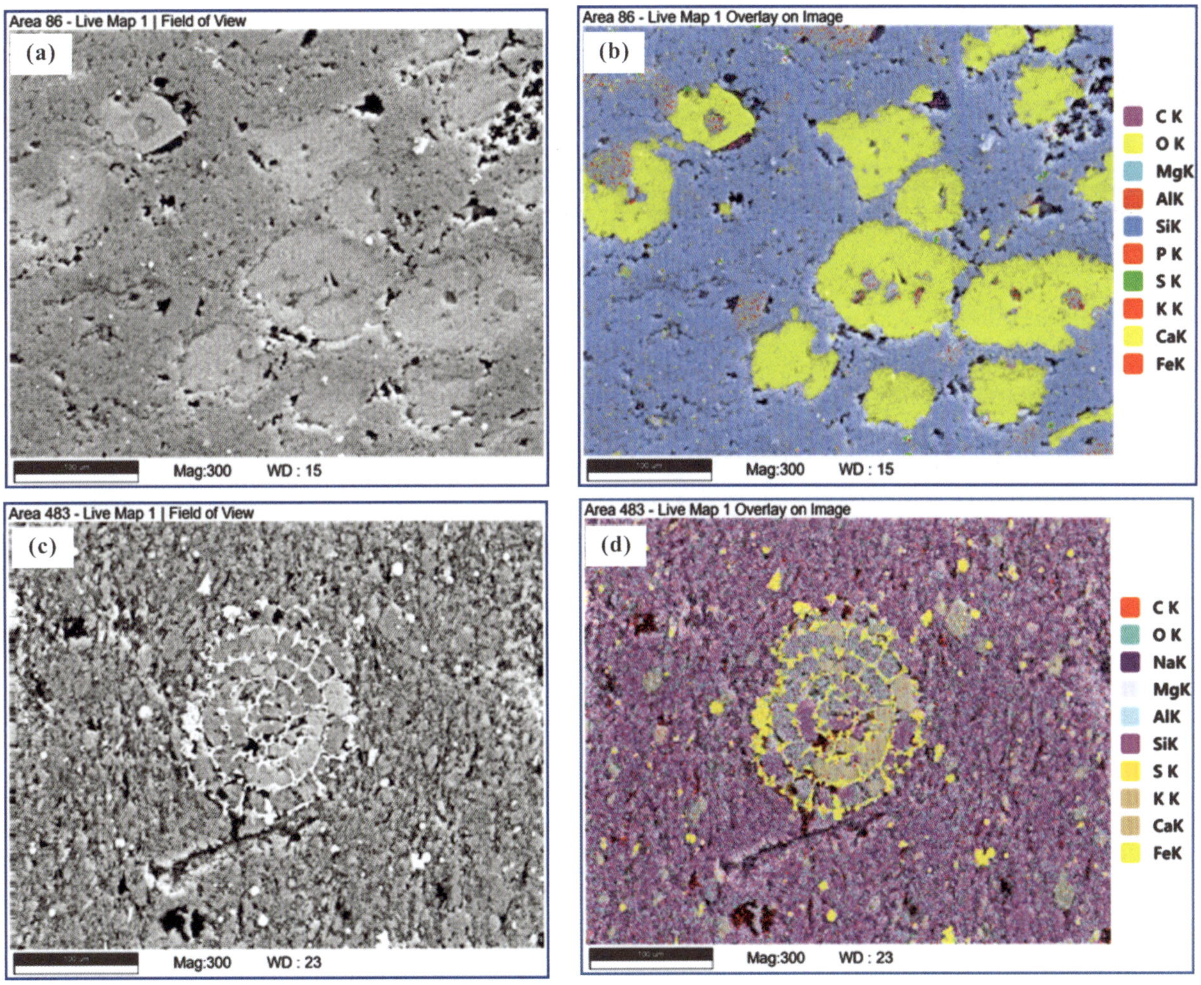

图3.1.6　鄂西—渝东地区二叠系大隆组页岩交代作用
（a）EJY2-80，2379.64 m，方解石交代硅质放射虫（扫描电镜）；（b）EJY2-80，2379.64 m，方解石交代硅质放射虫（元素面扫）；（c）JD3-43，356.53 m，黄铁矿化的放射虫（扫描电镜）；（d）JD3-43，356.53 m，黄铁矿化的放射虫（元素面扫）

3.1.5　黏土矿物转化作用

黏土矿物转化作用是指在成岩过程中，黏土矿物由于受到温度、压力、化学环境等因素的影响，发

生结构和化学成分的变化，从而形成新的黏土矿物或改变其物理化学性质的过程。成岩作用过程中发生的黏土矿物转化会影响黏土矿物含量与分布，如发生黏土矿物结构重排、化学成分变化、黏土矿物脱水作用、新矿物的形成、粒度颜色变化等，因而，黏土矿物可以用于指示成岩阶段。

由于成岩作用增强，热演化程度增加，黏土矿物转化路径为蒙脱石→伊蒙混层→伊利石。鄂西—渝东地区大隆组黏土矿物几乎全部为伊利石，局部可见少量伊蒙混层矿物和绿泥石，共占全部样品的不到1%。电子显微镜下观察，伊利石经常与有机质共生形成泥级碎屑杂基，形成基底胶结或弥散状分布，结构上常呈现片状（图3.1.7a，b）。矿物层间缝的出现指示了后成岩阶段黏土矿物的脱水转化作用。

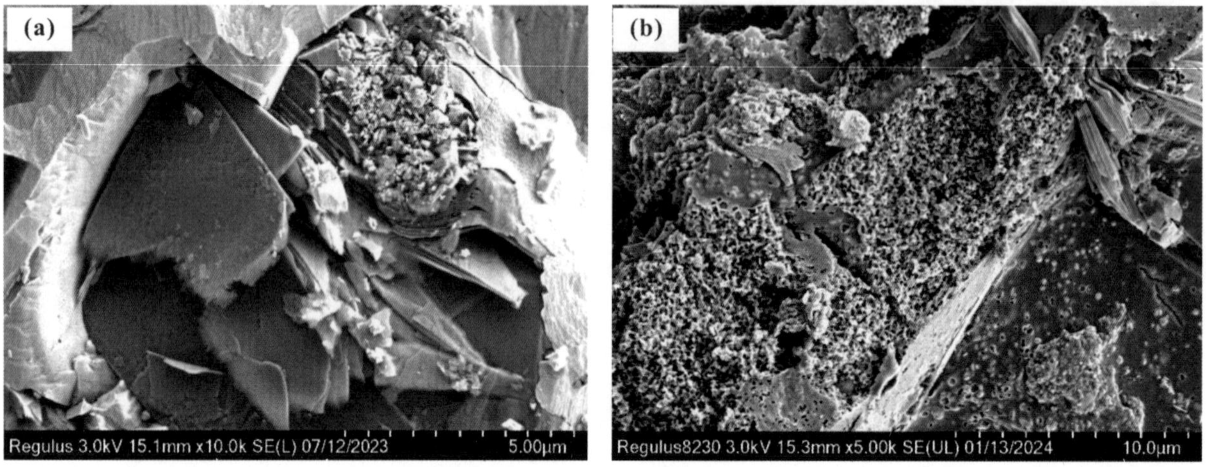

图3.1.7　鄂西—渝东地区二叠系大隆组页岩黏土矿物
（a）JD4-21，967.7 m，片状伊利石；（b）JD4-35，971.9 m，片状伊利石与有机质共生

3.1.6　有机质热成熟作用

有机质的热演化过程被称为有机质的热成熟作用，这一过程是有效提升储层物性的成岩作用之一。有机质孔发育下限为有机质成熟度R_o大于0.6%（Curtis et al.，2012），是富有机质页岩最主要的储集空间，经历过有机质热解生烃的页岩才能成为有效页岩气储层。

鄂西—渝东地区二叠系大隆组有机质成熟度（R_o）介于2.0%～2.6%之间，已达成熟—过成熟阶段，有机质类型包括$Ⅱ_1$、$Ⅱ_2$型，主要分为无定形有机质与结构型有机质两种类型。岩石薄片光学显微镜下观察，有机质总体含量小于10%，主要呈现两种赋存状态，部分充填在裂缝中，呈块状或条带状，应是干酪根生成的原油运移后残留下的固体沥青（图3.1.8a，b）；部分与黏土矿物共生，大多为原地生油后的固体沥青（图3.1.8c，d），或存在于生物骨架内部（图3.1.8e，f），大多呈分散状分布于基底中。

3.1.7　有机—无机相互作用

富有机质页岩的成岩过程受到无机成岩和有机热成熟作用的共同制约。无机作用主要包括压实、胶结、溶蚀、交代、黏土矿物转化等作用，通过矿物的沉淀、溶解和重结晶，改变页岩的矿物组成和力学性质。有机热成熟作用涉及有机物质的分解和转化，形成的有机酸对无机矿物具有溶解作用，影响页岩的孔隙度和储集能力。在不同的成岩演化阶段和不同的地质环境下，两者相互作用的大小具有差异性。随着页岩油气勘探进程的深入，这种源内的有机—无机作用机制再次引起了非常规油气地质工作者的广泛重视和讨论（Li et al.，2024）。

关于无机矿物对有机质的生烃催化作用，Johns W D、Shimoyama A（1972）和Horsfield B、Douglas A G（1980）开展了一系列蒙脱石、伊利石等黏土矿物与烃源岩、干酪根和脂肪酸等模型化合物的热模拟实验，在实验中观察到，蒙脱石等矿物的存在缩短了长链烷烃的生成及其进一步裂解生成短链烷烃的

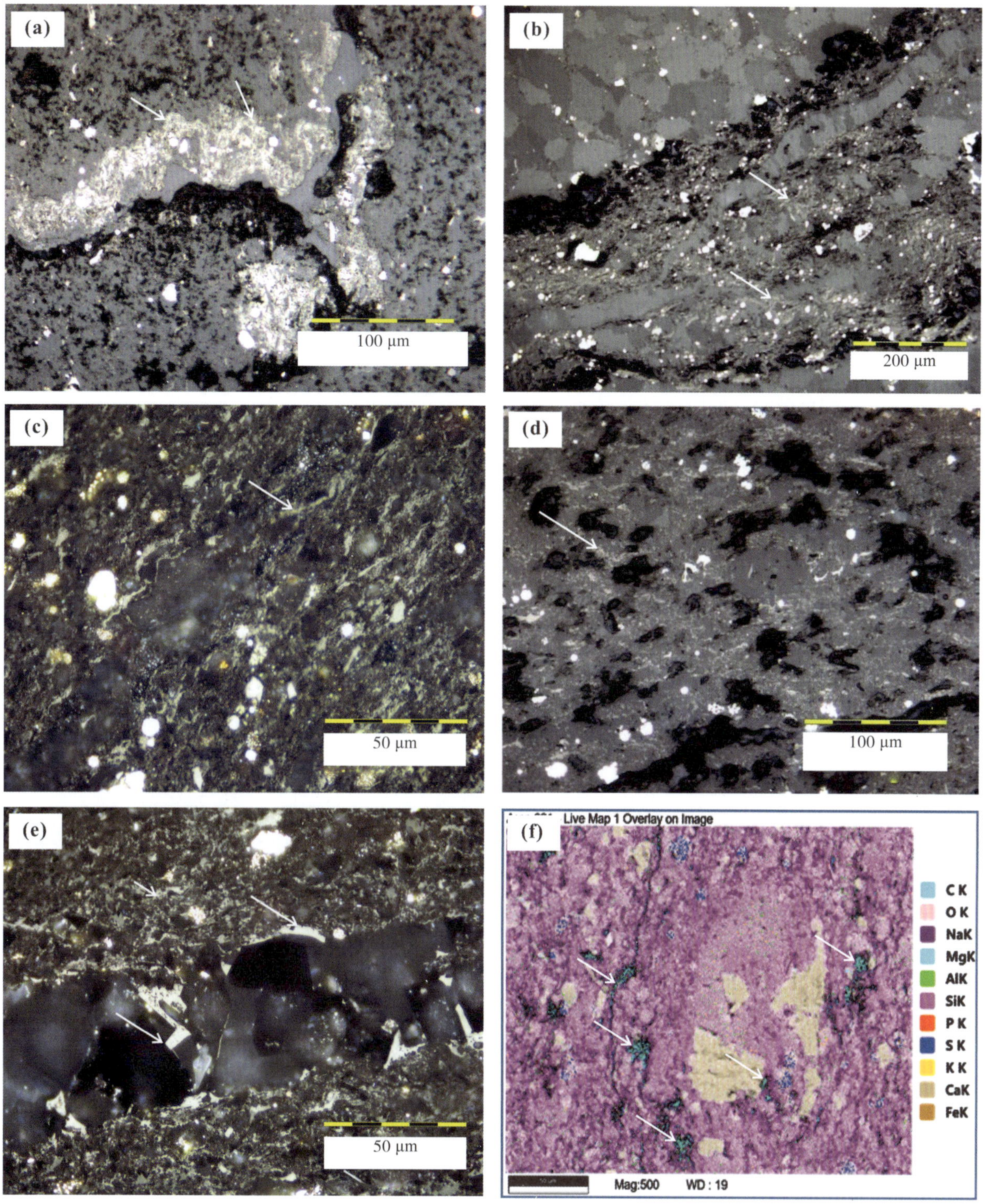

图3.1.8　鄂西—渝东地区二叠系大隆组页岩有机质热成熟作用

（a）HD1-39，1280.07 m，*w*（TOC）=6.94%，裂缝中有机质填充（反射单偏光×500）；（b）HD1-42，1275.67 m，*w*（TOC）=7.91%，裂隙内有机质和伊利石（反射单偏光×200）；（c）JD3-45，358.85 m，*w*（TOC）=11.04%，有机质条带（反射单偏光×1000）；（d）HD1-33，1287.57 m，*w*（TOC）=12.02%，泥级颗粒和有机质（反射单偏光×500）；（e）JD3-55，369.55 m，*w*（TOC）=8.44%，生物碎屑周围及内部有机质（反射正交偏光×1000）；（f）JD3-53，366.6 m，*w*（TOC）=13.73%，放射虫内部及周缘有机质（元素面扫）

时间，而且生成的长、短链烷烃的分布情况与石油组成非常相似。黏土矿物是泥页岩中广泛存在的无机矿物，黏土矿物对有机质脱羧的催化原理与对有机质热裂解的催化原理并不一样。黏土矿物作为氧化剂参与有机质脱羧的反应，黏土矿物中的Fe^{3+}被还原成Fe^{2+}，有机质被氧化，生成链长较短的游离烃。黏土矿物在有机质裂解时提供H^+给有机质，促进反应的进行，反应中黏土矿物的催化活性不受介质条件的影响，在碱性地层水中，黏土矿物表面也依然有酸催化活性。Lewan M D（1997）认为地层中的水通过提供H^+促进有机质生排烃过程，提高烃类产量，而地层水往往一部分是黏土矿物转化过程中脱水提供的。

有机质热成熟作用是黑色页岩区别于其他沉积岩特有的成岩作用类型，是各类成岩作用发生的重要推动剂。有机酸是有机质演化过程中的必然产物，随着埋藏深度的增加和有机质热演化的进行，干酪根在脱氧过程中会形成有机酸，在石油类有机化合物生成的同时有机酸被释放出来。页岩储层中的溶蚀作用多与有机质产生的有机酸有关，有机酸与铝硅酸盐和碳酸盐发生剧烈的溶解，常促使长石、方解石、白云石等矿物发生溶蚀作用，生成次生孔隙。当有机质演化进入成熟阶段以后，有机酸脱羧作用会释放CO_2，此时储层中的CO_2含量变多，导致有机酸对碳酸盐矿物的溶蚀反应减弱，再加上孔隙水的pH不断升高，酸性环境减弱，这时蒙脱石伊利石化过程中释放的Ca^{2+}、Mg^{2+}等离子和HCO_3^-就会发生沉淀作用而生成碳酸盐矿物重结晶，从而使得页岩中碳酸盐矿物的含量增加。这种有机酸形成（减弱）循环驱动矿物的溶解（沉淀），进一步重新分配矿物组成（Rimstidt J D et al.，2017）。研究表明，环境温度、压力、酸碱度的变化对矿物的溶蚀速率有一定的控制作用，温度和压力的升高都会导致碱性长石的溶蚀作用增强（Li T et al.，2018；Gudbrandsson S et al.，2014），pH值增高会促进碳酸盐矿物的重结晶。

3.2 成岩阶段

3.2.1 成岩阶段划分依据

成岩阶段是指沉积物沉积后经历各种成岩改造作用直至变质作用之前所经历的不同地质历史演化阶段，可划分为四个阶段：同生成岩阶段、中成岩阶段、晚成岩阶段和表生成岩阶段。划分成岩阶段一般通过以下指标：自生矿物分布与形成顺序、自生矿物中包裹体的均一温度、黏土矿物特征及伊利石/蒙脱石的转化、岩石的结构构造特点及孔隙类型、有机质的成熟度、古温度、微量元素含量等。

鄂西—渝东地区二叠系大隆组现今成岩阶段为晚成岩阶段（表3.2.1），主要依据有：①研究区地层埋藏史研究表明，鄂西—渝东地区大隆组在侏罗纪中晚期之前保持稳定沉降，至侏罗纪中晚期发生缓慢构造隆升，燕山中期受到NW向的构造挤压应力导致变形，燕山晚期整体隆升，晚白垩世至今研究区及周缘褶皱进一步快速隆升，地层在这个时期遭受剥蚀，而盆内现今最大埋藏深度超过6500 m（盆外鄂西复杂构造区中浅层500～2500 m），志留纪—侏罗纪古地温梯度主要为2.5～3.5℃/100 m（王洪江和刘光祥，2011），说明鄂西—渝东地区大隆组经历最高古温度可达162.5～227.5℃以上，成岩达到了晚成岩阶段。②黏土矿物含量几乎全部为伊利石，一般与其他次生矿物或有机质形成泥级碎屑杂基胶结，局部地区、层段见少量的伊蒙混层矿物和绿泥石，共占全部样品的不到1%。伊利石一般仅在晚成岩作用阶段出现，因此大隆组页岩高而稳定的伊利石含量和黏土组合特征表明成岩演化已达到晚成岩阶段。③岩石薄片镜下观察自生方解石、白云石亮晶呈缝合接触，部分呈脉状或充填裂缝，少量亮晶铁白云石在粒间充填或形成次生加大边，表明成岩演化已达到中成岩晚期—晚成岩阶段。④镜质体反射率测试结果显示，大隆组有机质成熟度（R_o）普遍介于2.0%～2.6%之间，表明已达成熟—过成熟阶段。其中建地4井

表 3.2.1 鄂西—渝东地区二叠系大隆组黑色页岩成岩阶段划分依据

划分标志	分布范围/主要类型	平均值/次要类型	成岩阶段
镜质体反射率（R_o）	2.0%～2.6%	1.99%～2.53%	晚成岩阶段
黏土矿物组合	伊利石	少量绿泥石	晚成岩阶段
烃类	以干气为主，未见油		晚成岩阶段
蒙皂石S含量比	0		晚成岩阶段

大隆组R_o从1.92%到2.03%，平均为1.99%，渝巫地1井R_o从2.37%到2.57%，平均值为2.53%，处于高—过成熟阶段。

3.2.2 成岩演化过程

页岩成岩演化过程为有机质热成熟和无机成岩综合作用的结果。根据大隆组页岩成岩现象、成岩标志和成岩矿物组合特征，结合有机质演化特征和成岩环境分析，综合确定了鄂西—渝东地区二叠系大隆组页岩成岩序列及演化过程（图3.2.1）。研究区二叠系大隆组黑色岩系作为海相有利烃源岩，广泛发育富有机质硅质页岩和钙质页岩，其沉积环境主要为深水陆棚相（台盆相）和浅水陆棚相，并普遍发育黄铁矿及以发育菊石和硅质放射虫为主的生物，表明其沉积于缺氧的还原环境，沉积水体较正常海水偏咸、偏碱性。成岩流体受沉积水体的影响，原始孔隙水偏咸、偏碱性。

根据成岩环境特征，结合地层埋藏史分析（徐国盛等，2009；吴群和彭金宁，2013；黄金亮等，2012），鄂西南地区二叠系大隆组黑色页岩主要经历了5个阶段的成岩演化过程（图3.2.1）：①埋藏初期的快速压实阶段，对应于同生—早成岩A期；②埋藏早期的弱碱性弱溶蚀—胶结阶段，发生于早成岩B期；③埋藏中期的弱碱性—弱酸性弱溶蚀、胶结阶段，硅质、黏土矿物与碳酸盐矿物胶结作用发育，与中成岩A期的热催化生油气阶段相匹配；④深埋期快速抬升阶段的弱碱性弱胶结、交代阶段；⑤抬升剥蚀的后生成岩阶段。

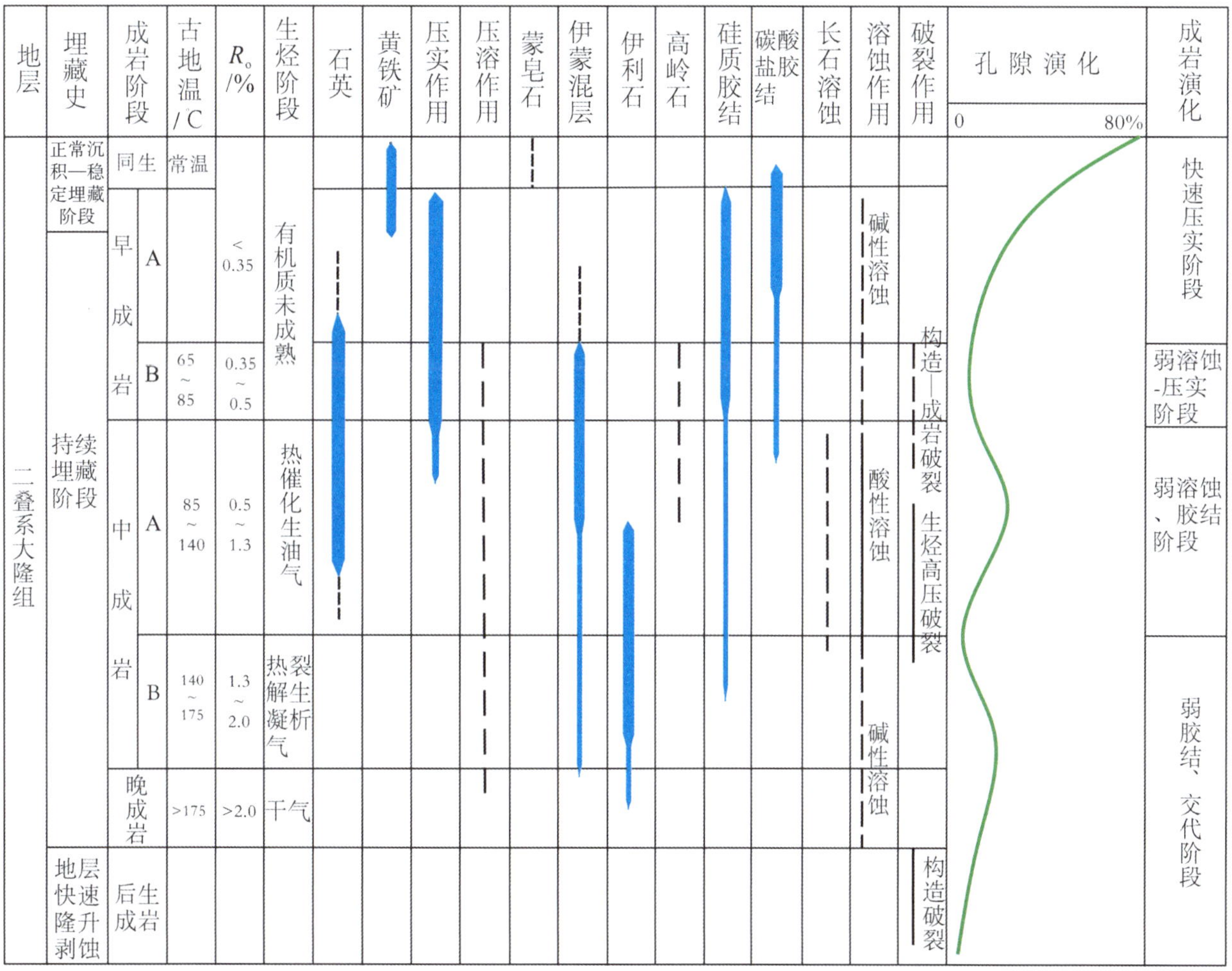

图3.2.1 鄂西—渝东地区二叠系大隆组黑色页岩成岩演化序列

（1）同生期：早成岩A期（R_o<0.35%）

由于海洋底水和原始孔隙水呈还原或硫化环境，以及富含Fe^{2+}，促成了大量小粒径草莓状黄铁矿的形成和有机质的良好保存，同时伴随着碳酸盐胶结物的生成。随着沉积作用的持续，硅质生物的蛋白石开始向蛋白石CT转化，黏土矿物蒙脱石开始向伊蒙混层转变。Fe^{2+}主要参与黄铁矿的形成，制约了黏土矿物的绿泥石化。在此阶段，地层以压实作用为主，为快速压实阶段，导致孔隙度迅速降低至20%以下，呈现弱固结至半固结状态。

（2）早成岩B期（0.35%<R_o<0.5%）

此阶段为埋藏早期，页岩处于弱碱性弱溶蚀—胶结阶段，此时有机质未成熟，以生物化学生气为主。随着压实作用的持续，页岩原生孔隙继续减少，岩石向半固结—固结状态转变。随着地层温度的升高，蒙皂石脱去层间水，几乎全部转化为伊利石/蒙脱石混层矿物。同时，蛋白石A几乎全部转化成蛋白石CT。

（3）中成岩A期（0.5%<R_o<1.35%）

进入埋藏中期，页岩经历弱碱性—弱酸性的溶蚀和胶结阶段。蛋白石CT全部转化为石英，石英、黏土和碳酸盐矿物胶结作用达到最强，原生粒间孔隙在压实作用下基本消失。有机质进入热催化生油阶段，导致大量液态烃从干酪根释放，形成弱酸性孔隙水。由于液态烃粒径较大，常堵塞孔喉，导致烃类在烃源岩内部残留，减少水—岩反应空间，阻碍溶蚀作用（刘树根等，2011）。随着有机质的生烃演化，大量有机酸析出，改变流体的碱性，完成碱性—酸性转变。随着地层温度的进一步升高，伊蒙混层向伊利石转化，Si^{4+}原地胶结，蛋白石CT转化形成球状石英。

（4）中成岩B期：晚成岩期（1.35%<R_o<2.6%）

有机质热演化处于原油裂解和干酪根裂解生气阶段，导致大量干气生成，并形成大量有机质孔隙。黏土矿物以伊利石为主，说明伊利石化作用显著。自生石英加大，无有机质分隔的矿物颗粒间相互连接，岩石更加致密，矿物颗粒间含有有机质的正处于生气高峰，页岩气充注形成的高压阻碍了上述致密过程，保留了有机质孔隙。

（5）后生成岩期

这一时期，鄂西地区受挤压应力影响，上覆地层发生抬升剥蚀，有机质热演化终止，储层中微裂隙发育（袁玉松，2010）。地层抬升过程中，背斜区风化剥蚀作用显著，鄂西地区最大剥蚀量超过6000 m（邓铭哲，2018），二叠系大隆组暴露地表甚至剥蚀殆尽，受到大气淡水的溶蚀。随着上覆压力的迅速降低，储层有机质生烃过程产生高压释放，页岩气沿层理缝、裂缝和断层发生运移散失。

4 大隆组页岩地球化学特征

4.1 页岩元素地球化学

通常用常量元素、微量元素、稀土元素的组成、含量和分布来表征页岩的元素地球化学特征。由于沉积区的大地构造背景、古气候、源区母岩性质、沉积盆地地形、沉积环境和沉积介质物化性质对元素分异具有重要的影响（邓宏文和钱凯，1992），长期以来，沉积学家一直在尝试利用元素地球化学来研究页岩形成时的古氧化还原条件、古生产力、古气候、古盐度、陆源输入、沉积环境等。近些年来，随着现代海洋观测数据的增多，多种成熟的代理指标已被开发出来，并广泛应用于恢复古环境，同时沉积地球化学研究人员也意识到单一指标往往具有不确定性和多解性，多种地球化学指标的综合分析以及与微观、宏观地质特征的联合应用成为成熟的研究手段，研究结论也更逼近地质实际。

4.1.1 常量元素

一般在地球化学中将O、Si、Al、Fe、Ca、Mg、Na、K、Ti、P、Mn元素作为常量元素。页岩中常量元素不以单元素矿物的形式存在，往往以化合物——矿物的形式存在，常存在于硅酸盐、铝硅酸盐、碳酸盐、硫化物等矿物中。

大隆组页岩中，常量元素的分布具有较大的差异性。以建地4井采集的大隆组富有机质页岩层段（960.0～986.3 m，约1 m采样间隔）27个样品为例，Si的含量最高（表4.1.1），范围为16.07%～36.50%，平均值为25.10%；其次是Al，范围为1.00%～11.88%，平均值为6.17%；再次为Fe，范围为1.6.2%～4.70%，平均值为2.90%；Mg范围为0.28%～2.06%，平均值为0.85%；Ca范围为0.30%～15.84%，平均值为5.58%；Na范围为0.24%～1.86%，平均值为1.02%；K范围为0.25%～3.45%，平均值为1.85%；Mn范围为0.01%～0.09%，平均值为0.03%；P范围为0.01%～0.11%，平均值为0.05%；Ti范围为0.04%～0.86%，平均值为0.24%。

表 4.1.1 建地 4 井与鄂丰地 1 井常量元素统计

主量元素	建地4井（大隆组）	鄂丰地1井（龙马溪组）
Si	16.07–36.50 / 25.21（27）	25.65–35.87 / 28.82（64）
Al	1.00–11.8 / 6.17（27）	5.64–10.59 / 7.98（64）
Ca	0.3–15.84 / 5.68（27）	0.50–4.64 / 1.30（64）
Fe	1.6.2–4.70 / 2.90（27）	2.72–6.74 / 4.10（64）
Mg	0.28–2.06 / 0.85（27）	0.93–2.36 / 1.42（64）
Na	0.24–1.86 / 1.02（27）	0.72–1.63 / 1.05（64）

续表

主量元素	建地4井（大隆组）	鄂丰地1井（龙马溪组）
K	0.25–3.45 / 1.85（27）	2.44–4.47 / 3.37（64）
Ti	0.04–0.86 / 0.24（27）	0.35–0.47 / 0.41（64）
P	0.01–0.11 / 0.05（27）	0.04–0.07 / 0.05（64）
Mn	0.01–0.09 / 0.03（27）	0.01–0.09 / 0.03（64）

注：$\frac{a-b}{c(d)}$式中，a为最小值，b为最大值，c为平均值，d为样品数量。

总体来看，相比龙马溪组页岩（表4.1.1），大隆组页岩Ca元素含量偏高，P、Mn元素含量相当，Si、Al、Fe、Mg、Na、K、Ti元素含量偏低，表明大隆组页岩碳酸盐含量更高一些。

通过对建地4井大隆组页岩主要常量元素相关性分析（图4.1.1），Si与Ca、P元素有明显的负相关性，与Al没有明显的相关性，表明Si的来源可能有多种，可能以生物源为主，且是在强还原条件下形成，因为在偏还原环境中，P 会从沉积物中溶解进入水体（Westermann S，2013）。Al与Ca元素有明显的负相关性，碳酸盐岩沉积时陆源碎屑输入减少。Al与Fe、K、Ti、Mg元素有明显的正相关，表明上述元素

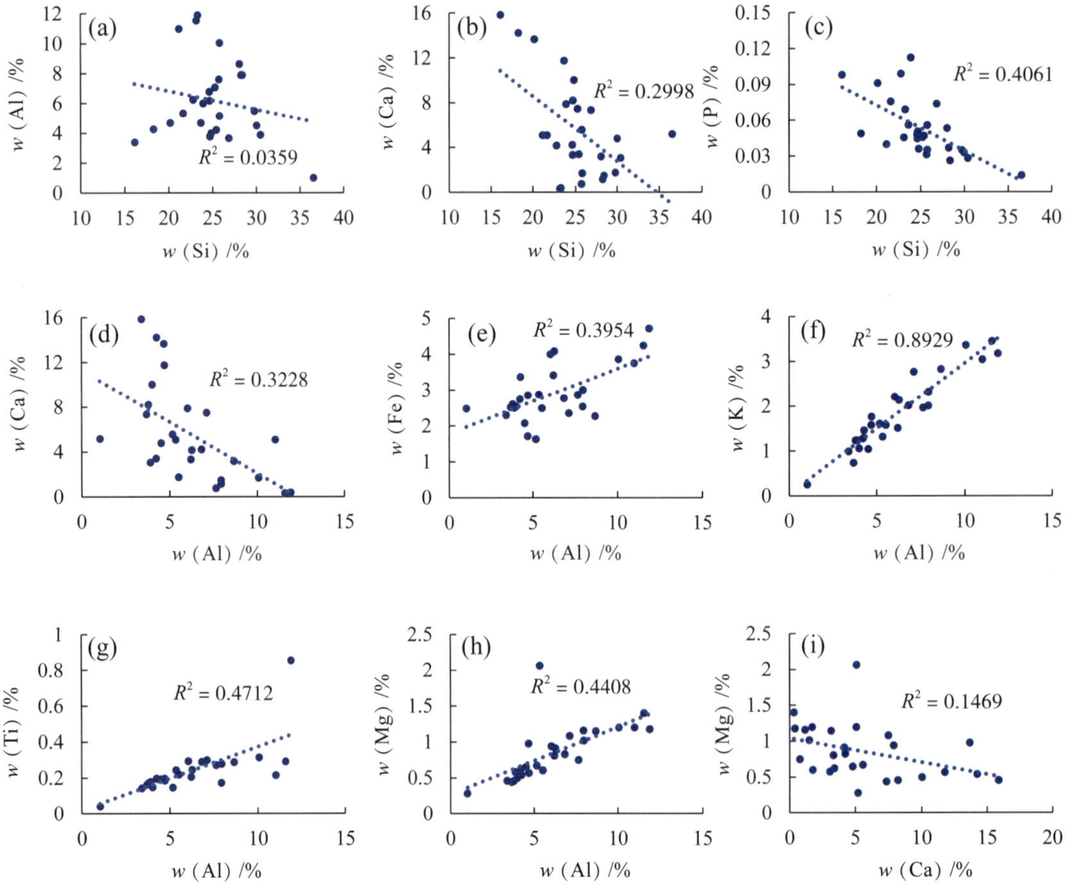

图4.1.1　建地4井大隆组页岩主要常量元素相关性分析

可能主要来源于陆源碎屑输入。Ca与Mg元素具有负相关性，表明Mg可能更多来自黏土矿物（绿泥石），而非主要来自白云石。

4.1.2 微量元素

黑色页岩中微量元素通常较为富集，如氧化还原敏感元素U、Mo、V和营养元素Ni、Cu、Zn、Cd，以及来自陆源的Cr、Co、Th等，前者主要来自原地自生（生物作用、海底热液输入），后者主要来源于陆源碎屑输入。由于Al完全来源于陆源碎屑，在成岩作用过程中较为稳定，通常采用Al校正陆源贡献，并对页岩样品数据进行归一化处理（Tribovillard et al.，2006）。X元素富集系数（X_{EF}）常常被用来评估元素相对于平均海相页岩的富集程度。计算式为：

$$X_{EF}=(X/Al)_{sample}/(X/Al)_{PAAS}$$

式中，X和Al分别表示页岩中元素X和Al的含量。

当$X_{EF}>1$时，说明元素X相对于平均页岩富集；当$X_{EF}<1$时，则表明元素X相对于平均页岩亏损（Tribovillard et al.，2006），平均页岩数据来自澳大利亚后太古宙页岩（PAAS）（McLennan，2001）。

对建地4井大隆组页岩微量元素富集系数进行了计算（图4.1.2），U元素分布范围为4.08～78.29 μg/g，富集系数为1.72～74.92；Mo元素分布范围为8.26～1664.89 μg/g，富集系数为11.69～4939.35；V元素分

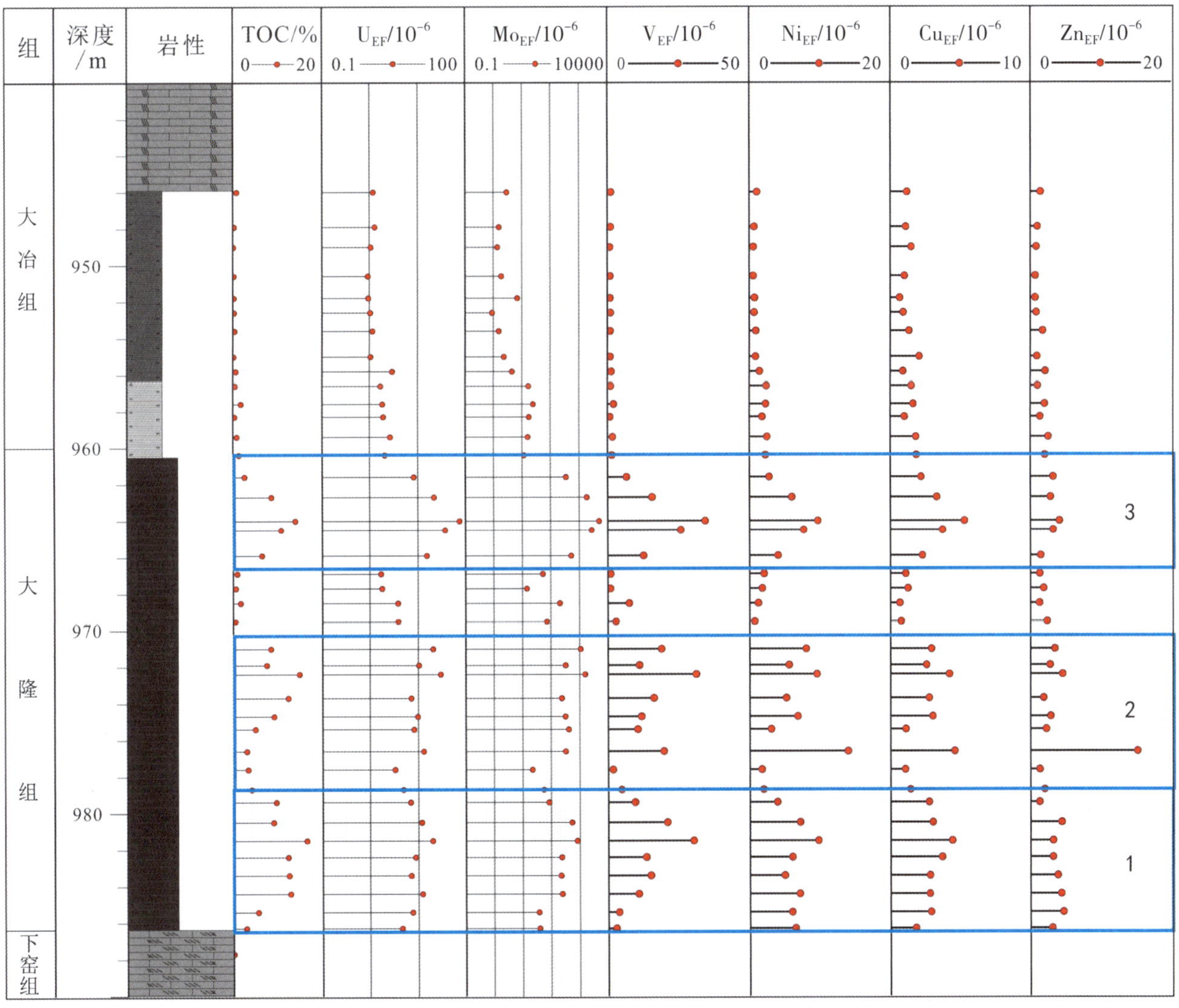

图4.1.2 建地4井大隆组页岩微量元素垂向分布

布范围为117.83～2465.74 μg/g，富集系数为0.91～34.19；Ni元素分布范围为50.26～304.78 μg/g，富集系数为0.71～14.01；Cu元素分布范围为34.69～173.08 μg/g，富集系数为0.66～5.32；Zn元素分布范围为49.39～224.84 μg/g，富集系数为1.28～15.25。整体来看，上述微量元素都表现为高度富集，而Mo元素表现为强烈富集，表明页岩形成于硫化的强还原环境。纵向上看，与TOC含量分布规律一致，这些元素整体表现为3个富集层段，指示了这些微量元素的富集与有机质富集有着很好的协同关系。

4.1.3 稀土元素

稀土元素（REE）作为一类在地壳岩石中广泛分布的元素组合，具有化学性质相似、稳定性较好的属性，同时能够记录元素内部化学性质的差异性，因此常被作为良好的地球化学指示剂和示踪剂。近年来，随着页岩气勘探的不断深入，稀土元素常被用于页岩气地质背景的分析，在恢复页岩形成环境、示踪页岩物质来源、解释页岩成因、重建古环境等方面取得了重要认识（李建青等，2022）。

根据建地4井大隆组页岩稀土元素含量（表4.1.2），采用澳大利亚后太古宙页岩（PAAS）和球粒陨石标准化计算得出相应的稀土元素参数（表4.1.3）。稀土元素参数可反映稀土元素特征，表征不同稀土元素的富集和来源。

大隆组页岩的稀土元素总量（ΣREE）为41.34×10^{-6}～240.40×10^{-6}（不含Y元素；表4.1.3），平均值为131.22×10^{-6}，低于澳大利亚后太古宙页岩（183.36×10^{-6}），表明稀土元素总量相对亏损。大隆组泥页岩轻稀土元素总量（ΣLREE）为34.6×10^{-6}～219.47×10^{-6}，平均值为116.64×10^{-6}；重稀土元素总量（ΣHREE）为6.74×10^{-6}～21.23×10^{-6}，平均值为14.58×10^{-6}。轻、重稀土元素比值（ΣLREE/ΣHREE）为3.11×10^{-6}～12.7×10^{-6}，平均值为7.98×10^{-6}，总体上反映研究区大隆组轻稀土元素相对富集，重稀土元素相对亏损，也说明沉积物具有明显的陆源碎屑物质来源的属性。垂向上，稀土元素总量变化没有规律性，由于黏土矿物对稀土元素具有较强的吸附能力，一般与稀土元素总量呈正相关性，表明陆源碎屑输入在大隆组变化较大，进一步指示了海平面的频繁变化。

稀土元素在地壳中明显呈现偶数元素丰度高于相邻奇数元素的现象，因此需要选定一种参照物进行标准化，以便消除样品中的奇偶效应。依据测试结果，以球粒陨石和澳大利亚后太古宙页岩（PAAS）分别对大隆组泥页岩样品进行标准化处理（图4.1.3）。球粒陨石标准化配分模式图显示，曲线整体向右倾斜（图4.1.3a），轻稀土元素曲线斜率大，重稀土元素曲线斜率小，表现为轻稀土元素富集、重稀土元素亏损的特征。反映轻、重稀土元素之间分异的参数$(La/Yb)_N$（表4.1.3）在3.11～12.70之间，平均为7.98，表明样品中轻、重稀土元素分异程度大。澳大利亚后太古宙页岩标准化配分模式图显示，曲线较

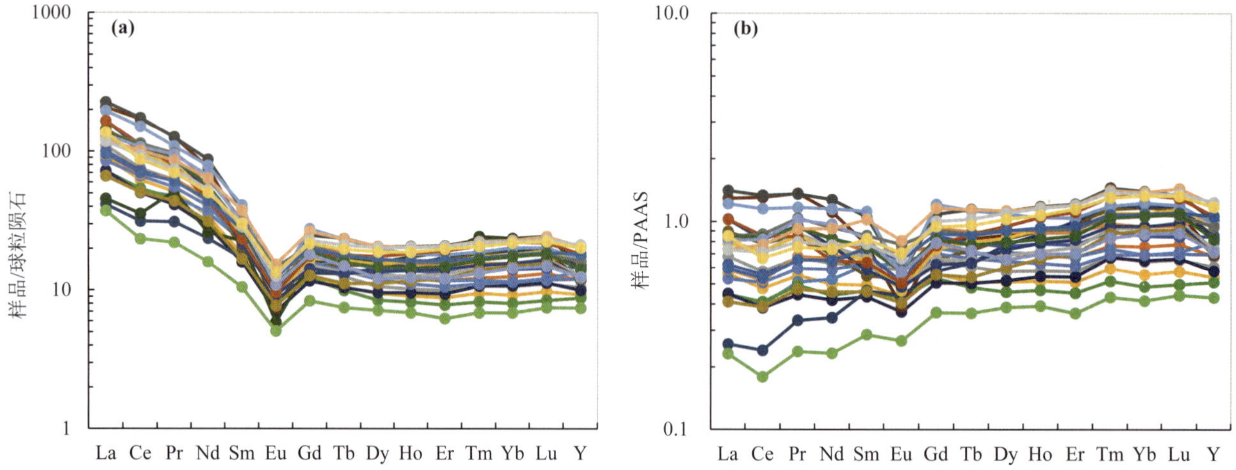

图4.1.3 建地4井大隆组页岩球粒陨石（a）和PAAS（b）标准化稀土元素配分模式图

表 4.1.2　建地 4 井大隆组页岩稀土元素含量

单位：10^{-6}

样品号	La	Ce	Pr	Nd	Sm	Eu	Gd	Tb	Dy	Ho	Er	Tm	Yb	Lu
JD4–14	33.29	66.93	8.36	26.52	4.01	0.80	3.53	0.54	3.26	0.68	1.92	0.31	2.12	0.33
JD4–15	25.96	45.98	5.90	20.19	3.43	0.64	3.09	0.46	2.69	0.57	1.64	0.27	1.80	0.28
JD4–16	21.39	38.02	4.85	15.96	2.77	0.48	2.63	0.39	2.40	0.51	1.46	0.24	1.55	0.25
JD4–17	16.81	31.87	4.51	16.84	3.49	0.68	3.52	0.54	3.33	0.69	1.93	0.30	1.94	0.31
JD4–18	16.97	32.81	4.35	14.13	2.60	0.47	2.49	0.37	2.14	0.46	1.29	0.21	1.36	0.21
JD4–19	17.19	30.69	3.92	13.38	2.43	0.40	2.38	0.39	2.43	0.54	1.54	0.27	1.82	0.29
JD4–20	49.24	104.22	12.04	35.51	4.34	0.43	3.64	0.64	4.03	0.90	2.70	0.48	3.34	0.47
JD4–21	53.70	106.62	11.96	40.69	5.87	0.62	5.10	0.88	5.26	1.17	3.45	0.59	3.91	0.58
JD4–22	34.14	62.58	7.63	22.08	3.06	0.58	3.09	0.56	3.88	0.89	2.80	0.46	3.27	0.49
JD4–23	9.83	19.21	2.95	11.01	2.59	0.48	2.71	0.49	3.62	0.86	2.86	0.49	3.28	0.51
JD4–24	23.71	44.33	5.81	20.98	3.96	0.56	3.99	0.61	3.55	0.78	2.20	0.36	2.39	0.36
JD4–25	20.23	40.62	5.24	18.77	3.51	0.53	3.29	0.51	3.01	0.62	1.74	0.28	1.94	0.30
JD4–26	22.46	41.68	6.01	21.33	4.14	0.78	4.38	0.69	4.19	0.87	2.53	0.40	2.65	0.41
JD4–27	30.88	57.21	7.74	24.21	3.77	0.52	3.11	0.50	3.23	0.71	2.14	0.37	2.63	0.43
JD4–28	29.98	57.49	7.53	23.56	3.61	0.51	3.46	0.61	3.90	0.92	2.64	0.44	3.06	0.49
JD4–29	46.35	91.87	10.30	36.71	6.26	0.61	5.67	0.87	5.07	1.03	2.97	0.48	3.43	0.51
JD4–30	8.83	14.34	2.10	7.45	1.60	0.29	1.71	0.28	1.81	0.39	1.03	0.17	1.16	0.19
JD4–31	39.14	65.30	8.43	24.28	3.28	0.53	2.92	0.49	3.43	0.78	2.33	0.39	2.66	0.42
JD4–32	39.09	68.21	7.45	20.73	3.56	0.56	3.61	0.67	4.44	1.04	3.17	0.53	3.76	0.56
JD4–33	32.40	69.46	9.17	29.89	4.80	0.85	4.26	0.67	4.26	0.90	2.61	0.43	3.03	0.46
JD4–34	15.65	31.04	4.16	14.64	2.57	0.45	2.60	0.42	2.82	0.66	2.00	0.35	2.54	0.39
JD4–35	22.65	42.61	5.78	20.79	4.17	0.72	4.10	0.66	4.23	0.92	2.70	0.44	3.03	0.47
JD4–36	32.52	67.03	8.23	26.46	4.24	0.63	3.86	0.59	3.72	0.82	2.43	0.42	2.97	0.47
JD4–37	31.05	65.62	8.98	31.03	4.64	0.63	3.72	0.56	3.07	0.69	2.00	0.34	2.44	0.38
JD4–38	28.13	61.73	8.14	29.61	5.72	0.89	5.44	0.87	5.28	1.16	3.42	0.57	3.87	0.62
JD4–39	27.93	56.84	7.05	24.64	4.37	0.73	4.70	0.79	5.13	1.15	3.41	0.56	3.79	0.58
JD4–40	32.48	53.26	6.66	23.51	4.62	0.78	4.45	0.74	4.80	1.06	3.27	0.53	3.72	0.57
平均值	28.22	54.35	6.86	22.77	3.83	0.60	3.61	0.58	3.67	0.81	2.38	0.40	2.72	0.42
球粒陨石	0.237	0.612	0.095	0.467	0.153	0.058	0.2055	0.0374	0.254	0.0566	0.1655	0.0255	0.17	0.0254
PAAS	38.2	80	8.83	32	5.6	1.1	4.7	0.77	4.68	0.991	2.85	0.405	2.8	0.43
NASC	32	73	7.9	33	5.7	1.24	5.2	0.85	5.8	1.04	3.4	0.5	3.1	0.48

表 4.1.3　建地 4 井大隆组页岩稀土元素特征

样品号	ΣREE/10^{-6}	ΣLREE/10^{-6}	ΣHREE/10^{-6}	ΣLREE/ΣHREE	LREY	MREY	HREY	La_N/Yb_N	La_N/Sm_N	Gd_N/Yb_N	δCe	δEu
JD4-14	152.60	139.90	12.70	11.02	139.11	26.51	5.37	11.25	5.36	1.38	0.96	0.63
JD4-15	112.90	102.09	10.81	9.44	101.45	23.23	4.57	10.35	4.89	1.42	0.88	0.59
JD4-16	92.89	83.46	9.43	8.85	82.98	20.44	4.01	9.87	4.99	1.40	0.88	0.54
JD4-17	86.75	74.20	12.55	5.91	73.52	29.54	5.17	6.22	3.11	1.50	0.88	0.59
JD4-18	79.87	71.34	8.53	8.36	70.87	19.23	3.53	8.97	4.21	1.52	0.91	0.56
JD4-19	77.67	68.01	9.65	7.05	67.61	21.20	4.46	6.78	4.56	1.08	0.88	0.51
JD4-20	221.97	205.77	16.20	12.70	205.35	27.91	7.89	10.57	7.32	0.90	1.02	0.32
JD4-21	240.40	219.47	20.93	10.49	218.85	39.28	9.69	9.86	5.90	1.08	0.99	0.34
JD4-22	145.51	130.07	15.43	8.43	129.49	31.31	7.91	7.49	7.19	0.78	0.91	0.57
JD4-23	60.89	46.07	14.82	3.11	45.59	29.66	8.00	2.15	2.45	0.68	0.87	0.55
JD4-24	113.57	99.34	14.24	6.98	98.78	31.63	6.09	7.13	3.87	1.38	0.90	0.43
JD4-25	100.61	88.90	11.71	7.59	88.38	26.11	4.89	7.48	3.72	1.41	0.94	0.47
JD4-26	112.51	96.39	16.11	5.98	95.61	38.87	6.86	6.08	3.50	1.37	0.86	0.56
JD4-27	137.44	124.33	13.11	9.48	123.80	27.36	6.28	8.44	5.29	0.98	0.88	0.45
JD4-28	138.20	122.68	15.52	7.90	122.17	34.80	7.54	7.03	5.37	0.94	0.91	0.44
JD4-29	212.14	192.10	20.04	9.59	191.49	38.56	8.43	9.68	4.78	1.37	0.99	0.31
JD4-30	41.34	34.60	6.74	5.13	34.31	15.72	2.94	5.45	3.56	1.22	0.79	0.54
JD4-31	154.38	140.97	13.41	10.51	140.44	26.09	6.57	10.57	7.70	0.91	0.84	0.51
JD4-32	157.37	139.60	17.78	7.85	139.04	37.92	9.05	7.46	7.09	0.80	0.92	0.47
JD4-33	163.19	146.57	16.62	8.82	145.72	35.53	7.43	7.67	4.36	1.16	0.97	0.56
JD4-34	80.28	68.50	11.78	5.82	68.06	25.42	5.94	4.42	3.94	0.85	0.92	0.52
JD4-35	113.27	96.72	16.55	5.84	96.00	38.27	7.56	5.36	3.51	1.12	0.89	0.53
JD4-36	154.39	139.12	15.27	9.11	138.49	31.01	7.10	7.86	4.95	1.08	0.98	0.47
JD4-37	155.14	141.95	13.19	10.76	141.32	27.38	5.85	9.12	4.32	1.26	0.95	0.45
JD4-38	155.44	134.21	21.23	6.32	133.32	45.03	9.64	5.22	3.17	1.16	0.99	0.48
JD4-39	141.68	121.56	20.11	6.04	120.83	44.75	9.49	5.29	4.13	1.03	0.97	0.49
JD4-40	140.43	121.30	19.13	6.34	120.52	42.44	9.15	6.27	4.54	0.99	0.84	0.52
平均值	131.22	116.64	14.58	7.98	116.04	30.93	6.72	7.56	4.73	1.14	0.92	0.50

注：稀土元素总量ΣREE=La+Ce+Pr+Nd+Sm+Eu+Gd+Tb+Dy+Ho+Er+Tm+Yb+Lu；轻稀土元素含量ΣLREE= La+Ce+Pr+Nd+Sm+Eu；重稀土元素含量ΣHREE= Gd+Tb+Dy+Ho+Er+Tm+Yb+Lu；La_N/Yb_N、La_N/Sm_N、Gd_N/Yb_N分别为经球粒陨石标准化的比值；$\delta Ce = 2\ Ce_N/(La_N+Pr_N)$，$\delta Eu = 2\ Eu_N/(Sm_N+Gd_N)$，此处的N代表经球粒陨石标准化的比值。

平坦，且近于平行，只有个别样品的曲线形态与总体特征表现出差异性，表明研究区物源相对一致且构造相对稳定，个别样品可能受到其他物源的输入影响。

La-Eu段轻稀土元素斜率较大，Gd-Lu段重稀土元素部分较为平坦，指示轻稀土元素之间分馏程度的（La/Sm）$_N$和重稀土元素之间分馏程度的（Gd/Yb）$_N$在大隆组样品中平均分别为4.73和1.14，表明大隆组样品中轻稀土元素分馏程度高，重稀土元素分馏程度不高。

此外，所有样品在铕元素（Eu）处呈V字形，表明Eu亏损，δEu值为0.31～0.63，平均值为0.50；同时Ce轻微亏损，δCe值为0.79～1.02，δCe平均值为0.92。

4.1.4 氧化还原条件与古生产力

古氧相是判别水体中溶解氧含量的重要指标（单位为mL/L），一般分为氧化（oxic，O_2>2 mL/L）、含氧（dysoxic，O_2=0.2～2.0 mL/L）、低氧（suboxic，O_2=0～0.2 mL/L）、缺氧（anoxic，O_2=0 mL/L，H_2S=0）、硫化（euxinic，O_2=0 mL/L，H_2S>0）（Tyson and Pearson，1991；Tribovillard et al，2006；Algeo and Li，2020）。由于易于获得大量的元素含量数据，以及同时生成多个基本独立的氧化还原指标所带来的优势，元素指标得到了非常广泛的应用，且被认为是古环境重建的有力指标。值得特别指出的是，所有这些指标都是在分析已知氧化还原条件的现代沉积环境样品的基础上获得的，它们对不同地质时期不同沉积背景的氧化还原变化响应方式并不总是相同的。没有一个氧化还原指标的阈值完全适用于一个（或一组）地层，特别是那些不同时代和不同沉积环境的地层（Algeo and Li，2020）。因此，使用前人应用良好的多个指标综合分析古氧化还原条件是必要的。

V/Cr 、Ni/Co和U/Th等元素比值被广泛用于指示水体的氧化还原状态，其判别参数见表4.1.4（Jones and Manning，1994；李艳芳等，2015）。V / Cr、Ni / Co、U / Th 指标的值与氧化还原相之间具有正相关关系，总是随着水体缺氧还原程度增加而具有增大的趋势（Hatch and Leventhal，1992）。尽管有些学者认为这些比值可能受成岩作用影响使指示结果存在一定的偏差，特别是在阈值附近的比值，但总的趋势是得到认可的，即这些比值越小反映水体的氧化程度越高，比值越大反映水体的还原程度越强。

表 4.1.4 氧化还原条件判别指标

指标	缺氧—硫化	低氧—含氧	氧化
DOP_T	>0.75	0.42～0.75	<0.42
V/Cr	>4.25	2.00～4.25	<2.00
Ni/Co	>7.00	5.00～7.00	<5.00
U/Th	>1.25	0.75～1.25	<0.75

基于建4井大隆组27个页岩样品的微量元素测试结果，对氧化还原条件判别指标V/Cr、Ni/Co、U/Th进行了计算。其中，V/Cr值主体（第一个四分位数至第三个四分位数）为1.87～5.78，平均值为3.90；Ni/Co值主体为7.87～13.95，平均值为10.66；U/Th值主体为0.94～3.53，平均值为2.60（表4.1.5）。大隆组页岩氧化还原条件在垂向上变化较为频繁，但也表现出一定规律性（图4.1.4）。由底部至顶部，大隆组页岩大致可划分为3个变化旋回，呈现出“三峰”的特征。根据前人对V/Cr、Ni/Co、U/Th判断氧化还原条件的参数标准，三个高峰段可认为形成于缺氧—硫化沉积环境，其间隔可能形成于低氧—含氧沉积环境。除V/Cr外（推测个别样品Cr的高度富集受到热液活动的影响），TOC含量和Ni/Co、U/Th具有较好的正相关关系（图4.1.5a～c），表明氧化还原环境对大隆组页岩有机质富集具有控制作用。

古生产力大小与水体的营养程度有关，营养供给越充沛，生物生命活动越繁盛，通过光合作用固定碳的能力就越强，生物生产力也就越大。古生产力不易直接测定，以前的研究表明，多种地球化学指标已被用于调查初级生产力的变化，如P、生源Ba（Ba_{ex}）、生物Si（Si_{ex}）、Ni、Cu、Zn通常被用作评估海

表 4.1.5　建地 4 井大隆组 27 个页岩样品指标参数

	V/Cr	Ni/Co	U/Th	Ni_{EF}	Cu_{EF}	Zn_{EF}
最小值	0.10	2.53	0.32	0.71	0.66	1.28
第一个四分位数	1.87	7.87	0.94	2.26	1.42	1.86
第三个四分位数	5.78	13.95	3.53	7.13	3.36	3.89
最大值	11.15	22.71	14.16	14.01	5.32	15.25
中位数	3.40	10.24	1.52	5.57	2.80	2.88
平均值	3.90	10.66	2.60	5.38	2.63	3.27

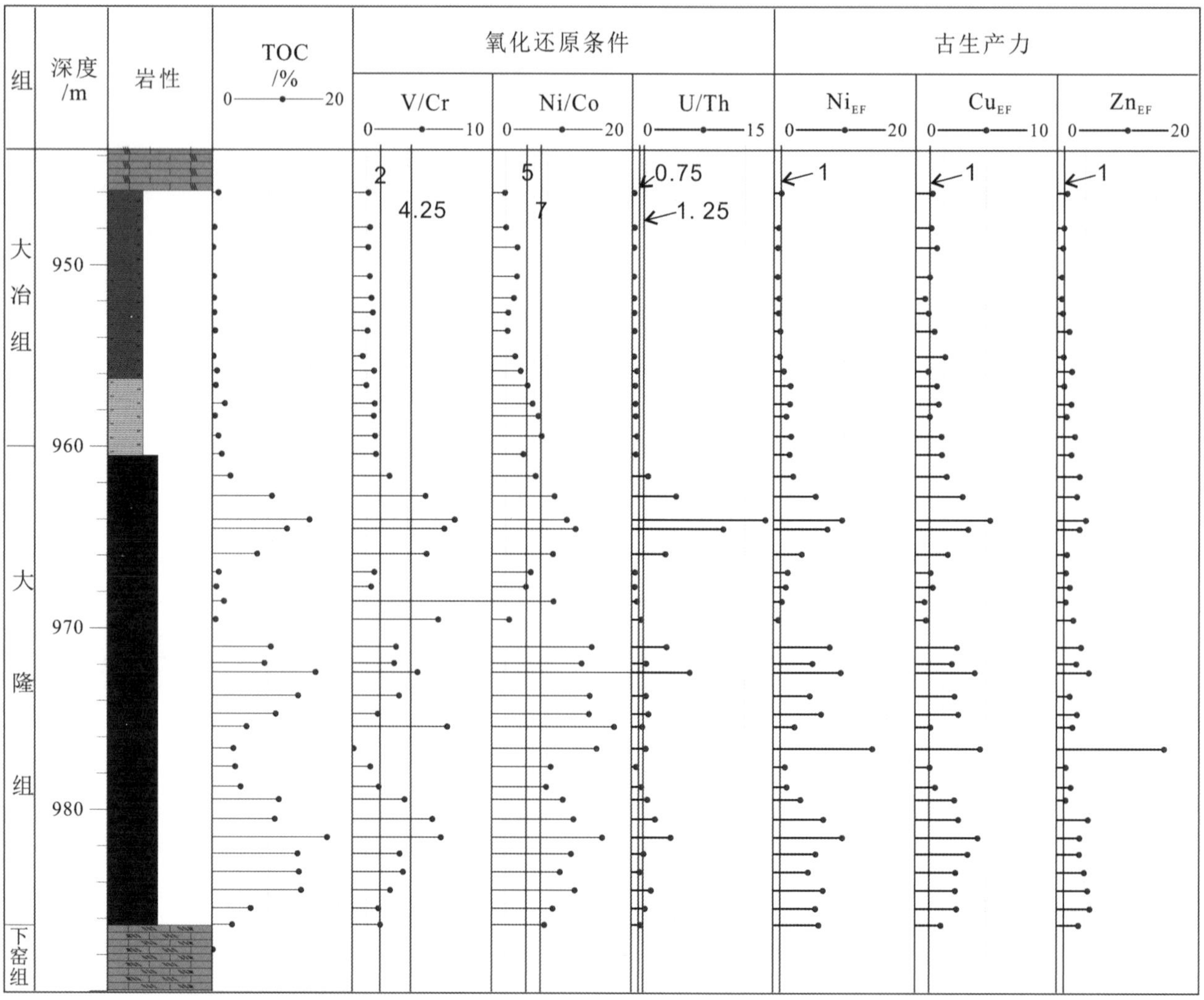

图4.1.4　建地4井大隆组氧化还原条件和古生产力参数柱状图

洋表层生产力。但是，这些指标很容易受到一些环境因素的影响。本次对大隆组沉积时期古生产力的研究，主要采用Ni_{EF}、Cu_{EF}、Zn_{EF}等营养元素的相对含量进行估算。

Cu和Ni存在于生物体内，主要随有机物进入沉积物（Tribovillard et al.，2006）。Cu和Ni沉积后，它们相关的有机物部分或完全降解（Algeo and Maynard，2004），而从有机质中释放的Cu和Ni以硫化物的形式保存下来。因此，Cu和Ni可以作为缺氧环境下古生产力的有效指标。Böning et al.（2012）利用Cu_{EF}和Ni_{EF}证明秘鲁的上升流区具有较高的生产力，其平均值分别为1.6和0.8。大隆组27个页岩样品的

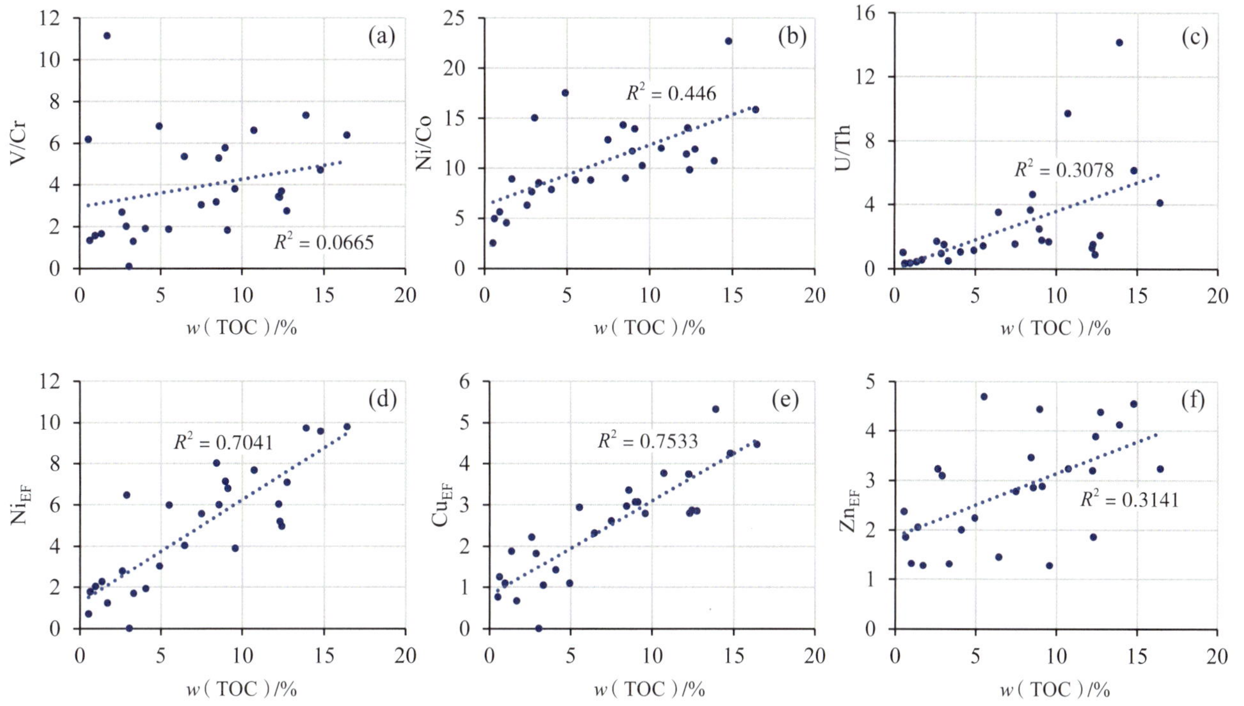

图4.1.5　建地4井大隆组页岩TOC含量与氧化还原条件和古生产力指标的关系

Ni_{EF}、Cu_{EF}、Zn_{EF}值的分布范围分别是0.71～14.01、0.66～5.32、1.28～15.25，平均值分别为5.38、2.63、3.27。除个别数据外，Cu_{EF}和Ni_{EF}的值均大于秘鲁上升流区域的平均值，反映了大隆组沉积期间非常高的古生产力。在纵向上（图4.1.2），Ni_{EF}、Cu_{EF}、Zn_{EF}值整体表现为3个富集层段，指示了这3段非常高的古生产力。由TOC含量与Ni_{EF}、Cu_{EF}、Zn_{EF}值具有较好的正相关性（图4.1.5d–f）可知，大隆组页岩形成于高生产力背景下，具备有机质富集的基础，是控制有机质富集的重要因素。

4.2　页岩有机地球化学特征

4.2.1　有机质类型

有机质类型是衡量富有机质页岩地球化学特征的重要指标，不同类型的有机质具有不同的生烃潜力，而且形成的产物也不同，生烃门限值和生烃过程也有一定差别。干酪根是有机质的主体，所以干酪根类型基本上代表了有机质的类型。评价有机质类型一般从不溶有机质和可溶有机质两方面进行，常用参数有：干酪根元素分析、干酪根镜下鉴定、岩石热解、可溶组分演化、生物标志化合物和碳稳定同位素等。目前通常将沉积岩中的成烃有机质划分为腐泥型（Ⅰ）、腐殖腐泥型（$Ⅱ_1$）、腐泥腐殖型（$Ⅱ_2$）和腐殖型（Ⅲ）4种。

对于海相古生界高、过成熟的泥页岩，干酪根元素的组成、红外官能团的结构性质判别指标受热演化程度影响较大。根据能源行业标准NB/T 10844—2021《海相页岩（气）地球化学评价方法》，显微组分是海相页岩有机质类型划分的主要指标，干酪根碳同位素是重要指标，而干酪根元素（H/C和O/C）和岩石热解参数（HI、OI和S_2/S_3）主要适用于未成熟—低成熟页岩样品。鄂西—渝东地区大隆组普遍热演化程度较高（见4.2.3部分），因此本次研究主要采用显微镜观察和干酪根碳同位素两项指标进行有机质类型划分（表4.2.1）。

表 4.2.1　有机质类型划分表（NB/T 10844—2021）

有机质类型	TI	$\delta^{13}C$/‰	H/C	O/C	HI	OI	S_2/S_3
Ⅰ型	≥80	≤−29	≥1.5	≤0.1	≥600	≤50	≥20
$Ⅱ_1$型	80～40	−29～−26	1.5～1.2	0.1～0.2	600～400	50～100	5～20
$Ⅱ_2$型	40～0	−26～−25	1.2～0.8	0.2～0.3	400～150	100～150	3～5
Ⅲ型	<0	>−25	<0.8	>0.3	<150	>150	<3

本次研究选取了建地4井大隆组8块泥岩样品开展干酪根镜下有机岩石学观察。观察结果显示，大隆组泥页岩干酪根显微组分以腐泥组为主，含部分镜质组和惰质组、极少量壳质组（表4.2.2），显示沉积原始物质的多样性。腐泥组主要组成类型为沥青质体（图4.2.1），镜质组显微组分主要类型为正常镜质体，惰质组显微组分主要类型为丝质体。腐泥组主要是由浮游藻类等低等植物在厌氧菌的参与下经过腐泥化作用而形成的显微组分，一般而言具有最强的生烃能力。在热成熟作用下，腐泥组会大量生成烃类物质，一部分会被排出，另一部分会滞留在页岩孔隙中逐渐转化为沥青质。

表 4.2.2　建地 4 井大隆组有机质类型

样品编号	深度/m	有机显微组分/%				TI	干酪根类型
		腐泥组	壳质组	镜质组	惰质组		
JD4−14	960.4	80	0	8	12	62	$Ⅱ_1$
JD4−19	965.9	73	1	10	16	50	$Ⅱ_1$
JD4−21	967.7	60	1	17	22	25.75	$Ⅱ_2$
JD4−25	971.9	75	0	9	16	52.25	$Ⅱ_1$
JD4−28	974.7	65	0	15	20	33.75	$Ⅱ_2$
JD4−32	978.7	67	1	13	19	38.75	$Ⅱ_2$
JD4−35	981.5	62	2	15	21	30.75	$Ⅱ_2$
JD4−37	983.4	70	1	12	17	44.5	$Ⅱ_1$

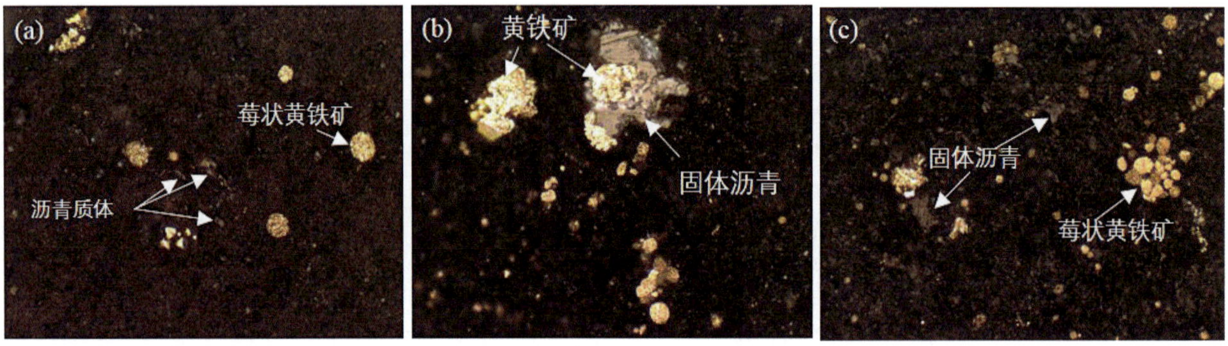

图4.2.1　建地4井大隆组显微组分照片

（a）样品JD4−25，镜下可见沥青质体及黄铁矿；（b）样品JD4−32，镜下可见固体沥青及黄铁矿；
（c）样品JD4−35，镜下可见固体沥青及黄铁矿

通过显微组分的观察结果，一般采用类型TI值来区分干酪根类型，具体公式如下：

$$TI=(100\times 腐泥组+50\times 壳质组-75\times 镜质组-100\times 惰质组)/100$$

当TI<0时，为Ⅲ型；当TI处于0～40时，为$Ⅱ_2$型；当TI处于40～80时，为$Ⅱ_1$型；当TI>80时，

为Ⅰ型。与四川盆地内部五峰组—龙马溪组有机质Ⅰ－$Ⅱ_1$型为主不同（马永生等，2018），大隆组页岩4块为$Ⅱ_1$型，4块为$Ⅱ_2$型（表4.2.2）。表明大隆组页岩原始氢含量较高，生油气潜能较好。此外还收集了恩地1井、建地3井和长地3井样品显微组分分析结果（图4.2.2），腐泥组含量介于62%～70%，平均值为66%；惰质组含量介于22%～29%，平均值为26.2%；镜质组含量介于6%～11%，平均值为8.1%。类型指数TI值分布范围为−19.3～60.3，有机质类型也以$Ⅱ_1$型到$Ⅱ_2$型为主。

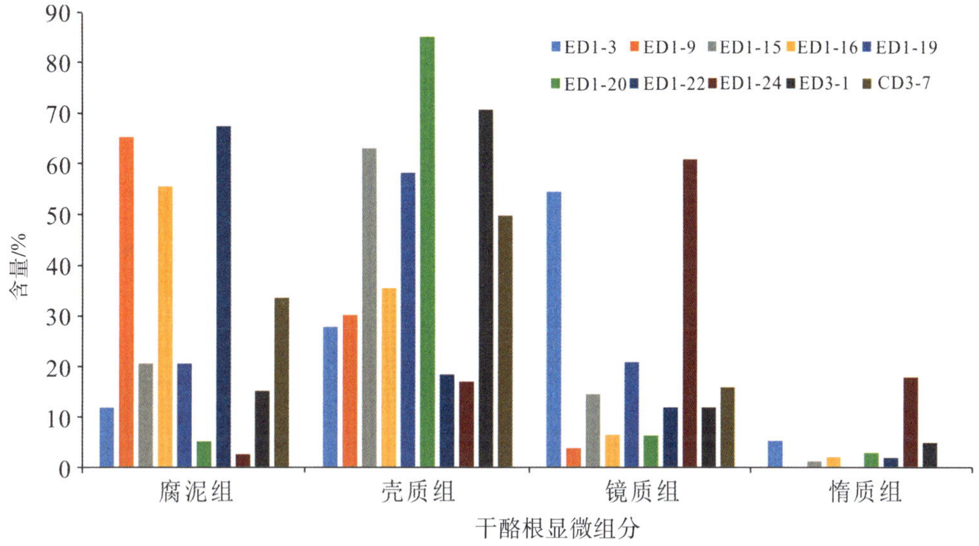

图4.2.2　大隆组干酪根显微组分含量分布图

干酪根碳同位素在热演化过程中分馏效应不显著，也是判断有机质类型的重要方法。本次研究采集了建地4井32个、渝巫地1井97个和鄂西铁屋脊剖面31个大隆组样品进行干酪根碳同位素分析，实验结果表明，建地4井大隆组干酪根碳同位素为−27.5‰～−24.80‰，平均值为−26.5‰，渝巫地1井干酪根同位素为−28.04‰～−25.15‰，平均值为−27.10‰，铁屋脊剖面为−28.47‰～−26.60‰，平均值为−27.40‰（图4.2.3）。铁屋脊剖面大隆组样品均为$Ⅱ_1$型，渝巫地1井87个样品均为$Ⅱ_1$型，建地4井24个样品为$Ⅱ_1$型。以上结果与显微有机岩石学观察结果一致，两种指标均说明了鄂西—渝东地区大隆组有机质类型（干酪根类型）以$Ⅱ_1$型（腐殖—腐泥型）为主，少量为$Ⅱ_2$型（腐泥—腐殖型）。$Ⅱ_1$型干酪根主要来源于海相浮游生物（以浮游植物为主）和微生物的混合物，$Ⅱ_2$型干酪根主要来自泥炭环境下的植物，二者均有较好的生气潜力。大隆组有机质类型包括$Ⅱ_1$、$Ⅱ_2$型。测试数据结果表明，大隆组有机质类型的多样性反映了沉积环境的旋回性和原始沉积物质的多样性。

4.2.2　有机质丰度

有机质丰度代表着岩石中有机质的含量，是评价烃源岩优劣的重要指标。一定厚度的富含有机质泥页岩是页岩气形成的物质基础，不仅决定了岩石的生烃能力，还为页岩气聚集提供有效的储集空间，直接影响到页岩气的富集和赋存，对页岩气含量具有控制作用。

本次研究共采集了鄂西—渝东地区不同构造区6口钻井大隆组265块样品测试总有机碳含量，其中渝巫地1井90个，建地4井40个，建地3井48个，恩地3井40个，长地3井12个，鹤地1井35个。所测试的建地3井TOC质量分数从0.35%～13.73%，大部分样品位于2.5%～7.5%，平均值为5.35%；建地4井为0.14%～16.4%，平均值为5.05%；渝巫地1井为0.15%～20.33%，大部分样品位于3%～9%之间，平均值为6.39%；鹤地1井为0.37%～14%，大部分样品分布在2%～8%之间，平均值为5.51%；长地3井为0.22%～19.9%，不同样品间差异较大，平均值为7.6%；恩地3井为0.65%～17.14%，大部分样品都超过

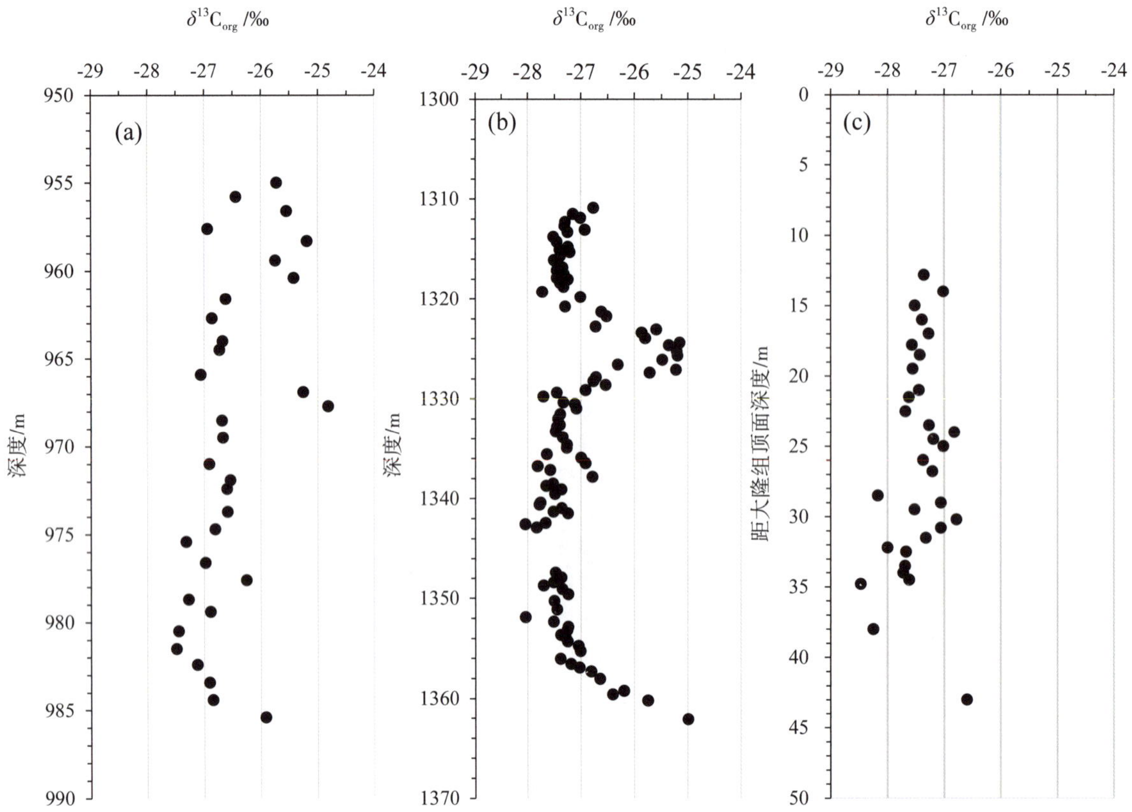

图4.2.3 鄂西—渝东地区大隆组有机质碳同位素分布
（a）建地4井；（b）渝巫地1井；（c）铁屋脊剖面

了5%，平均值为7.4%（图4.2.4）。结果表明，鄂西—渝东地区大隆组有机质分布范围广，大部分样品分布在4%~7%之间，所有钻井和剖面TOC质量分数平均值和中位数在5%~8%。此外还收集了4口钻井28条剖面大隆组有机碳含量数据（表4.2.3），TOC质量分数平均值普遍超过了5%。大隆组页岩整体丰度较高，属于极好的烃源岩，生烃潜力大。而目前已经实现商业开发的五峰组—龙马溪组页岩TOC质量分数平均值一般不超过5%（金之钧等，2016；马永生等，2018；邹才能等，2021）。

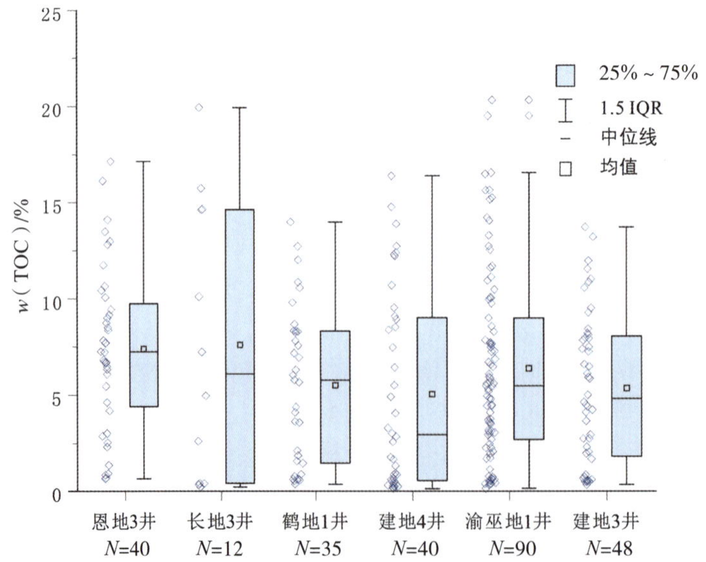

图4.2.4 鄂西—渝东地区大隆组TOC质量分数区间分布图

表 4.2.3 鄂西—渝东地区大隆组泥页岩有机质丰度统计表

剖面 / 钻井名称	w(TOC)/%	剖面 / 钻井名称	w(TOC)/%
建地3井	0.35 ~ 13.73/5.35 (48)	重庆龙门坝	4.43 ~ 10.7/6.96(5)
长地3井	0.22 ~ 19.93/7.6(12)	利川陈家湾	2.45 ~ 10.94/7.52(3)
恩地1井	0.11 ~ 17.04/5.3(44)	利川龙颈湾	4.06 ~ 4.67/4.37(2)
五地2井	1.43 ~ 9.43/3.69(4)	利川鸭杆坡	5.1 ~ 7.75/6.43(2)
五峰灯草坝	7.67 ~ 12/10.07(3)	恩施旧铺	3.67 ~ 3.67/3.67(1)
高地1井	1.67 ~ 23.6/8.71(16)	屯堡红椿坝	1.2 ~ 10.97/8.04(17)
ZY3井	1.23 ~ 13.6/5.56(22)	屯堡铁炉口	8.51 ~ 10.15/9.33(2)
鹤地1井	0.37 ~ 14/5.51(35)	恩地3井	0.35 ~ 13.73/7.4(40)
渝巫地1井	0.15 ~ 20.33/6.39(101)	建地4井	0.14 ~ 16.4/5.05(40)
恩施桅杆堡	0.15 ~ 10.9/6.57(5)	恩施周家湾	0.49 ~ 13.72/7.27(27)
鹤峰县红土溪长树湾	0.66 ~ 17.31/3.87(5)	恩施红岩寺涂坪	3.21 ~ 7.9/5.06(3)
鹤峰县红土溪石灰窑	4.29 ~ 16.43/8.44(5)	宣恩尖山坳	1.59 ~ 12.9/6.5(6)
鹤峰县容美大溪村	0.33 ~ 17.34/5.38(10)	建始县红珠河	4.19 ~ 9.3/6.17(3)
鹤峰县容美墙台村	1.19 ~ 12.68/5.24(24)	建始县野三河	1.38 ~ 9.26/5.9(7)
鹤峰县燕子乡董家村	2.57 ~ 12.71/8.39(8)	巴东县平坦村	1.53 ~ 15.9/5.8(12)
鹤峰县燕子乡楠木村	2.58 ~ 11.55/6.67(6)	巴东县水布垭	1.22 ~ 6.04/3.19(4)
长阳县榔坪廖叶坪	2.11 ~ 8.26/4.6(15)	沿渡河石板坪	4.8 ~ 15.14/10.47(3)
长阳县榔坪落水河	0.78 ~ 4.87/2.54(4)	杨林桥黄家槽	0.63 ~ 4.95/2.84(4)
长阳县榔坪井坪村	1.21 ~ 8.7/4.29(3)	兴山县峡口龚家村	2.34 ~ 3.54/2.94(2)

注：数据说明，*a* ~ *b*/*c*(*d*)：*a*为测试结果最小值，*b*为最大值，*c*为平均值，*d*为样品数量，下述表格方式同上。

尽管受到沉积环境与构造条件的控制，不同构造单元大隆组的厚度变化很大，从几米到几十米不等，但从6口测试钻井TOC含量的纵向变化来看，大隆组整体都呈现出自上而下有机质含量逐渐升高的特征（图4.2.5），说明大隆组的下段具有更好的生气潜力。根据钻井及露头TOC数据，绘制了有机碳分布平面图。鄂西—渝东地区TOC含量普遍较高，从四川盆地东缘到江汉盆地西缘的广大范围TOC质量分数均超过了5%，最高值出现在北部重庆巫山地区和湖北恩施地区，均超过了8%，以此为中心，向南和向西方向TOC含量逐渐降低，值得注意的是，巴页1井附近TOC含量较低，推测与局部沉积环境变化相关（图4.2.6）。

4.2.3 有机质成熟度

沉积岩中有机质的丰度和类型是生成页岩气的物质基础，但是有机质只有达到一定的热演化程度才能开始大量生烃。有机质成熟度是衡量这种变化程度的参数指标，是评价某一烃源岩系生烃量及资源前景的重要依据，其中镜质体反射率（R_o）是最为有效的成熟度判别指标。根据能源行业标准NB/T 10844—2021《海相页岩（气）地球化学评价方法》，当$1.3\%<R_o<2.0\%$时，有机质处于高成熟阶段；当$R_o\geq2.0\%$时，有机质处于过成熟阶段。

本次研究采集了渝巫地1井大隆组样品10块，建地4井大隆组样品12块开展镜质体反射率测试，此外还收集了4口钻井和16条剖面的测试结果。由于渝巫地1井样品未找到足够多的镜质体进行测试，测试了沥青反射率（R_b），并根据公式$EqR_o = 0.618 \times R_b+0.4$（Jacob，1985）转化为等效镜质体反射率（$EqR_o$）。从测试结果（表4.2.4）来看，大隆组泥页岩普遍处于过成熟阶段，其中建地4井大隆组R_o从

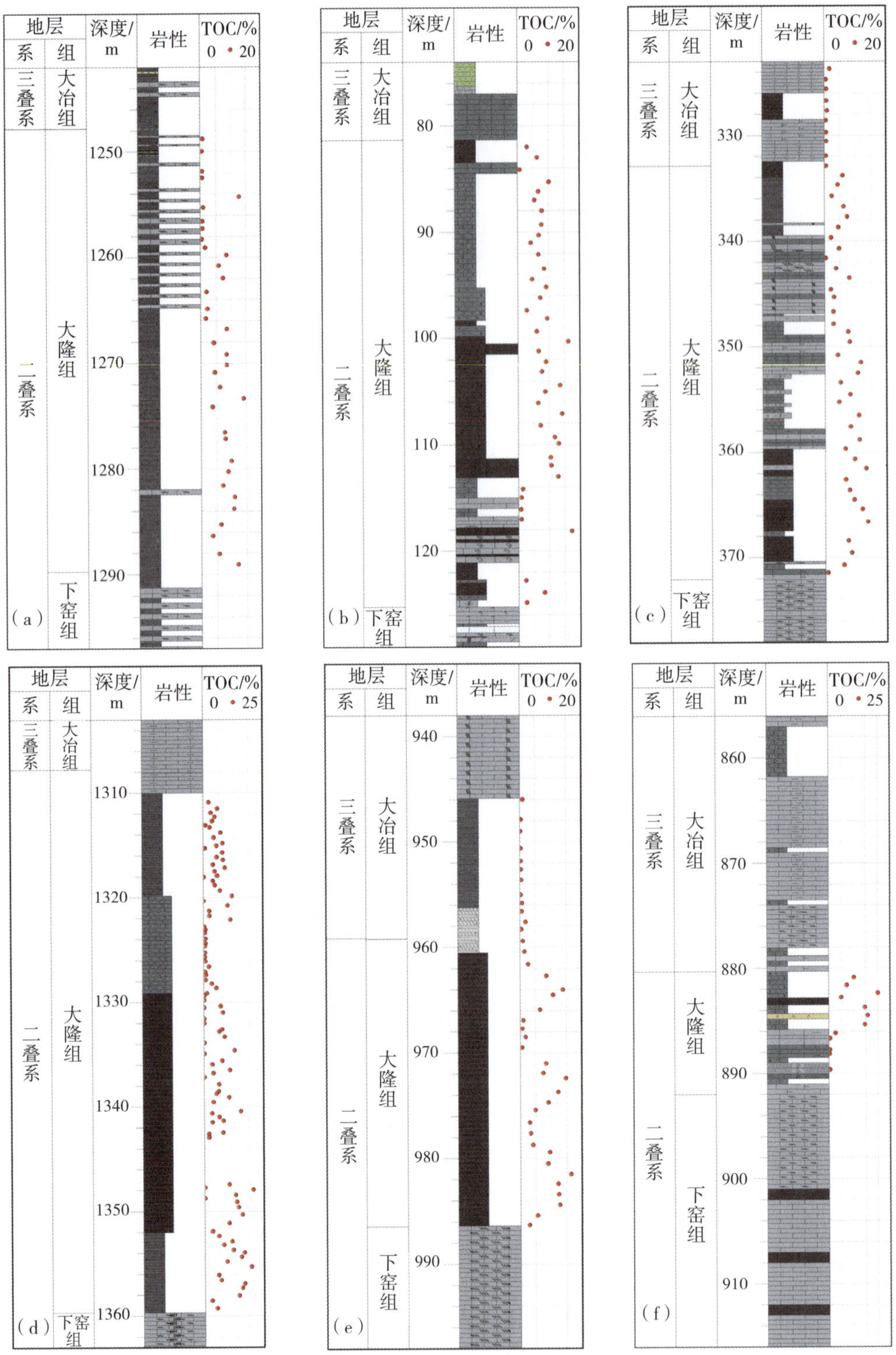

图4.2.5 鄂西—渝东地区典型钻井大隆组TOC质量分数分布

(a)鹤地1井；(b)恩地3井；(c)建地3井；(d)渝巫地1井；(e)建地4井；(f)长地3井

1.92%到2.03%，平均值为1.99%，渝巫地1井R_o从2.37%到2.57%，平均值为2.53%，处于高—过成熟阶段。

根据钻井及露头反射率数据，绘制了成熟度分布平面图。整体上，鄂西—渝东地区二叠系大隆组成熟度（R_o）介于2.0%～2.6%之间，整体呈现出从西北到东南逐渐降低的趋势，最高位于恩施鄂恩地1井附近，超过了2.6%，建地4井附近最低，约为2%（图4.2.7）。这与二叠系沉积地层整体展布受构造运动

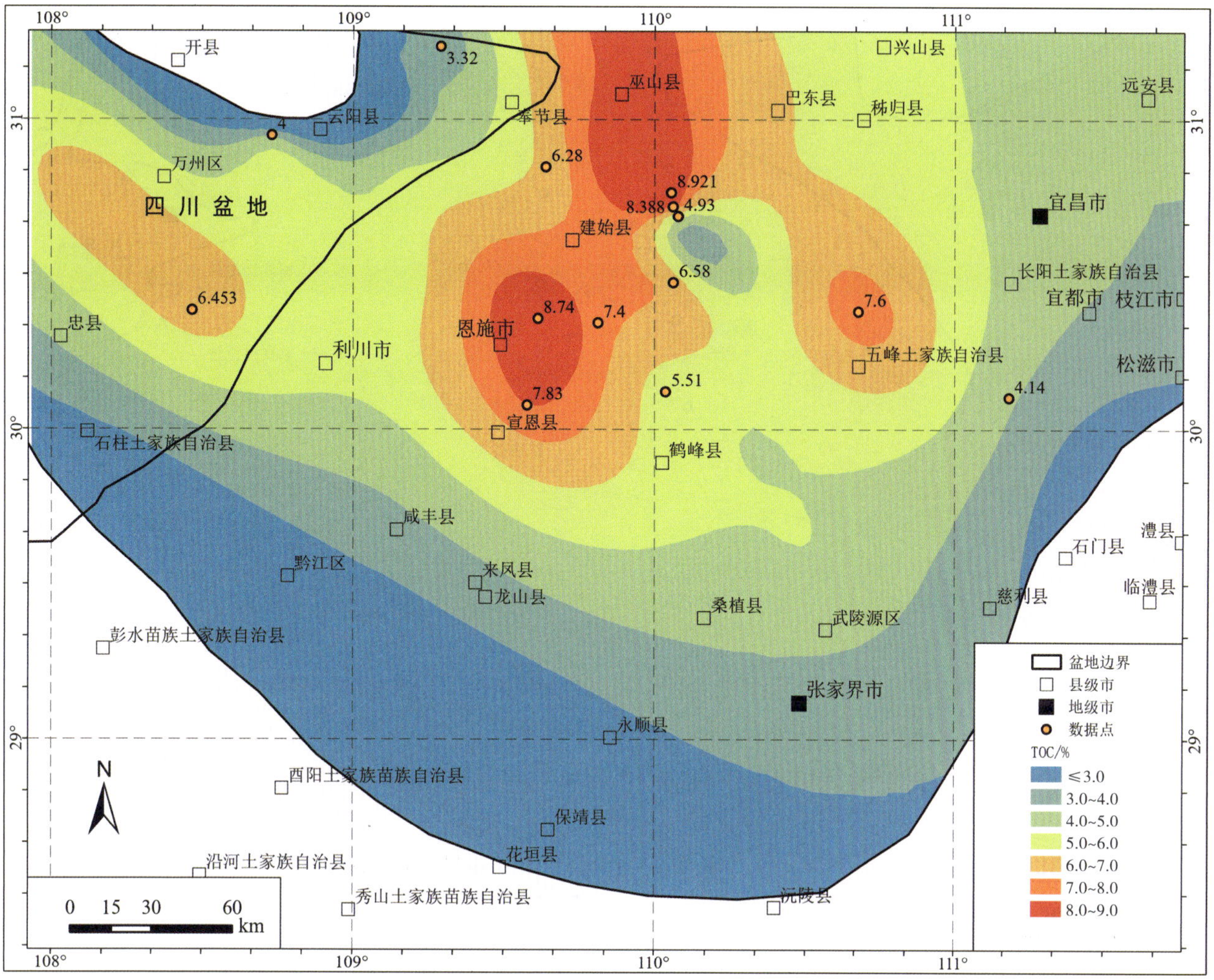

图4.2.6　鄂西—渝东地区大隆组泥页岩有机碳质量分数平面分布图

的影响，形成北东—南西向的构造古地理格局有关，西北部受到构造作用影响，抬升时间较晚，最大古埋深较大，向东南古埋深逐渐变浅，由此导致大隆组成熟度逐渐降低。

表 4.2.4　鄂西—渝东地区上二叠统大隆组有机质成熟度统计表

剖面号/井号	R_o/%	剖面号/井号	R_o/%
建地4井	1.92 ~ 2.03/1.99（12）	渝巫地1井	2.37 ~ 2.57/2.53（10）
恩地1井	1.80 ~ 2.48/2.38（4）	五地2井	1.96 ~ 2.24/2.1（2）
恩地2井	2.68（1）	鹤地1井	2.36（1）
恩施周家湾大隆组	1.67 ~ 2.74/2.27（25）	恩施州桅杆堡乡	2.85（1）
鹤峰红土溪长树湾	2.15 ~ 2.61/2.47（5）	利川陈家湾	1.79 ~ 2.76/2.24（37）
鹤峰容美镇大溪村	2.27 ~ 2.53/2.39（10）	恩施屯堡红椿坝	2.50 ~ 2.56/2.53（2）
建始红珠河	3.04（1）	重庆龙桥龙门坝	2.11 ~ 2.56/2.39（8）
建始野三河	2.42 ~ 2.77/2.59（2）	五峰灯草坝	1.68 ~ 2.77/2.39（4）
巴东平坦村	2.52 ~ 2.99/2.67（12）	杨林桥黄家槽	1.77（1）
沿渡河镇石板坪村	3.08（1）	峡口龚家村	1.82（1）
椰坪井坪	2.47 ~ 2.67/2.57（2）	长阳金竹坳	2.48（1）

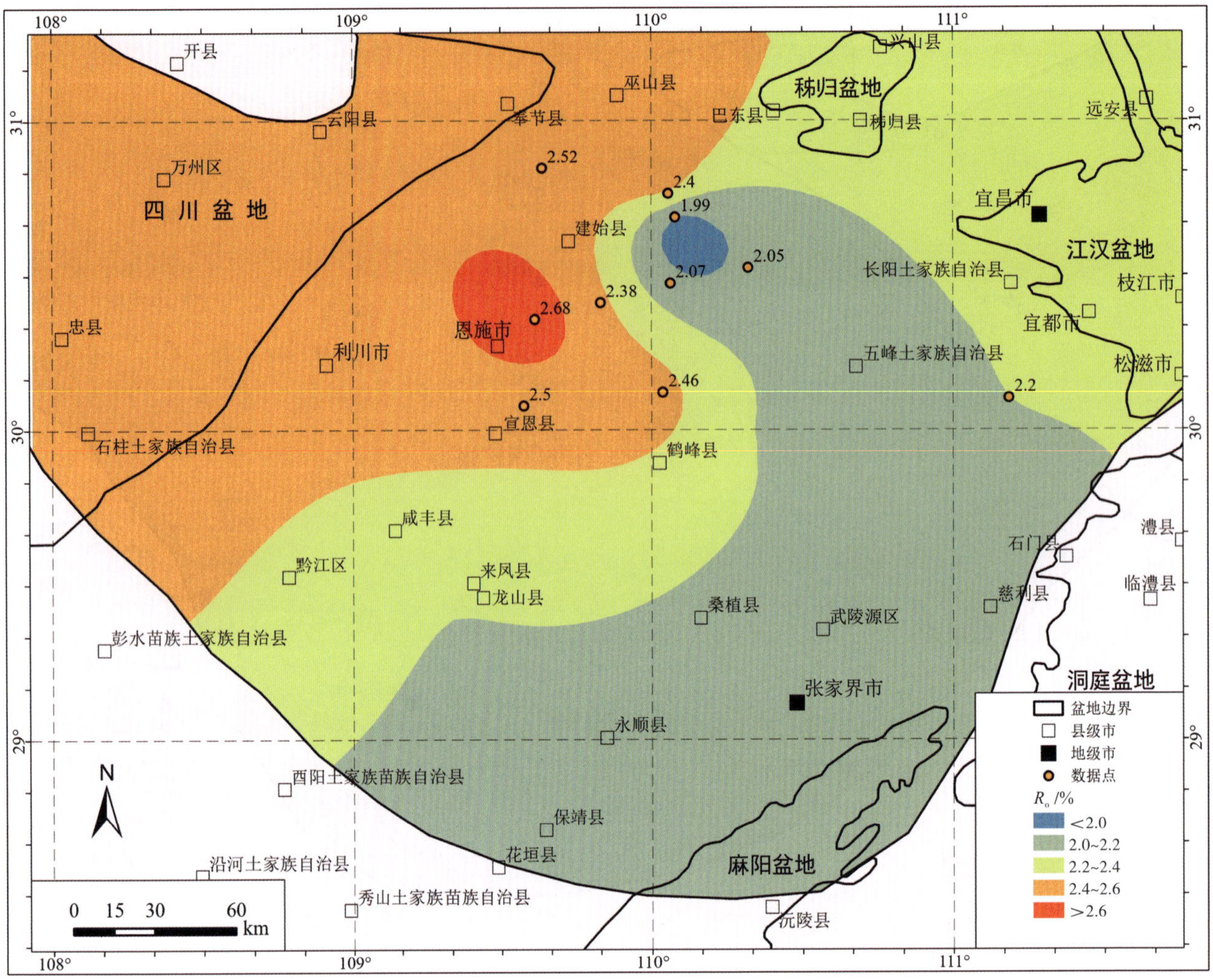

图4.2.7　鄂西地区晚二叠世大隆组成熟度平面分布图

4.3　页岩碳同位素地球化学

稳定碳、氧同位素对古气候和古海洋环境具有指示意义。通常来讲，海平面上升意味着陆地面积减小，陆源输入的有机碳含量减少。海水中溶解的CO_2富集^{13}C，δ^{13}C值相应增高，即δ^{13}C高值对应海平面上升；δ^{13}C低值对应海平面下降。大隆组沉积期是地球演化的一个重要转折时期，该时期气候环境、海洋环境、生物演化等发生剧烈变化。在讨论碳、氧同位素之前，需要评估成岩作用的影响。相比于碳同位素，氧同位素更容易受大气淡水和热液流体影响，导致同位素偏轻。一般认为，δ^{18}O值小于-10‰的样品不同程度受后期成岩作用影响，其δ^{13}C值已发生不同程度改变，而δ^{13}C和δ^{18}O的相关性是评估成岩作用影响的可靠指标（Reis et al.，2019）。

本次研究选取了建地4井大隆组32个样品开展碳、氧同位素分析。测试样品δ^{18}O同位素仅有一个样品小于-10‰，δ^{13}C和δ^{18}O没有表现出一定的相关性，R^2仅为0.02（图4.3.1），表明样品的δ^{13}C值并未受到后期成岩影响，δ^{13}C能够反映原始海水的碳同位素特征，可以用其反映古环境。碳、氧同位素特征指示，大隆组沉积期海平面较高，为烃源岩发育带来了良好的沉积环境。鄂西地区建地4井大隆组样品的δ^{13}C值为-2.9‰～1.1‰，波动不大，平均值为-0.4‰（图4.3.2），整体上轻微负偏，与正常地幔输入的碳相比（其δ^{13}C含量为-5‰）（Holser et al.，1988），大隆组表现为^{13}C的富集，说明这一时期整体海平面较高，由此带来了生物生存空间变大，生物优先吸收海水中的^{12}C进一步导致海水中富集^{13}C。纵向上大隆

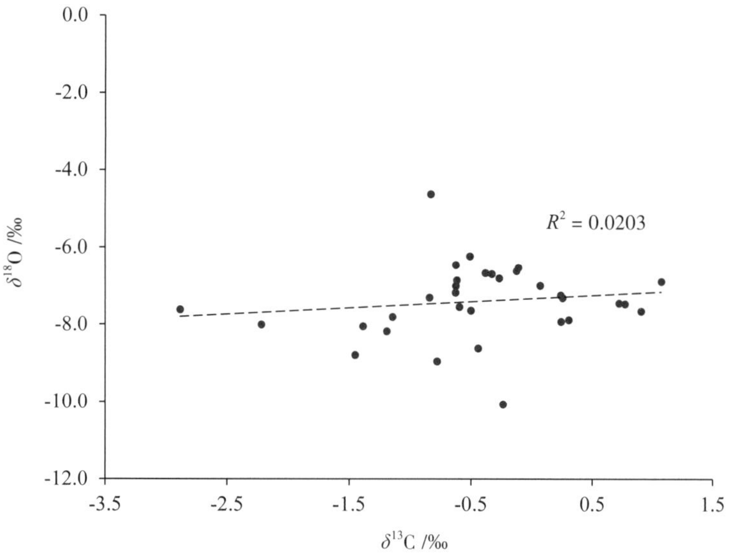

图4.3.1　建地4井大隆组碳、氧同位素关系

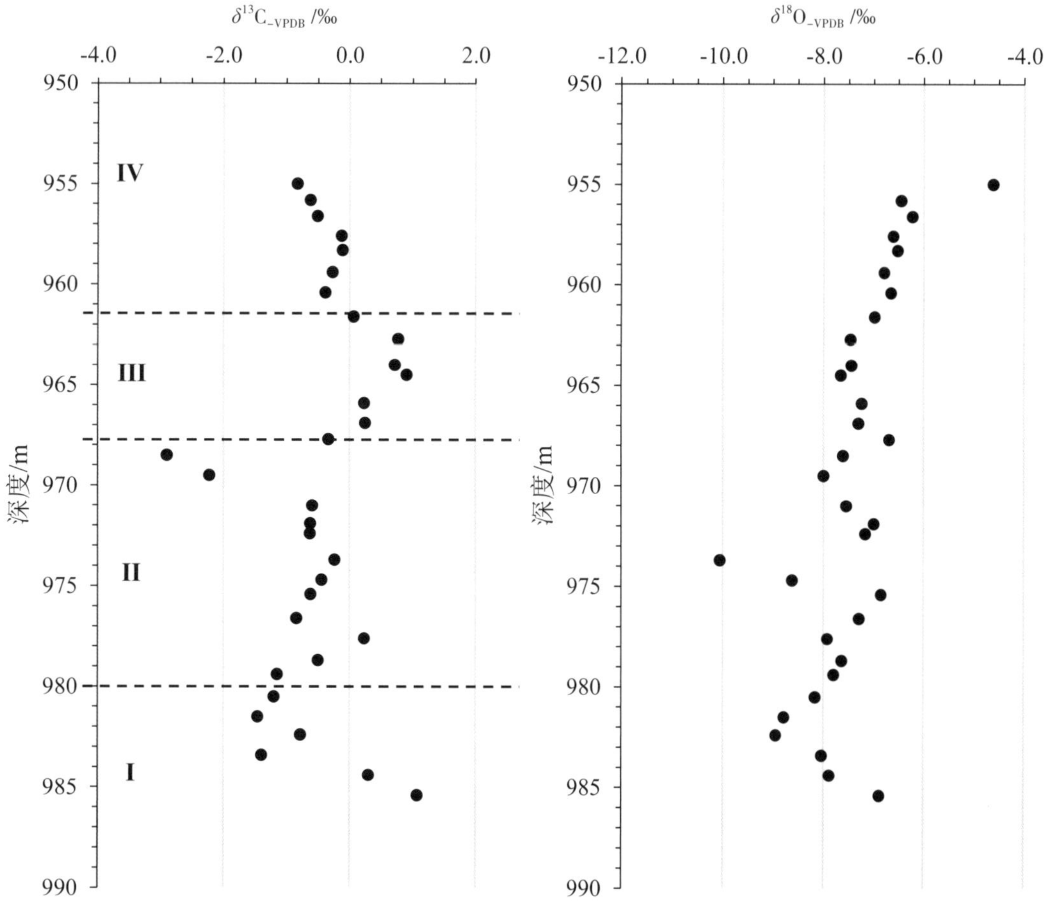

图4.3.2　建地4井大隆组碳、氧同位素分布

组$\delta^{13}C$呈现整体波动式下降的趋势，可以划分为四个旋回阶段，大隆组下部$\delta^{13}C$较高，反映了大隆组沉积期早期海平面较高（阶段Ⅰ），向上$\delta^{13}C$逐渐降低，海平面逐渐降低（阶段Ⅱ），而到了中上部^{13}C的升高指示在海水脉动式上升和大洋水体逐渐氧化的背景下，初级生产力增加或有机碳大量埋藏，引起海洋溶解碳中^{13}C增多，随之沉积的碳酸盐岩具有较高的$\delta^{13}C$值（阶段Ⅲ）。而到了大隆组顶部——大冶组，海平面再次下降，$\delta^{13}C$值逐渐下降（阶段Ⅳ）。这种$\delta^{13}C$波动式阶段性下降与川东北地区盘龙洞剖面、渝东渡口剖面、云阳沙市剖面、浙江煤山剖面等多条晚二叠世典型剖面有良好的对应关系（董庆民等，2021，沈树忠等，2019），说明鄂西—渝东地区大隆组沉积受控于晚二叠世全球性海平面的变化。

5　大隆组页岩储层特征

5.1　矿物组成

5.1.1　矿物来源

从成分来源的角度分析，页岩中的矿物主要为陆源矿物和内源自生矿物（Aplin A C and Macquaker J H S，2011；姜在兴等，2023；操应长等，2023），可能含有少量来自火山或热液的矿物。

（1）陆源矿物

外源碎屑成分是来源于沉积盆地之外的成分，包括母岩风化后形成的陆源碎屑物质、火山喷发作用形成的火山碎屑物质和陆源的有机质。本节所指的陆源矿物主要讨论陆源碎屑物质。母岩风化后的陆源碎屑物质通过河流、风等方式搬运并输送至盆地，其中，细粒碎屑物质（主要是粉砂和泥）可以长时间在水体中处于悬浮状态并在深水区逐渐沉积（姜在兴等，2023），几乎所有盆地页岩中均含陆源碎屑物质。相比于海洋，湖泊沉积物受气候、陆源、水体物理化学性质的影响更加敏感，陆源矿物成分在其时空维度上具有较大的差异性（黎茂稳等，2022；操应长等，2023）。就页岩成分而言，陆源碎屑矿物成分主要包括黏土矿物、石英、长石，以及少量重矿物等。

在偏光显微镜下，大隆组页岩中黏土矿物、石英、长石主要呈泥质结构，不易分辨（图5.1.1）。黏土矿物主要呈隐晶状，成分主要为伊利石，部分显层状或微鳞片状（图5.1.2），或重结晶，长轴方向顺层分布，片径一般<0.03 mm，多与碳质共生组成基底。虽然石英含量很高，但与五峰组—龙马溪组有所不同，很少见有来自陆源的碎屑石英，可能原因是研究区距离陆源较远，多以生物石英为主，主要呈隐晶质分布。在扫描电镜下，通过元素扫描，可识别出石英、黏土矿物等，通常呈隐晶质大面积分布（图5.1.3），碳酸盐矿物和黄铁矿通常呈颗粒状镶嵌其中。

（2）内源自生矿物

自生矿物是直接来自沉积盆地或沉积场所的溶液之内的溶解物质经化学或生物化学作用沉淀的产

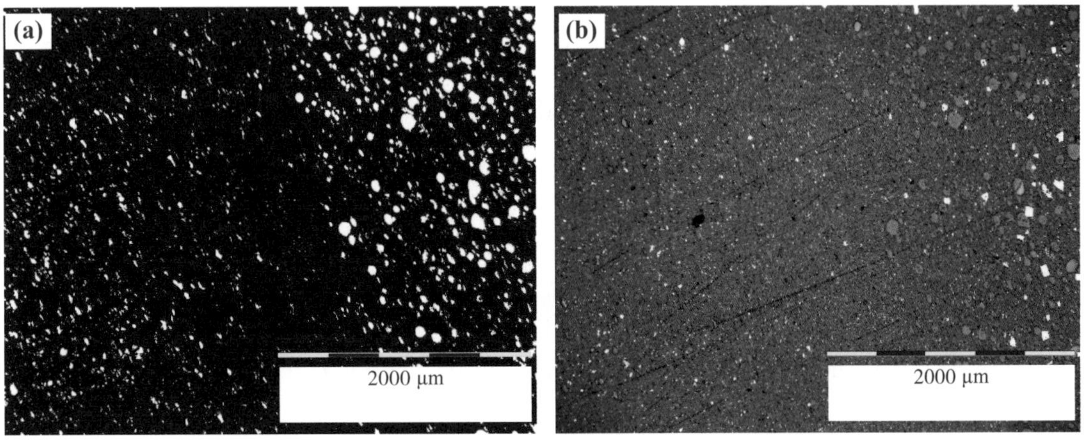

图5.1.1　大隆组页岩偏光显微镜下特征

（a）HD1-46，w（TOC）=6.04%，透射单偏光，碎屑颗粒主要呈漂浮状分布于泥质和胶结物基底中，粉砂质碎屑物主要由方解石组成，基质矿物主要为石英、黏土矿物等；（b）同一样品反射单偏光，白色亮点为黄铁矿颗粒

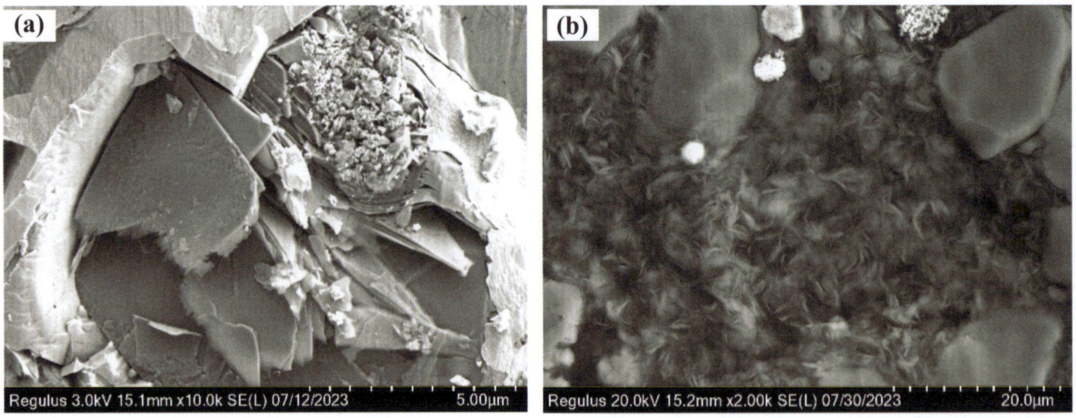

图5.1.2　扫描电镜下的黏土矿物

(a)JD4-21，967.7 m，*w*(TOC)=0.67%，层状黏土矿物；(b)JD4-35，981.5 m，*w*(TOC)=16.4%，鳞片状黏土矿物

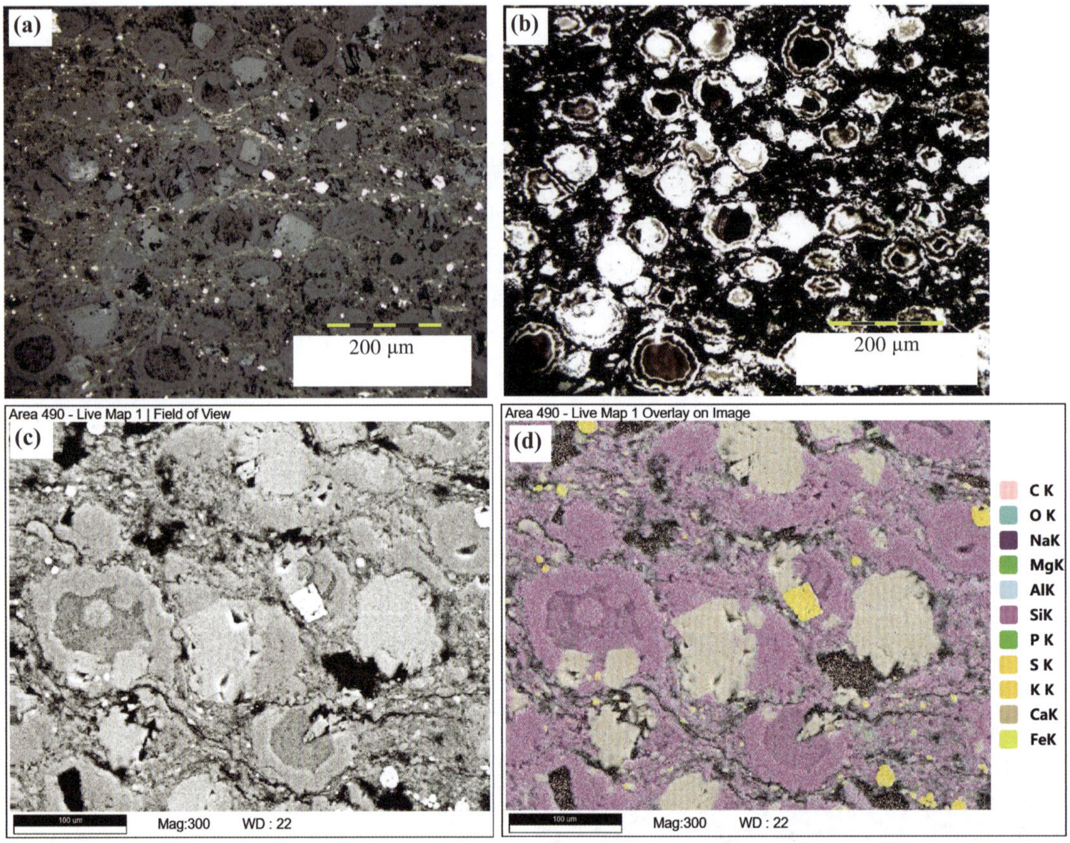

图5.1.3　扫描电镜下石英和黏土矿物的分布

JD3-48，*w*(TOC)=13.23%，大部分放射虫被硅质交代，同时部分区域被方解石、黄铁矿交代，其周围基质为黏土矿物

(a)反射单偏光；(b)透射单偏光；(c)扫描电镜；(d)元素面扫

物。主要矿物包括碳酸盐矿物、磷酸盐矿物、硫化物、石膏及蛋白石等。在特定的物理、化学及生物化学条件下，微生物的新陈代谢作用通常可产生碳酸盐、黄铁矿等多种自生矿物，其发育程度与周期性气候变化和水体介质（温度、盐度、营养物质、氧化还原条件）变化有关（姜在兴等，2023）。在外源碎屑物质输入相对减少的环境中，内源自生组分供应超过了碎屑组分，在海相黑色页岩中，这种情况较为普遍。

大隆组页岩中碳酸盐矿物常见的有方解石、白云石和铁白云石。其中，方解石最为常见，含量最高，钙质页岩中方解石大面积分布，很难见到晶形完整的方解石（图5.1.4a，b），在裂缝中常见方解石充填（图5.1.4c，d），另外，有孔虫、放射虫等生物碎屑常被方解石交代（图5.1.4e-h）。白云石在大隆组上部较为发育，在偏光显微镜和扫描电镜下因其晶形完整（常呈菱形）容易识别，一般长轴长30～80 μm，在大隆组页岩中多呈单晶体颗粒的形式出现（图5.1.5）。

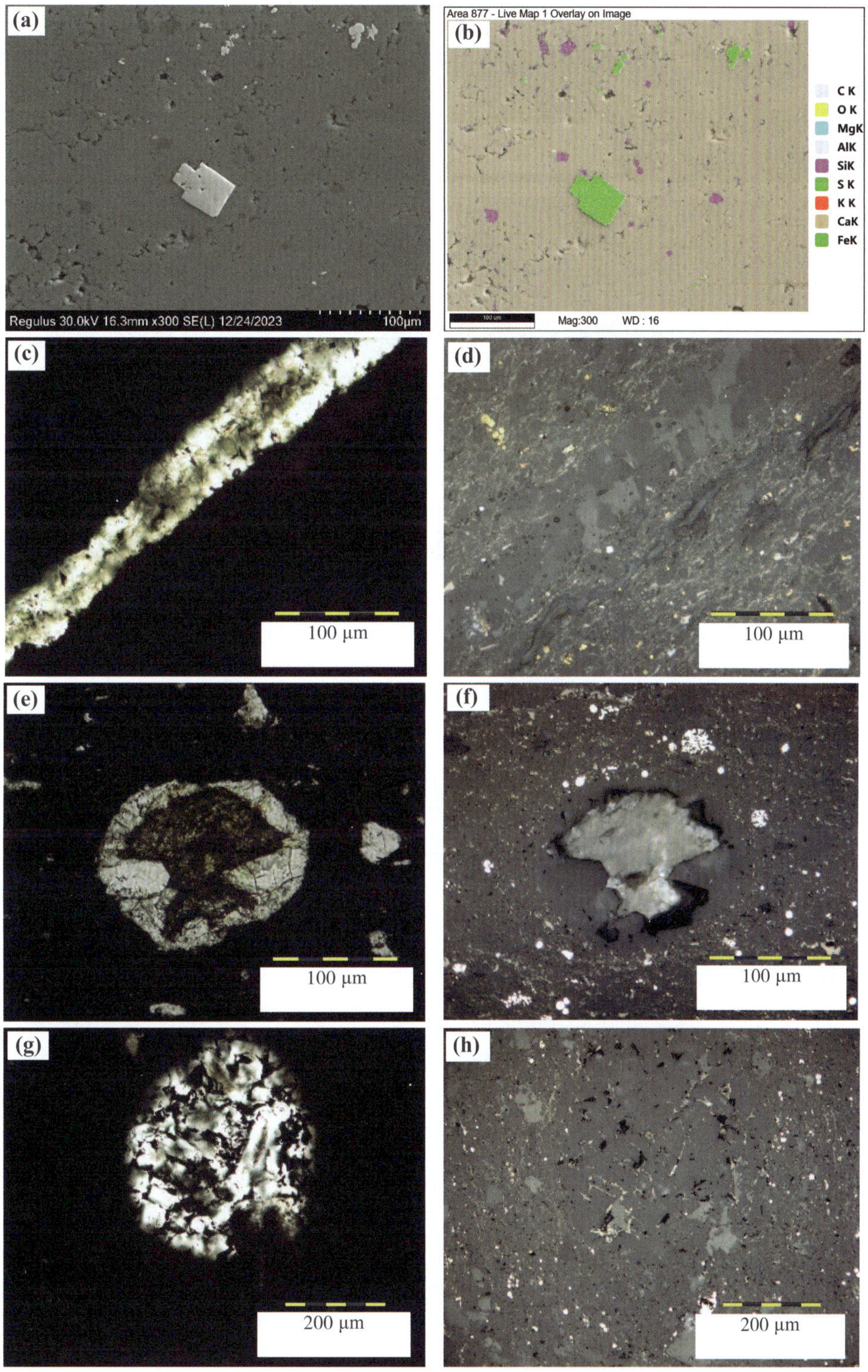

图5.1.4　大隆组页岩中的方解石

（a）ED3-5，86.2 m，*w*（TOC）=6.74%，方解石大面积分布，自形黄铁矿镶嵌其中；（b）为（a）的能谱扫描；（c）HD1-44，1272.67 m，透射单偏光，裂隙被方解石充填；（d）为（c）的反射单偏光；（e）HD1-48，1268.67 m，透射单偏光，方解石充填生物腔体周缘；（f）为（e）的反射单偏光；（g）HD1-49，1267.67 m，透射单偏光，方解石充填放射虫；（h）为（g）的反射单偏光

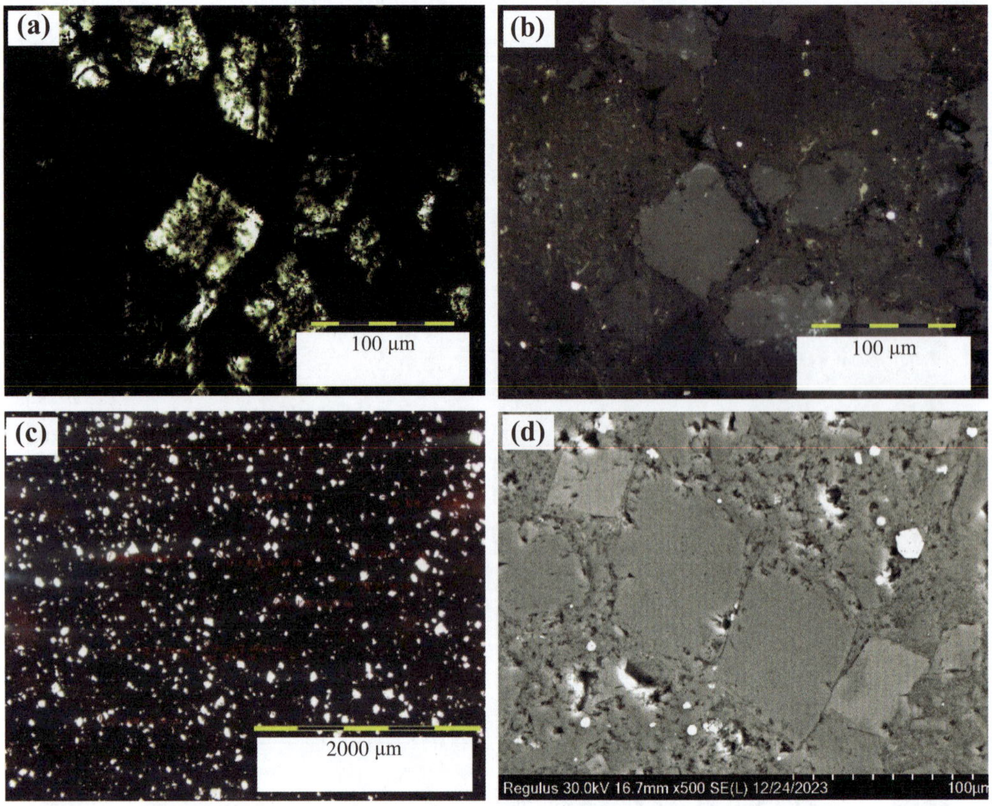

图5.1.5　大隆组页岩中的白云石

（a）HD1-50，1266.57 m，透射单偏光，白云石晶粒；（b）HD1-50，1266.57 m，反射单偏光；（c）ED3-13，94.45 m，白云石晶粒；（d）扫描电镜下的菱形白云石

大隆组页岩中硫化物矿物常见的主要为黄铁矿。黄铁矿以两种方式分布在页岩中，一种为自形—半自形黄铁矿，晶形较好的常呈方形（图5.1.4a，b；图5.1.6a，b），自形黄铁矿个体较大，单晶个体均在10 μm以上，分散状分布，指示其为次生成因类型；另一种为草莓状黄铁矿（图5.1.6c ~ f），集合体直径以4 ~ 10 μm为主，单晶多<1 μm，草莓状黄铁矿粒径较小，指示其沉积水体较深，草莓状黄铁矿是沉积物形成早期和同生期生成的自生矿物，其晶间孔发育，且晶间孔常被有机质充填，有机质孔发育（图5.1.6f）。

（3）火山和热液矿物

火山喷发产生火山碎屑物，按照火山碎屑物的颗粒大小，可以分为火山弹、火山块、火山砾及火山灰。页岩中常见到薄层火山灰，也包括不易识别的隐性火山灰，在显微镜下观察，火山碎屑物质往往会发生蚀变，被微晶方解石交代，在玻屑边缘和内部可见毛发状、丝状的水云母黏土矿物集合体。热液活动是由地下水沿地壳裂缝渗透，在地下受热后溶解了周围的金属元素，然后通过地壳裂缝喷出地表。这些金属元素经过化学反应形成硫化物，沉积到附近的海底，形成类似“烟囱”的地貌。

对于大隆组页岩来说，由于凝灰岩多呈灰绿色或灰黄色，易于与黑色页岩相区别，识别凝灰岩较为容易。在湖北建始鄂建页2井共识别出27层凝灰岩，厚度为0.2 ~ 3 cm，平均厚度为1.3 cm，指示了大隆组沉积期火山活动很频繁，火山物质为海洋带来了营养物质，促进了生物的勃发。从现今的矿物成分来看，主要为黏土矿物。

石英的来源除陆源碎屑、生物成因外，另外一个来源是海底热液。晚二叠世全球构造活动较为强烈，区域裂谷盆地的形成和发展不排除研究区存在海底热液活动。在此期间，海底热液可能从地壳中提供了高通量的二氧化硅和金属元素。海相页岩中Fe的强烈富集通常被认为是水热源，Al和Ti的高浓度通常与陆源碎屑输入有关。因此，Al-Fe-Mn三角图被广泛用于评价海相页岩受热液的影响程度，区分非

图5.1.6　大隆组页岩中的黄铁矿

（a）HD1-34，1286.57 m，放射虫内自形晶黄铁矿，透射单偏光；（b）HD1-34，1286.57 m，放射虫内自形晶黄铁矿，反射单偏光；（c）JD3-45，358.85 m，*w*（TOC）=11.04%，多个草莓状黄铁矿聚集，扫描电镜图片；（d）JD4-17，964 m，*w*（TOC）=13.89%，多个草莓状黄铁矿聚集，扫描电镜图片；（e）HD4-38，984.4 m，*w*（TOC）=12.73%，不同粒径的多个草莓状黄铁矿，左上角梯形状矿物为自形黄铁矿，反射单偏光；（f）JD4-38，984.4 m，*w*（TOC）=12.73%，草莓状黄铁矿颗粒间发育有机质，有机质孔隙发育，扫描电镜照片

热液来源的二氧化硅和页岩中的热液来源二氧化硅（Adachi et al.，1986；Yamamoto，1987）。如图5.1.7所示，除1个样品外，所有样品均在非热液区绘制，表明页岩中的二氧化硅个别可能受到水热活动影响，绝大部分未受热液活动影响。

5.1.2　矿物组成

基于对渝巫地1井大隆组90个页岩样品的XRD测试结果，页岩矿物组分主要为石英、斜长石、方解石、铁白云石、黏土矿物和黄铁矿等，各矿物组成非均质性强。其中，石英含量最高，主体含量（定义第一个四分位数到第三个四分位数）为28.77%～53.45%，平均值高达40.58%；其次为方解石，主体含量为10.16%～33.34%，平均值为23.76%；再次，黏土矿物含量也较高，主体含量为10.22%～26.78%，

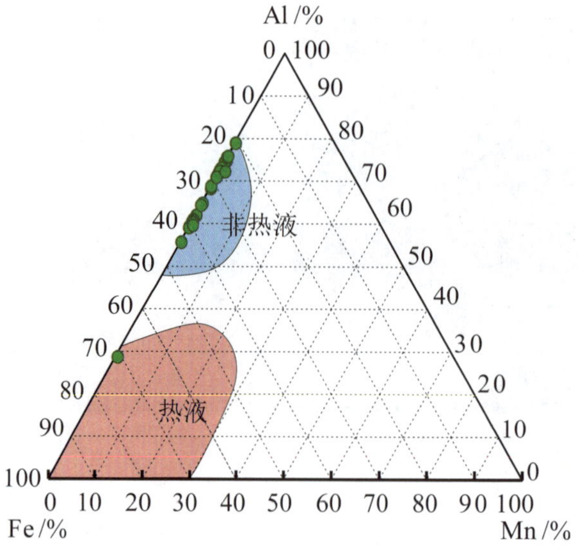

图5.1.7　建地4井大隆组页岩Al–Fe–Mn三角图

平均值为19.87%；斜长石主体含量为4.77%～7.75%，平均值为6.71%；铁白云石和黄铁矿含量较低，平均值分别为5.04%和3.97%（表5.1.1）。大隆组页岩矿物组分在垂向上也表现出一定规律性（图5.1.8）。由底部至顶部，大隆组页岩中石英含量呈先增加后降低的特征，方解石含量则表现为先降低后增加的趋势，黏土矿物含量呈现出数个小的增降旋回。

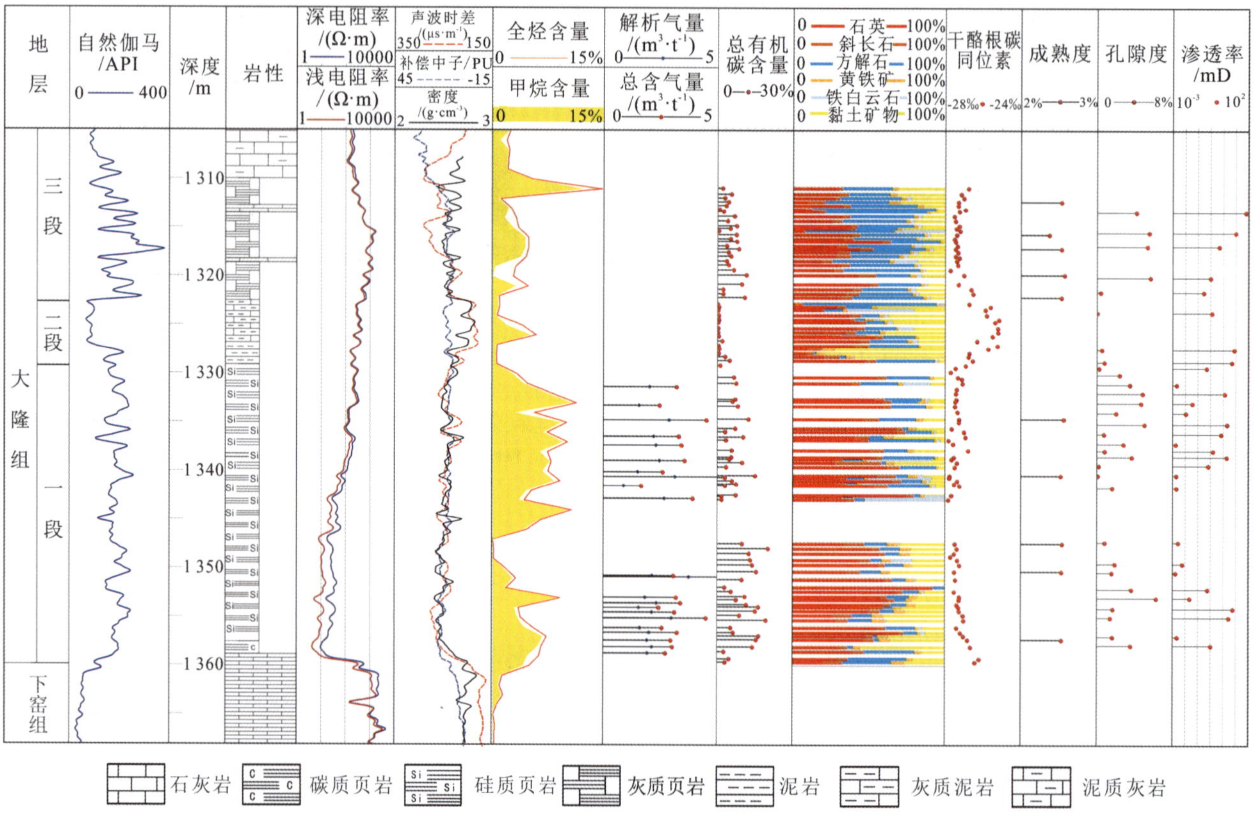

图5.1.8　渝巫地1井综合柱状图
（据李世臻等，2024）

表 5.1.1　渝巫地 1 井大隆组页岩矿物含量统计表　　单位：%

	石英	斜长石	方解石	铁白云石	黄铁矿	黏土矿物
最小值	1.06	0	0.50	0	0	0
第一个四分位数	28.77	4.77	10.16	0	2.44	10.22
第三个四分位数	53.45	7.75	34.34	2.57	5.62	26.78
最大值	91.78	30.40	87.84	60.50	8.91	72.87
中位数	38.92	6.01	20.88	1.01	3.42	17.38
平均值	40.58	6.71	23.76	5.04	3.97	19.87

依据细粒沉积岩三端元分类方案（姜在兴等，2023；吴蓝宇等，2016；Li et al.，2023），可将大隆组页岩划分为硅质页岩、混合质页岩、黏土质页岩和钙质页岩四大类岩相。大隆组页岩矿物组成表现为强非均质性，四种岩相都有发育，其中以硅质页岩为主，混合质页岩次之，含少量黏土质页岩和钙质页岩（图5.1.9）。从层段上来看，一段主要发育硅质页岩，三段主要发育混合质页岩，二段发育的岩相较为复杂，四类岩相兼而有之，无明确优势岩相（图5.1.9a）；从总有机碳（TOC）含量分布来看，w（TOC）＜1%的岩相主要为黏土质页岩、钙质页岩和混合质页岩；1%≤w（TOC）＜3%的岩相主要为钙质页岩和混合质页岩；3%≤w（TOC）＜5%的岩相主要为混合质页岩和硅质页岩；w（TOC）≥5%的岩相主要为硅质页岩（图5.1.9b）。

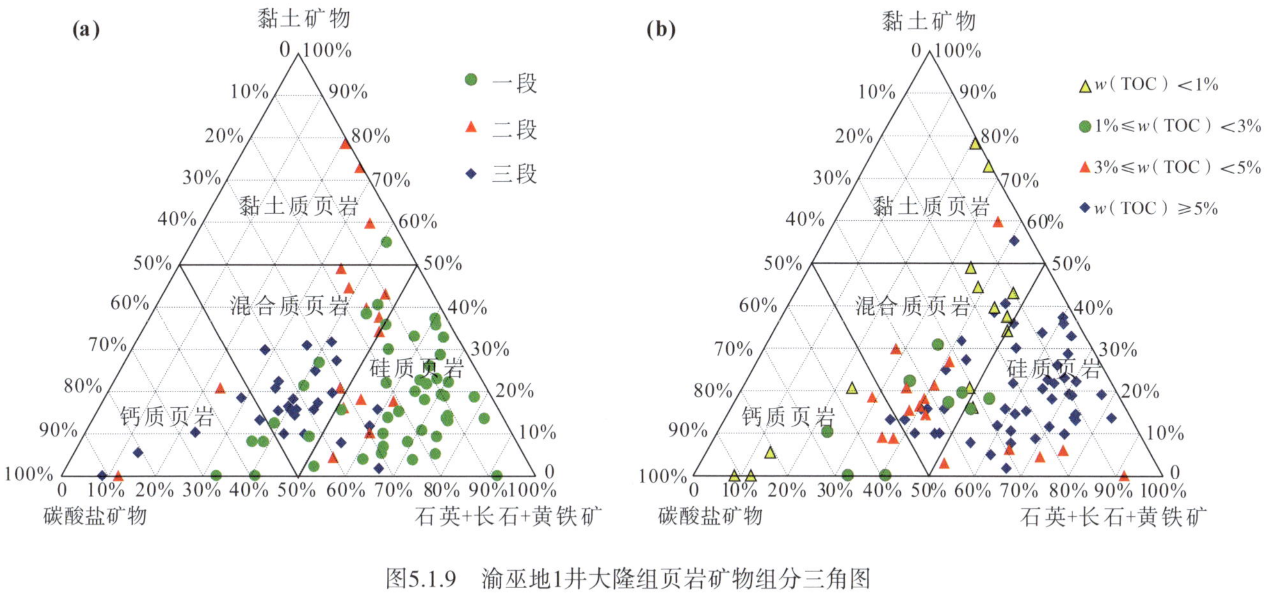

图5.1.9　渝巫地1井大隆组页岩矿物组分三角图
（据李世臻等，2024）

5.2　储集性能

5.2.1　物性特征

有效连通孔隙和渗透率一定程度上影响着页岩气储层的可开发性，以渝巫地1井大隆组样品为例，采用CMS 300覆压孔渗仪对2.5 cm×3 cm柱塞样进行气测有效孔隙度和渗透性测试。在1000psi[1]围压下，大隆组页岩的孔隙度为0.04%～6.25%，平均为2.41%，储层致密。大隆组页岩覆压空气渗透率为7.19×10^{-4}～6.51 mD（少量较大值受裂缝发育影响），中值为7.2×10^{-2} mD，不同层段、不同岩性渗透率差异巨大，

[1] 1psi=6.895 kPa。

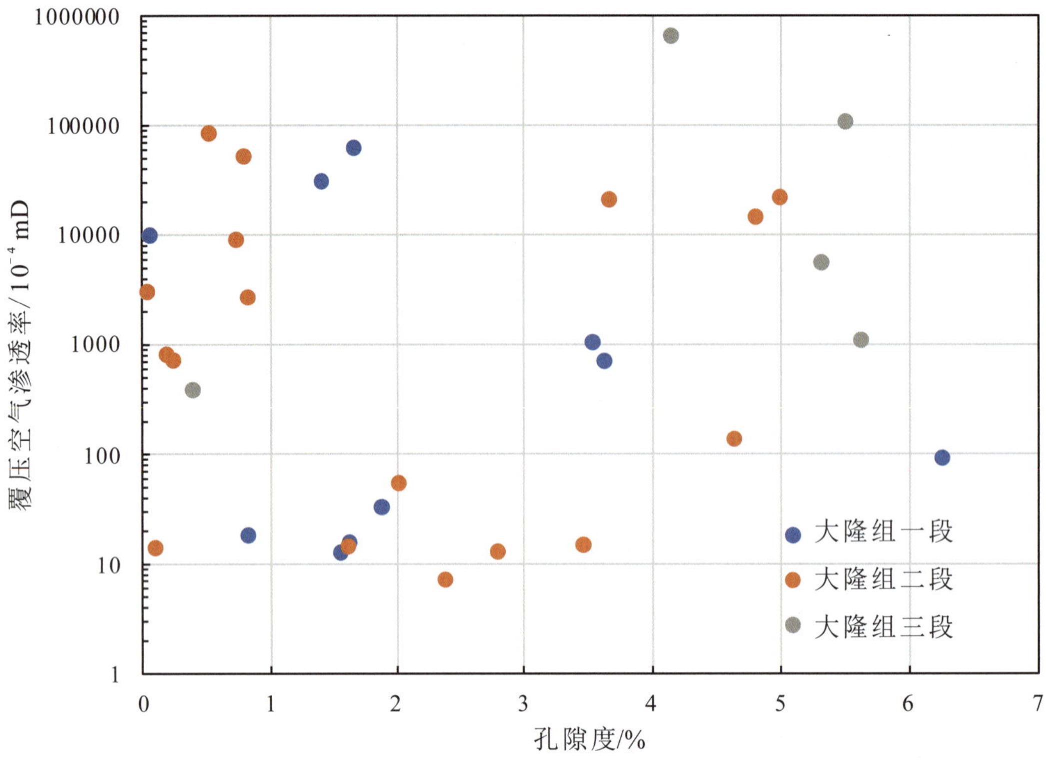

图5.2.1　渝巫地1井大隆组页岩覆压孔隙度—渗透率关系图

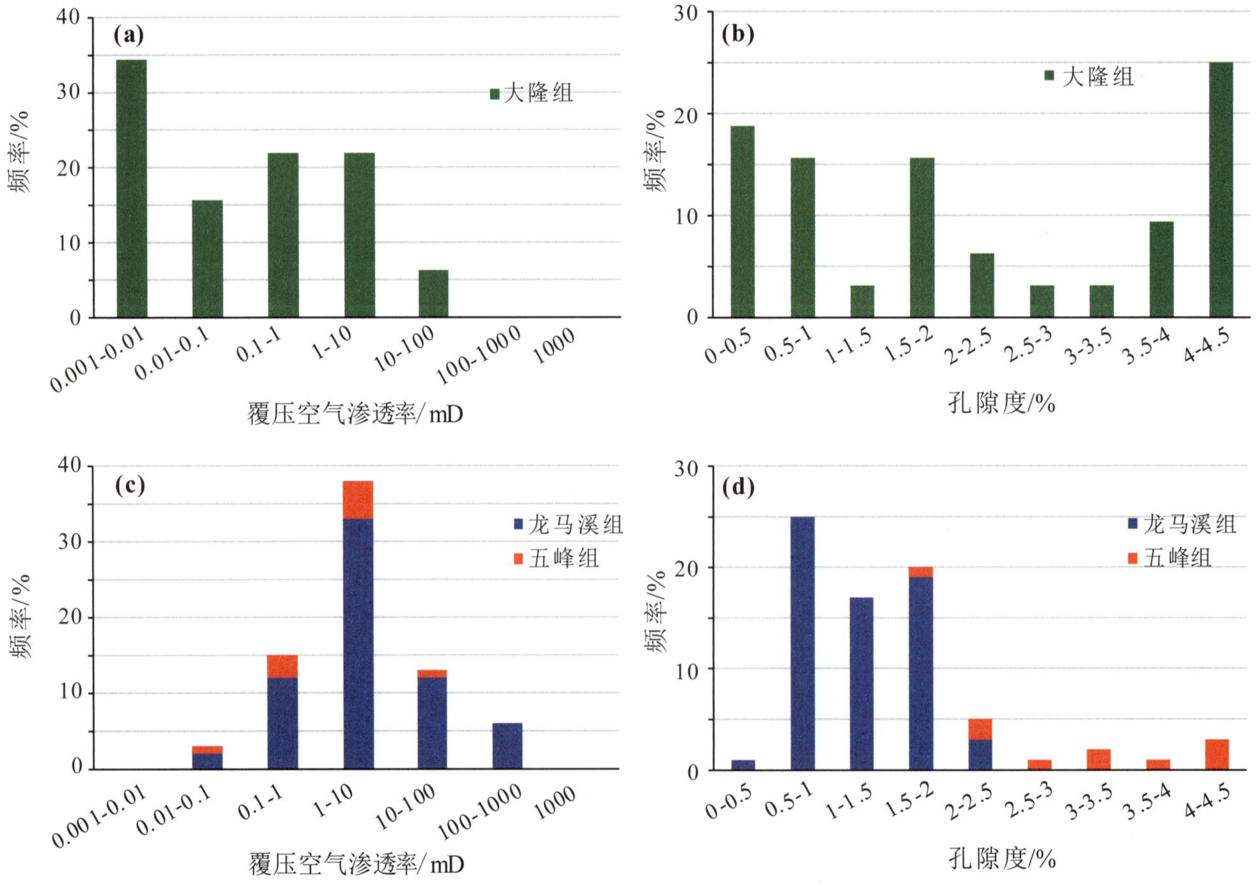

图5.2.2　相近埋深的大隆组（渝巫地1井）和五峰组—龙马溪组（鄂丰地1井）孔隙度和渗透率特征对比

代表纵向非均质性强（Yang et al.，2019）。大隆组页岩覆压气测孔隙度和渗透率间没有明显的关系（图5.2.1），代表大隆组页岩孔隙结构复杂。

鄂丰地1井五峰组—龙马溪组埋藏深度1400～1500 m，与渝巫地1井大隆组埋藏深度相近。相似埋藏深度下，大隆组富有机质页岩与五峰组—龙马溪组页岩物性特征存在一定差异，大隆组页岩渗透率明显偏低，代表大隆组页岩渗流能力更差，而孔隙度却比五峰组—龙马溪组更高（贾敏，2019），大隆组常见孔隙度高于4%的页岩，而龙马溪组均不高于2%（邹晓艳等，2022），少数五峰组样品可达4%（图5.2.2）。

从纵向分布来看（图5.2.3），大隆组页岩物性变化迅速，在渝巫地1井存在3个相对高孔高渗层段，分别位于大隆组三段中下部、大隆组二段中部和大隆组一段的上部和下部。高孔带和高渗带并不完全耦合，但发育在邻近位置，形成有利的页岩气地质—工程甜点段。

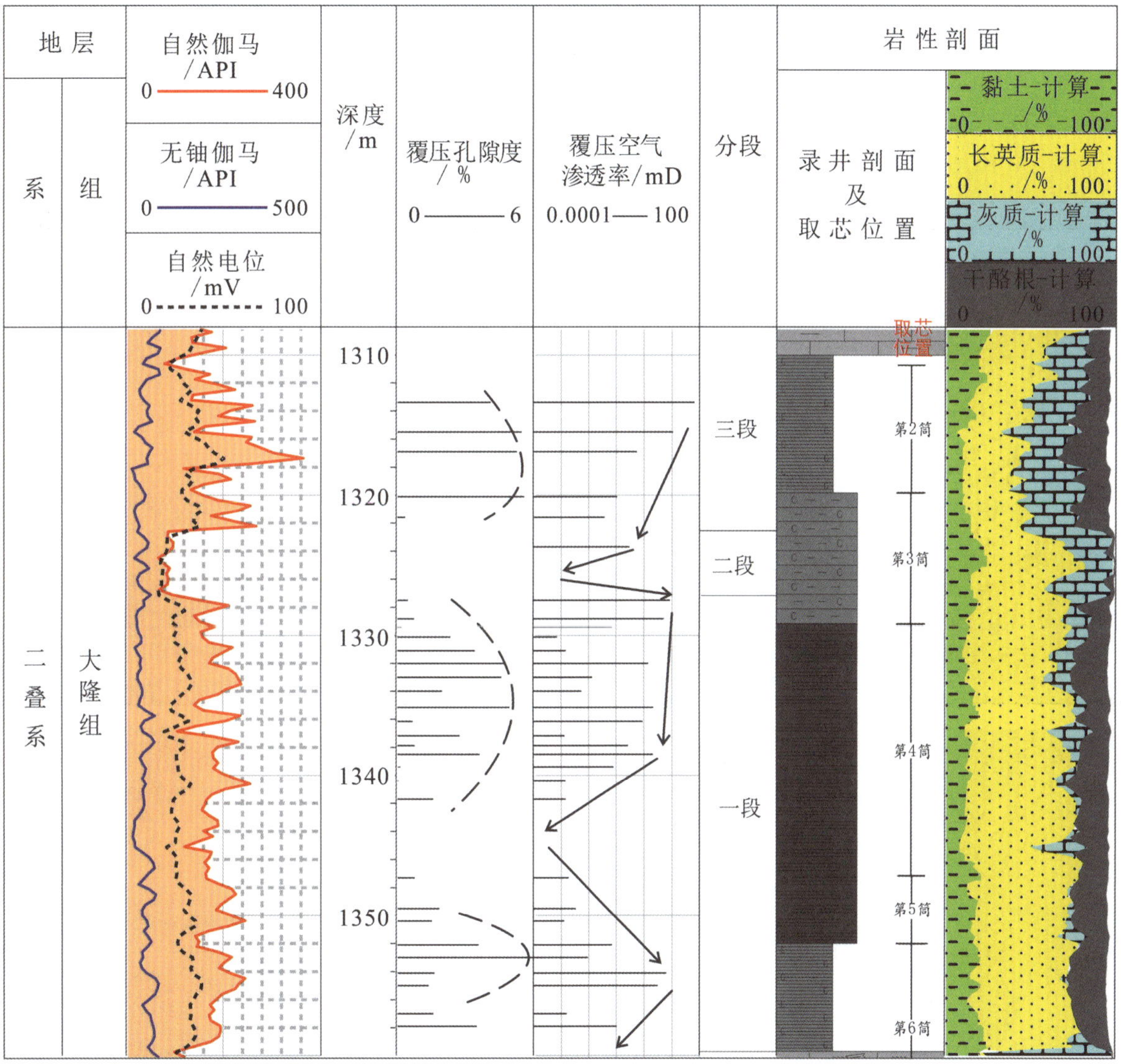

图5.2.3 渝巫地1井大隆组孔隙度、渗透率纵向分布特征

5.2.2 孔隙类型

通过对建地4井大隆组页岩样品进行大量的扫描电镜下观察，将大隆组微孔隙类型分为两类七型（图5.2.4，表5.2.1）。微孔主要有4种类型，包括有机质孔、矿物颗粒间孔、粒间溶蚀孔和粒内溶蚀孔；

微裂缝主要有3种类型，包括矿物层间缝、有机质与矿物间缝、有机质内裂缝。

①有机质孔是最为常见的孔隙类型，圆形、椭圆形，蜂窝状（图5.2.4a）或孤立状（图5.2.4e），边缘光滑，纳米至微米级别，一般为几十纳米至2 μm，为高过成熟阶段有机质热降解大量生排烃后形成；不同来源的有机质孔发育程度不同，例如，由植物碎片形成的结构型有机质中孔隙较少（图5.2.4d、f），

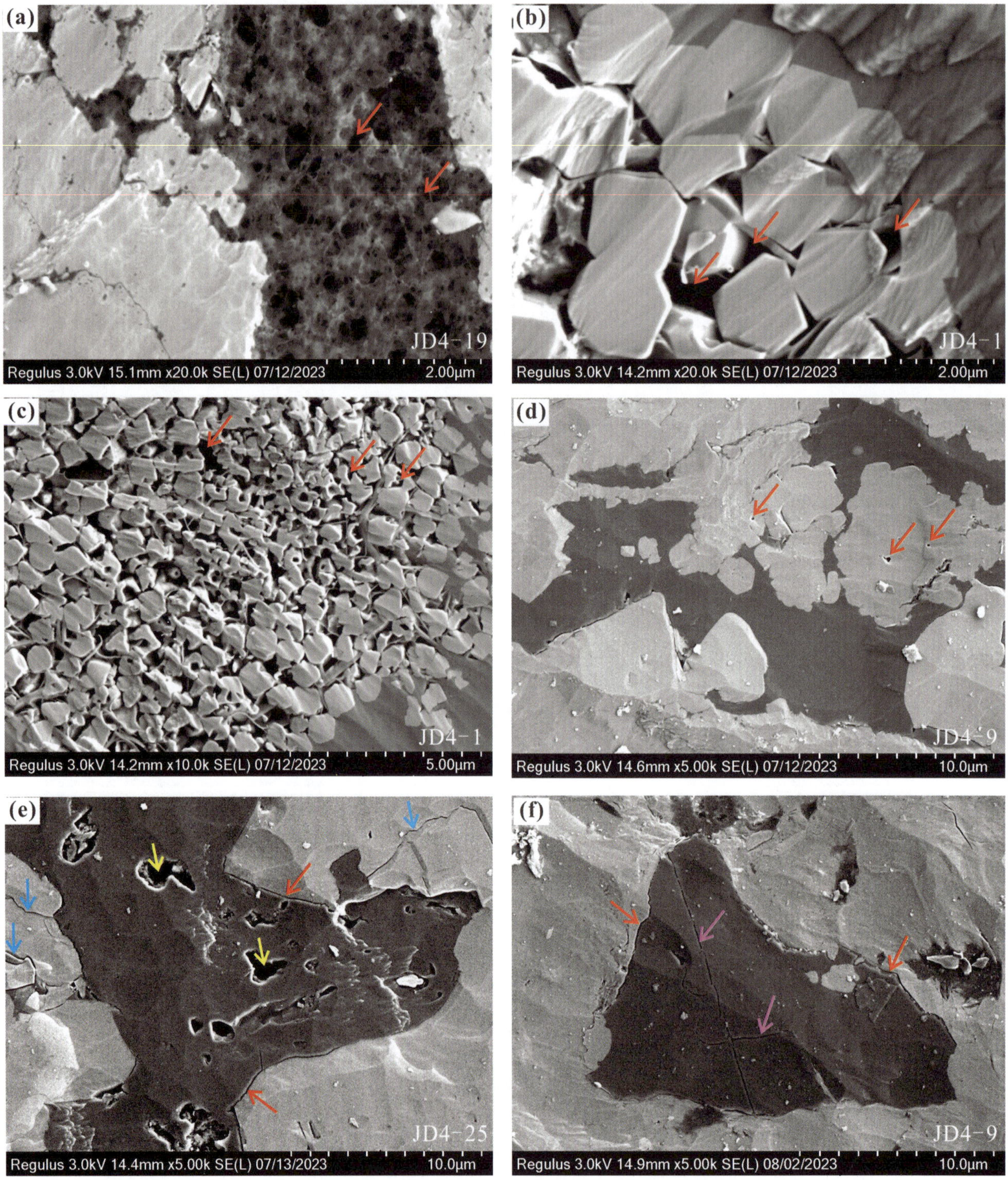

图5.2.4　大隆组富有机质页岩氩离子抛光扫描电镜特征

（a）蜂窝状有机质孔；（b）草莓状黄铁矿粒间孔；（c）黄铁矿颗粒间溶蚀孔；（d）粒内溶蚀孔；（e）有机质孔（黄色箭头）、矿物层间缝（蓝色箭头）、有机质与矿物间缝（红色箭头）；（f）有机质与矿物间缝（红色箭头）、有机质内裂缝（紫色箭头）

表 5.2.1 大隆组页岩微孔隙类型、特征及成因

微孔隙类型		特征与规模	形成原因
微孔	有机质孔	常见，圆形、椭圆形，孤立状或蜂窝状，边缘光滑，纳米至微米级别，一般为几十纳米至2 μm	高过成熟阶段，有机质热降解大量生排烃后形成
	矿物颗粒间孔	常见黄铁矿颗粒间孔，多为棱角状，不圆滑，一般为0.1 ~ 0.5 μm	尚未成岩阶段，草莓状黄铁矿形成时产生，形成于晶形较好、晶体粗大的矿物之间
	粒间溶蚀孔	不常见，不规则，较圆滑，一般为0.2 ~ 0.5 μm	黄铁矿、钙质、长石等溶解（或溶蚀）作用形成的次生溶孔
	粒内溶蚀孔	不常见，孤立出现，相对圆滑，一般几十纳米至2 μm	矿物内部发生溶蚀作用形成
微裂缝	矿物层间缝	较常见，长条形，一般宽50 ~ 200 nm，长5 ~ 10 μm	成岩后生阶段由于重结晶作用、白云化作用、黏土矿物脱水作用，形成于晶形较好、晶体粗大的同种或不同矿物之间
	有机质与矿物间缝	较常见，与有机质外部轮廓一致，一般宽50 ~ 200 nm，长度取决于有机质大小	有机质生烃膨胀，后温度降低冷缩形成，见于结构型有机质
	有机质内裂缝	不常见，长条形，或横切穿透有机质，或仅存于内部，宽100 ~ 200 nm，长2 ~ 10 μm	有机质内含有Si、Fe、Al等无机脆性矿物，受压力破裂形成，见于结构型有机质

（据李世臻等，2024）

而富氢的次生有机质常在生烃后产生大量孔隙（图5.2.4a）。②矿物颗粒间孔常见黄铁矿颗粒间孔，其次见于石英、方解石等刚性矿物之间，多为棱角状，不圆滑，一般为0.1 ~ 0.5 μm，形成于晶形较好、晶体粗大的矿物之间（图5.2.4b）。③粒间溶蚀孔不常见，不规则，较圆滑（图5.2.4c），一般为0.2 ~ 0.5 μm，是黄铁矿、钙质、长石等溶解（或溶蚀）作用形成的次生溶孔。④粒内溶蚀孔不常见，孤立出现，相对圆滑（图5.2.4d），一般几十纳米至2 μm，为矿物内部发生溶蚀作用形成。⑤矿物层间缝较常见，长条形（图5.2.4e），一般宽50 ~ 200 nm，长5 ~ 10 μm，形成于晶形较好、晶体粗大的同种或不同矿物之间。该类型孔隙形成原因多样，通常是成岩后生阶段由于重结晶作用、白云化作用、黏土矿物脱水作用形成的，形成于晶形较好、晶体粗大的同种或不同矿物之间。⑥有机质与矿物间缝较常见（图5.2.4e、f），发育在有机质周缘，与有机质外部轮廓一致，一般宽50 ~ 200nm，长度取决于有机质大小，有机质生烃膨胀，后温度降低冷缩形成，常见于结构型有机质。⑦有机质内裂缝不常见，长条形，或横切穿透有机质，或仅存于内部，宽100 ~ 200 nm，长2 ~ 10 μm，有机质内含有Si、Fe、Al等无机脆性矿物，受压力破裂形成，见于结构型有机质。

整体来看，大隆组富有机质页岩最为主要的孔隙类型为有机质孔及相关孔（图5.2.5）。不同来源的有机质孔隙发育程度不同（曹磊等，2023），富氢的次生有机质常在生烃后产生大量孔隙（图5.2.5a，b），而由植物碎片等结构化的原生有机质中的孔隙较少（图5.2.4d，f）。大隆组页岩有机质孔通常发育在次生无定形有机质内部，这种孔隙通常在二维上呈孤立的气泡状（图5.2.5c，d），但在三维空间上连通性很好（Chalmers et al.，2012）。有机质孔常具有较强的甲烷吸附能力（Miao et al.，2022），是页岩气的有利赋存空间。另外，在草莓状黄铁矿集合体内部（图5.2.5e，f）、也常见有机质孔的发育（Loucks et al.，2012；Zhang et al.，2020）。

5.2.3 孔隙结构

国际纯粹与应用化学联合会（IUPAC）根据氮气吸附回滞环特征将对应的孔隙结构分为4类（图5.2.6）。其中H1和H2型回滞环吸附等温线上有饱和吸附平台，反映孔径分布较均匀（Tian et al.，2013）。H1型反映的是两端开口、分布均匀的圆筒状孔，H1型迟滞回线可在孔径分布相对较窄的介孔材料和尺寸较均匀的球形颗粒聚集体中观察到；而H2型反映的孔隙结构更复杂，可能包括典型的“墨水

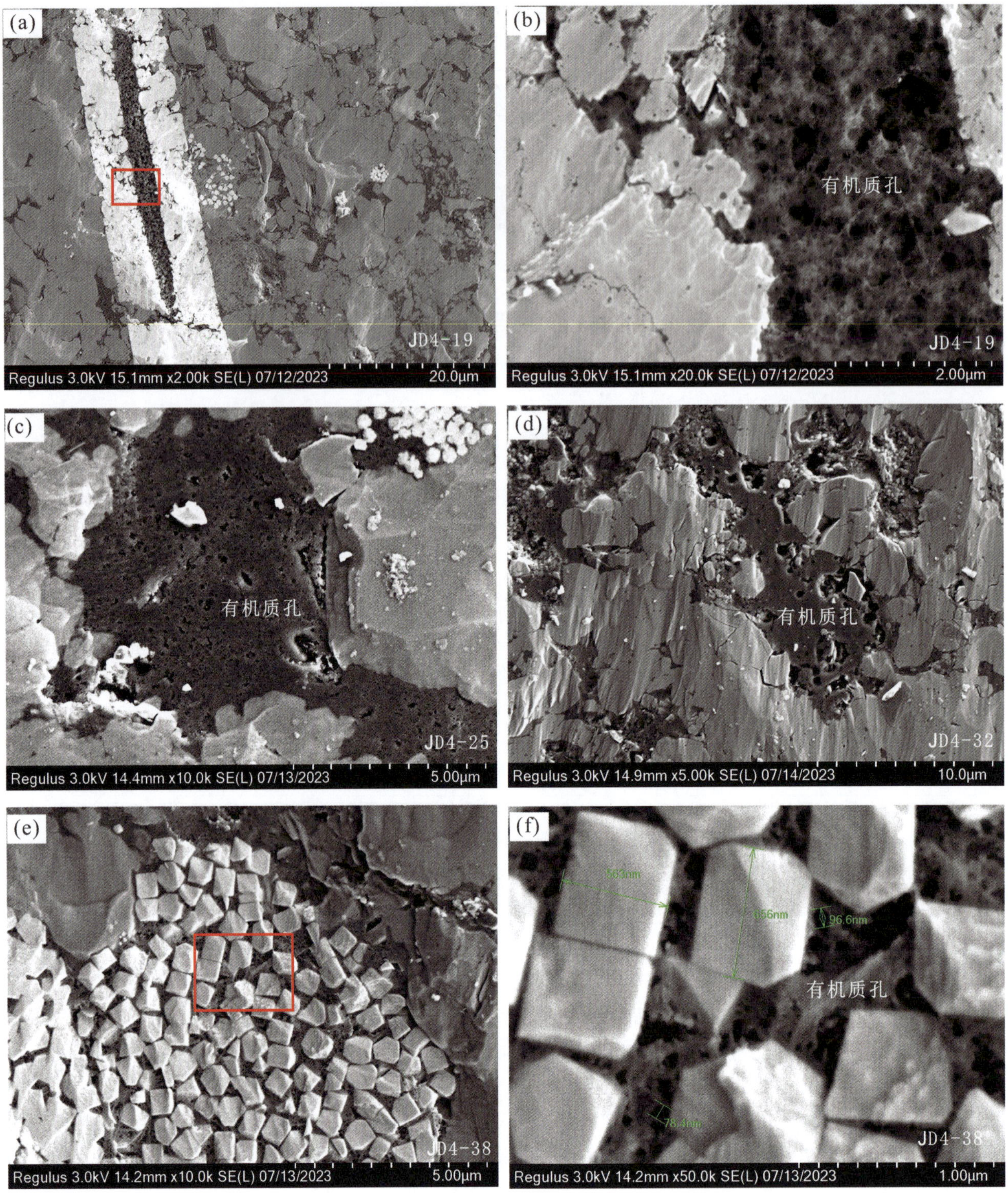

图5.2.5　建地4井大隆组富有机质页岩有机质孔

（a）JD4-19，965.9 m，海绵骨针被黄铁矿交代，其内部充填有机质；（b）JD4-19，965.9 m，a图红框的放大，显示蜂窝状有机质孔；（c）JD4-25，971.9 m，有机质孔发育，10～500 nm；（d）JD4-32，978.7 m，有机质孔发育相对孤立，圆孔状，100 nm～2 μm；（e）JD4-38，984.4 m，草莓状黄铁矿晶粒间发育有机质；（f）JD4-38，984.4 m，e图红框的放大，有机质孔发育，10～300 nm

瓶”孔、孔径分布不均的管形孔和球形颗粒间隙孔等，其孔径分布比H1型回线更宽。H3和H4型回滞环等温线没有明显的饱和吸附平台，表明孔隙结构很不规则；H3型反映的孔隙结构包括：平板狭缝结构、裂缝和楔形结构等。H3型迟滞回线受片状颗粒材料（如黏土）或由裂隙孔材料等影响，在较高的相对

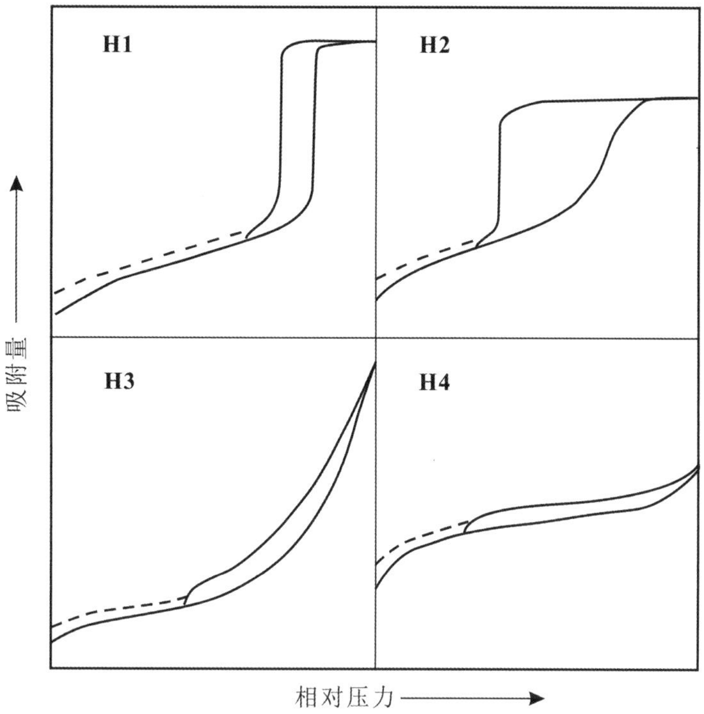

图5.2.6　IUPAC氮气吸附回滞环分类

压力区域没有出现吸附饱和状态。H4型出现在微孔和中孔混合的吸附剂上，以及含有狭窄的裂隙孔的固体中，如活性炭等。因此，根据吸附等温线的形状，配合对回滞环形状和宽度的分析，就可以获得吸附剂孔结构和结构特性的主要信息（Mastalerz et al.，2013）。但是由于实际吸附剂孔结构复杂，实验得到的等温线和回滞环有时并不能简单地归于某一种分类，它们往往反映吸附剂“混合”的孔结构特征。

渝巫地1井大隆组页岩样品N_2吸附回滞环主要为H2型、H4型及H2+H4型（混合类型）(图5.2.7)。大隆组一段页岩（S31～S56号样品）以H2型、H2+H4型回滞环为主，代表具有丰富的中微孔隙，并以墨水瓶状孔隙为主，指示了富孔有机质的存在；大隆组二段页岩（S60～S63号样品）则以H4型为主，代表以吸附能力弱的无机孔隙为主，这些孔隙形态是狭缝状、楔状和板状；大隆组三段页岩（S65～S70号样品）则以H2+H4型为主，此类型是一种过渡类型，各类孔隙均有，但孔隙体积波动较大，其中H2型回滞环在高压区快速升高，反映了狭缝状、楔状和板状孔的增加。根据不同回滞环类型的BJH吸附体积和BJH吸附比表面积交会图（图5.2.8）发现，具有H2型回滞环样品通常具有高吸附量，进而会计算获得高孔隙体积和高孔比表面积，是大隆组最好的储层，发育在大隆组下段。具有H4型回滞环的样品吸附量低，计算BJH孔隙体积均低于0.05 m^3/g，换算孔隙度仅约1.2%。从不同回滞环类型箱状统计图（图5.2.9）同样可以看出，H2型回滞环样品平均孔隙体积是三种类型中最高的，且平均孔径最小，集中在4～5 nm之间，具有丰富的微孔。与扫描电镜观察结果相符合，有机质孔是大隆组孔隙空间的主要贡献者。

三种回滞环样品的二维核磁共振也表现出了它们孔隙结构的差异性（图5.2.10），饱和水与干燥样品之间的信号差异可以表征页岩的孔隙分布情况，S36样品（H2型）饱和水后，T_2=0.1～1 ms的吸附水区域信号明显增加，T_2谱吸附水峰值与有机质峰值相近，代表该样品富中微孔隙；S60样品（H4型）饱和水后，吸附水信号量增加，但明显低于有机质的T_2谱峰，代表该类型样品孔隙较小；S65样品（H2+H4型）饱和水后，吸附水和自由水信号量均明显增加，代表该样品孔径分布较大，既有中微孔隙，也有宏孔，是三个样品中孔体积最大的样品，与氮气吸附结果一致。

表 5.2.2　渝巫地 1 井大隆组及孤峰组页岩 N_2 吸附数据表

样品编号	深度/m	w(TOC)/%	回滞曲线类型	BJH吸附体积/($cm^3 \cdot g^{-1}$)	BJH吸附比表面积/($m^2 \cdot g^{-1}$)	BJH平均孔径/nm
S70	1312.9	2.21	H2+H4	0.0076	5.459	5.600
S68	1315.5	7.93	H2+H4	0.0241	16.490	5.848
S65	1320.1	7.40	H2+H4	0.0169	10.564	6.384
S63	1322.6	0.20	H4	0.0021	0.628	13.223
S62	1323.7	0.36	H4	0.0027	1.000	10.689
S60	1325.7	0.42	H4	0.0042	2.322	7.314
S56	1329.4	3.05	H2+H4	0.0050	3.387	5.882
S52	1333	7.30	H2	0.0140	10.914	5.134
S49	1336.16	2.89	H2	0.0064	5.538	4.622
S46	1338.5	9.67	H2	0.0202	17.150	4.711
S43	1341.4	2.61	H2	0.0047	3.668	5.114
S40	1348.3	4.68	H2	0.0083	7.665	4.317
S36	1352.1	8.87	H2	0.0132	10.575	5.001
S35	1353	12.52	H2	0.0183	14.035	5.215
S31	1357	3.30	H2	0.0080	7.330	4.339

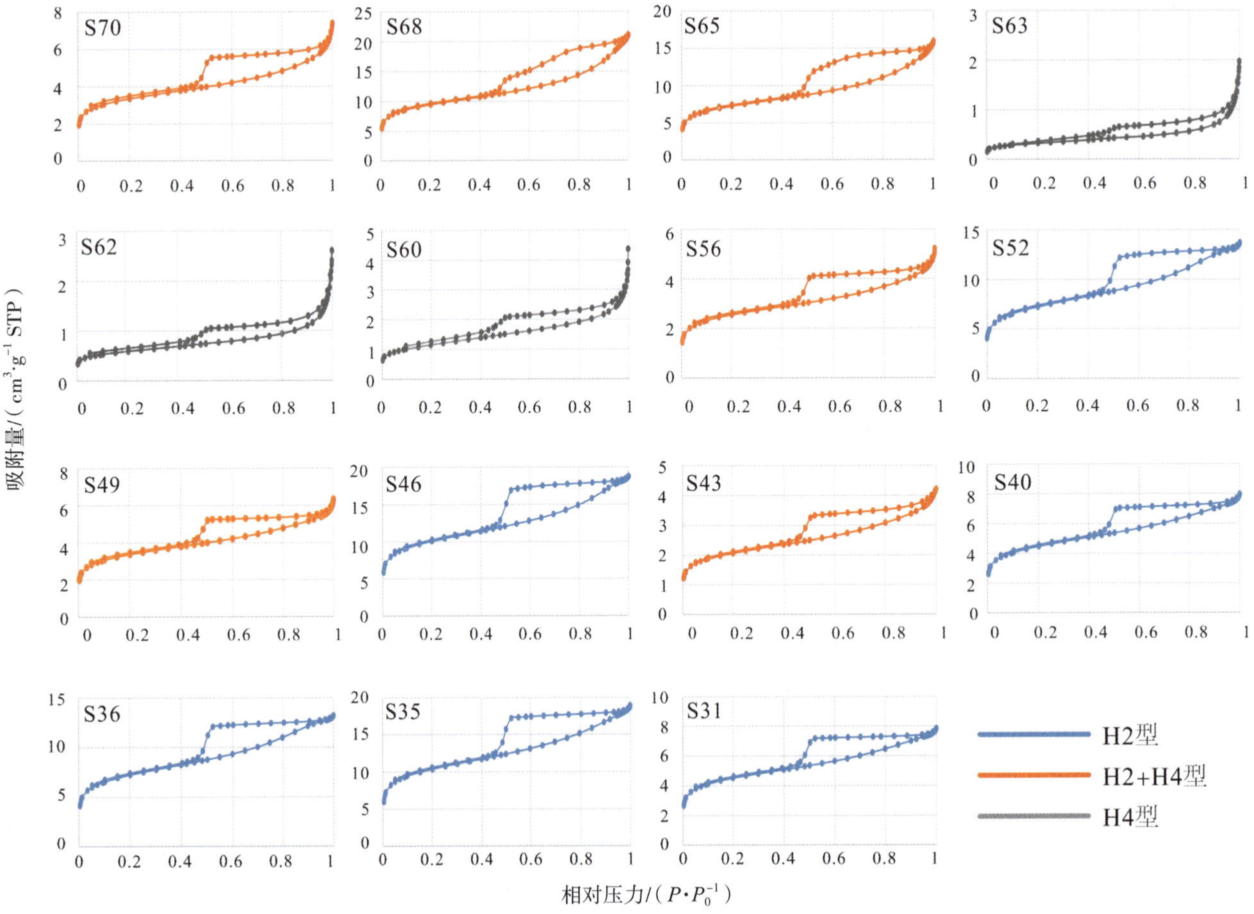

图5.2.7　渝巫地1井大隆组样品N_2吸附—脱附曲线

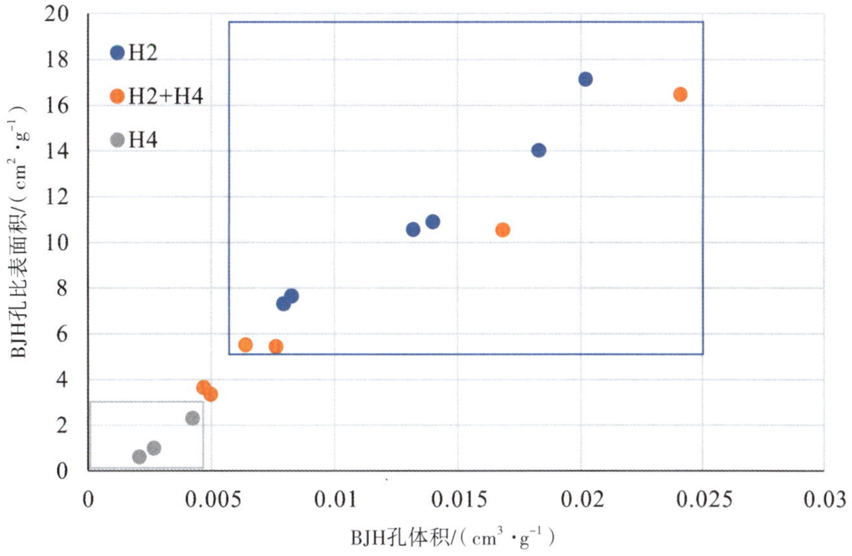

图5.2.8 渝巫地1井样品N_2吸附BJH孔体积与比表面积交会图

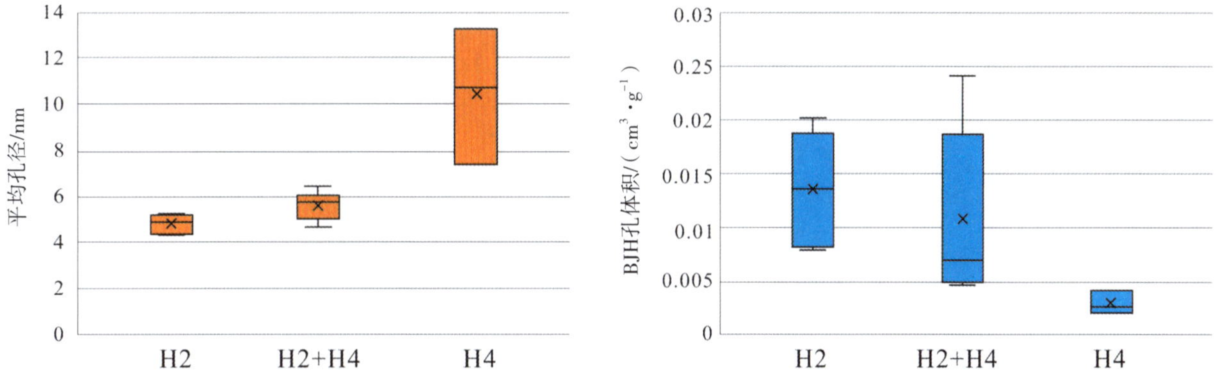

图5.2.9 不同N_2吸附曲线类型的平均孔径和孔体积分布箱状图

5.2.4 全孔径分布特征

低温气体吸附和高压压汞的联合孔径表征结果表明，大隆组页岩具有相似的孔径分布特征，呈现多峰分布，孔体积分布主要集中在1～10 nm和500～5000 nm两个区间（图5.2.11a）。富有机质样品（S31、S36和S43）以中孔为主，其次为宏孔。贫有机质样品（S63）以宏孔为主，中孔和微孔欠发育（图5.2.11b，c；表5.2.3）。可见有机质含量是控制大隆组中—微孔隙发育的主要因素。大隆组页岩孔隙比表面积以中孔和微孔为主（图5.2.11d，e；表5.2.4），这与龙马溪组页岩具有相似的特征。综合来看，10 nm以下的中孔和微孔为大隆组页岩提供了大量孔隙空间和比表面积，既提供了页岩气赋存空间又具有较强的吸附能力，是大隆组页岩气赋存的主要场所。500～5000 nm的宏孔虽然也提供了较为可观的空间，但吸附能力弱。该区大隆组埋深较浅，游离气密度较低，因此宏孔中吸附气和游离气含量都不会很高。

从岩相差异上看，S63为含黏土/硅混合质页岩相，S43为含灰/硅混合质页岩相，S36为混合硅质页岩相，S31为含黏土硅质页岩相。硅质页岩相富中孔和微孔，常为H2型，微孔体积占比约15%，中孔体积占比55%～60%，微孔比表面积占比35%～40%，中孔比表面积占比约60%；含灰质较多的混合质页岩相则以中孔和宏孔为主，为H2+H4型，中孔体积占比约40%，宏孔体积占比约50%，中孔比表面积占

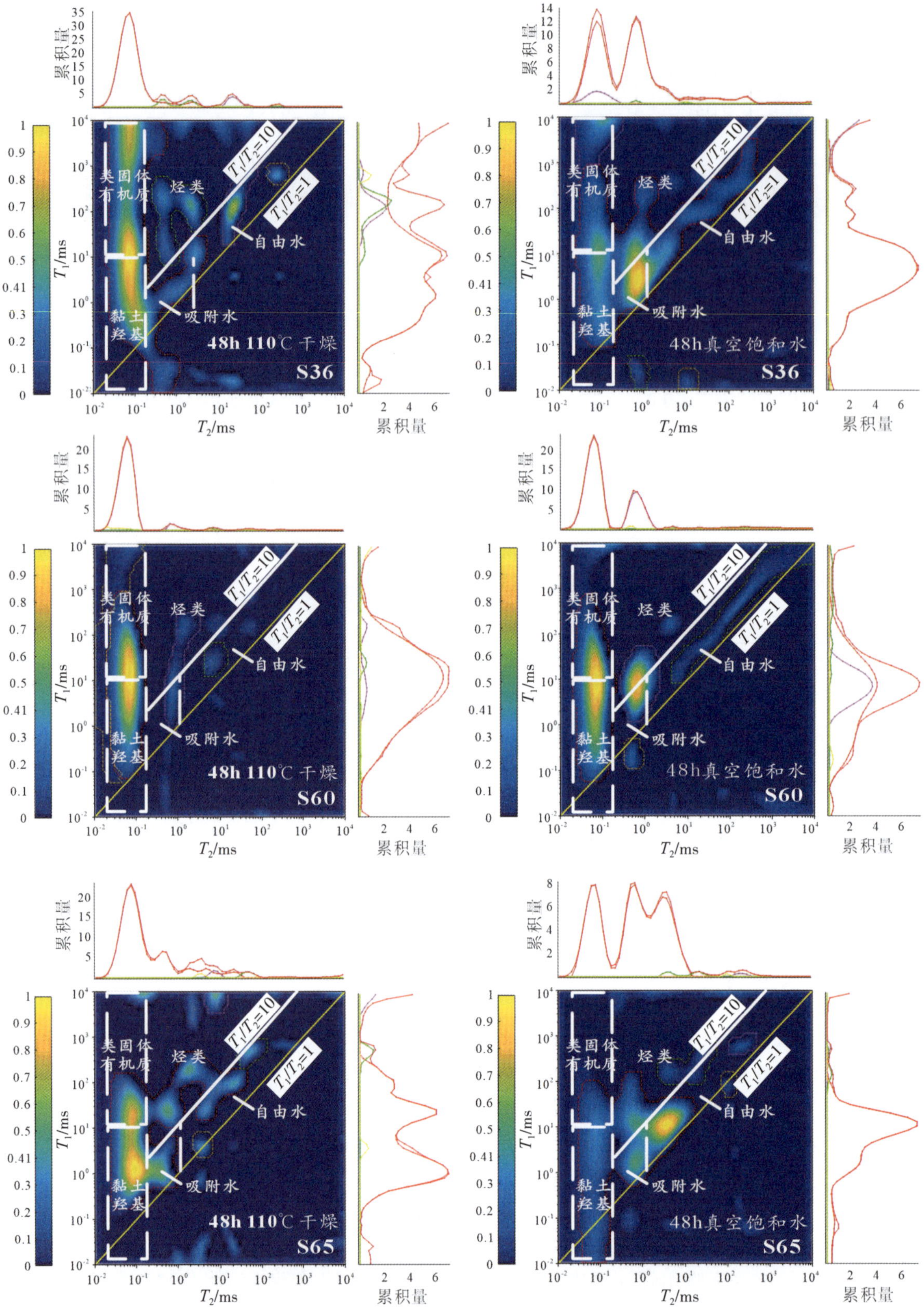

图5.2.10　三类回滞环页岩样品二维核磁共振特征

比约65%；含黏土质较多的混合质页岩相则以宏孔为主，为H4型，宏孔体积占比高达84%，中孔和微孔欠发育，总孔隙体积也最低。

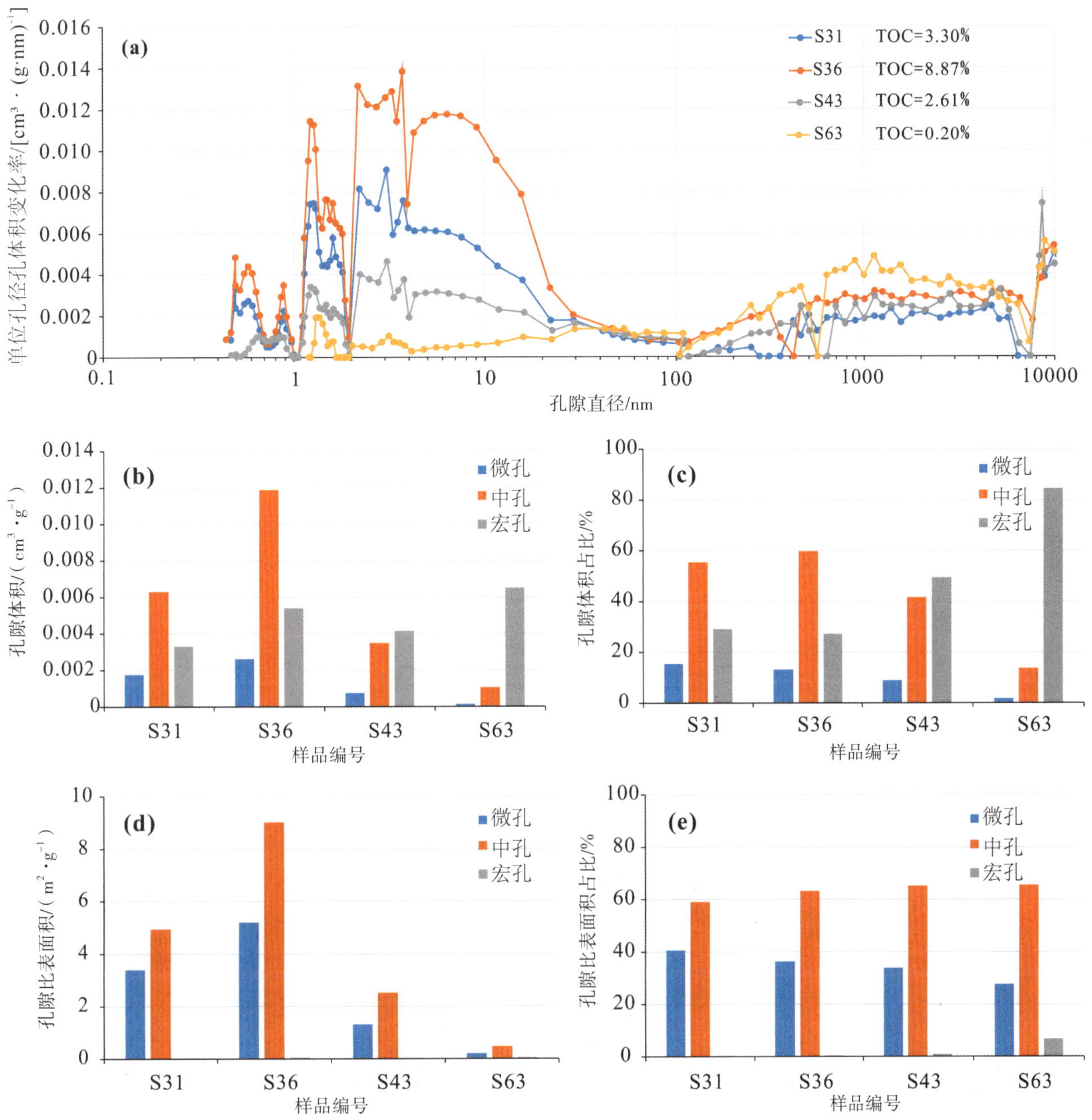

图5.2.11 大隆组页岩全孔径表征结果

（据李世臻等，2024）

（a）全孔径体积分布特征图；（b）不同尺度孔隙体积分布图；（c）不同尺度孔隙体积占比图；（d）不同尺度孔隙比表面积分布图；（e）不同尺度孔隙比表面积占比图。采用CO_2吸附数据计算0 ~ 2 nm微孔、采用N_2吸附数据计算2 ~ 50 nm中孔，采用高压压汞数据计算50 ~ 10000 nm宏孔

表 5.2.3 渝巫地 1 井大隆组微孔、中孔和宏孔体积

样品编号	孔隙体积/(cm³·g⁻¹)				孔隙体积占比/%		
	微孔	中孔	宏孔	合计	微孔	中孔	宏孔
S31	0.001761	0.006316	0.003315	0.011393	15	55	29
S36	0.002617	0.011889	0.005416	0.019922	13	60	27
S43	0.000748	0.003484	0.004144	0.008376	9	42	49
S63	0.000141	0.001053	0.006512	0.007706	2	14	84

（据李世臻等，2024）

表 5.2.4 渝巫地 1 井大隆组微孔、中孔和宏孔比表面积

样品编号	比表面积/($m^2 \cdot g^{-1}$)				比表面积占比/%		
	微孔	中孔	宏孔	合计	微孔	中孔	宏孔
S31	3.403062	4.943907	0.024881	8.371849	41	59	0
S36	5.199303	9.021717	0.051198	14.27222	36	63	0
S43	1.313331	2.52237	0.035375	3.871075	34	65	1
S63	0.201413	0.474465	0.049125	0.725004	28	65	7

（据李世臻等，2024）

5.3 储层裂缝特征

5.3.1 裂缝类型及发育特征

鄂西地区大隆组页岩因沉积时代较老、后期经历了强烈的构造改造作用等原因，可见多种类型裂缝且被脉体充填。页岩裂缝的分类方案较多，通常沿用常规低渗致密储层裂缝划分方案及标准。按照成因可分为构造缝、成岩缝和异常高压缝三类；按照力学性质可分为剪切缝、张—剪性缝和张性缝；按照裂缝尺度可分为宏观裂缝和微观裂缝等；按照裂缝与层面的关系可分为顺层裂缝、层内裂缝和穿层裂缝。

在岩芯尺度上，裂缝与层面的关系易于识别，且不同类型裂缝特征明显。其中，顺层裂缝与层面近于平行，发育在页理发育的页岩层中，主要表现为顺层条带状或纤维状脉体（图5.3.1a）。层内裂缝则受

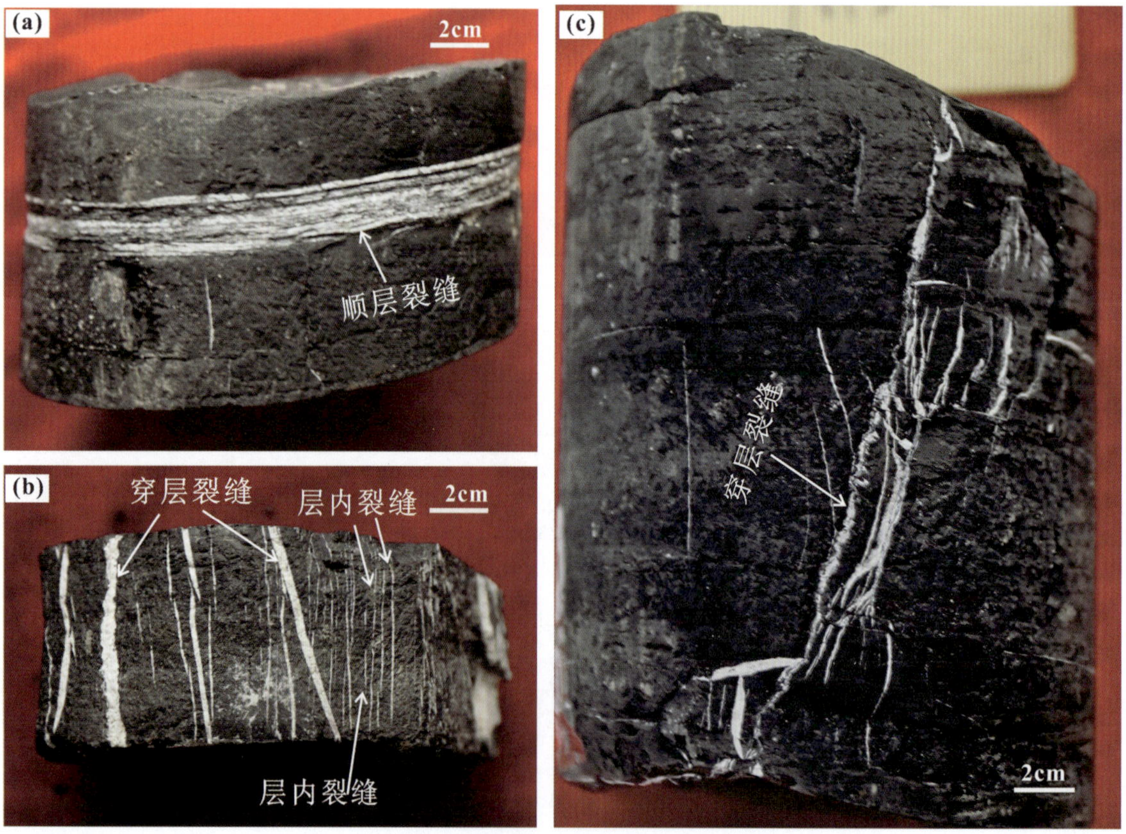

图5.3.1 大隆组三种裂缝岩芯尺度特征
（a）鄂建页2井，大隆组，2378.81 m，顺层裂缝特征；（b）鄂建页2井，大隆组，2381.11 m，层内裂缝特征；
（c）鄂建页2井，大隆组，2390.01 m，穿层裂缝特征

高脆性页岩层控制，发育在脆性矿物含量较高的块状夹层中，通常近于垂直并终止于层面（图5.3.1b）。穿层裂缝以高角度与层面相交，可穿过多套岩石力学层，裂缝长度和宽度都相对更大（图5.3.1c）。

5.3.2 裂缝形成机理

大隆组裂缝表现为宏观—微观多尺度分布和排列的强非均质性。这种差异是由沉积、成岩和构造环境控制的界面和力学性质决定的（Gale et al.，2014）。可能一种或多种机制共同作用导致裂缝生长，包括差异压实、与构造事件相关的局部和区域应力变化、大型构造周围的应变调节、后生作用和构造抬升（曾联波等，2023；丁文龙等，2011）。

大隆组异常高压形成的层内裂缝和顺层裂缝最为常见，异常高压形成的原因有很多，主要原因包括生烃增压、黏土矿物脱水及构造挤压等。由生排烃作用形成的裂缝脉体呈纤维状背向发育，其中的脉体常捕获到含烃流体包裹体，代表裂缝的形成与页岩生烃有关。抬升过程中伴随的泄压作用导致页岩内部

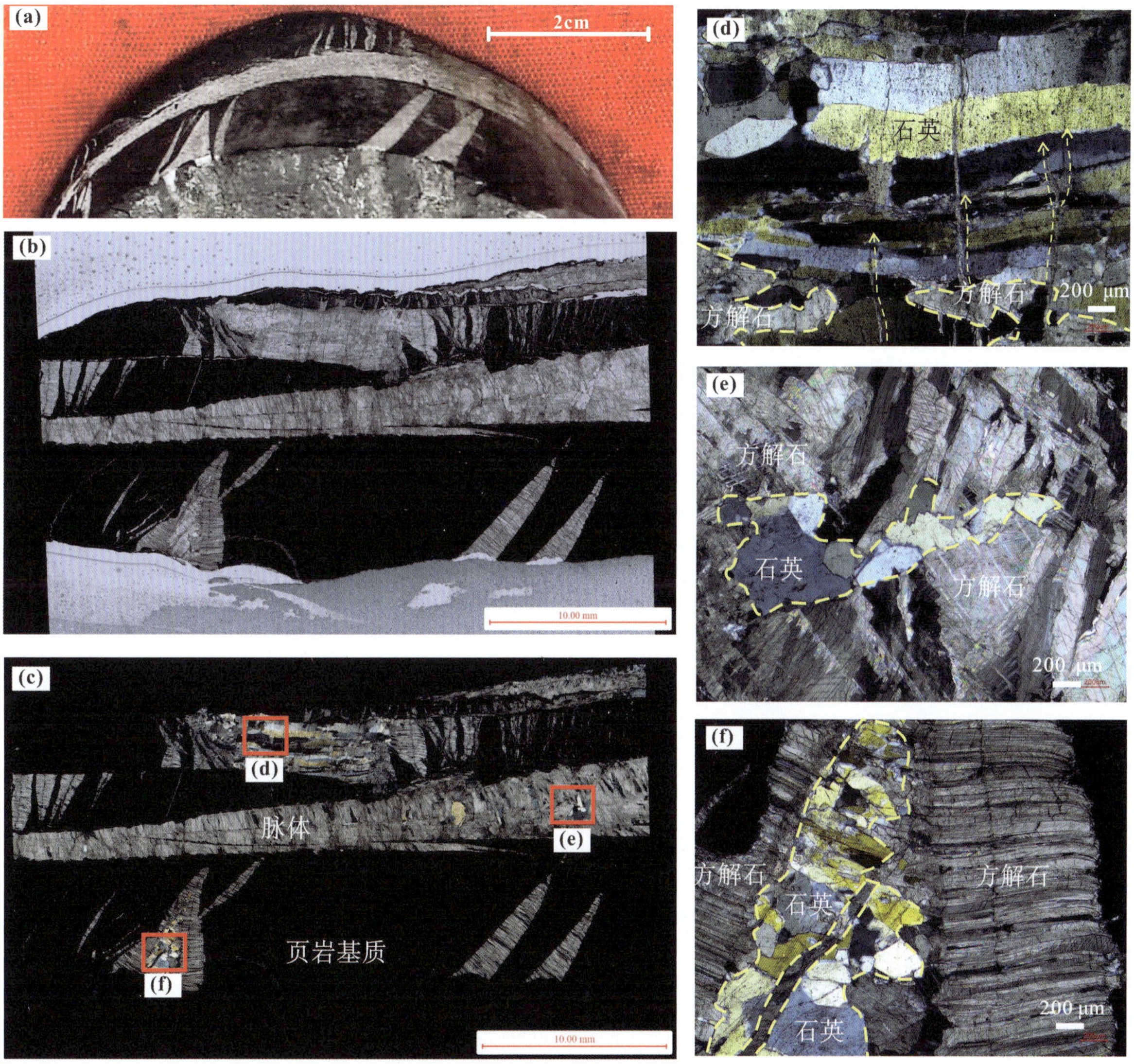

图5.3.2 大隆组页岩中超压—构造复合成因脉体特征（鹤地1井大隆组，1288.2 m）

（据Li et al.，2024）

（a）岩芯标本照片，顺层裂缝和层内裂缝中充填脉体；（b）脉体薄片整体照片，单偏光，水平脉体呈平板状，厚度稳定，高角度脉体呈三角形、半透镜形，厚度向水平脉体方向减小；（c）脉体整体照片，正交光，脉体外围为方解石充填，较厚的中部被石英充填；（d）延长块状石英脉，石英颗粒向两侧拉长，指示脉体开启方向，石英颗粒中部被细小的方解石脉贯穿，代表了多期构造—流体活动；（e）水平脉中的纤维状方解石脉和块状石英脉，方解石和石英颗粒较粗；（f）块状石英脉和纤维状方解石脉，纤维状方解石脉指示先期生排烃作用下的超压成因，石英颗粒充填在脉体中间，指示后期构造作用导致裂缝重新开启，流体进入

流体势高于外部，如果基质渗透能力差或非均质性强，会迫使页岩产生微裂缝。一些研究还表明，蒙脱石脱水作用与烃源岩热演化在温度、时间和深度上具有一致性（Wang et al.，2018），加之构造作用导致页岩的应力状态改变，复合成因可能是页岩超压和裂缝形成的普遍机制（赵靖舟等，2017）。

由于后期抬升改造作用强烈，构造裂缝也较为常见。构造裂缝常被方解石或石英充填，有时可见不同期次裂缝交错切割形成复杂缝网，并可见揉皱、微断层等现象，表明页岩中的裂缝可形成于多期构造运动。构造应力越集中的部位，构造裂缝的规模和发育程度越大。断层不同部位构造裂缝的统计结果表明，断层上盘构造裂缝的发育程度和发育宽度都高于下盘，在断层面附近，构造裂缝的密度最大，远离断层面的部位构造裂缝的密度逐渐降低。另外，先期由异常高压形成的裂缝作为薄弱面，会在挤压改造过程中重新开启，在超压—构造复合作用下形成更大的裂缝脉体（图5.3.2）。

5.4 岩石力学性质

5.4.1 岩石力学特征

渝巫地1井、鹤地1井等钻井岩芯三轴压缩测试结果（表5.4.1）表明，大隆组弹性模量范围为8.2～60.5 GPa，平均值为33.8～39.2 GPa；泊松比范围为0.09～0.35，平均值为0.21～0.26，抗压强度范围为86.0～475.4 MPa，平均值为211.7～299.1 MPa。具有弹性模量大、泊松比较小的特点。一般认为弹性模量大于24 GPa，泊松比小于0.22为有利于形成网状裂缝的条件，因此大隆组有利于形成网状裂缝。焦页1井、鄂宜页2井岩芯测试结果显示，五峰组—龙马溪组弹性模量为24.5～67.5 GPa，平均为29.9～38.9 GPa；泊松比为0.13～0.33，平均为0.20～0.30；抗压强度为17.3～373.3 MPa，平均为150.1～175.5 MPa。对比而言，大隆组弹性模量、泊松比与五峰组—龙马溪组相当，但抗压强度明显较高，表明改造难度大于五峰组—龙马溪组。

表 5.4.1 大隆组与五峰组—龙马溪组岩石力学分析结果统计表

层位	钻井	泊松比	弹性模量/GPa	抗压强度/MPa	脆性指数
大隆组	渝巫地1井	0.16～0.26（0.21）	30.8～60.5（39.2）	151.7～475.4（299.1）	36.3～81.2（54.3）
	鹤地1井	0.09～0.35（0.26）	8.2～39.8（33.8）	86～352.4（211.7）	8.7～77.7（49.0）
五峰组—龙马溪组	焦页1井	0.13～0.23（0.20）	24.5～33.0（29.9）	148.5～212.9（175.5）	50.9～80.3（62.4）
	鄂宜页2井	0.18～0.33（0.30）	25.2～67.5（38.9）	17.3～373.3（150.1）	8.5～97.3（33.2）

5.4.2 地应力特征

地应力方向与井眼崩落及诱导缝的方向密切相关。钻井过程中应力崩塌形成的椭圆井眼通常是由切向应力作用于井壁形成。切向应力的最大值出现在最小主应力方向上，在这一方向上最易引起应力崩塌造成椭圆井眼，椭圆井眼的长轴方向为最小水平主应力方向，其垂向则代表地层最大水平主应力方向；在切向应力的最小值方向上，由于井眼表面有拉应力的存在，可发生径向拉伸破坏，从而在该方向上产生走向为最大水平主应力方向的钻井诱导缝，诱导缝在成像图上为一组平行且呈180°对称的高角度裂缝。基于以上依据，对渝巫地1井FMI成像测井数据进行了鄂西—渝东地区应力分析（图5.4.1）。

统计分析结果表明，渝巫地1井应力释放缝全井段明显，走向60°～80°，为最大地应力方向。钻井

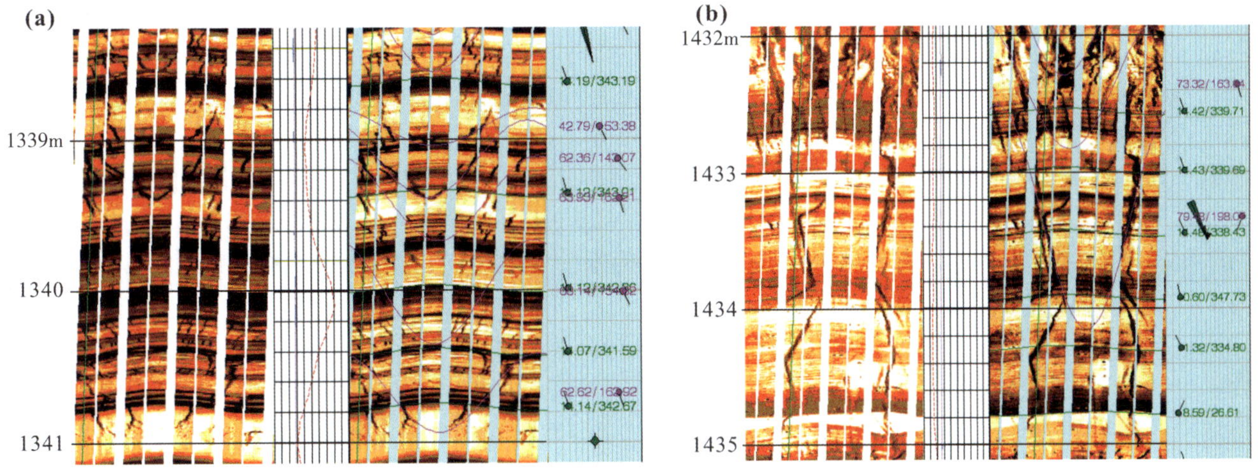

图5.4.1　渝巫地1井应力释放缝（左）和钻井诱导缝（右）分析
（a）大隆组；（b）孤峰组

诱导缝明显，走向60°～90°，为最大地应力方向，与应力释放缝走向接近。井眼崩落方位为340°，崩落垂直方向70°为最大地应力方向。综合上述分析认为，渝巫地1井所在的鄂西—渝东地区最大地应力方向为60°～90°，北东东—东西向。

5.4.3　脆性特征

页岩的脆性对页岩气的后期开发至关重要。脆性指数是反映储层压裂品质的重要参数，在很大程度上决定着压裂的难易程度和压裂缝的形态。页岩脆性越好，越易形成复杂的裂缝网络，改造效果越理想，越易于人工造缝。根据中国石油当前页岩气分类评价标准（王红岩等，2023），Ⅰ类页岩气层脆性指数大于55，Ⅱ类为45～55，Ⅲ类及以下为小于45。

目前主流的脆性评价方法有2种，一是根据矿物脆性指数法，即石英、长石、碳酸盐等脆性矿物的含量总和。二是利用杨氏模量和泊松比来评价页岩脆性指数，杨氏模量表示岩石形变时应力与应变之比，其大小标志着材料的刚性，杨氏模量越大，说明岩石越不容易发生形变；泊松比表示岩石在单向受压（拉）时，横向正应变与轴向正应变的比值，其大小标志着材料的横向变形系数，即延展性。泊松比越大，说明岩石在压力作用下越容易发生膨胀而不易破碎。杨氏模量越大，泊松比越小，页岩的脆性指数越高，反之越小。利用杨氏模量、泊松比计算脆性指数，可对页岩的脆性进行计算，计算公式如下：

$$E_{brit}=(YM-10)/(80-10)\times 100$$

$$\mu_{brit}=(0.4-\mu)/(0.4-0.15)\times 100$$

$$BI=0.5E_{brit}+0.5\mu_{brit}$$

式中，E_{brit}为归一化的弹性模量，GPa；μ_{brit}为归一化的泊松比；BI为脆性指数，无量纲；YM为实测弹性模量，GPa；μ为实测泊松比。

采用2种方法计算了鄂西—渝东地区大隆组脆性指数，结果显示：大隆组脆性矿物主体含量为60.5%～82.7%，平均值为69.7%；其中下段脆性矿物含量平均值为71.1%，中段平均值为60.7%，上段平均值为70.2%。利用杨氏模量和泊松比计算的页岩脆性指数表明，大隆组脆性指数范围为42.6～76.1，平均值为57.7，中位值为59.4；其中下段脆性指数平均值为60.3，中段平均值为51.4，上段平均值为53.3。综合分析认为，大隆组具有较好的脆性，下、中、上段均达到或超过Ⅰ、Ⅱ类页岩气储层脆性标准。

5.5 甜点层段优选

当前国内外主流的页岩气储层评价体系包括以下4个方面：①页岩生烃品质评价，主要通过沉积环境、烃源岩质量、成熟度、厚度等因素界定（孙龙德等，2023）。如五峰组—龙马溪组优质储层位于五峰组—龙一1亚段，沉积相为半深水—深水陆棚相，TOC质量分数为 2.0%～8.0%，平均值为5.3%，主要发育 I型有机质，R_o为2.5%～3.5%，优质储层厚15～25 m（董大忠等，2022）；美国主力产气页岩马塞勒斯组优质储层位于下部高有机质丰度段，形成于闭塞前陆盆地，TOC质量分数为4%～20%，平均值大于7%，主要发育Ⅱ型有机质，R_o为1.5%～3.0%，优质储层厚度大于15 m（孙健等，2018；郑和荣等，2019）。②页岩储集性能评价，主要通过孔隙度、孔隙类型、孔隙体积、孔隙比表面积、孔径分布等参数界定，须通过覆压孔渗、气体吸附、CT扫描、核磁共振、扫描电镜、测井解释等方法开展储集空间精细描述和定量表征，获取评价参数。我国涪陵、长宁等地区五峰组—龙马溪组优质储层孔隙度平均值为4.4%～5.6%，孔隙类型以有机质孔为主，微裂缝较发育，有机质孔比例一般在30%以上（董大忠等，2022）。③页岩含气性及可采性评价，主要通过现场含气量、吸附气—游离气比例、压力系数等参数界定。四川盆地已建产气田五峰组—龙马溪组优质储层含气量通常为2.0～8.5 m³/t，平均值为3.0～5.5 m³/t，游离气比例通常为60%～80%，压力系数一般在1.2以上，且压力系数越高，游离气比例越大，页岩气可采性越好。④页岩脆性及可压性，主要通过脆性矿物含量及泊松比、弹性模量、抗压强度、破裂压力、地应力等岩石力学参数评价，建立脆性和可压性分级评价指标，四川盆地五峰组—龙马溪组优质储层脆性矿物指数普遍大于60，可压性好，有利于形成复杂缝网。

5.5.1 评价参数体系

通过调研国内外页岩气储层评价方法和标准，选取7项关键评价参数（廖东良等，2018；廖东良等，2019；牛卫涛等，2021；杨扬等，2022；王红岩等，2023；何希鹏等，2021；石强等，2021；张少龙等，2022），以含气量（资源潜力）、可压性和吸附游离比（可采性）为核心分类指标，对评价参数阈值进行了具体分析。

（1）有效厚度

厚度是页岩气优质储层评价中不可或缺的参数。适宜的页岩厚度既能保证充足的烃类供给，又能够为页岩气聚集、富集、成藏提供充足的储集空间和一定的保存能力。目前国内外页岩气优质储层评价常使用“页岩有效厚度”的概念。当前四川盆地五峰组—龙马溪组页岩的有效厚度被界定为w（TOC）≥1%、R_o≥0.7%、脆性矿物含量大于或等于30%的页岩储层厚度（中华人民共和国自然资源部，2020）。参考四川盆地五峰组—龙马溪组有效厚度的定义，针对大隆组岩性纵向变化快、非均质性强的特点，定义大隆组有效厚度为被隔层上下围限的w（TOC）≥2%的层段总厚度；其中隔层为w（TOC）＜2%的贫有机质岩系，厚度须大于等于50 cm。统计结果表明，鄂西—渝东地区大隆组有效厚度最薄可至2～5 m，最厚可达20 m以上。相关性分析表明，大隆组有效厚度与含气性密切相关（图5.5.1a），当有效厚度大于30 m时，含气量平均值大于3.5 m³/t，资源潜力最好；当有效厚度介于17～30 m之间时，含气量平均值介于2.5～3.5 m³/t之间，资源潜力较好；当有效厚度介于10～17 m之间时，含气量平均值介于 2～2.5 m³/t之间，资源潜力一般；当有效厚度小于10 m时，含气量平均值小于2 m³/t，资源潜力较差。

（2）有机碳含量

有机碳（TOC）含量是页岩气优质储层评价最核心的参数之一。针对大隆组有机碳含量较高的特点，依据TOC与含气量的相关性确定了储层分类阈值（图5.5.1b）。研究区大隆组TOC含量与含气性存在较强相关性，可分为4类：当w（TOC）≥6%时，页岩含气量普遍大于3.5 m³/t，且不随TOC含量增加而进一步变大；当w（TOC）介于4%～6%之间时，页岩含气量介于2.5～3.5 m³/t之间，且局部存在超过高含气量；当w（TOC）介于2%～4%之间时，页岩含气量稳定在2～2.5 m³/t之间；当w（TOC）＜2%时，页岩含气量普遍小于2 m³/t且变化较大。

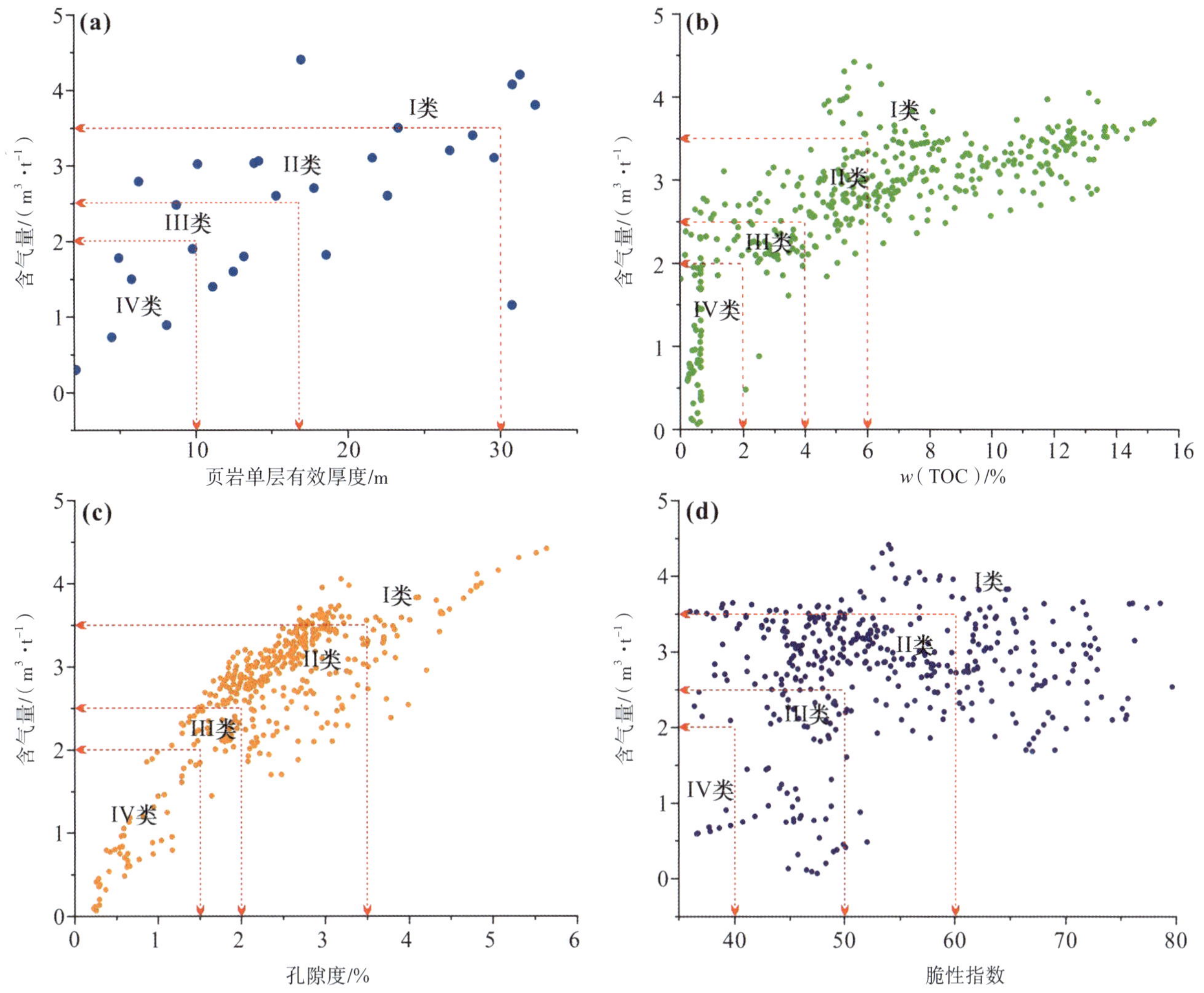

图5.5.1　大隆组页岩有效厚度（a）、有机碳含量（b）、孔隙度（c）、脆性指数（d）与含气量的相关性

（3）孔隙度

孔隙度是页岩储层评价和储量计算中不可或缺的参数。相关性分析表明，研究区大隆组页岩含气性与孔隙度密切相关（图5.5.1c）。当孔隙度大于等于3.5%时，页岩含气量普遍大于3.5 m^3/t；当孔隙度介于2.5%～3.5%之间时，页岩含气量介于2.5～3.5 m^3/t之间；当孔隙度介于1.5%～2.5%之间时，页岩含气量稳定在2～2.5 m^3/t之间；当孔隙度小于1.5%时，页岩含气量普遍小于2 m^3/t。

（4）脆性

研究区大隆组页岩脆性与含气性相关性不强，但存在一定规律（图5.5.1d）。当页岩脆性指数大于50时，含气性稳定在 2～4 m^3/t之间；脆性指数低于50时，含气量变化较大，常低于2 m^3/t。本书主要参考五峰组—龙马溪组脆性指数等级划分标准（国家能源局，2019），结合含气性对大隆组脆性指数进行了分类：当脆性指数大于或等于60时，页岩脆性和含气性最好；当脆性指数介于50～60之间时，页岩脆性和含气性较好；当脆性指数介于40～50之间时，页岩脆性和含气性一般；当脆性指数小于40时，页岩脆性和含气性较差。

（5）地应力

地应力是页岩气储层工程评价的核心参数。研究表明，水平主应力差和水平主应力差异系数与压裂复杂缝网的形成存在密切关系，地应力场特别是水平两向主应力差控制着体积裂缝的形成，当水平两向主应力差较小时，容易形成体积裂缝，反之不易形成体积裂缝（张广明等，2015）。因此，可使用水平主应力差和水平主应力差异系数评价页岩形成有效裂缝的能力（张金才等，2020）。本书参考已有的海相页岩地应力评价标准（李昂，2018），按照水平地应力差和水平地应力差异系数将页岩分为4类：当水平主应力差小于等于8 MPa且水平地应力差异系数小于或等于0.13时，页岩在压裂时易于形成复杂体积裂缝网络；当水平主应力差介于8～10 MPa之间，且水平地应力差异系数介于0.13～0.25之间时，页岩在高净压力下可以形成较充分的裂缝网络；当水平主应力差介于10～12 MPa之间，且水平地应力差异系数介于0.25～0.50之间时，页岩较难形成复杂裂缝网络；当水平主应力差大于12 MPa，且水平地应力差异系数大于0.50时，页岩一般产生简单、较长且方向性较强的平面裂缝。

（6）埋藏深度和吸附游离比

鄂西—渝东地区处于四川盆地周缘复杂构造区，页岩气保存和富集条件受到多期构造改造影响，在区内不同构造部位差异较大。构造演化分析和钻探实践表明，二叠系页岩气保存有利区主要位于复向斜核部及周缘的较深埋藏部位，该部位在晚期多期构造抬升和变形过程中经受的构造改造作用较弱，地层完整、连续，页岩含气性和可采性随埋深增大有显著变好趋势。基于向斜核部区岩芯样品甲烷等温吸附试验的游离气和吸附气量计算表明（图5.5.2），在大隆组3000 m以浅埋深条件下，页岩总含气量和游离气量均随埋深增加不断增大，其中游离气比例在1000 m埋深为30%左右，在2000 m以深达40%以上；吸附气量在1300～1500 m达到最大值，在1500 m以深随埋深增加而趋于减小，吸附气比例随埋深增加而不断减少。结合实际钻探情况认为：研究区大隆组在2000 m以深时，保存条件和含气性最好，吸附游离比小于1.4，可采性最好；在1500～2000 m埋深条件下，保存条件和含气性整体较好，吸附游离比为1.4～1.8，可采性较好；在500～1500 m埋深条件下，保存条件和含气性稍好，吸附游离比为1.8～4，可采性一般；在500 m以浅埋深条件下，保存条件和含气性较差，吸附游离比大于4，可采性较差。

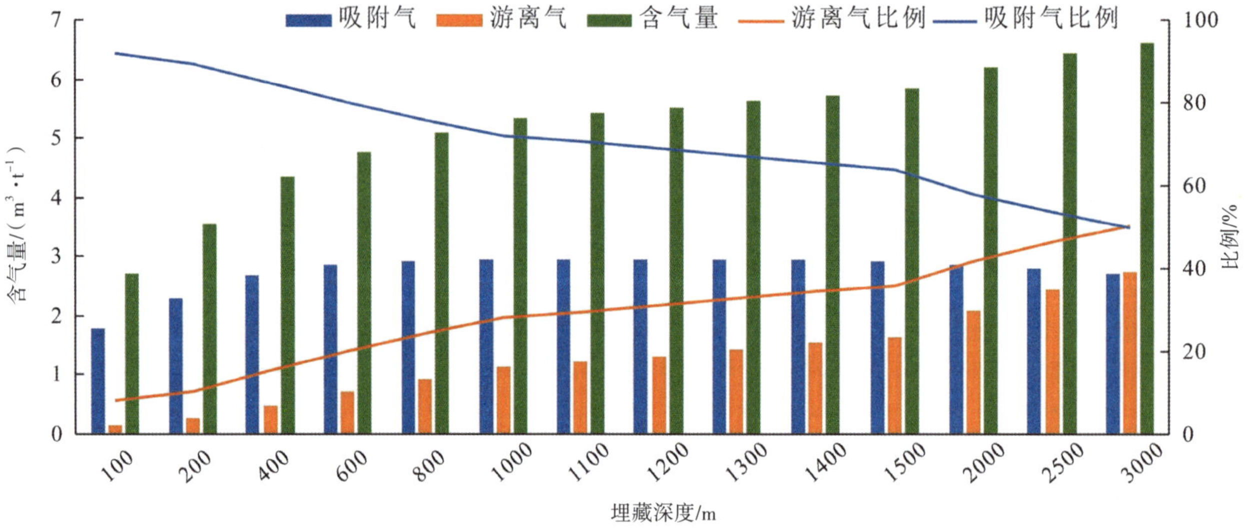

图5.5.2　鄂西—渝东地区大隆组页岩现今埋深条件下吸附气量、游离气量和含气量模拟计算结果

5.5.2　储层分类评价标准

针对大隆组页岩富集成藏特征，以地质工程一体化思路，从资源富集性、页岩可压性及资源可采性等3方面，优选有效厚度、有机碳、孔隙度、含气量、脆性指数等8个参数，通过开展参数相关性分析，确定了储层分类阈值，建立了鄂西—渝东地区二叠系大隆组储层分类评价标准，将储层划分为4类（表5.5.1）。

表 5.5.1 鄂西—渝东地区大隆组页岩储层分类评价标准表

储层等级	富集性				可压性			可采性	
	有效厚度/m	有机碳/%	孔隙度/%	含气量/（$m^3 \cdot t^{-1}$）	脆性指数	水平应力差/MPa	水平应力差异系数	埋藏深度/m	吸附游离比
Ⅰ类	≥30	≥6.0	≥3.5	≥3.5	≥60	≤8	≤0.13	≥2000	≤1.4
Ⅱ类	17～30	4.0～6.0	2.0～3.5	2.5～3.5	50～60	8～10	0.13～0.25	1500～2000	1.4～1.8
Ⅲ类	10～17	2.0～4.0	1.5～2.0	2.0～2.5	40～50	10～12	0.25～0.50	500～1500	1.8～4.0
Ⅳ类	＜10	＜2.0	＜1.5	＜2.0	＜40	＞12	＞0.5	＜500	＞4.0

（1）资源富集性评价

通过页岩单层有效厚度、有机碳含量、孔隙度和含气性4个参数开展评价。其中含气性是资源富集的核心，有效厚度是资源富集的基础，有机碳和孔隙度是资源富集的关键因素。围绕含气性，以依据含气量主体范围上、中、下界确定的3.5 m^3/t、2.5 m^3/t、2.0 m^3/t为分类阈值，明确了有效厚度、有机碳含量和孔隙度的相应分类阈值，共同将资源富集性划分为Ⅰ、Ⅱ、Ⅲ、Ⅳ四个等级（表5.5.1）。由于大隆组纵向非均质性较强，大隆组内部隔、夹层发育频繁导致单层有效厚度往往较薄，因此在页岩储层小层划分与评价时，未使用有效厚度参数。

（2）页岩可压性评价

通过页岩脆性、水平主应力差和水平主应力差异系数3个参数开展评价。其中脆性主要用来衡量页岩改造的难易程度，水平主应力差和水平主应力差异系数用来衡量复杂裂缝形成的难易程度。本书主要参考已有的海相页岩工程优质储层评价标准，将页岩可压性划分为Ⅰ、Ⅱ、Ⅲ、Ⅳ四个等级（表5.5.1）。

（3）资源可采性评价

主要通过埋藏深度和吸附游离比2个参数开展评价。利用鄂西—渝东地区大隆组埋藏深度与含气性和吸附游离比的相关关系，将资源可采性转化为埋藏深度和吸附游离比的变化规律，将资源可采性划分为Ⅰ、Ⅱ、Ⅲ、Ⅳ四个等级（表5.5.1）。

（4）储层评价方法

利用已建立的储层分类评价标准参数分类阈值，采用“层次分析法+模糊评价法”两种方法结合可以克服大隆组页岩储层参数发育不耦合、不协调导致无法准确分类的缺陷，定量、准确地获得储层评价结果。其中，层次分析法主要用于确定各级评价指标的权重系数，获得权重矩阵。该方法是一种主观赋值评价方法，可以将各级评价参数之间的相对重要性量化，进而转化为权重系数（图5.5.3）。由于层次分析法的主观性较强，不同评价者对评价参数之间的相对重要性排序会有一定差异，造成优质储层评价的偏差。因此，本书通过充分调研、综合分析，建立了不同级别评价指标的判断矩阵，开展了层次分析计算，提出了建议权重系数（表5.5.2）。读者可根据具体评价侧重点，适当调整权重系数，获得适用性的储层评价结果。模糊评价法主要用于一级评价指标（资源富集性、页岩可压性和资源可采性）的评价定级和储层综合评价定级。该方法的优势在于可以通过隶属函数将储层分类评价标准中的分类阈值转

表 5.5.2 鄂西—渝东地区大隆组页岩储层分类评价指标建议权重系数表

一级指标（权重）	富集性（0.5）				可压性（0.2）			可采性（0.2）	
二级指标	有效厚度	有机碳	孔隙度	含气量	脆性指数	水平应力差	水平应力差异系数	埋藏深度	吸附游离比
权 重	0.2	0.2	0.2	0.4	0.6	0.2	0.2	0.3	0.7

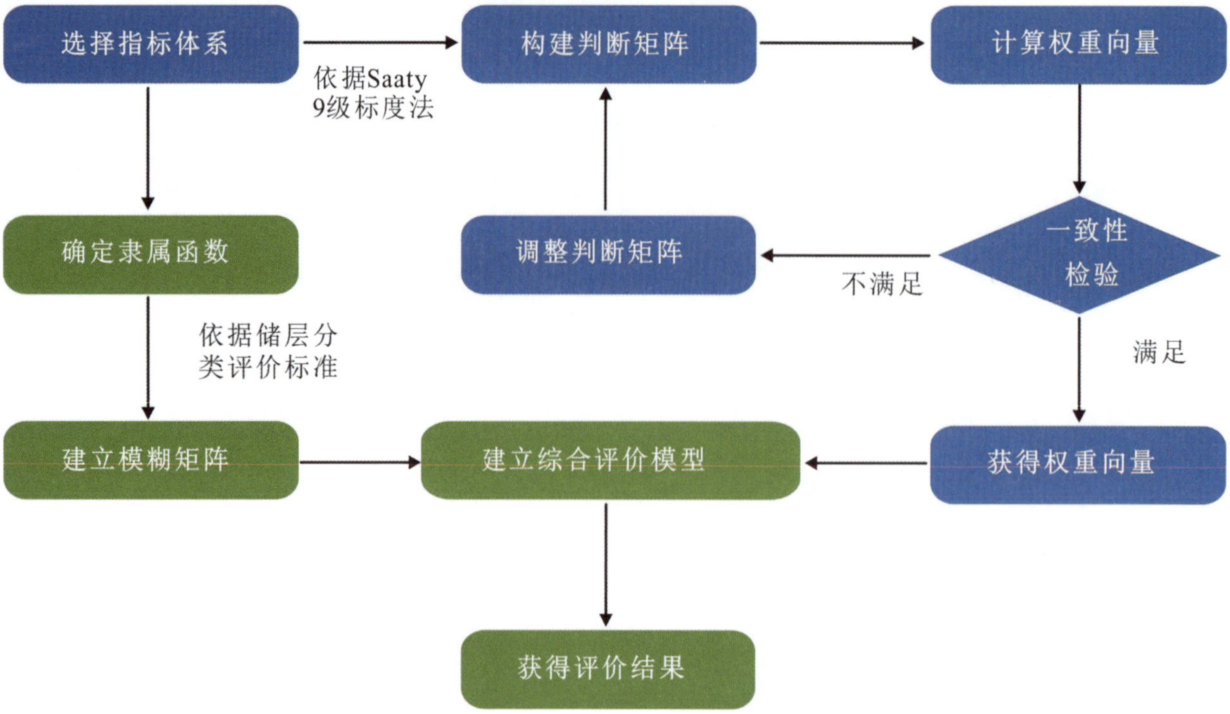

图5.5.3　鄂西—渝东地区大隆组页岩优质储层评价流程图
蓝框部分为层次分析法流程，绿框部分为模糊评价法流程

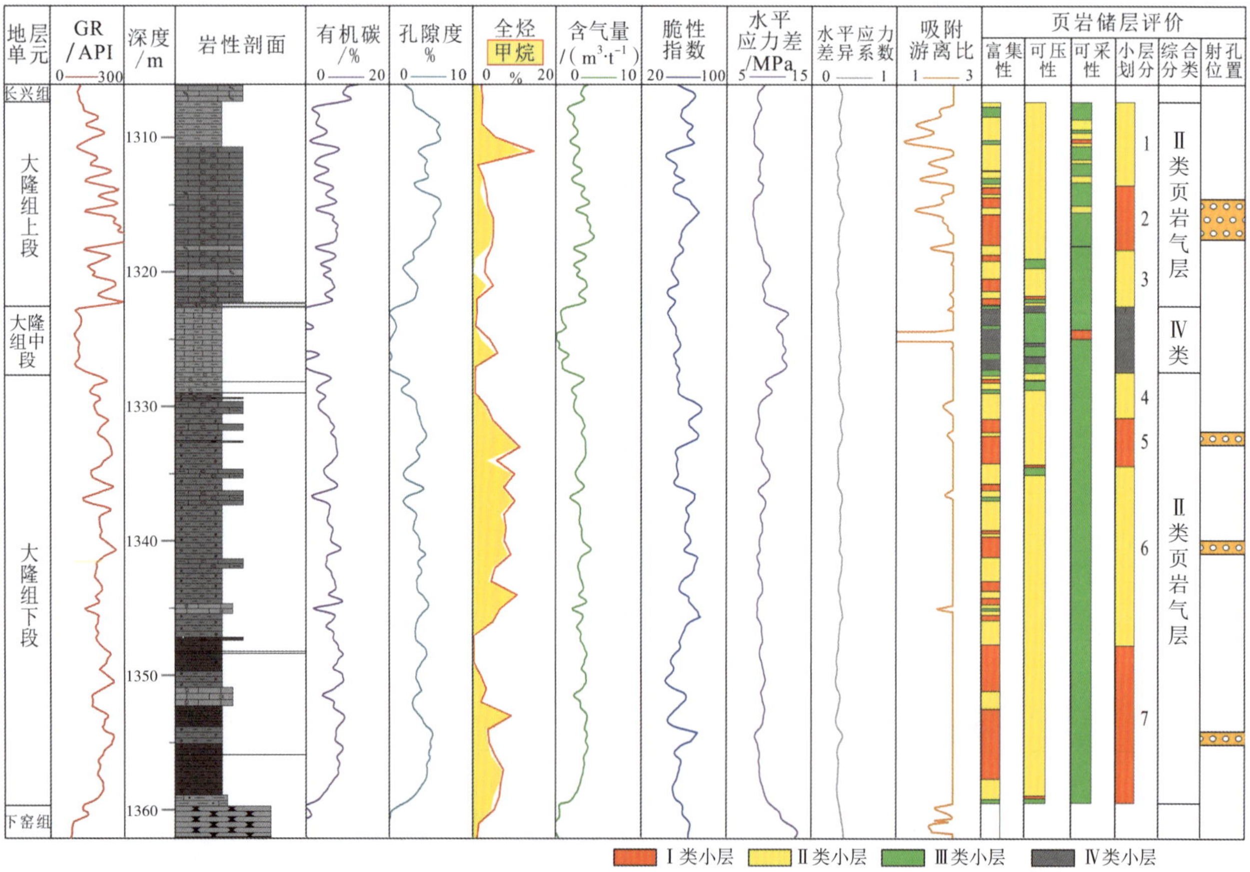

图5.5.4　渝巫地1井大隆组页岩气优质储层分布

化为模糊判断矩阵，并与通过层次评价法获得的权重矩阵进行模糊运算，得到综合分级评价结果（图5.5.3）。本书定义鄂西—渝东地区二叠系大隆组页岩气优质储层为综合评价确定的Ⅰ类和Ⅱ类页岩储层。

5.5.3 应用实例

以渝巫地1井为例，应用建立的储层分类评价标准和评价方法，开展了大隆组储层综合评价。

综合评价结果表明，鄂西—渝东地区大隆组页岩气优质储层具有纵向“层”式发育特征。以渝巫地1井为例，大隆组发育优质储层2段，真厚度 44.38 m，均为Ⅱ类页岩储层；可划分优质小层7层，其中Ⅰ类小层3层，厚20.12 m，Ⅱ类小层4层，厚24.26 m（图5.5.4）。

6 页岩气保存条件

6.1 构造地质条件

6.1.1 构造运动与作用

鄂西—渝东地区整体构造线方向自北西向南东逐渐由北北东向转为北东向，在平面上呈现出一个向北西方向凸出的弧形褶皱冲断带。该地区由于岩浆活动不发育，且缺乏变质作用的矿物学记录，无法利用有效的同位素年代学来精确地限定构造变形的时代，因此本书主要通过研究区内地层的接触关系探讨构造变形的序列及其时代问题。

鄂西—渝东及其周缘地区自南东向北西方向，古生代—中生代地层层序基本一致，存在五个明显的沉积间断（图6.1.1），分别为：华南大陆广西运动的中志留统与上覆中、上泥盆统的平行不整合（D_1），石炭系与下二叠统之间的平行不整合（D_2），东吴运动的二叠系茅口组（孤峰组）与龙潭组的平行不整合（D_3），印支运动的中、上三叠统之间的平行不整合（D_4）和燕山运动的上侏罗统与上白垩统之间的角度不整合（D_5）。前燕山运动的四次平行不整合事件表明区域并未发生过大规模的褶皱作用，应以整体的抬升过程为主。结合区域内卷入褶皱—冲断变形的最新地层为中、上侏罗统碎屑岩，之后又被晚白垩世红层角度不整合覆盖，因此，本次研究厘定出的两期构造变形应发生在晚侏罗世之后。这一结果与前人利用低温年代学方法获得的结果一致。例如，梅廉夫等（2010）通过磷灰石裂变径迹及平衡地质剖面的绘制，认为自湘鄂西地区向川东华蓥山断裂带的构造变形具有逐渐变新的趋势，年龄可能为165 ~ 95 Ma。在前人研究的基础上，通过野外构造调查及地层接触关系的综合分析，认为鄂西—渝东及其周缘地区共经历了五个阶段的构造演化过程。

震旦纪—早、中志留世，研究区处于稳定的海相沉积环境，沉积了一套巨厚的碳酸盐岩和浅海相碎屑岩。到了晚志留世—中泥盆世时期，华南大陆受周缘板块的作用，开始了强烈的陆内造山。大致以慈利—保靖—张家界断裂带为界（雪峰山西侧的慈利—保靖—秀山一线），其西侧的鄂西—渝东及其周缘地区主要表现为上泥盆统与中志留统之间的平行不整合，而其东侧的雪峰山及湘中地区，二者主要表现为角度不整合。位于雪峰山及湘中地区东南侧的华夏地块，则缺失了整个志留纪地层，不整合面之下的震旦纪—奥陶纪地层被强烈挤压变形，由此可以判断早古生代晚期的构造作用是从南东向北西逐渐减弱。此时的鄂西—渝东及其周缘地区不发育褶皱—断裂构造，主要表现为区域整体的抬升。

中泥盆世—晚石炭世，鄂西—渝东地区总体处于较稳定的陆表海环境，接受滨浅海碎屑岩—碳酸盐岩沉积。晚石炭世，云南运动致使整个扬子地区广泛构造隆升，导致了先前沉积的地层遭受严重风化剥蚀，鄂西—渝东地区上石炭统黄龙组碳酸盐岩地层在经历了短暂的浅埋藏成岩作用后，形成了顶部的岩溶风化壳。其上被二叠系梁山组煤系地层覆盖，从而在石炭系与二叠系之间形成了不整合接触。

二叠纪—中三叠世，研究区再次进入稳定的海相沉积环境。中二叠世，受全球海平面上升和海洋缺氧范围扩大的影响，鄂西—渝东地区碳酸盐岩台地出现萎缩，内部及边缘广泛分布孤峰组深水沉积物。中、晚二叠世之交，峨眉山大火成岩省活动进入高潮，东吴运动使得鄂西—渝东地区有小幅度抬升，在茅口组顶部普遍见有风化剥蚀痕迹。晚二叠世，在峨眉山玄武岩地幔柱影响下，扬子地台北缘形成一系列深浅交错的台内坳陷，从北西向南东方向依次发育开江—梁平海槽和鄂西海槽。其中鄂西海槽受前寒武系基底控制（卓皆文等，2009），裂陷沉降剧烈，海槽内发育大隆组硅质岩沉积。中、晚三叠世之

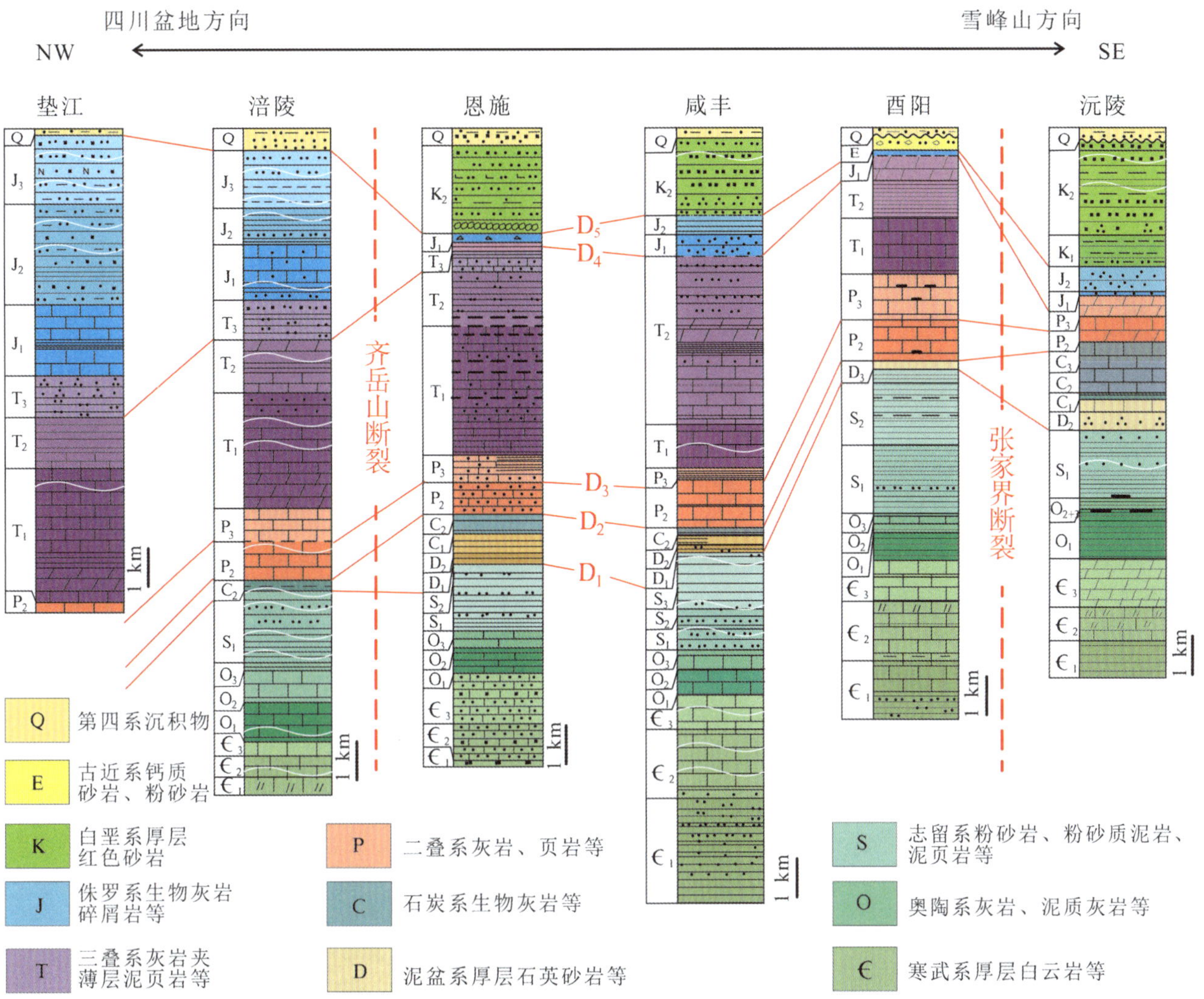

图6.1.1　鄂西—渝东及其周缘地区代表性地层柱状图

交，华南大陆的南、北两侧分别受印支地块和华北地块的碰撞作用，发生了强烈的陆内造山作用。以鹤峰—龙山断裂带为界，东部发育中三叠统与上三叠统之间的角度不整合，西部则转为平行不整合。这次构造作用使得鄂西—渝东及其周缘地区结束了海相沉积的历史。中、上三叠统之间的平行不整合指示了研究区不发育早中生代褶皱，区域再次表现为整体的抬升作用。

晚三叠世—中、晚侏罗世，海水彻底退出中、上扬子地区，主要接受以陆相碎屑岩为主的沉积岩。晚侏罗世—早白垩世（燕山期），鄂西—渝东及其周缘地区受古太平洋板块向北西俯冲作用，在华南内部形成宽阔的弧背前陆变形带，前侏罗纪地层发生了强烈的褶皱—冲断变形，构造应力场方向为北西—南东向的挤压，形成了大量北东—南西向的褶皱和逆冲断层。随着挤压作用的持续，慈利—保靖—张家界断裂带和齐岳山断裂可能发生大规模的左行走滑，致使二者围限的地区在平面上呈现出一个大型走滑断层系，在剖面上构成了一个多层次滑脱（双重构造）构造。晚白垩世，区域构造背景转为大规模伸展，在局部地区（如恩施、来凤等地）沉积了上白垩统红层，将早期形成的褶皱以角度不整合覆盖。

进入新生代，鄂西—渝东地区只接受了少部分沉积，表明该阶段整体处于挤压隆升的构造环境。新生代晚期，由于印度大陆与欧亚大陆强烈的汇聚作用造成了川滇地体的南东向挤出，四川盆地发生大规模逆时针旋转，盆地周缘断裂带发生大规模右行走滑。右行走滑剪切作用将早期形成的北东—南西向褶皱改造，形成现今观察到的S形褶皱。

从前述分析来看，受区域构造运动影响，鄂西—渝东地区自二叠系沉积以来主要经历了印支、燕山和喜马拉雅期3次大的区域构造运动。从中上扬子地区地层之间的接触关系来看，现今发育的大规模逆冲推覆构造主要是燕山期以来的构造运动形成的。

6.1.2 断裂作用的影响

断裂对页岩气的保存有两方面作用，取决于各历史时期断裂的性质。张性断层沟通其他层位，可为油气运移提供通道，不利于油气的保存。而封闭性挤压断层可以成为后期油气藏有利的封闭条件，尽管断裂形成期间可能造成断层带附近岩层的挤压破碎，烃类部分散失。从页岩气成藏、保存的角度，可以把断层分为"通天"断层和"烃源"断层两大类。显然前者最不利于油气的保存，后者也导致天然气向页岩气层外运移，断层如果封闭性较好或断层活动处于休眠期，页岩层中的天然气仍可能成藏。焦石坝页岩气田勘探开发实践揭示，构造稳定区与断裂发育带保存条件差异明显，断裂处页岩含气性低，尤其是深大断裂处含气量减少明显，东南部与西南部断裂发育带保存条件差，产能相对较低，说明不同规模断裂对页岩气富集保存破坏程度不同。

断裂对页岩气藏的破坏主要原因在于断裂是构造运动积累的应力释放而破裂的结果，常与裂缝相伴而生；裂缝的发育使得页岩渗透率增大，页岩气以渗流的方式快速向断裂运移逸散，不利于页岩气保存。断层伴生的裂缝发育，大大加强了页岩的渗透性，造成通天断裂附近页岩气保存条件差，页岩气通过裂缝—断裂面逃逸直至散失。裂缝的发育与断层的存在有着密切的关系，断层是裂缝的宏观表现，断层和裂缝是相互伴随、互相起促进作用，断层和裂缝的关系可分为两个方面：①断层的发展由构造裂缝发生发展而来，构造裂缝是断层发展的前奏。②断层发生发展过程中，由于两侧地层发生错动，产生局部应力场，形成新的伴生裂缝系统（图6.1.2）。断层形成过程中，距主断层两侧一定范围派生或伴生的次级构造，即断层两侧的裂缝发育带，其发育规律和形成机制与主断层密切相关，也称诱导裂缝带。断裂影响带内的岩体在物理力学特性上与正常围岩有显著差异，具有强度低、变形大、高渗透性等特征。

图6.1.2　鄂西宜昌地区断层与裂缝之间关系的野外露头照片

通过对鄂西宜昌地区断裂构造对页岩地层的影响，结合断层影响带内节理/裂缝发育规律和岩体受破坏程度，在垂直断层面方向，距断层面由近及远，可将断层影响带依次分为2个区域（图6.1.3）：严重破坏区Ⅰ和影响区Ⅱ，Ⅰ区和Ⅱ区共同构成断层影响带宽度。Ⅰ区主要特征：岩体严重破裂，节理高度发育，节理/裂缝走向与断层斜交，岩体被节理纵横切割，节理/裂缝间距小，迹长短，密度大。Ⅱ区主要特征：相比Ⅰ区，岩体节理/裂缝受断层的影响程度有所好转，节理/裂缝较发育，间距变大，中点面密度变小，岩体完整性逐渐增强，随着距断层距离变远，节理/裂缝走向具有一定方向性和规律性。断层影响带之外属区域正常围岩，其节理主要特征：节理/裂缝迹长、间距和面密度均较稳定，产状主要集中在几个优势方向，且岩体连续性和完整性明显比断层影响带好，即该区域内岩体节理/裂缝发育规律和岩石的物理力学性质不再受断层影响。

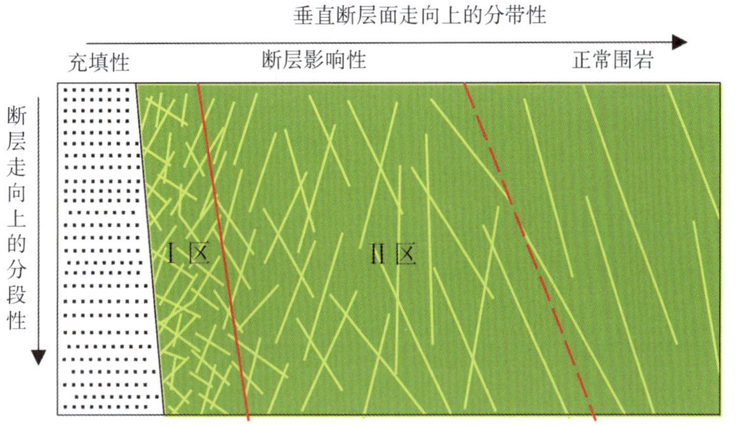

图6.1.3　断层影响带分布规律示意图

同一断裂不同构造位置裂缝发育程度存在差异，总体来讲，越靠近断裂面，裂缝越发育，页岩层渗透性好。总体来说，随断层规模增大，裂缝发育带宽度也随之增加，但增大幅度随断层规模的变大而逐渐降低，变化趋势均服从幂函数形式（图6.1.4）。不同性质断层影响带宽度存在显著差异。正断层最小，逆断层次之，走滑断层最大。正断层在约6 km的长度范围内影响幅度较大；走滑断层约在10 km；逆断层约在8 km，之后趋于平缓。结合南方复杂构造区钻井产量与断裂之间的关系，研究提出距一级断裂>8 km以上保存条件较好，距二级断裂>5 km以上保存条件较好，距三级断裂>2 km以上保存条件

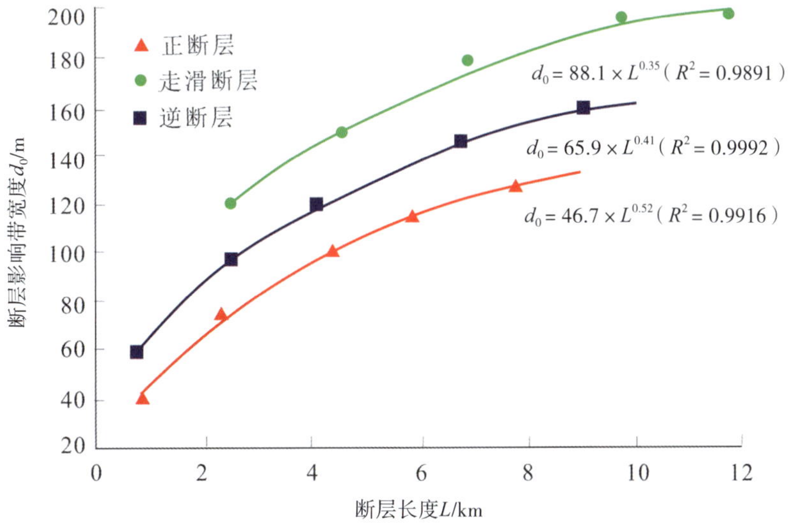

图6.1.4　鄂西宜昌地区寒武系断裂长度与影响宽度的关系

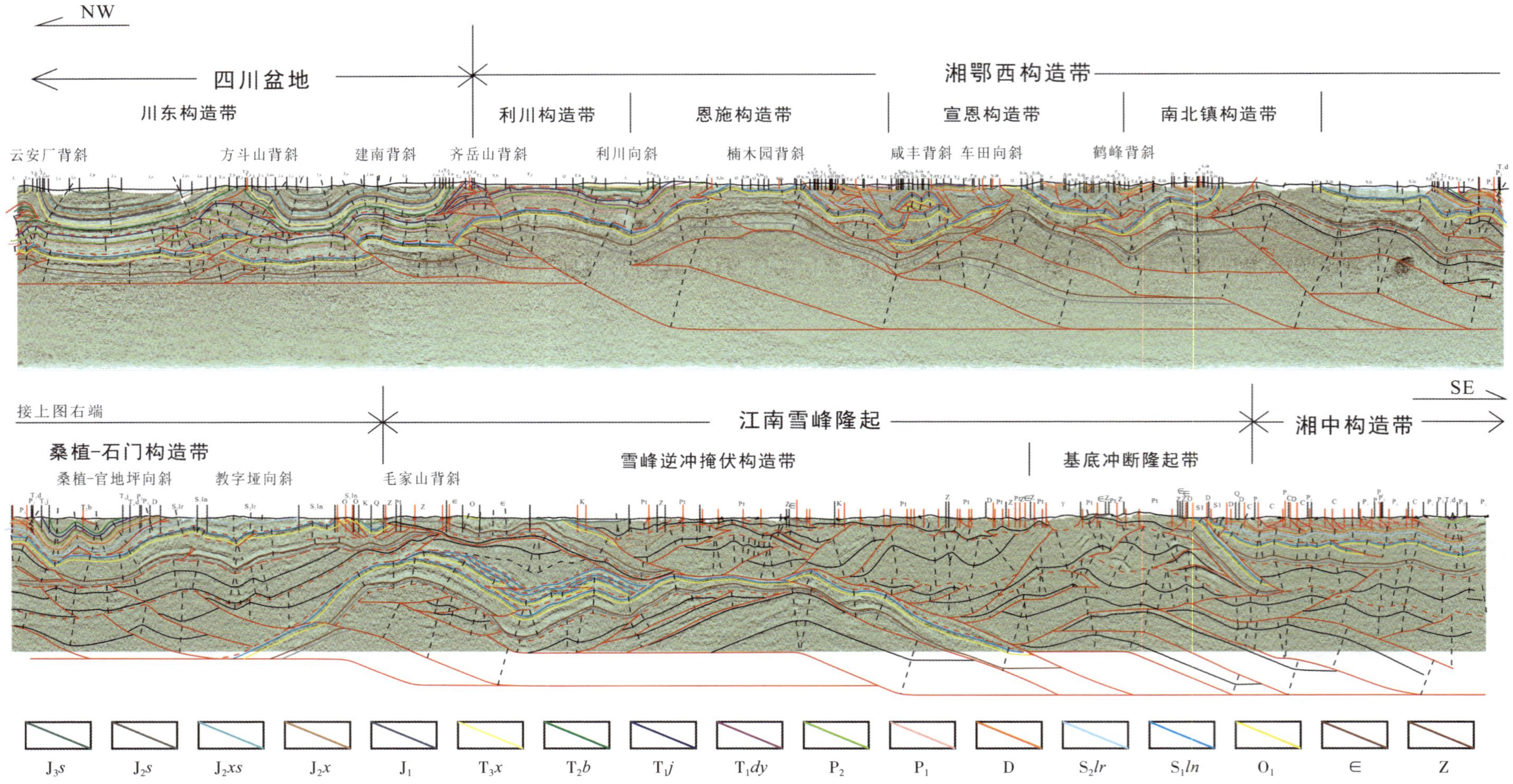

图6.1.5　中上扬子地区二维地震解释剖面
（据张旭亮，2019）

较好。三级以下断裂影响范围较小，可以忽略不计。

鄂西—渝东及其周缘地区东、西两端被断裂所围限，其西界为北东走向的齐岳山断裂，而东界则为慈利—保靖—张家界断裂。慈利—保靖—张家界断裂控制了本区古生代以来的沉积演化。断裂以西，中志留统与上泥盆统之间和中、上三叠统之间表现为平行不整合，而断裂以东，二者为角度不整合。鄂西—渝东地区断层形成时间具有期次性，从平面上看，鄂西—渝东地区主要断层最早在南东部发育，并向北西逐渐传递。断裂带倾向以南东为主，倾角普遍大于40°，局部近直立。向深部延伸，断层倾角逐渐变缓，最终汇聚在主滑脱层之上，在剖面上表现出地壳尺度的叠瓦式逆冲断层的特点（图6.1.5）。

通过对断裂带野外详细的追索与调查，认为鄂西—渝东及其周缘地区断裂带具有3个方面的特点：①发育的断裂带主要集中位于背斜的核部和向斜翼部，向斜的核部则基本不发育断裂带。断裂带的分布可能与区域滑脱变形有关，即沿着顺层主滑脱层向上的叠瓦式逆冲断层，背斜的成因为断层相关褶皱。②发育的断裂带主要为NE—SW走向。野外详细的调查发现，NE—SW走向的断裂带在走向上延伸较远，主要受晚中生代（J_3—K_1）NW—SE向挤压背景下地块弧形边界（四川盆地）控制。③依据鄂西—渝东及其周缘地区中侏罗统与上白垩统之间的角度不整合接触关系，认为NE—SW走向的断裂带主要形成于J_3—K_1。结合鄂西—渝东地区地层沉降埋藏热演化史分析，中三叠世—早侏罗世大规模生成油气，断裂构造活动期普遍晚于二叠系页岩气成藏时间，对二叠系早期形成的页岩气藏具有改造破坏作用（图6.1.6）。

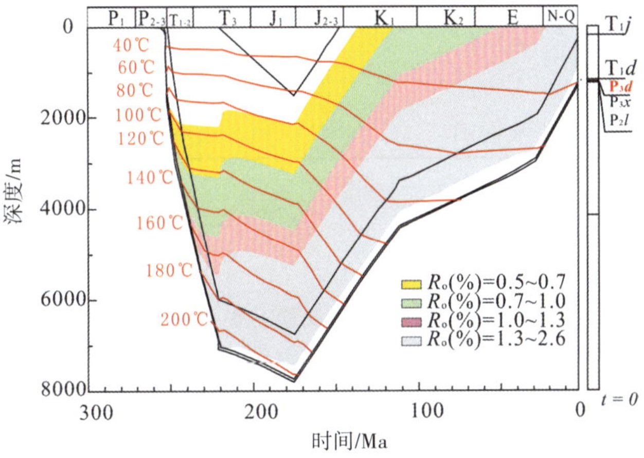

图6.1.6　鄂西地区二叠系沉降埋藏热演化史（鄂恩地2井）

通过分析鄂西—渝东地区18口钻井二叠系大隆组构造部位与含气性（图1.4.3，表6.1.1），不同构造位置页岩含气性存在一定差异。其中，鄂长地3井、鄂五地2井远离断裂带而含气量微弱，与其处于浅水陆棚相沉积环境，富有机质页岩厚度较薄，页岩含气性差与TOC含量较低有关。其他钻井二叠系大隆组均处于深水陆棚相沉积环境，但不同地区含气量差异较大，因此沉积相不是影响鄂西—渝东地区二叠系大隆组含气性平面差异的主要因素，后期遭受构造作用的强弱和保存条件的好坏，可能是影响含气性差异的主要原因。不含气和含气量微弱（解析含气量小于0.1 m^3/t）的钻井主要分布在齐岳山断裂、建始—彭水断裂区域型断裂带周缘，如奉页1井、建地2井、鄂恩地3井。其他含气性较好的井（解析含气量大于1 m^3/t）主要分布在向斜远离断裂的翼部和核部，如鄂恩地2井、鄂恩地1井、鄂建页1井，大隆组页岩含气量普遍超过1.5 m^3/t，如鄂恩地2井大隆组页岩现场解析含气量（不含残余气）达1.47～5.78 m^3/t，平均值为2.93 m^3/t。

表 6.1.1 鄂西—渝东地区二叠系大隆组页岩气钻井及含气性统计表

序号	钻井	目的层	井型	二叠系油气显示	完钻深度/m
1	渝巫地1井	大隆组	参数井	大隆组解析气含量高	2002.2
2	巴页1井	大隆组	调查井	龙潭组解析气含量高	940.6
3	鄂建页1井	志留系	参数井	大隆组、孤峰组、龙潭组、栖霞组、茅口组均见含气显示	2980.0
4	鄂五地2井	大隆组	调查井	显示较差	1503.0
5	高地1井	大隆组	调查井	大隆组解析气含量高	910.0
6	鄂恩地1井	大隆组	调查井	大隆组解析气含量高	580.0
7	鄂恩地2井	大隆组	调查井	大隆组解析气含量高	1290.0
8	鄂宣地1井	大隆组	调查井	大隆组见含气显示	1215.0
9	鄂建地3井	大隆组	调查井	大隆组、龙潭组见含气显示	590.0
10	建地4井	大隆组	调查井	栖霞组、茅口组见含气显示	1370.0
11	鄂恩地3井	二叠系	调查井	未测	565.0
12	鄂长地3井	大隆组	调查井	大隆组显示较差	1070.0
13	奉页1井	大隆组	调查井	大隆组、吴家坪组见含气显示	1283.0
14	鹤地1井	大隆组	调查井	大隆组解析气含量高	1366.8
15	鹤页1井	大隆组	参数井	大隆组气测好	1380.0
16	绿地1井	大隆组	调查井	显示较差	888.3
17	红页1HF井	吴家坪组	水平井	日产9×10^4以上	3450.0
18	红页2HF井	吴家坪组	水平井	日产12×10^4以上	3640.0

6.1.3 褶皱变形的影响

前人总结褶皱变形对页岩气保存条件的影响，认为主要存在两方面：一方面在于页岩本身纵横向渗透率差异，另一方面则在于挤压变形程度诱发的裂缝发育程度。页岩受原始沉积作用影响，内部纹层发育，且受后期构造抬升泄压影响，内部发育顺层的张性裂缝，使得页岩的横向渗透率远大于纵向渗透率。在垂向裂缝不发育的情况下，天然气沿着页岩层理方向发生运移，导致不同类型褶皱、不同构造部分页岩含气性存在一定的差异。宽缓的背斜轴部、残留向斜核部相对翼部含气性更好。褶皱主要使页岩层遭受挠曲变形产生断裂裂缝影响页岩气保存条件。对于与褶皱相关的裂缝而言，褶皱构造的轴部和倾伏端或枢纽部位的应力场集中，构造曲率相对较大，裂缝较发育，渗透率变好，页岩气保存条件变差；而翼部的构造曲率小，裂缝发育程度相对较低。一般，背斜核部比向斜核部裂缝发育，这主要是因为背斜弯曲是向上的，有自由空间发展，张性裂缝产生也有体积补偿，而向斜部位埋藏较深，总体处于保压状态，岩层不易移动而形成裂缝。对于南方隔槽式褶皱和隔挡式褶皱而言，在仅考虑褶皱变形，不考虑断层影响的情况下，隔槽式褶皱向斜部位变形较强，应力集中，曲率较大，裂缝较发育，背斜核部变形较弱，曲率较小，裂缝发育程度较弱；隔挡式褶皱区变形强弱、曲率大小、裂缝发育程度与隔槽式变形区表现相反。

不同构造变形样式控制的和派生构造形成的裂缝，在裂缝发育程度、规模及产状等方面都有明显不同。褶皱按几何形态可大致分为3类：①褶皱长轴与短轴的比值，即$l/d<3$为等轴褶皱；②l/d位于3～10之间，为短轴褶皱；③$l/d>10$为线状褶皱。一般用l/d表征构造变形强度。l/d越大，通常构造变形越强烈。整个变形伴随了裂缝或断裂的发生发展，因此，不同褶皱类型的变形强度是存在差异的，总体为：线状褶皱>短轴褶皱>等轴褶皱，其裂缝发育程度也是线状褶皱>短轴褶皱>等轴褶皱（表6.1.2）。

表 6.1.2 褶皱发育类型与裂缝发育特征的定性评价

平面评价				剖面评价				
构造变形强度（l/d）	褶皱类型	裂缝发育程度	例子	构造褶曲度（R=弓高/弓宽）	褶皱类型	裂缝发育程度	裂缝规模	裂缝类型
<0.01	线状褶皱	最发育	华蓥山背斜	0.08 ~ 0.25	中高陡背斜	最发育	大小混杂的发展裂缝系统	网状裂缝系统
1/10 ~ 1/3	短轴褶皱	发育	威远背斜	0.045 ~ 0.08	中—低幅背斜	发育	中等规模的裂缝系统	高角度、斜角和低角度裂缝发育，局部可成网
>1/3	等轴褶皱	较发育	涪陵背斜	<0.045	低幅背斜	较发育	小裂缝系统	高角度、斜角和低角度裂缝较发育，不成网

（据王宗秀等，2021）

基于混合有限—离散元法的褶皱相关断裂扩展过程研究，分析了褶皱几何形态对褶皱应力分布及裂缝的发育的重要影响。研究指出，褶皱作用早期在岩性界面枢纽处产生平行于岩层的张性裂缝；同时，在内弧区出现了楔形的共轭剪切断裂。随着变形的继续，外弧发育垂直于层面的张性裂缝，在岩性界面的翼部发育平行于层位的剪切性裂缝。不同形态褶皱在纵弯作用下产生的断裂/裂缝的类型和形态不同。当翼间角（θ）大于120°时，褶皱以剪切破坏为主，岩层中发育平行于层理的张拉裂缝（图6.1.7），裂缝特征：①内弧的剪切裂缝比外弧的张裂缝更早开始。②平行于岩层的张裂缝在铰链处产生。③剪切裂缝的总长度大于张裂缝的总长度（图6.1.8）。随着褶皱变狭窄、翼间角减小，褶皱以拉张破坏为主；内弧最大压应力减小，应变中性线逐渐向褶皱对称轴移动，裂缝特征：①褶皱外弧最大拉应力增大，断裂起裂时间提前，断裂密度增大，但单条断裂最大长度减小，向斜核部发生强烈剪切变形（图6.1.8）。②弧外张性断裂逐渐早于弧内剪切性断裂，且剪切性断裂规模逐渐减小：转折处出现垂直于岩层的张性断裂。③剪切裂缝的总长度逐渐变得小于张性断裂（图6.1.8），表明褶皱以张性破坏为主。

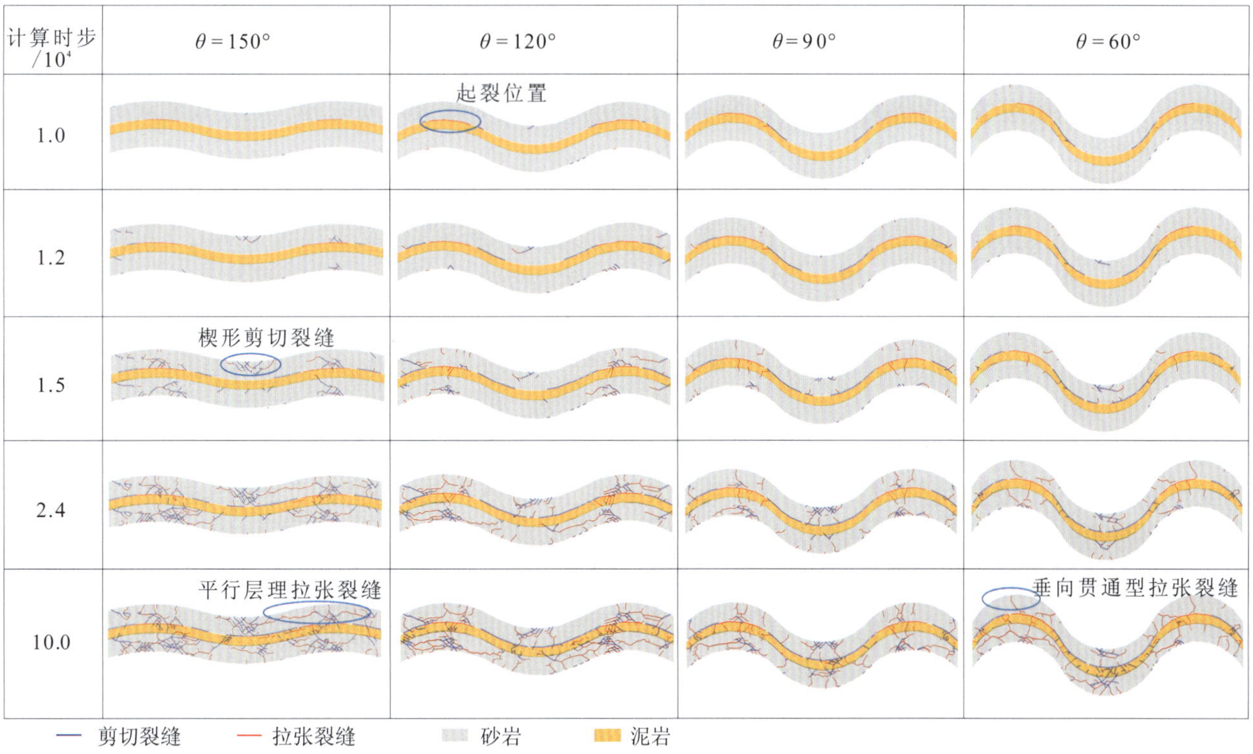

图6.1.7 褶皱初始几何形态对裂缝/断裂形态和类型的影响

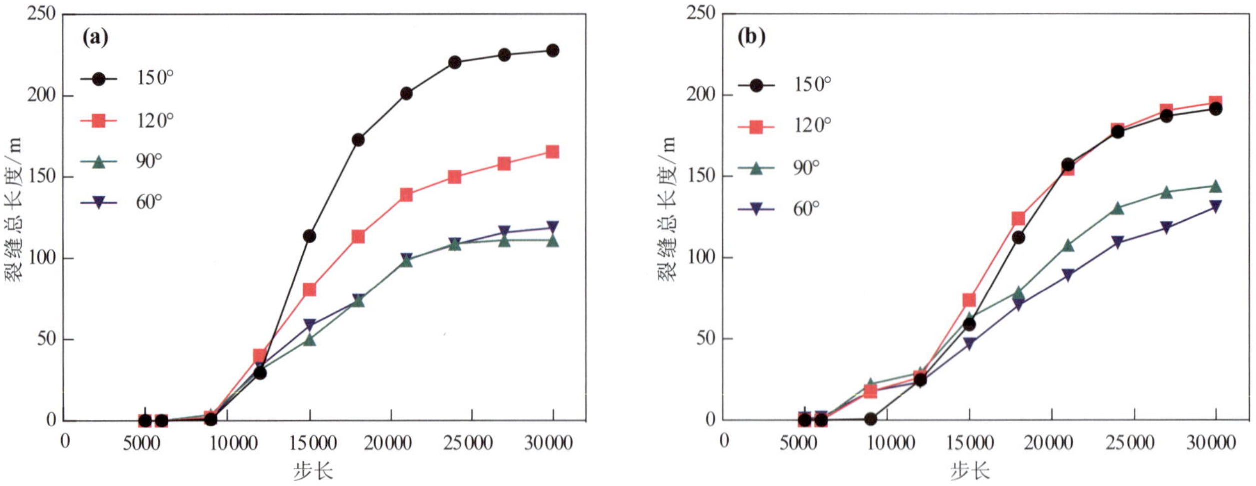

图6.1.8 不同形态褶皱断裂总长度增长统计
（a）剪切断裂；（b）拉张断裂

根据褶皱构造改造对页岩气储层孔隙结构和渗透率演化影响的研究进展，认为页岩的层理缝和滑脱构造剪切作用对于页岩气储层的水平渗流能力起到显著的改善作用，利于游离气的运移富集和吸附气的解析。由于优质页岩层段往往更易发生剪切变形，渗透率更高，既充当页岩气富集层，也是页岩气散失的通道，如果发育剪切变形的优质页岩层段与通天断层接触，或距离目的层出露露头较近，可能会发生页岩气特别是游离气的散失作用，不利于页岩气的保存。

鄂西—渝东地区构造变形强烈，基底古生代地层抬升出露地表，形成一系列背斜宽缓、向斜紧闭的褶皱（图1.3.4），构造样式以典型的基底卷入型厚皮构造为主；同时，前人的研究表明，该区元古宙下伏地层发育指向南东的逆冲断层，反映了指向南东的运动学指向，但是古生代及其上覆地层发育指向北西的逆冲断层，则反映了指向南东的运动学特征。褶皱两翼的东南一侧地层抬升剥蚀大。志留系和奥陶系等古生代地层出露地表。针对湘鄂西褶皱特征，前人已做了大量研究工作，认为鄂西—渝东的褶皱样式有不对称等厚褶皱、等厚同斜倒转褶皱、不协调褶皱、断弯褶皱等。前人通过大量的地质剖面褶皱特征统计，表明该构造带发育的褶皱样式极为丰富，除了具备以上褶皱样式以外，还形成侧卧宽缓向斜、高陡断褶皱等，整体为槽挡转换式褶皱分布。

关于鄂西—渝东地区褶皱—冲断带运动学扩展过程分析，前人开展了大量的研究工作，形成了多种变形扩展模式，主要有构造成因模式和构造挤压模式。构造成因模式如李忠权等（2002）根据加里东、海西、印支、燕山和喜马拉雅大地构造旋回特性，推测该地区的变形是由早期隔槽式褶皱到中期“两背一断”，最终形成晚期隔挡式褶皱的演化过程。构造挤压模式如颜丹平等（2000）通过区域构造解析，推测该地区震旦纪—早古生代是深层滑脱变形；泥盆纪—中三叠世，该地区的变形是自东向西扩展；晚三叠世—新生代，强烈挤压变形且晚期受喜马拉雅运动影响，区域整体发生抬升，由此发展而形成。以上有关变形扩展过程认为，变形是从南东向北西逐渐扩展，大庸断裂最先形成，形成隔槽式褶皱；随着应变量的增加，形成过渡型褶皱，最后形成隔挡式褶皱。其变形扩散是递进的，意味着鄂西—渝东构造带的变形时间一定早于川东构造带的变形作用时间。

近年来开展的磷灰石裂变径迹年代数据（梅廉夫等，2010）分析表明，川东弧形构造带形成时间分布在135～65 Ma之间，且构造带内部的年龄值（84～56 Ma）比两侧齐岳山（95 Ma）和华蓥山（85 Ma）边界断裂构造带的年龄值偏小。同时，另一组跨越整个湘鄂西—川东褶皱—冲断带的同位素年龄值（165～95 Ma）也表明，边界断裂两侧的同位素年龄值比构造带内部的年龄值偏大。前人有关变形扩展过程的解释与年代学所反映的构造特征之间存在不一致，进一步说明对该地区构造变形的扩展过程的认识不够统一。然而，物理模拟的构造变形过程是：在变形早期，大庸断裂和齐岳山断裂几乎同时出现，二者形成的时间相差不大，同时随着应变量的增加，变形扩展因边界断裂控制而向边界断裂相反的两侧扩展。盆地内部次级构造带的变形晚于边界断裂出现，最后扩展到川东及川东南地区。

鄂西—渝东地区褶皱经历了两期褶皱作用，早期形成了NE—SW走向褶皱和左行走滑断裂；晚期NE—SW向断层发生反转，右行走滑剪切改造了早期褶皱，形成了S形褶皱，褶皱叠加部位易形成张扭性断层，发育张性裂缝，利于页岩气的运移，可造成页岩气的散失（图6.1.9）。另外，由于鄂西—渝东地区存在多套滑脱变形层，滑脱面主要沿着页岩层理面发育，页岩气可以沿着页理面—滑脱面—水平裂隙面发生水平运移。

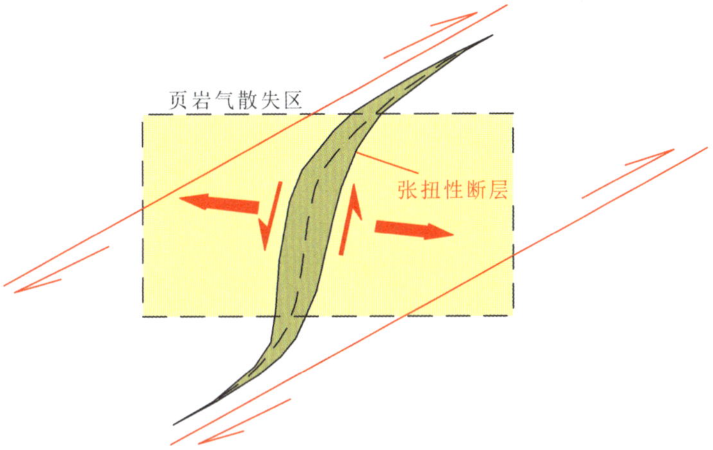

图6.1.9　鄂西—渝东地区褶皱叠加破坏样式
（据王宗秀等，2021）

结合褶皱变形史和二叠系烃源岩生排烃耦合关系来看（图6.1.6），晚期的褶皱变形改变了早期二叠系形成的页岩气藏。从鄂西—渝东地区不同构造部分钻井显示结果来看，向斜核部页岩气含气性最好，如中国地质调查局油气资源调查中心2023年在鄂西建始红岩寺向斜核部部署的鄂建页2井在二叠系大隆组和孤峰组均钻获厚层优质高含气页岩，其中大隆组中下部平均总含气量为4.4 m^3/t（17块样品），最高为7.03 m^3/t，含气性明显优于向斜翼部的钻井。而处在背斜轴部的鄂建页1井因高角度裂缝较为发育，含气性明显比向斜翼部和核部差。主要由于鄂西—渝东地区发育的背斜核部容易产生垂向连通甚至连通大气的裂隙与断裂，页岩气沿水平运移通道可以与背斜核部发育的垂向断层和裂隙发生散失（图6.1.10）。

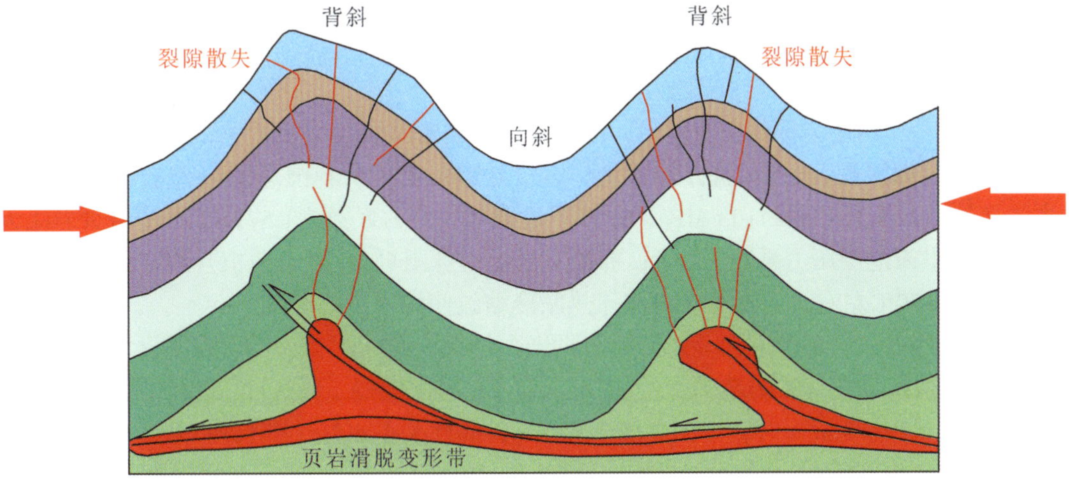

图6.1.10　鄂西—渝东及周缘地区背斜破坏样式

6.1.4 构造抬升剥蚀的影响

鄂西—渝东地区经历多期复杂地质构造运动形成当前的形态，尤其是始于晚白垩世的剧烈隆升剥蚀运动，有可能导致泥岩盖层破裂，油气逸散。袁玉松等（2020）采用磷灰石裂变径迹年龄空间分布特征定性分析与径迹长度分布数据定量模拟相结合，约束了中上扬子地区的抬升剥蚀时限，鄂西—渝东、川东褶皱带从97 Ma开始持续抬升剥蚀。不同地区抬升剥蚀开始的时间存在明显差异性，总体上由东往西逐渐变晚，齐岳山断裂以东，大规模抬升剥蚀始于中燕山期（J_3—K_1）。

抬升造成含气页岩层段上覆岩层和区域盖层减薄或剥蚀，盖层封闭能力变差。抬升剥蚀一方面造成烃源岩油气生成停滞，另一方面造成页岩层段上覆盖层减薄导致压力变小，岩石发生剪切破裂产生微裂缝，造成封盖能力变差，页岩气突破盖层向上逸散，导致总含气量降低。威远气田的勘探发现以及实验室模拟高演化泥岩在高围压下的塑性变形特点，已经证实高围压会导致岩石由脆性变形向塑性变形转变，从而在泥岩产生破裂后能够愈合，保持其封闭性。而与埋深过程相反，隆升剥蚀会增强泥岩的脆性。周雁等（2002）对构造变形中泥岩盖层封闭性研究表明，地层在抬升量达到一定值后会集中产生破裂，并且新地层较早产生破裂，而老地层较晚产生破裂。泥岩盖层经历抬升剥蚀后若仍处在塑性状态，则认为封盖能力依然有效；若进入了脆性破坏带，则盖层整体破裂，裂缝将成为油气逸散的通道。判断盖层经历抬升剥蚀后的封闭有效性，在于评价岩石经历抬升剥蚀运动后是否发生脆性破裂。实验测试分析显示：在有效应力为15 MPa时，原位错开的裂缝几乎关闭，页岩渗透率急剧降低（图6.1.11）。理论计算泥岩层水平裂缝封闭所需要的地层压力为15.0～17.32 MPa，按照地层平均密度2.35g/cm^{3}计算，埋深638～737 m，泥岩水平缝能封闭，可以避免页岩气大规模侧向散失。据目前页岩气实钻资料分析，一般情况下，埋深小于800 m的页岩气井基本无法通过自喷获得工业气流。

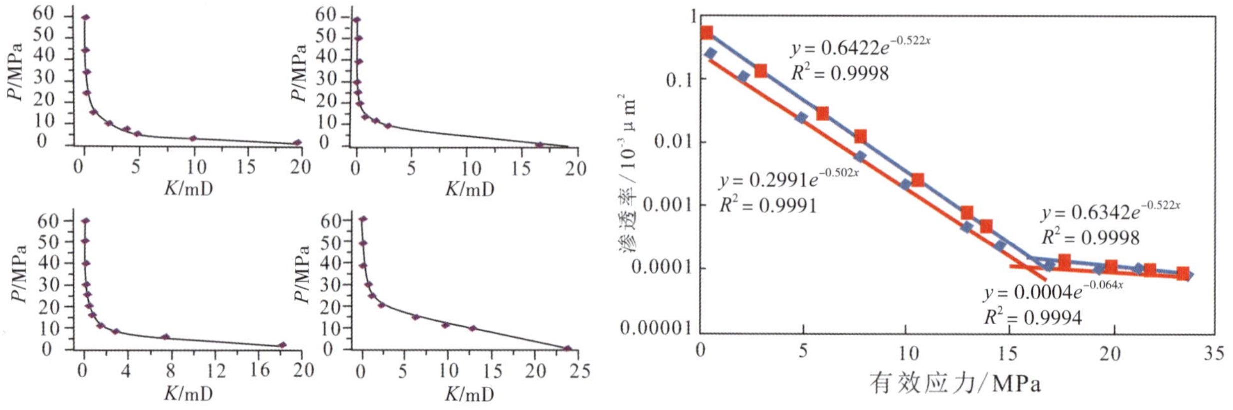

图6.1.11 有效应力与裂缝封闭关系

另外，构造抬升作用还会导致孔隙反弹，温度降低控制着储层压力变化，从温度变化的角度恢复了鄂阳页1井晚侏罗世埋深最大时期的古压力，鄂阳页1井燕山期抬升剥蚀3500 m左右，地层温度降低达160℃，牛蹄塘组页岩压力降低约103 MPa，中侏罗世末地层压力系数为1.57；陡山沱组页岩压力降低约118 MPa，中侏罗世末地层压力系数为2.01；鄂西宜昌地区鄂阳页1井燕山期抬升约3500 m，最大埋深期至今储层温度降低150℃左右，封闭体系内流体热胀冷缩致使储层压力降低。

通过统计分析鄂西—渝东地区二叠系大隆组页岩含气性与埋深的相关性，表明含气量与埋深呈现一定的正相关性，线性拟合度为0.5765。总体呈正相关关系，埋深越大，页岩含气性相对越好（图6.1.12）。页岩含气性在含气量小于3 m^3/t 时，埋深多浅于0.6 km，线性关系更好（鄂长地3井处于浅水陆棚相沉积环境，富有机质页岩厚度较薄，页岩含气性差与TOC含量较低有关），进一步说明抬升幅度大小对二叠系页岩气保存具有较大的影响。而页岩埋深大于1200 m时，页岩含气性与埋深相关性差，页岩气含气性

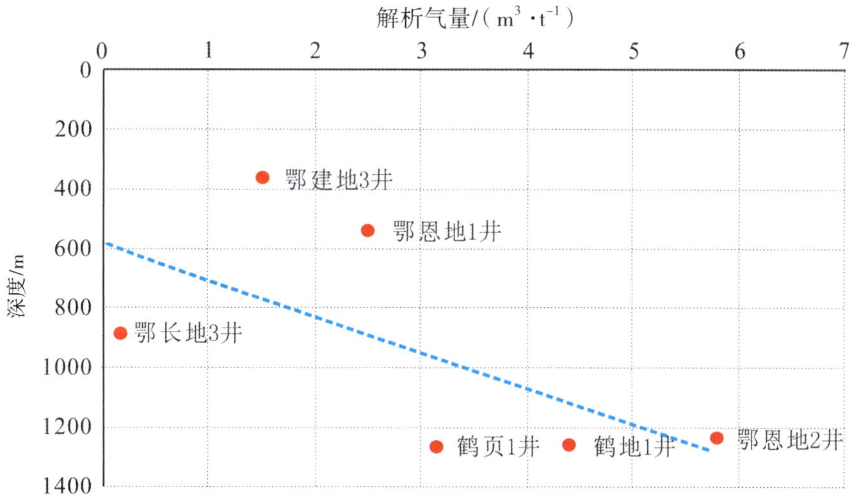

图6.1.12　鄂西地区不同埋深钻井大隆组页岩最高解析气量分布

与埋深及含气量的线性拟合度并不高，这种差异主要与钻井所处的构造位置、断裂发育程度以及其抬升时间早晚有关。根据大隆组页岩含气性与埋深的相关性，推测在沉积相带有利区，埋深大于400 m时页岩含气性普遍大于1 m^3/t，满足页岩气有利区选区评价标准。

6.1.5　裂缝发育的影响

裂缝的发育及其分布对页岩气勘探开发具有重要影响，裂缝不仅能提供一定的储集空间，更是油气运移的重要通道，同时在页岩气的保存中占有举足轻重的地位。在开发过程中，天然裂缝的存在是储层局部渗透率剧增的关键因素。

王宗秀等（2021）根据中上扬子地区中、新生代构造运动演化序列和应力场发展的特点，按照构造运动发生发展的序次和成生联系，对页岩裂缝的主要成因类型进行了划分，主要分为构造裂缝和非构造裂缝，并将构造裂缝划分为3大类、8小类（表6.1.3），并对不同成因类型的裂缝特点进行了分析。

表 6.1.3　裂缝主要力学成因类型分类表

裂缝类型	主要成因	所占比例	亚类	分类标准与依据	形成时期
构造裂缝	由构造运动形成	一般较多发育，占主要地位	区域性裂缝	地层水平时	构造活动期
			褶皱期裂缝	地层发生挠曲时	
			断裂期裂缝	地层发生脆性破裂时	
非构造裂缝	为非构造运动形成	一般较少发育，占次要地位	水平层理缝	准同生期	构造稳定期（沉积建造期或埋藏期等）
			收缩缝	准同生期或风化期	
			缝合线	准同生期	
			卸载缝	剥蚀卸载作用	
			异常压力缝	生烃作用期	

（据王宗秀等，2021）

（1）构造裂缝分类及特点

构造裂缝是沉积盖层中最常见也是最主要的裂缝类型，其发育程度往往在岩层中占主要地位。非构造裂缝占次要地位，部分成因类型仅在泥页岩和碳酸盐岩中相对较发育。构造裂缝按照褶皱、断裂生成与应力场的关系可划分为区域性裂缝（褶皱前裂缝）、褶皱期裂缝、断裂期裂缝3大类：

1）区域性裂缝。指形成于褶皱产生之前，在地层尚处于水平状态下，在构造应力的作用下最早形成的破裂系统，其形成与区域水平挤压应力作用有关，分布服从于地层岩石力学属性和区域应力场作用强度的综合效应。对于中上扬子地区，区域性裂缝的发育程度和优势方位主要受其形成期构造体系的控制，与构造体系形成的构造变形和应力场密切相关。

2）褶皱期裂缝。指在构造应力作用下地层发生挠曲变形过程中形成的裂缝，其形成往往与区域的褶皱造山幕密切相关，在区域的褶皱造山幕界面上下一般为区域的角度不整合面，也是不同构造层的划分界线。侏罗纪末期，即燕山Ⅲ幕（J_3末期褶皱幕）是造成中上扬子地区全面褶皱的重要变革运动时期，褶皱期裂缝系统主要定型于J_3末期（即燕山Ⅲ幕）。燕山Ⅲ幕形成的褶皱压性轴和压性断裂的方向大致相同，断裂可在褶皱核部两侧的翼部发育，形成对冲或背冲构造样式，也可仅在地层产状较陡一侧发育逆冲断层。

3）断裂期裂缝。指在构造应力的作用下地层形成断裂时与断层伴生的裂缝。断裂期裂缝主要包括断裂相关的剪裂缝和张裂缝。在燕山Ⅳ幕（K_1末期），中上扬子地区受到新华夏系断裂系（又称“郯庐系”）的改造作用较为明显，脆性断裂广泛发育。因此，断裂期裂缝主要形成于K_1末期（即燕山Ⅳ幕），燕山Ⅳ幕主要形成4个断裂系统，相应有4组方向的裂缝系统，分别为NNE和NWW向裂缝、NEE向和NNW向裂缝。

（2）非构造裂缝分类和特点

非构造裂缝是在非构造因素作用下，由岩石体积力、重力或是成岩作用等因素诱发形成的一种与构造应力无关，为沉积建造期或埋藏期形成的而且为非构造成因即构造稳定期形成的裂缝。非构造缝主要表现出形态不规则、弯曲的、不连续的裂缝，大部分这类裂缝没有方向上的一致性。非构造缝主要受沉积同生物源、埋藏速率和成岩期温压条件等因素控制，按其对油气的重要意义可分为层理缝、异常高压缝、卸载缝、收缩缝和缝合线。层理缝指地层受到各种地质作用而沿着沉积层理裂开的裂缝，常在页岩中密集发育，层理缝主要增大了沿层理方向发育的连通性，为流体的运移提供了通道；异常高压缝是在页岩储层中因异常高压造成岩石破裂而形成了方向杂乱的张性裂缝，如岩芯能识别出来则代表地下可能富存页岩气；卸载缝主要指构造应力松弛或者是上覆地层被剥蚀时应力被释放或卸载沿薄弱面形成的非构造缝；收缩缝则是由沉积物脱水、岩石矿物相变、热梯度等因素造成的岩石体积缩小的过程中形成的裂缝，就其成因又可分为干燥裂缝、脱水收缩裂缝等多种类型；缝合线是指在深埋藏条件下，岩石在上覆沉积物负荷作用下由于压力和孔隙流体的作用，在应力点上促使岩石矿物颗粒产生选择性溶解，溶解的物质或沉淀于应力较小的颗粒表面或迁移到系统之外，从而形成齿状镶嵌穿插的缝合线构造。非构造裂缝的形成时期主要与沉积岩形成及埋藏成岩期有关。

（3）裂缝发育特征

对岩芯或露头储层裂缝系统基本特征的描述是裂缝分布规律与定量预测的重要组成内容之一，主要包括对裂缝形成类型、形成深度、组系关系、充填情况、裂缝产状、裂缝开度、裂缝间距、裂缝切深以及裂缝力学性质、裂缝孔渗性和裂缝含油气性等参数的统计。

鄂西—渝东地区不同构造裂缝发育程度及产状存在差异。横向上，一般在向斜核部、翼部发育顺层的层理缝。如重庆巫山地区渝巫地1井、湖北恩施地区鄂恩地2井，根据钻井岩芯观察和成像测井解释资料，二叠系大隆组主要发育层理缝，与地层夹角一般小于10°，开度不一，普遍小于1 mm，无充填或不完全充填方解石，个别开度1～3 mm，基本被方解石充填。高角度裂缝基本不发育。而在褶皱转换部位特别是背斜的轴部等一些构造变形较为剧烈的区域，一般会发育一些与地层夹角75°～90°的剪切缝。如湖北建始龙坪复向斜中鄂建页1井，构造位置处于复向斜中次级背斜轴部，受晚期构造挤压作用影响，发育垂向连通甚至连通裂隙。纵向上，通过对鄂恩地1井岩芯观察，裂缝主要发育在大隆组一段、大隆组二段，在大隆组一段识别出裂缝195条，平均10～14条/m，发育更多肉眼难以区分的层理缝。

利用含油气包裹体的均一温度，结合沉积盆地的热演化史（古地温梯度）和储层的埋藏史确定油气的成藏时间，这是目前研究裂缝最常见且较为有效的方法。采集了鄂西—渝东地区不同层位方解石脉和石英脉测得三期流体包裹体温度，分别为144～153℃、105～115℃和90～100℃，相对应的古埋深范围分别为3700～4000 m、2600～2800 m和2100～2400 m。对应的裂缝主要形成时期为燕山期不同时代，这与前期裂缝的力学成因分类是一致的。

裂缝对页岩气保存条件的影响主要使得页岩的孔隙结构发生显著变化，大孔百分比显著增高，中孔比例显著降低，孔隙连通性大大增强。裂缝形成主要与构造运动形成的断裂、褶皱以及抬升卸载作用有关，本章节6.1.2、6.1.3、6.1.4分别讨论了裂缝与断裂、褶皱及抬升剥蚀作用的关系，及其对页岩气藏的影响。本节不再赘述。

6.2 顶底板与隔层封闭性

顶底板封盖性能也是页岩气保存的重要因素。盖层的宏观封闭性主要与顶底板厚度及横向分布、盖层韧性有关。依据岩性、电性和非均质性等特征，鄂西—渝东地区大隆组划分为下、中、上 3段。下段主要岩性为灰黑色薄层状含碳硅质岩夹薄层碳硅质页岩，中段为灰黑色薄—中层状含碳硅质页岩夹深灰色中厚层状含碳微晶灰岩，灰岩呈透镜体状顺层理展布，上段为灰色中—薄层状含钙碳质灰岩，含多层灰绿色薄层状含凝灰质泥岩，局部夹灰黑色薄层状碳质微晶灰岩或微晶灰岩透镜体。区域上的地层展布特点表明，在大隆组台盆相带内地层顶底板岩性组合是较稳定的。大隆组顶板为大冶组一段，主要为深灰色薄层石灰岩与黑色薄层含碳灰质泥岩互层，底部灰质泥岩厚度增大，夹薄—中层石灰岩，大冶组与大隆组呈整合接触，分界标志为一套厚 10～15 cm 的灰绿色凝灰岩（图6.2.1a、b），大冶组一段岩性致密，区域上厚度发育稳定，一般厚 50～100 m。大隆组底板为下窑组石灰岩，主要为一套灰色中厚层状石灰岩、含燧石结核石灰岩夹中层状石灰岩、薄层状石灰岩（图6.2.1c、d），岩性致密，区域上厚度一

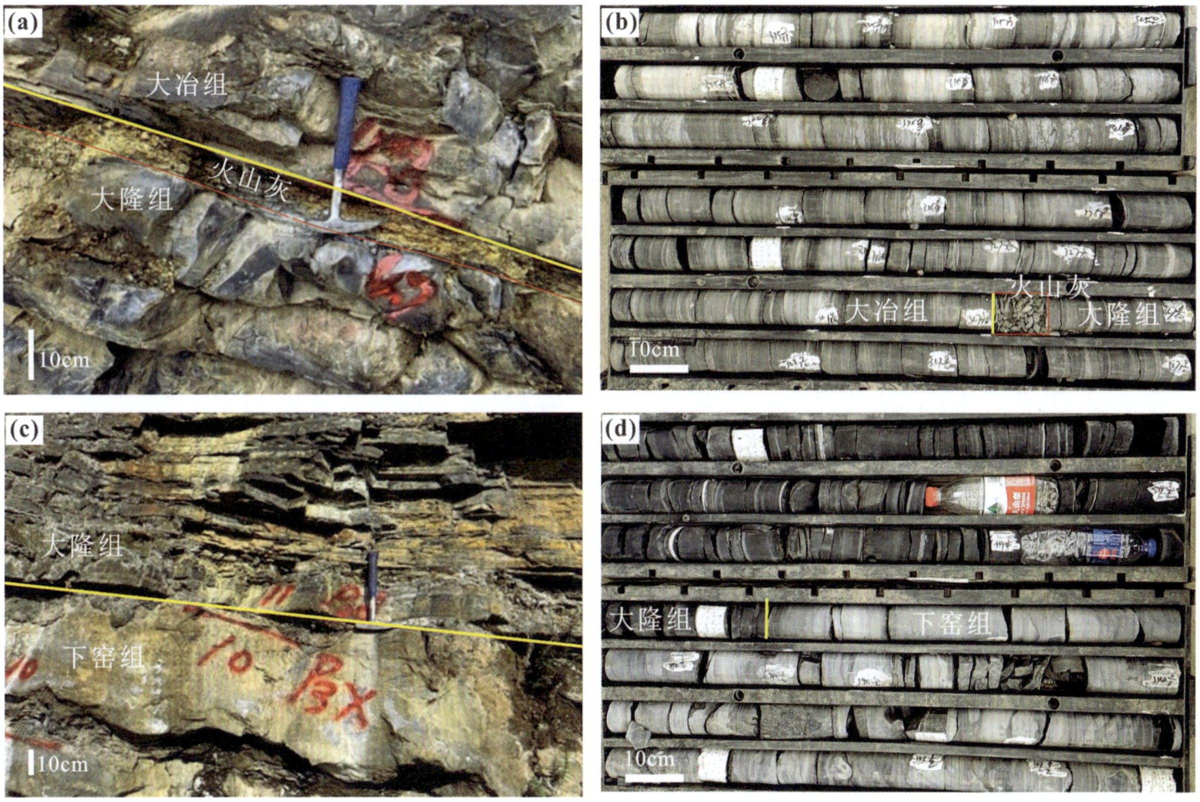

图6.2.1 鄂西—渝东地区大隆组顶底板地层分界线照片
（a）大隆组与大冶组界线（奉节龙门坝剖面）;（b）建地4井大冶组与大隆组界线;
（c）大隆组与下窑组界线（奉节龙门坝剖面）;（d）建地4井大隆组与下窑组界线

般为30～80 m，两者呈整合接触。岩性致密的顶底板条件阻止了大隆组页岩气向上和向下扩散，发挥了重要的纵向封闭作用。

6.3 水文地质条件

6.3.1 区域水动力条件

（1）水动力场模式与基本特征

区域大地构造背景决定了沉积盆地的发展与演化。含油气沉积盆地水动力场的形成、演化是沉积盆地演化在孔隙流体中的综合反映，它直接受盆地气候、地貌、水文网、沉积环境、构造性质及其演化史控制（楼章华等，2008）。

含油气沉积盆地地下水动力场的理想模式可分为对称型和不对称型2种，地下水动力单元大致可以划分为4种类型：①泥岩压实水离心流；②大气水下渗向心流；③层间越流、越流—蒸发泄水；④滞流。

通常盆地边缘大气水不对称下渗，发育向心流；中央凹陷区以泥岩为主的砂泥岩地层压实，发育离心流；大气水下渗向心流与地层压实离心流汇合，发育越流泄水。沉积盆地地下水动力场演化和地下水成因控制了地下水化学场的分布规律。在离心流和向心流流动过程中地下水浓缩、盐化，在越流泄水区形成高浓缩、高盐化地下水。

根据含油气盆地地下水能量特征、流动特征、压力特征及水势面特征等，将盆地按地下水动力环境划分为压实流盆地、重力流盆地、滞流盆地3种类型，但典型纯粹的滞流盆地实属罕见。盆地不同地区往往有不同的地下水动力特征，水动力场出现明显分割性，使得众多含油气沉积盆地成为具过渡性特征的叠合盆地，如压实流—重力流叠合盆地和重力流—滞流叠合盆地。

（2）鄂西—渝东地区现今水动力场与油气保存

鄂西—渝东地区在显生宙经历了加里东、海西、印支、燕山和喜马拉雅多期构造运动改造，大规模逆冲推覆构造主要是燕山期以来的构造运动形成。靠近雪峰山隆起的湘鄂西隔槽式褶皱带的桑植—石门复向斜、宜都—鹤峰复背斜、花果坪复向斜以及中央复背斜先后经历了加里东末期的抬升剥蚀、印支期的抬升和燕山期—喜马拉雅期的强烈褶皱断裂、剥蚀及逆冲推覆，越靠近雪峰山隆起的构造单元，出露地层越古老。复背斜主要出露寒武系—石炭系，而复向斜二叠系和三叠系广泛出露，断裂发育且开启程度较高，大气水下渗强烈，整体处于大气水下渗向心流区，油气保存条件差。

四川盆地外齐岳山断裂以东的利川复向斜处于四川盆地外向盆地内过渡的槽挡构造转换过渡带，向斜核部主要出露地层为三叠系嘉陵江组，整体大气水下渗作用相对较弱，推断该区处于越流泄水带，油气保存条件相对较好，为油气的有利聚集区。

四川盆地内齐岳山断裂以西的川东隔挡式构造带，一直处于构造低位，地层埋深较大，构造带中的石柱复向斜、万县复向斜等主要出露侏罗系，齐岳山复背斜、方斗山复背斜主要出露三叠系，且构造活动相对盆外较弱，地形相对平缓，深大断裂不发育，整体处于泥岩压实排水离心流区，油气保存条件好。

6.3.2 地层水化学性质

（1）地下水化学基本指标

含油气区地下水的地球化学组成，是地下水长期保存、演化及其与围岩、油气有机物等在漫长的地质历史时期相互作用的结果。研究含水层地下水的水化学组成和变化规律，对于了解地下流体场的演化过程，进而评价和预测油气性质和油气聚集规律具有重要意义（白晶等，2020）。

沉积盆地中地下水化学特征研究包括总矿化度、水型、钠氯系数、脱硫系数等内容。地下水化学特征反映了一种构造背景下成藏环境的优劣，其变化反映了油气成藏环境的变化。其中，总矿化度对地下水的化学性质起着主导作用，纵、横向的矿化度变化对解决地质问题有重要意义。

地下水的矿化度也称总矿化度，是指地下水中所含盐分的总量，通常是指用110℃的温度将水烘干，所得的固体残余物的数量。

地下水型可划分为$CaCl_2$型、$NaHCO_3$型、$MgCl_2$型以及Na_2SO_4型（苏林，1956）。一般认为，地表水或浅层地下水主要是Na_2SO_4型，矿化度比较低；深层主要是$CaCl_2$型水，矿化度最高；两者之间一般是$MgCl_2$型水，矿化度亦在两者之间；在浅层和深层均可存在$NaHCO_3$型水，一般浅层矿化度低，深层则较高。

地下水的钠氯系数（$\gamma Na^+/\gamma Cl^-$）是地层封闭性、地下水变质程度和活动性的重要指标，属于环境指标。钠氯系数越大，反映地下水受渗入水的影响越强，对烃类的保存越不利，越小则反映地下水受渗入水影响越弱，对烃类的保存越有利。

脱硫系数［$\gamma SO_4^{2-} \times 100/\gamma(Cl^- + SO_4^{2-})$］是反映地下水氧化还原环境的重要指标，系数越小，地层越封闭，还原环境越强，对有机质向油气转化及油气的保存越有利。

总矿化度、钠氯系数之间在纵向上存在着较好的一致性或匹配性，矿化度高值往往对应于钠氯系数的低值。

（2）地下水纵向分层性

地下水与地表水存在或多或少的联系。通常越靠近地表联系越密切，埋藏越深联系越差。因此，可以根据两者相互联系的程度，将地下水在纵向上划分为3个不同区带，即：自由交替带、交替阻滞带和交替停止带（刘方槐等，1991）。

在自由交替带内，可能由于含水层完全暴露在地表，或含水层位于局部侵蚀基准面以上，或含水层虽然位于局部侵蚀基准面以下，但其本身有良好的渗透性，且供、泄水区距离较近，高差较大使得地表水与地下水基本自由沟通，水力和水化学性质基本一致或差异较小。地下水化学性质与地表水相似，矿化度较低，多数属Na_2SO_4型水，属于活跃的开启的氧化环境，油气藏往往由于缺乏保存条件而遭破坏。

交替停止带因埋深相对较大、上覆岩层透水性能差而与地面隔离，地表水难以渗入。含水层也没有直接的泄水区，地下水泄水方式主要是缓慢的地层压实离心流。地下水矿化度高，通常属$CaCl_2$型水，少数也可受岩性影响出现其他水型，为有利于油气藏保存的封闭环境。

交替阻滞带介于自由交替带和交替停止带之间，为它们之间的过渡带。交替阻滞带上部通常为Na_2SO_4型水，下部为$CaCl_2$和$MgCl_2$型水。在还原条件下，由于生物化学作用，硫酸盐可以被还原而出现$NaHCO_3$型水，在该带下部具备一定的油气保存条件。

总的说来，水文地质开启程度在垂直剖面上随着深度的增加而减弱。交替停止带是不受地表水影响的水文地质带，有利于油气保存。自由交替带受地表水强烈影响，长期冲刷、氧化，不利于油气保存。

（3）油气保存条件的水文地质—地球化学综合评价

地下水水文地质地球化学性质与油气运移、聚集和油气藏破坏存在密切关系，水文地质—地球化学指标能够直观地反映油气保存条件的优劣，其中以大气水活动最为频繁。通过中国南方海相地层地下水水文地球化学基本特征，楼章华（2008）总结出一套比较系统的油气保存条件的水文地球化学综合判别指标体系（表6.3.1）。

表 6.3.1　海相油气保存条件的水文地质—地球化学综合判别指标体系

保存条件	很好（Ⅰ）	好（Ⅱ）	中等（Ⅲ）	差（Ⅳ）
地下水成因	沉积埋藏水	短暂受大气水下渗影响	较长期受大气水下渗影响	长期受大气水下渗影响
矿化度/（$g \cdot L^{-1}$）	>40	30～40	20～30	<20
钠氯系数	<0.87	0.87～0.95	0.95～1.00	>1.00
脱硫系数	<8.50	8.50～15.00	15.00～30.00	>30.00
水型	$CaCl_2$为主，$MgCl_2$次之，偶见$NaHCO_3$和Na_2SO_4		以$MgCl_2$为主，常见Na_2SO_4	$NaHCO_3$和Na_2SO_4

（4）鄂西—渝东地区地下水化学特征与油气保存

以齐岳山大断裂为界，断裂以西的方斗山复背斜以西地区和石柱复向斜地区，由于上古生界—中生界覆盖面积大，目的层埋藏深，水文地质开启程度低，中生界、古生界地下水以沉积埋藏水为主，只有背斜轴部的局部地区大气水沿断裂带和剥蚀露头区下渗。齐岳山断裂以东的鄂西—渝东地区，古生界地下水以封存大气水为主，地下水化学开启程度大，已钻井资料显示可深达3739 m（洗1井），整体地下水化学环境开启性较强，水文地质交替停止带深度较大（楼章华，2008）。

川东地区二叠系长兴组/大隆组地下水以$CaCl_2$型水为主，矿化度变化范围为17～56 g/L。茅口组、栖霞组地下水水型主要为$CaCl_2$型，在四川盆地边缘，如中梁山、观音峡、六合场、石油沟等构造是$NaHCO_3$型水，南温泉、东溪构造、铁山背斜也有Na_2SO_4型水。矿化度一般是14～66 g/L。在盆地内华蓥山断裂南端和重庆附近也各存在一个矿化度小于20 g/L的低值区（楼章华，2008）。

川东、鄂西—渝东、湘鄂西等地三叠系只在向斜区呈零星分布，甚至剥蚀殆尽。鄂西—渝东地区三叠系地下水的水文地球化学特征与川东地区的相比，矿化度有所降低，钠氯系数增大，大气水沿着构造高部位下渗的强度增强。地表出露中、上三叠统时，自由交替带一般在嘉陵江组以上；出露嘉陵江组时，自由交替带可至飞仙关组，渗入水可影响至3000 m。大型断层发育带也影响其邻近地区的水文地质条件，位于齐岳山高断褶带西翼的盐井、卷店等构造，盐井构造飞仙关组及珍珠组矿化度仅1～6 g/L，Na_2SO_4型水；卷店构造从嘉陵江组到下二叠统栖霞组地下水均为Na_2SO_4型，矿化度小于3 g/L，地下自由水交替带可能大于3000 m，其原因与齐岳山断裂供水区沟通有关（刘方槐等，1991）。

因此，对于上古生界来说，齐岳山背斜以西包括川东褶皱带，大面积被侏罗系—三叠系巴东组覆盖，仅局部地区出露下三叠统，该区域对于上组合已构成良好的区域盖层，并经钻探证实为有利的油气保存区带，而湘鄂西地区的上古生界普遍出露地表或剥蚀殆尽，油气保存条件差。

（5）渝巫地1井大隆组地下水化学特征与油气保存

中国地质调查局油气资源调查中心实施的渝巫地1井，位于湘鄂西褶皱带利川复向斜北部东翼，推测处于油气有利聚集的越流泄水带。

渝巫地1井在大隆组实施两段直井压裂，在返排试气期间，通过分离器系统收集了该井大隆组8个水样样品，并送检第三方实验室分析测试了水样的钠、钾、钙、镁、氯、硫酸盐、重碳酸盐和碳酸盐离子（表6.3.2），测试结果表明，渝巫地1井大隆组1308～1360 m井段，地层水水型以$CaCl_2$型为主，偶见$NaHCO_3$型水，矿化度为28.08～48.89 g/L，平均值为38.81 g/L，地层水钠氯系数为0.51～1.17，平均值为0.76，脱硫系数为0～0.76，平均值为0.31。依据油气保存条件的水文地球化学综合判别指标体系（表6.3.1），渝巫地1井大隆组虽然埋深较浅，但是相应地下水指标表明大隆组处于较为封闭性的水文地

表 6.3.2　渝巫地 1 井水样分析测试结果

序号	样品编号	钠/（$mg·L^{-1}$）	钾/（$mg·L^{-1}$）	钙/（$mg·L^{-1}$）	镁/（$mg·L^{-1}$）	氯/（$mg·L^{-1}$）	硫酸盐/（$mg·L^{-1}$）	重碳酸盐/（$mg·L^{-1}$）	矿化度/（$g·L^{-1}$）	钠氯系数	脱硫系数
1	2023-10-21	5700	91.6	4770	191	17200	132	4170	28.08	0.51	0.28
2	2023-11-4	8570	94.3	2690	163	17600	84.2	3500	29.20	0.75	0.18
3	2023-11-10	10600	116	4030	216	24000	69.8	3490	39.03	0.68	0.11
4	2023-11-15	11000	120	3550	207	25600	61.4	3290	40.54	0.66	0.09
5	2024-1-25	12300	122	2430	234	24900	3.24	6260	39.99	0.76	0.00
6	2024-2-11	13100	116	2530	235	26100	5.9	5190	42.09	0.77	0.01
7	2024-2-12	13000	113	2440	241	25900	/	5640	41.69	0.77	0.00
8	2024-2-18	19500	213	4040	428	25700	4.45	5350	49.89	1.17	0.01
	平均值	11721.25	123.23	3310	239.38	23375	45.12	4611.25	38.81	0.76	0.08

质环境，主要以沉积埋藏水为主，短暂受大气水下渗影响，地层纵向垂直带应该处于交替阻滞带底部、交替停止带之上，页岩气保存条件有利。

6.4　典型地震剖面页岩气保存条件分析

鄂西—渝东地区2022年部署实施了渝巫地1井、2023年部署实施了鄂恩页2井、鄂建页2井，基于过这三口钻井的地震剖面的解释分析，我们进一步认清了本区构造演化过程中抬升、断裂、褶皱构造变形对页岩气保存条件的影响。

渝巫地1井所在的JS2017-D1二维地震测线（图6.4.1）地层标定解释了7层，从上往下依次为：三叠系嘉陵江组底界（$T_{1-2}j$，紫红色）、三叠系大冶组底界（T_1d，橘黄色）、二叠系梁山组底界（P_1l，蓝色）、志留系龙马溪组底界（S_1l，深绿色）、奥陶系南津关组底界（O_1n，黄色）、寒武系牛蹄塘组底界（$Є_1n$、浅绿色）、震旦系陡山沱组底界（Z_1d，紫色）。剖面构造形态整体表现为一单斜，发育6条大断裂，F_1（齐岳山断裂）、F_6（建始—彭水断裂）为研究区主要区域大断层，F_2-F_5为F_1派生断层，F_2可能逆冲断穿到三叠系嘉陵江组膏盐岩层，F_3-F_5后续派生断层冲断强度逐渐减弱，断穿志留系底界；此外由于受到区域作用在浅部二叠系和三叠系浅层褶皱挠曲伴生层间小断层。

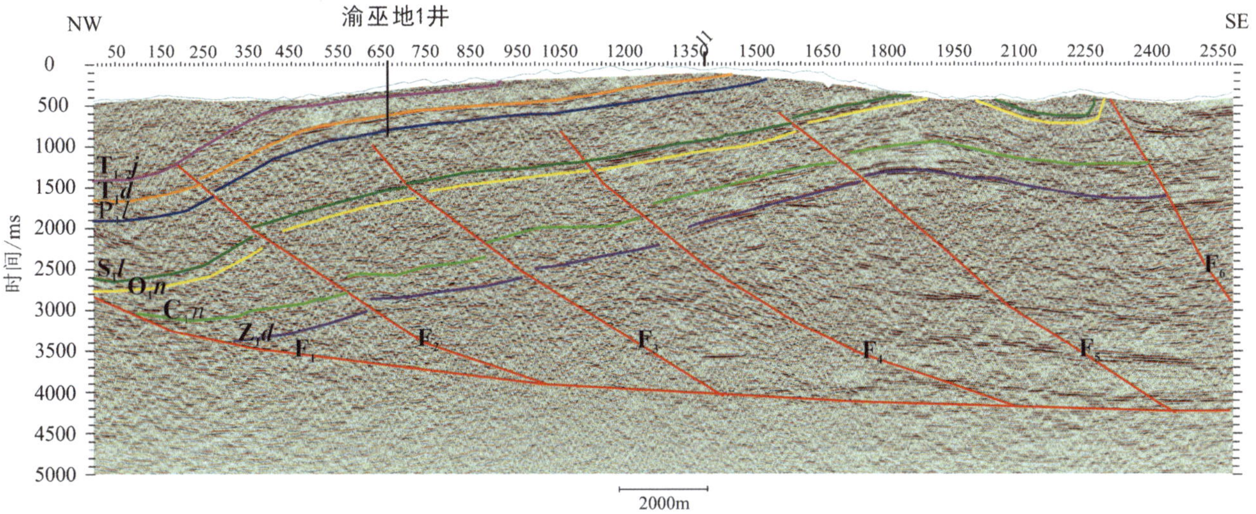

图6.4.1　过渝巫地1井的JS2017-D1二维地震测线解释图

区域上本区发育三套构造层：深部发育一条区域性基底拆离断层，在地震剖面上不可见；中部发育叠瓦式冲断构造；浅部受区域志留系滑脱层影响，形成连续的小型褶曲。受区域滑脱层影响，本剖面可以显示纵向上具有明显的分层结构，剖面可见中、浅两套构造变形层。

2017-D1二维地震测线构造演化剖面（图6.4.2）显示，工区燕山期前构造运动整体表现为区域隆升，现今的冲断褶皱变形主要形成于燕山期。也就表明燕山期前的整体抬升对页岩气保存条件未产生影响；而燕山期开始的构造运动产生的断裂、褶皱构造变形对页岩气保存条件造成影响，需要在其中寻找相对稳定和保存较好的单元。通天断裂附近页岩气保存条件差，与断层有关的裂缝发育，会造成页岩气逸散；井位与断裂距离的关系研究表明：距一级断裂（断层规模达100 km）>8 km保存条件较好；距二级断裂（断层规模达10～100 km）>5 km保存条件较好；距三级断裂（断层规模达1～10 km）>2 km保存条件较好；四级断裂（断层规模达0.1～1 km）影响范围较小，有的穿过断裂的井也有较好的产量。本次解释的距离渝巫地1井最近的断裂F_2为三级断裂，距离井位约3 km，对井点位置页岩气保存条件影响较小。

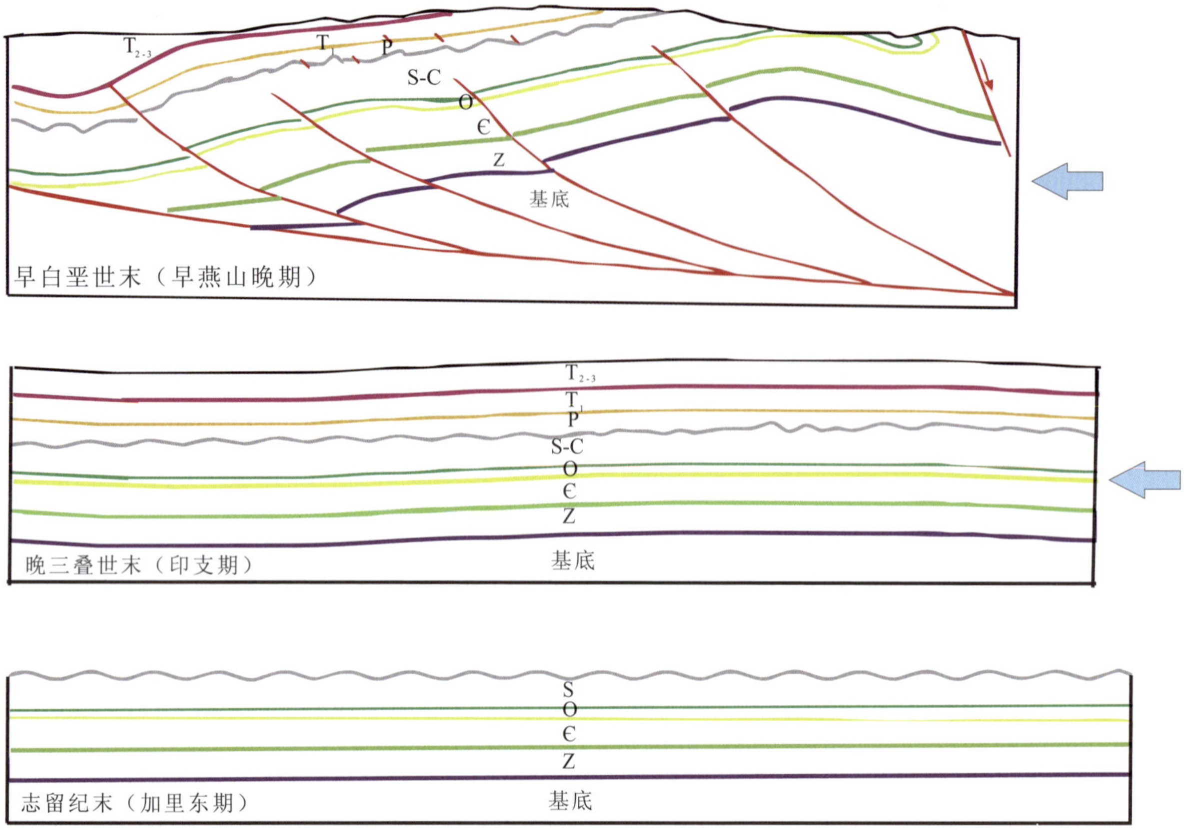

图6.4.2 JS2017-D1构造剖面演化图

鄂恩页2井所在的ES2023-D1二维地震测线（图6.4.3）地层标定解释了7层，从上往下依次为：三叠系嘉陵江组底界（$T_{1-2}j$）、三叠系大冶组底界（T_1d）、二叠系龙潭组底界（P_2l）、二叠系梁山组底界（P_1l）、志留系龙马溪组底界（S_1l）、中寒武统底界（$Є_2$）、寒武系牛蹄塘组底界（$Є_1n$）。剖面构造形态整体表现为一向斜，两翼不对称，向斜中央受到区域来自东南的推动作用形成隆起，鄂恩页2井部署在向斜西北翼。本区发育的建始大断裂将向斜分割成两部分，向斜东南翼受到区域作用力改造影响较大，

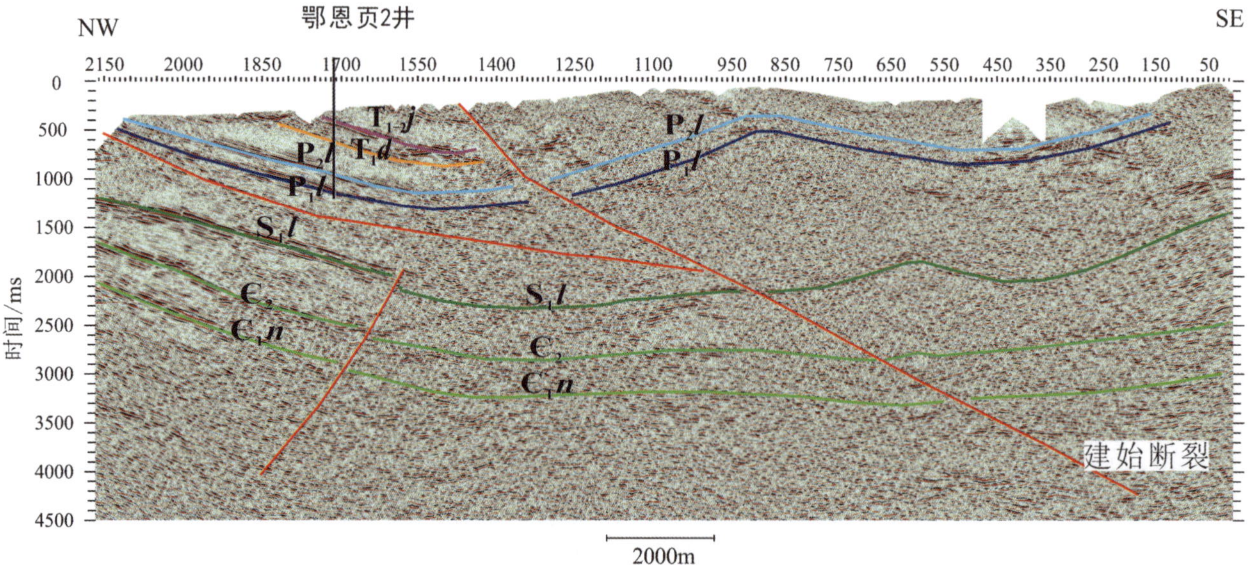

图6.4.3 过鄂恩页2井的ES2023-D1二维地震测线解释图

西北翼地层连续稳定，受到的影响较小。受到志留系滑脱层影响，建始断层派生的断层将西北翼沿着志留系滑脱层分割成上下两套地层组合，各自都保持相对稳定。鄂恩页2井位于志留系滑脱层上部的地层组合，整个上组合地层连续平缓完整，不发育层间断层，而且鄂恩页2井距离通天的建始大断裂距离超过3 km，所以本井对于二叠系页岩气具有完好的保存条件。

鄂建页2井所在的JS2023-D1二维地震测线（图6.4.4）地层标定同样解释了7层，从上往下依次为：三叠系嘉陵江组底界（$T_{1-2}j$）、三叠系大冶组底界（T_1d）、二叠系龙潭组底界（P_2l）、二叠系梁山组底界（P_1l）、志留系龙马溪组底界（S_1l）、中寒武统底界（$Є_2$）、寒武系牛蹄塘组底界（$Є_1n$）。地震剖面从西北至东南横切红岩寺向斜，由于向斜中央受到区域来自东南方向雪峰山的逆冲推覆作用，使得向斜两翼受到的作用力不同，建始大断裂在向斜西北翼出露地表，而在向斜东南翼受到建始大断裂派生逆冲断裂的反冲断裂反向协调控制，但是红岩寺向斜核部志留系滑脱层以上的地层整体稳定，未受到破坏，二叠系大隆组页岩气保存条件良好，部署在红岩寺向斜核部的鄂建页2井在大隆组、孤峰组获得页岩气重要发现。

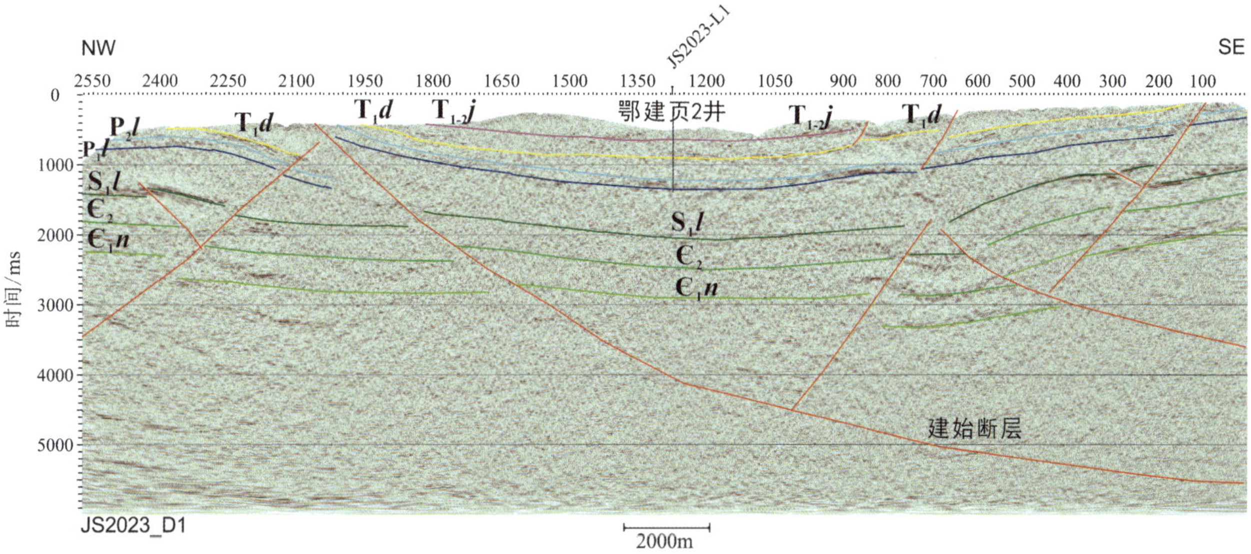

图6.4.4　过鄂建页2井的JS2023-D1二维地震测线解释

6.5　保存条件综合评价

6.5.1　综合评价指标体系

综合前述，通过对页岩气形成后期构造抬升过程中，断裂、褶皱变形以及上覆地层剥蚀泄压造成的页岩气逸散过程研究，总结提出了断裂发育、褶皱形态和上覆地层厚度是页岩气保存三大主控因素。

其中，具有一定的埋深是页岩气具有持续保存能力的必要条件，高演化程度的海相泥页岩由于抬升剥蚀作用地层压力大幅度减小而造成自身裂缝开启程度增加是页岩气保存条件遭受破坏的重要因素。另外，由于页岩气层段横向散失作用远远大于垂向，扩散作用尤其是横向扩散是造成页岩气散失的重要因素。根据天然气扩散作用的主要规律，影响扩散作用最重要的因素就是页岩层距离地层露头剥蚀区或地层缺失区的距离，距离越短，散失作用越强烈。地层剥蚀区和地层缺失区都是页岩气横向扩散的指向地区。通过统计五峰组—龙马溪组页岩气开发数据发现，距离剥蚀露头区或地层缺失区小于5 km，保存条件差；5 ~ 10 km之间，保存条件一般；10 ~ 15 km，保存条件较好；大于15 km，保存条件好。

结合南方主要页岩气田勘探开发数据，以及断层影响带的发育规律及其力学成因，认为距开启性断裂<2 km，保存条件差；2 ~ 5 km，保存条件一般；5 ~ 8 km，保存条件较好；大于8km，保存条件好。类似，距逆冲断裂<2 km，保存条件差；2 ~ 5 km，保存条件一般；5 ~ 8.5 km，保存条件较好；大于8.5 km，保存条件好。

依据区域地质资料中地层剥蚀抬升情况、地层倾角、距断裂距离、断裂密度等多方面因素综合表征页岩层的变形程度，建立了针对鄂西—渝东地区二叠系页岩气保存条件评价参数体系（表6.5.1），主要通过断层、褶皱和地层产状三大类参数来表征页岩气保存条件，并对断层、褶皱和地层产状三大类参数分别进一步细致划分，并折算构造保存条件评价指数，最终综合评判页岩气保存条件。

表 6.5.1 鄂西—渝东地区页岩气构造保存条件评价体系

参数大类	评价参数	评价标准		
		好	较好	差
断层	断层性质	逆断层	正断层	走滑伸展断层
	断层密度	低	中	高
	断裂时间	早（加里东期）	较早（海西—印支期）	晚（燕山期）
	断裂规模	小断裂	中等断裂	大断裂
	距断裂距离	远（>8 km）	中等	近（<2 km）
褶皱	褶皱部位	向斜转折端	偏向斜翼	背斜转折端
	翼间角	宽（140° ~ 180°）	较宽（140° ~ 100°）	窄（60° ~ 0°）
	褶皱时间	早（前印支期）	较早（印支期）	晚（燕山期）
地层	地层倾角	缓（0 ~ 20°）	较缓（20° ~ 40°）	陡（60° ~ 90°）
	地层埋深	>2500 m	400 ~ 2500 m	<400 m
	距剥蚀区距离	远	中等	近

6.5.2 评价方法及有利保存单元

鄂西—渝东地区二叠系大隆组富有机质页岩自沉积以来先后经历了印支期、燕山期和喜马拉雅期多期构造运动，页岩层系变形强烈，断裂和裂缝异常发育，因此如何从区域上预测并评价页岩气的保存条件至关重要。根据上述复杂构造区构造抬升剥蚀、褶皱变形和断裂作用等构造改造对页岩气富集保存的影响，提取目的层断层、褶皱和地层产状三种地质信息作为评价参数，并分别对它们细致划分并赋予相应权值，以达到将地质参数折算为页岩气保存条件评价指数之目的。最后按照不同构造带进行相应评价，综合累加计算保存指数，实现保存条件的定量评价，具体如下：

鄂西—渝东地区二叠系断层、褶皱和地层产状三大类地质信息评价参数，对于区域页岩气保存条件控制作用权重有所不同。综合分析判断，分别对断层、褶皱和地层产状赋予0.5、0.3、0.2的权系数。

（1）断裂指数（权系数0.5）

鄂西—渝东地区页岩层系经历了多期构造运动，页岩层系变形强烈，断裂和裂缝异常发育，形成多级别断裂，致使页岩气散失严重。对断层指数进一步细化分解为断层性质、断层密度、断裂时间、断裂规模、距断裂距离五个二级评价参数，分别都赋予0.1的权系数，再依据其相应评价标准和评价等级的概率值，得到最终所对应的评价权值。

（2）褶皱指数（权系数0.3）

鄂西—渝东地区的复杂构造运动造成了该区不同样式和不同类型的褶皱形成，相应对于页岩气的保存会造成不同影响。对褶皱指数进一步细化分解为褶皱部位、翼间角和褶皱时间三个二级评价参数，也分别都赋予0.1的权系数，同断层指数一样，再依据褶皱指数相应评价标准和评价等级的概率值，得到最终所对应的评价权值。

（3）地层指数（权系数0.2）

地层指数主要受到构造改造作用的影响，所以赋予的权系数值较低。对地层指数进一步细化分解为地层倾角、地层埋深和距离剥蚀区距离三个二级评价参数，同理赋予相应权系数。

页岩气构造保存条件评价参数评分表如表6.5.2所示；依据三大项参数评分结果，得到最终综合评价。最终的鄂西—渝东地区二叠系大隆组页岩气构造保存条件分级评价表如表6.5.3所示，依据综合评价系数，可以将鄂西—渝东地区页岩气构造保存条件分为好、较好、一般、差四个等级，对应的综合评价系数分别为>0.75、0.75～0.5、0.5～0.3、<0.3。

表 6.5.2　鄂西—渝东地区页岩气构造保存条件评价参数评分

评价参数及权系数	评价指标	评价标准	评价等级	概率值	权值
断层（0.5）	断层性质（0.1）	逆断层	好	1	0.1
		正断层	较好	0.6	0.06
		走滑伸展断层	差	0.2	0.02
	断层密度（0.1）	低	好	1	0.1
		中	较好	0.6	0.06
		高	差	0.2	0.02
	断裂时间（0.1）	早（加里东期）	好	1	0.1
		较早（海西—印支期）	较好	0.6	0.06
		晚（燕山期）	差	0.2	0.02
	断裂规模（0.1）	小断裂	好	1	0.1
		中等断裂	较好	0.6	0.06
		大断裂	差	0.2	0.02
	距断裂距离（0.1）	远（>8km）	好	1	0.1
		中等	较好	0.6	0.06
		近（<2km）	差	0.2	0.02
褶皱（0.3）	褶皱部位（0.1）	向斜转折端	好	1	0.1
		偏向斜翼	较好	0.6	0.06
		背斜转折端	差	0.2	0.02
	翼间角（0.1）	宽（140°～180°）	好	1	0.1
		较宽（140°～100°）	较好	0.6	0.06
		窄（60°～0°）	差	0.2	0.02
	褶皱时间（0.1）	早（前印支期）	好	1	0.1
		较早（印支期）	较好	0.6	0.06
		晚（燕山期）	差	0.2	0.02
地层（0.2）	地层倾角（0.1）	缓（0°～20°）	好	1	0.1
		较缓（20°～40°）	较好	0.6	0.06
		陡（60°～90°）	差	0.2	0.02
	地层埋深（0.05）	>2500 m	好	1	0.05
		400～2500 m	较好	0.6	0.03
		<400 m	差	0.2	0.01
	距剥蚀区距离（0.05）	远	好	1	0.05
		中等	较好	0.6	0.03
		近	差	0.2	0.01

表 6.5.3　鄂西—渝东地区页岩气构造保存条件分级评价

评价级别	好（Ⅰ）	较好（Ⅱ）	一般（Ⅲ）	差（Ⅳ）
综合保存系数	>0.75	0.75～0.5	0.5～0.3	<0.3

基于以上评价标准和评价分级，对鄂西—渝东地区不同三级构造单元二叠系大隆组页岩气保存单元进行了细致划分和逐项评价研究，综合得到鄂西—渝东地区二叠系大隆组页岩气保存条件评价结果（表6.5.4，图6.5.1）。

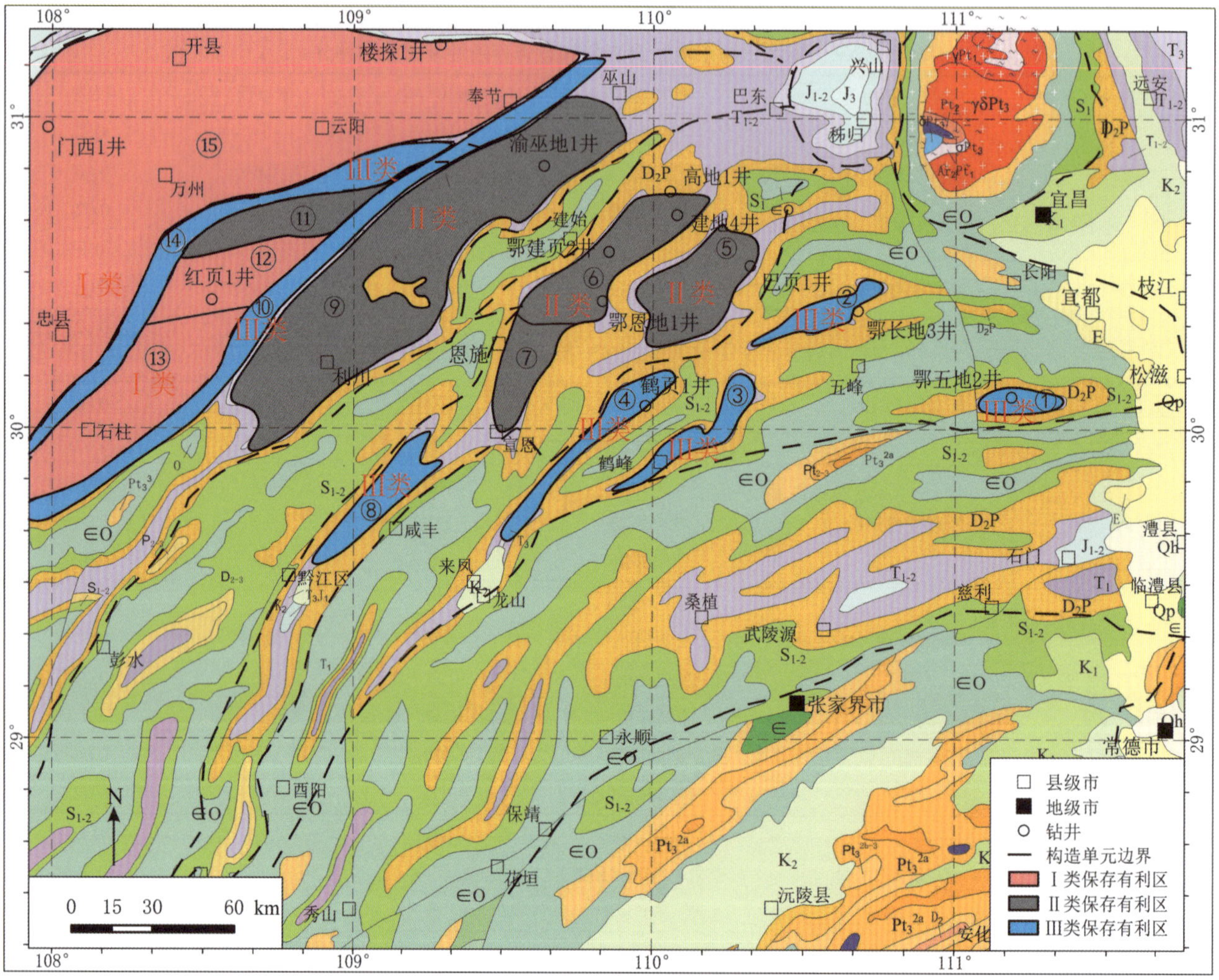

图6.5.1　鄂西—渝东地区二叠系大隆组页岩气有利保存单元评价

表 6.5.4　鄂西—渝东地区二叠系大隆组页岩气有利保存单元评价

构造带名称	构造分区	断裂条件评价	褶皱条件评价	地层条件评价	综合保存系数	保存级别
宜都—鹤峰复背斜	①仁和坪向斜	0.22	0.06	0.1	0.38	Ⅲ
	②火烧坪向斜	0.22	0.06	0.1	0.38	Ⅲ
	③鹤峰向斜	0.22	0.06	0.1	0.38	Ⅲ
	④来凤	0.22	0.06	0.1	0.38	Ⅲ

续表

构造带名称	构造分区	断裂条件评价	褶皱条件评价	地层条件评价	综合保存系数	保存级别
花果坪复向斜	⑤清太坪向斜	0.34	0.18	0.12	0.64	Ⅱ
	⑥红岩寺向斜	0.34	0.18	0.12	0.64	Ⅱ
	⑦七里坪向斜	0.34	0.18	0.12	0.64	Ⅱ
	⑧南部	0.22	0.06	0.1	0.38	Ⅲ
利川复向斜	⑨北部	0.38	0.18	0.12	0.68	Ⅱ
齐岳山复背斜	⑩齐岳山构造	0.22	0.06	0.12	0.4	Ⅲ
石柱复向斜	⑪龙驹坝高陡构造	0.38	0.18	0.15	0.71	Ⅱ
	⑫建南低缓背斜	0.4	0.18	0.18	0.76	Ⅰ
	⑬茶园坪断褶构造	0.42	0.22	0.15	0.79	Ⅰ
方斗山复背斜	⑭方斗山构造	0.22	0.06	0.12	0.4	Ⅲ
万县复向斜	⑮全部地区	0.42	0.22	0.15	0.79	Ⅰ

注：表中编号对应图6.5.1。

结果显示，评价所得的页岩气保存条件区域结果与前期已有钻井勘探结果具有良好的相关性；鄂西—渝东地区矿权区外的页岩气有利保存单元主要为Ⅱ类和Ⅲ类有利保存单元，区域发育的Ⅱ类有利保存单元，是下一步页岩气调查的目标区域。

7 页岩含气性

7.1 钻井显示与现场含气量解析

7.1.1 渝巫地1井

渝巫地1井是中国地质调查局油气资源调查中心部署在重庆巫山的一口页岩气地质调查井，主要钻探目的是探索二叠系大隆组页岩含气性，获取二叠系孤峰组页岩、栖霞组—茅口组储层地质资料，为页岩气资源潜力评价提供资料。该井地理位置为重庆市巫山县庙宇镇玉米村，构造位置为湘鄂西褶皱带利川复向斜东北部（图6.5.1）。从过井剖面来看（图6.4.1），渝巫地1井位于向斜的北东翼部，断裂不发育，二叠系上统地层连续性好，上覆地层厚度大，具有较好的页岩气保存条件。

该井于2022年9月5日开工，2023年1月2日完井，完钻井深2024 m。该井在1310～1360 m，钻遇大隆组含气页岩50 m，主要岩性为灰黑色碳质页岩，有机质丰度高，气测显示良好。渝巫地1井在钻井液密度为1.08 g/cm^{3}的条件下，大隆组气测显示活跃，气测全烃值为0.145%～14.763%，平均值达到4%，全烃最高值达到14.76%，甲烷最高值达到12.36%。其中1310～1317 m和1329～1359 m两个层段的全烃平均值超过5%。页岩层段普遍含气性良好，现场浸水实验可见气泡沿大隆组页岩的页理缝呈串珠状连续溢出（图7.1.1a，b）。现场对大隆组下段进行岩芯含气量解析22件，现场解析含气量最高达3.75 m^3/t，平均值为2.19 m^3/t（不含损失气和残余气）；总含气量中20件样品的含气量大于2.5 m^3/t，最高达到5.41 m^3/t，平均含气量为3.34 m^3/t（表7.1.1），从含气量上来看，达到了Ⅰ类含气页岩储层标准（>3 m^3/t）。该井首次在利川复向斜二叠系大隆组获良好页岩气显示，与周缘二叠系钻井相比，其含气层位更厚，气测异常更高，实现了新区新层系页岩气调查重大发现。

2023年10月，中国地质调查局油气资源调查中心对渝巫地1井大隆组开展地层含气性测试，试获稳定页岩气工业气流，实现了鄂西—渝东复杂构造区大隆组新区页岩气重大突破。采用3 mm油嘴定深测试求产，现场火焰高度达3～5 m（图7.1.2），获4234 m^3/d稳定页岩气工业气流；截至2024年6月，累计产气超过20×10^4 m^3。

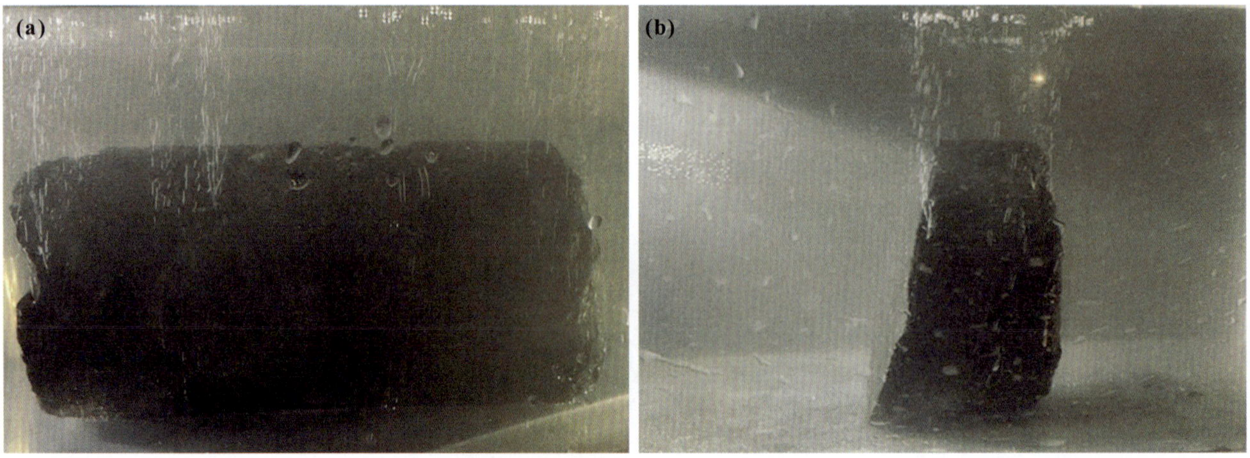

图7.1.1 渝巫地1井岩芯浸水实验
（a）1350 m深度；（b）1355 m深度

表 7.1.1　渝巫地 1 井大隆组解析气含量

样品编号	深度/m	现场解析气含量/($m^3 \cdot t^{-1}$)	损失气含量/($m^3 \cdot t^{-1}$)	可解析气量/($m^3 \cdot t^{-1}$)
YWD1-1-01	1331.3	2.03	1.19	3.22
YWD1-1-02	1333.2	1.58	0.88	2.47
YWD1-1-03	1334.7	2.88	1.64	4.52
YWD1-1-04	1336.4	2.21	1.1	3.32
YWD1-1-05	1337.3	2.31	1.12	3.43
YWD1-1-06	1338.8	2.46	1.11	3.57
YWD1-1-08	1340.5	3.15	1.88	5.03
YWD1-1-10	1342.7	2.67	1.26	3.92
YWD1-1-11	1343.9	1.52	1.09	2.61
YWD1-1-12	1345.3	0.9	0.77	1.68
YWD1-2-07	1350.7	2.14	0.95	3.09
YWD1-2-09	1350.8	3.75	1.66	5.41
YWD1-3-12	1352.9	1.84	1.38	3.21
YWD1-3-11	1353.5	2.34	1.07	3.4
YWD1-3-01	1353.9	1.57	0.87	2.44
YWD1-3-02	1354.4	2.14	1	3.14
YWD1-3-03	1355.0	3	1.52	4.51
YWD1-3-04	1356.1	1.62	0.97	2.58
YWD1-3-05	1356.5	2.02	1.23	3.25
YWD1-3-06	1357.3	1.93	1.05	2.97
YWD1-3-07	1358.0	2.14	0.9	3.04
YWD1-3-10	1358.6	1.94	0.8	2.74
平均值		2.19	1.24	3.34

图7.1.2　渝巫地1井现场测试火焰

7.1.2 鄂建页2井

鄂建页2井是中国地质调查局油气资源调查中心部署在湖北建始的一口页岩气参数井，设计进尺2800 m。主探二叠系大隆组、孤峰组页岩气，力争新区获得页岩气重要新发现；获取目的层评价参数，为后续评价储层产能提供依据。该井地理位置为湖北省建始县三里乡农科村，构造位置为花果坪复向斜红岩寺向斜核部（图6.5.1）。从过井地震剖面上来看（图6.4.4），鄂建页2井位于宽缓向斜核部，向斜内上二叠统发育稳定，断层规模较小，上覆地层厚度较大，具有较好的保存条件。

该井于2023年9月16日开钻，11月25日完钻，完钻深度为2806 m，钻穿二叠系，完钻层位为石炭系黄龙组。该井大隆组页岩埋深为2360～2402 m，岩性主要为灰黑色含钙碳质页岩，该段气测全烃最高值为16.18%，甲烷最高值为15.67%（图7.1.3），现场解析气量为0.05～3.53 m^3/t，计算含气量为0.06～7.03 m^3/t，平均含气量为2.91 m^3/t，中下部页岩层现场解析总含气量平均值为4.29 m^3/t（19块样品），达到Ⅰ类含气

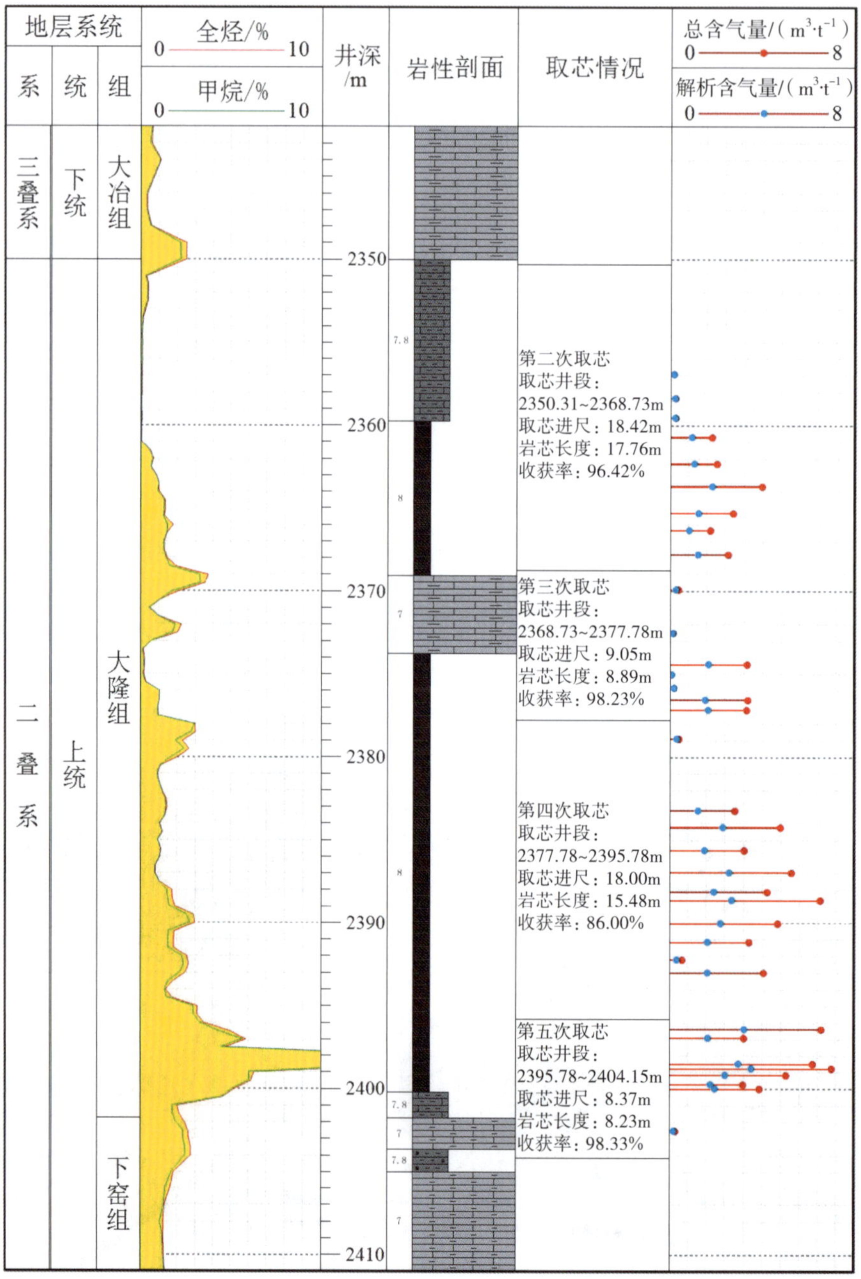

图7.1.3 鄂建页2井现场解析含气量纵向分布

储层标准（>3 m^3/t）。同时，该井在下窑组底部、龙潭组、孤峰组见良好页岩气显示。孤峰组厚度43.7 m，气测全烃最高7.48%，甲烷6.98%，现场解析气量为0.12～4.9 m^3/t，计算含气量为0.14～8.71 m^3/t，平均含气量为2.92 m^3/t，其中优质含气页岩层段10 m，总含气量平均值为7.03 m^3/t（8个样品）。此发现进一步拓展了立体勘探层系。该井在大隆组获页岩气重要发现，进一步证实了存在二叠系页岩气有利区，夯实了接续基地资源基础。

7.1.3 其他钻井

鄂西—渝东地区二叠系大隆组优质页岩含气量高，总体含气性好。对于页岩气藏，含气性是初步评估泥页岩是否有勘探价值的最直接参数。鄂西—渝东地区常规天然气勘探阶段，过路井在钻遇大隆组页岩时往往具有较好的气测显示；页岩气勘探阶段，大量的页岩气现场解析数据也说明了大隆组具有较高含气量（表7.1.2）。恩施地区鄂恩地1井在大隆组获得了较显著的页岩气显示，大隆组共解析样品17个，含气量介于0.26～2.5 m^3/t，平均为1.28 m^3/t，下部含气性较好且连续。鹤峰地区鹤地1井大隆组共进行现场解析样品22个，上部8个样品平均含气量为0.57 m^3/t，下部14个样品平均含气量达到1.6 m^3/t。巴东地区巴页1井大隆组共解析样品18个，解析数据分布于0.109～2.27 m^3/t之间，平均值为0.878 m^3/t，解析气含量高值出现在大隆组中部、下部硅质页岩，多大于0.50 m^3/t，解析气含量多分布在1.50 m^3/t附近。鄂建地3井现场解析实验表明，大隆组下部含气量最大可达1.51 m^3/t。高地1井现场解析气含量较高，最高接近3 m^3/t，平均为2.13 m^3/t。鄂长地3井大隆组含气性较差，最大含气量仅为0.2 m^3/t。建地3井含气性较好，含气量介于0.26～9.91 m^3/t，平均为2.88 m^3/t，含气量最高值出现在大隆组中下部。红星地区红页1井、红页2井、红页3井吴家坪组二段（大隆组下部）的含气量也都超过了3 m^3/t。

表 7.1.2 鄂西—渝东地区大隆组钻井含气量

井号	目的层深度/m	含气量/（$m^3 \cdot t^{-1}$）
鄂恩地1井	520～570	0.26～2.5/1.28（17）
鹤地1井	1250～1290	0.05～4.39/1.22（22）
高地1井	680～720	0.7～2.9/2.13（6）
恩页2井	1770～1810	0.18～7.32/3.87（27）
红页1井	3300～3320	3.81（1）
红页3井	3836～3862	4.84（1）
鄂建页2井	2350～2400	0.55～7.03/4.29（19）
巴页1井	620～720	0.11～2.27/0.88（18）
鄂建地3井	335～370	1.51（1）
鄂长地3井	880～890	0.15（4）
建地3井	325～375	0.26～9.91/2.88（43）
红页2井	3600～3620	4.23（1）
渝巫地1井	1330～1360	1.68～5.41/3. 34（22）

综合分析认为，鄂西—渝东地区大隆组页岩整体含气，尤其是中下部含气性较好。平面上，渝东地区构造改造相对较弱，大隆组含气性要优于鄂西地区，具备较好的勘探开发潜力。上述大隆组页岩气的系列发现表明，盆外复杂构造区内相对弱变形区是页岩气勘探的重要方向，大隆组页岩具有良好的勘探前景，是页岩气增储上产的又一重点领域。

7.2 页岩气组分

页岩气的组分特征是气体地球化学研究中最主要且常用的参数之一。由于页岩气具有多样的母质类型，复杂的热演化过程以及多种次生作用，所以自然界中页岩气的化学组分变化非常大。页岩气都是由多种有机成因和无机成因的气体所组成的。关于天然气化学组分的控制因素及变化规律前人已经做了大量的工作，这些研究对于讨论天然气的成因来源、判识天然气的母质类型、探究天然气的形成规律及追溯天然气的成藏过程都有十分重要的意义。

本次研究系统采集了渝巫地1井大隆组岩芯解析气气样21个进行组分分析。从测试结果（表7.2.1）来看，大隆组页岩气组分以甲烷为主，甲烷含量介于97.19%～99.31%之间，平均为98.69%，乙烷含量为0.59%～1.49%，丙烷为0.01%～0.03%，且具有随碳原子数增大含量减少的趋势，丁烷及以上重烃基本不含。鄂西—渝东地区大隆组页岩气湿度系数（C_{2-5}/C_{1-5}）很低，分布在0.60%～1.52%之间，为干气，略高于四川盆地五峰组—龙马溪组页岩气0.33%～0.87%（李剑等，2021），与美国巴内特页岩气0.65%～1.61%相近（Rodriguez and Philp，2010）。此外，本次研究还采集了压裂施工后2023年11月4日至11月19日的天然气样品进行分析，测试结果同样以烷烃气体为主（表7.2.2），其中湿度系数为0.63%，表现为干气的特征，与解析气结果相一致。鄂西—渝东地区页岩气高含量的甲烷指示其成熟度高。天然气中的非烃成分主要为二氧化碳、氢气和氦气，但含量均非常低，平均值分别为0.30%、0.01%、0.02%，CO_2除一个样品外都未超过1%，三者之间没有明显的相关性，未检测到硫化氢气体，与五峰组—龙马溪组页岩气相一致。偏低的非烃气体含量可能由于大隆组页岩生烃能力强，造成了非烃类气体的稀释。

表 7.2.1　渝巫地 1 井解析气样品组分及同位素数据

样品编号	深度/m	主要组分及含量/%						湿度/%	$\delta^{13}C_{-VPDB}$/‰	
		CH_4	C_2H_6	C_3H_8	CO_2	H_2	He		C_1	C_2
YWD1-1-01	1331.27	98.83	1.06	0.02	0.07	0.00	0.02	1.08	−21.8	−35.1
YWD1-1-02	1333.15	98.38	1.21	0.02	0.35	0.03	0.02	1.24	−30.7	−37.7
YWD1-1-03	1334.66	98.93	0.93	0.02	0.10	0.00	0.02	0.95	−28.7	−37.2
YWD1-1-04	1336.35	99.02	0.89	0.02	0.06	0.00	0.02	0.91	−18.6	−33.8
YWD1-1-05	1337.28	98.51	1.21	0.04	0.24	0.00	0.00	1.25	−16.3	−33.4
YWD1-1-06	1338.80	98.53	1.06	0.03	0.35	0.01	0.02	1.09	−24.8	−35.4
YWD1-1-08	1340.49	99.21	0.69	0.02	0.05	0.00	0.03	0.71	−28.2	−36.1
YWD1-1-10	1342.75	99.23	0.68	0.02	0.05	0.00	0.02	0.69	−22.5	−33.5
YWD1-1-11	1343.88	98.23	1.49	0.03	0.21	0.02	0.02	1.52	−30.5	−38.2
YWD1-1-12	1345.31	98.84	0.96	0.02	0.15	0.01	0.02	0.98	−28.5	−35.3
YWD1-2-07	1350.65	99.20	0.69	0.01	0.08	0.00	0.02	0.70	−30.4	−37.4
YWD1-2-09	1350.80	99.25	0.65	0.01	0.06	0.01	0.03	0.66	−32.1	−38.2
YWD1-3-11	1353.45	97.96	1.29	0.03	0.70	0.02	0.01	1.32	−26.6	−36.8
YWD1-3-01	1353.92	99.05	0.76	0.02	0.14	0.01	0.02	0.78	−30.9	−37.0
YWD1-3-02	1354.40	99.20	0.68	0.02	0.08	0.01	0.02	0.69	−31.2	−37.0
YWD1-3-03	1355.01	98.32	1.11	0.02	0.54	0.00	0.02	1.13	−28.8	−38.1
YWD1-3-04	1356.06	98.53	0.90	0.02	0.51	0.02	0.02	0.92	−29.3	−37.6
YWD1-3-05	1356.50	99.31	0.59	0.01	0.06	0.00	0.02	0.60	−33.0	−37.3
YWD1-3-06	1357.31	98.42	1.07	0.02	0.47	0.01	0.01	1.10	−25.6	−36.5
YWD1-3-07	1357.95	97.19	1.35	0.03	1.42	0.00	0.01	1.40	−24.4	−34.7
YWD1-3-10	1358.63	98.25	1.10	0.02	0.60	0.01	0.01	1.13	−27.9	−37.1
平均值		98.69	0.97	0.02	0.30	0.01	0.02	0.99	−27.2	−36.4

表 7.2.2 渝巫地 1 井放喷气样品组分数据

样品日期	主要组分及含量/%								湿度/%
	CH_4	C_2H_6	C_3H_8	C_4H_{10}	C_5H_{12}	O_2+N_2	CO_2	H_2	
2023.11.04	79.68	0.49	0.007	0.00	0.00	3.03	15.7	0.15	0.62
2023.11.05	86.17	0.54	0.007	0.00	0.00	4.57	5.05	0.00	0.63
2023.11.06	87.54	0.55	0.007	0.00	0.00	2.57	6.11	0.00	0.63
2023.11.07	87.23	0.55	0.007	0.00	0.00	4.17	4.39	0.00	0.63
2023.11.08	87.91	0.58	0.007	0.00	0.00	3.59	3.95	0.00	0.64
2023.11.09	85.31	0.53	0.007	0.00	0.00	5.41	1.89	0.00	0.62
2023.11.10	85.59	0.54	0.007	0.00	0.00	3.27	4.14	0.01	0.63
2023.11.11	86.79	0.54	0.006	0.00	0.00	3.54	3.13	0.01	0.62
平均值	85.78	0.54	0.007	0.00	0.00	3.77	5.55	0.02	0.63

注：压裂过程中伴注二氧化碳，气体采集过程中有部分空气混入，未检测He。

7.3 页岩气碳同位素特征

碳同位素是反映天然气地球化学特征、成因与来源的非常重要的参数，通常甲烷碳同位素受生烃母质类型和热演化程度双重控制，乙烷碳同位素主要反映生烃母质的碳同位素继承效应（戴金星，1993），明确页岩气碳同位素地球化学特征，对于后续开展页岩气成因判识和来源研究有重要意义。

渝巫地1井大隆组页岩解析气$\delta^{13}C_1$变化较大，范围为−33.0‰ ~ −16.3‰，平均值为−27.2‰，比五峰组—龙马溪组页岩气重，表现出高—过成熟原油裂解气的特征。相比于$\delta^{13}C_1$值，大隆组页岩气的乙烷的碳同位素值分布差异较小，在−38.2‰ ~ −33.4‰之间，平均值为−36.3‰，与五峰组—龙马溪组页岩相似（李剑等，2021）。而压裂施工后2023年11月4日至29日生产的天然气样品的$\delta^{13}C_1$为−31.1‰ ~ −29.9‰；$\delta^{13}C_2$为−34.6‰ ~ −34.5‰，并没有明显的单体碳同位素分馏特征，表明整体以页岩中的游离气为主。天然气中烷烃气的碳同位素系列是讨论天然气成因来源及经历的次生作用的重要评价参数。根据碳同位素的分馏效应，未经次生改造的原生气藏中，有机成因天然气的碳同位素组成会随着分子碳数的增加而逐渐富集，将其称为正碳同位素系列。渝巫地1井无论是大隆组解析气样品还是压裂后生产气样品的甲烷、乙烷同位素，均出现了明显的碳同位素倒转特征，总体呈现负碳序列分布，即$\delta^{13}C_1>\delta^{13}C_2$（图7.3.1），这一特征也与五峰组—龙马溪组页岩气相一致。

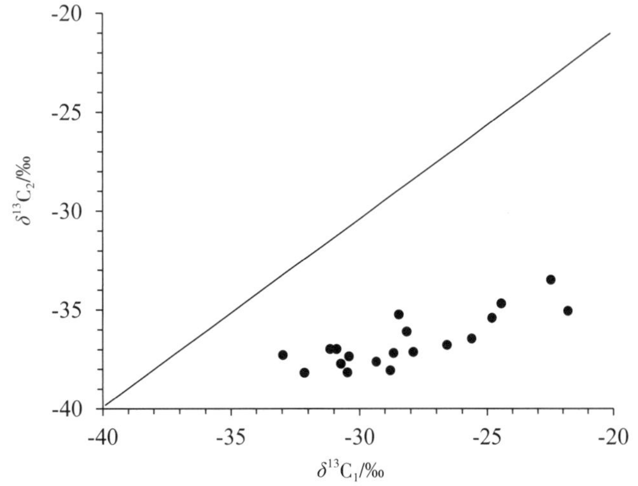

图7.3.1 渝巫地1井大隆组页岩气$\delta^{13}C_1$与$\delta^{13}C_2$的关系

7.4 页岩气赋存状态

7.4.1 页岩吸附能力

甲烷等温吸附实验结果（图7.4.1）表明，过剩吸附气含量随压力升高先增加后减小。在0 ~ 8 MPa时，由于游离甲烷密度随压力增加快速增加，大大增加了甲烷分子与有机质、黏土矿物等吸附矿物的接触次数，甲烷分子与固体界面间的范德华力束缚住了更多的甲烷分子停留在矿物和有机质表面。压力超过8 MPa后，随着吸附分子层变厚，远离界面的范德华力大幅度降低，吸附几近饱和，游离相甲烷密度的不断增加，导致过剩吸附量呈下降趋势。采用Langmuir模型对过剩吸附量校正为绝对吸附量后，甲烷的绝对吸附量随压力增加一直呈增加趋势，只是在压力超过8 MPa后，吸附能力受压力影响变小，吸附量增加缓慢，因此在8 MPa后大隆组页岩的甲烷吸附能力主要受温度影响，温度越高，吸附能力越弱。相比于其他地区的典型页岩（Gasparik et al.，2014；Pan et al.，2016；曹涛涛等，2021），大隆组富有机质页岩段TOC含量超高，甲烷吸附能力接近于吴家坪组，单位TOC的吸附能力显著低于Barnett、龙马溪组、牛蹄塘组等页岩，总吸附能力相当（图7.4.2）。

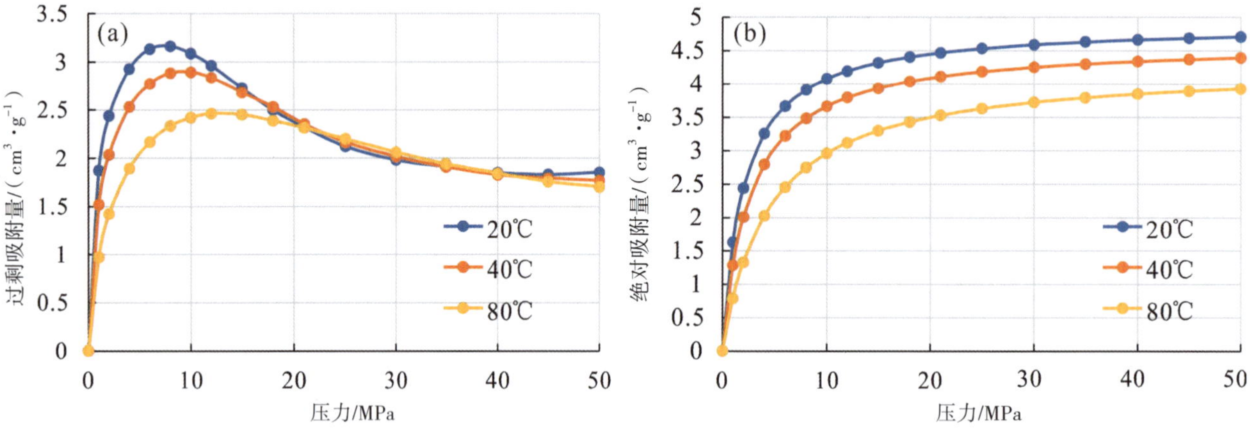

图7.4.1 大隆组富有机质硅质页岩不同温度下甲烷等温吸附特征
渝巫地1井，1347.94 m，w（TOC）=20.33%；（a）过剩吸附量；（b）绝对吸附量

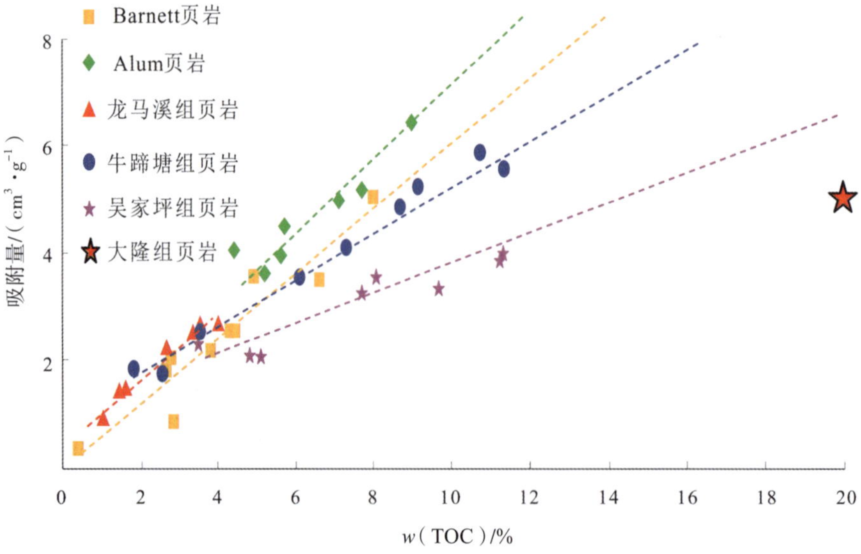

图7.4.2 60 ~ 65℃温度下大隆组富有机质硅质页岩与其他层系页岩吸附能力对比
（据曹涛涛，2021修改）

7.4.2 吸附能力的影响因素

吸附气是停留在矿物和有机质表面的浓度明显高于游离气相的天然气（Gasparik et al.，2012；Tan et al.，2014）。其形成原因是固体表面上的原子或分子存在过剩自由能，当气体分子与其接触时，一部分会暂时停留在固体表面，在气体分子不断吸附和脱附的动态平衡中，表现出固体表面附近气体浓度更高（Ji et al.，2012）。甲烷在页岩中的吸附属于物理吸附，固体分子和气体分子之间由范德华力形成的物理键主导（Gasparik et al.，2014；Ji et al.，2017；Zhang et al.，2012）。

温度和压力对页岩的甲烷吸附过程的影响是不一样的。由于吸附作用是一个放热过程，因此温度的增加会阻碍甲烷的吸附，从而使页岩的甲烷吸附量降低；而随着压力的增加，页岩的甲烷吸附量先快速增加，然后缓慢增加，最后趋于饱和。

有机质丰度和孔隙结构是影响页岩吸附能力的最主要因素。由于有机质提供了大量的微孔隙和比表面积，成熟有机质对甲烷具有很强的吸附能力，甲烷最大吸附量与TOC含量呈明显的正相关关系。孔隙的表面给甲烷提供了吸附位置，因此孔隙表面积的发育情况直接影响着页岩的甲烷吸附量，但页岩的孔隙体积与孔隙比表面积之间并不一定存在明显的相关性，因此导致孔隙体积与页岩的甲烷吸附量关系复杂。

有机质类型和成熟度通常通过影响页岩的孔隙结构而影响吸附能力。偏向于腐泥型的I型有机质具有较强的生烃能力，当烃类通过微运移排出后，原始有机质会产生大量的有机质孔。另外，早期生成的油分会占据在原始的粒间孔中，在成熟过程中二次生烃并排出相对轻质的烃类，在原位残留重质的沥青，并产生大量有机孔。

一些研究表明，黏土矿物也会为甲烷提供大量吸附位点，提高页岩的甲烷吸附能力。根据黏土矿物物理性质和结构的差异性，蒙脱石、伊/蒙混层、高岭石、绿泥石和伊利石的甲烷吸附能力依次降低（吉利明等，2012）。但由于黏土矿物的亲水性，黏土矿物的吸附位点通常被地层水占据，大大降低了黏土矿物对页岩气的吸附，因此，很多研究发现，黏土矿物和页岩的吸附能力在宏观上没有相关性。

7.4.3 赋存状态与含量模拟

基于鄂西—渝东地区地层实际温压数据，在全孔径表征孔隙体积约束下，采用吸附气的Langmuir模型和游离气的超临界甲烷状态模型（Yang et al.，2022），模拟计算了地层条件下渝巫地1井大隆组16块页岩样品的含气量（图7.4.3）。结果表明，大隆组页岩原地气量为1.17 ~ 5.49 m^3/t，吸附气量为1.09 ~ 2.93 m^3/t，游离气量为0.06 ~ 3.24 m^3/t，吸附气占比为41% ~ 94%，以吸附气为主要赋存状态。纵向上，1315 m、1333 m和1353 m为富气段，总含气量均大于4 m^3/t，游离气量大于1.8 m^3/t。根据计算结果，TOC的差异导致页岩的孔隙体积、吸附气量、游离气量均有较大差异。其中，TOC含量与吸附气量、游离气量、总含气量均呈正相关，有机质一方面提供了更多的吸附位点，使吸附气含量增加；另一方面提供了更多的有机孔隙，为游离气赋存提供了大量空间。重要的是，TOC含量的升高反而导致吸附气占比降低、游离气占比升高（图7.4.4），这对于开发早期阶段页岩气产量的提升具有重要意义。

7.4.4 吸附气与游离气的转换关系

吸附态和游离态甲烷共同赋存在页岩的复杂孔隙网络中，随着温度、压力、岩石孔隙结构、矿物性质、含水饱和度的变化，两者会发生相互转换。

温度和压力是控制吸附气与游离气的根本因素，随着地层的不断埋深或抬升，页岩所处的温压环境持续变化。在孔隙结构、矿物组成等储层基本性质不变的情况下，温度升高导致分子热运动加剧，使页岩吸附甲烷能力降低，吸附气向游离气转化。同时，温度升高也会导致游离气密度下降，超临界甲烷体积具有膨胀倾向，如果甲烷无法得到及时释放或孔隙空间不增加，页岩内部则会形成超压。温度降低时，页岩吸附能力增加，部分游离气会向吸附气转化。

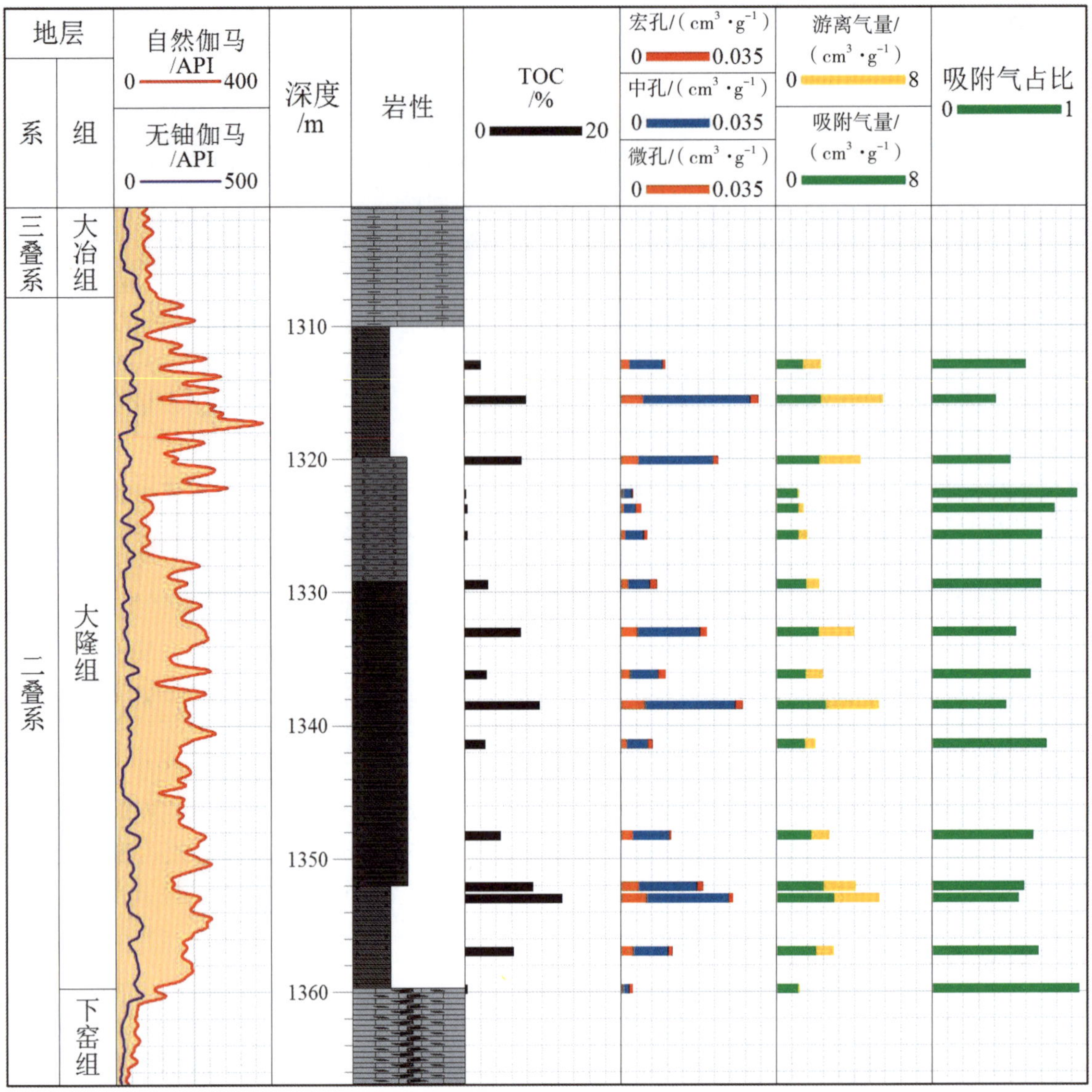

图7.4.3　渝巫地1井含气量模拟结果

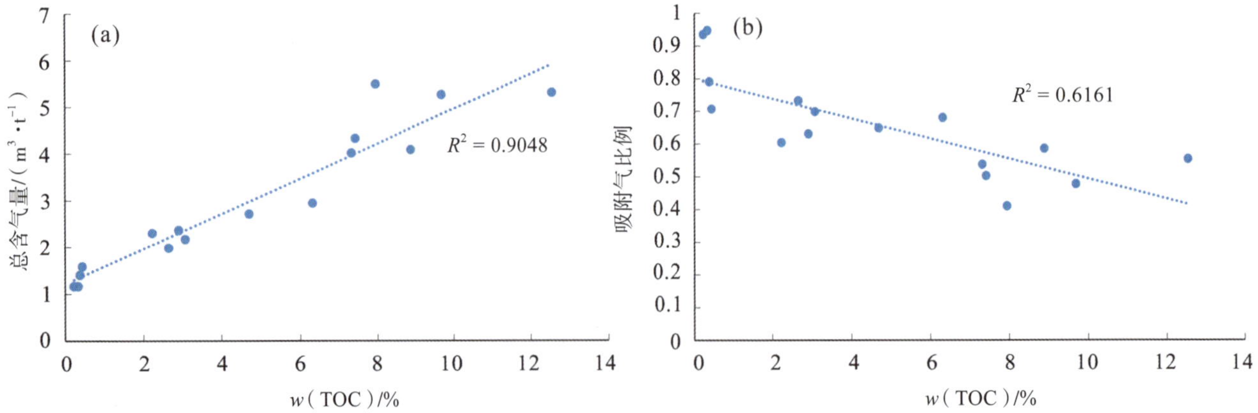

图7.4.4　TOC与总含气量、吸附气比例的关系
(a)TOC与总含气量的关系;(b)TOC与吸附气比例的关系

压力在中浅层对吸附—游离两相转化作用明显，从甲烷等温吸附曲线可知，在0～10 MPa时，甲烷吸附量随压力快速增大。因此，当页岩气层被抬升至浅层时，未排出和散失的大量游离气会向吸附气转变。

分子模拟研究表明，吸附气主要赋存于纳米尺度的有机质孔中，孔隙尺度越小，其中的吸附气比例越高。因此，在复杂的有机—无机协同演化过程中，当孔隙中微孔增加、比表面积增加、分型维数增大时，部分游离气会向吸附气转变。其中，有机质随着成熟度的升高，有机质孔先随生排烃作用增加，后因石墨化作用消亡，导致有机质的吸附能力呈现先升高后降低的趋势；黏土矿物则会随成熟度增加，按照高岭石→绿泥石→蒙脱石→伊/蒙混层→伊利石的方向演化，而甲烷吸附能力是蒙脱石＞伊/蒙混层＞高岭石＞绿泥石＞伊利石，因此，黏土矿物吸附作用随着成熟度升高发生先升高后降低的趋势。总体而言，高成熟阶段页岩对甲烷的吸附能力最大，在相同的温压条件下，吸附气比例最高。

另外，页岩虽然是一个封闭性较强的系统，但在地质历史时期也会与外界流体发生一些相互作用，导致其中吸附气和游离气发生部分转换。在排烃过程中，游离气顺微裂缝、层理缝及构造缝排出页岩层，导致孔隙流体压力下降，部分吸附气会向游离气转化，维持孔隙流体压力。发生构造作用时，断裂沟通外部流体和页岩储层，导致深部流体浸入页岩中，外源水会抢占黏土和有机质表面的吸附位，导致吸附气发生解析并向游离气转化。

7.5 页岩气成因

由于乙烷同位素具有良好的母质继承效应，一般以乙烷碳同位素值$\delta^{13}C_2$=–28.5‰作为判定油型气和煤成气的界限（戴金星，1993），测试结果表明，大隆组乙烷同位素在–38.2‰～–33.4‰之间，远轻于–28.5‰，可以判定大隆组页岩气为油型气。也就是说，大量的大隆组页岩气是高成熟—过成熟阶段液态烃在高温作用下大量二次裂解生成的原油裂解气。另一方面，页岩气碳同位素的数据也提供了证据。海相页岩在生油窗期会残余大量的滞留烃，页岩内滞留烃裂解气往往具有更轻的乙烷、丙烷碳同位素，因此，前人多认为页岩气碳同位素的倒转程度与原油裂解气的贡献量有关，其贡献量越大，乙烷碳同位素就越轻，天然气碳同位素的倒转程度就越大（帅燕华等，2021，高玉巧等，2019）。随着页岩进一步热演化，在高温作用下晚期热裂解形成的大量干酪根裂解气与原油裂解气混合，造成大隆组高演化的海相页岩气碳同位素倒转。以上证据都说明了鄂西—渝东地区大隆组页岩气为典型的油型气，主要来源为页岩内部滞留烃晚期裂解形成的页岩气。

8 页岩气富集主控因素与成藏模式

8.1 页岩气富集主控因素

针对我国四川盆地及其周缘五峰组—龙马溪组页岩气的勘探开发实践，多位学者通过解剖分析，提出了一批页岩气富集主控因素理论认识成果。郭旭升（2014）提出了页岩气“二元富集规律”：深水陆棚优质泥页岩是页岩气“成烃控储”的基础，良好的保存条件是页岩气“成藏控产”的关键。王志刚（2015）提出生烃条件、储集条件和保存条件为核心的页岩气“三元富集”理论。金之钧等（2016）提出在烃源条件和保存条件优越的涪陵地区，五峰组—龙马溪组页岩在纵向上具有“五性一体”的特征，即生气能力、储集能力、天然渗流能力、可压裂性和压力系数具有内在成因联系和空间分布关系。郭彤楼（2016）提出中国式页岩气的成藏与富集要素包括两个方面，“沉积相带与保存条件”控藏，即控制页岩气的选区；“构造类型与构造作用过程”控富，即控制甜点区（富集带）的选择。何治亮等（2017）提出页岩气“建造—改造”评价思路，认为优越的地质建造作用（原始沉积条件和成岩过程）与后期适度的地质改造作用（构造变形改造与抬升剥蚀）的有机组合，是页岩气富集高产的前提与关键。马永生等（2018）提出深水陆棚相优质页岩是页岩气富集成烃控储的物质基础，良好的保存条件是页岩气成藏控产的核心要素，有效的压裂改造技术是页岩气高产的关键手段。

总结起来，富有机质页岩是页岩气形成的基础，微纳米有机质孔隙发育是页岩气聚集成藏的核心，构造改造弱、热演化适中、压力系数高是页岩气富集高产的关键，以上3个要素缺一不可。结合鄂西—渝东地区二叠系大隆组页岩气地质特征，笔者提出了“海槽控页岩、物源控储层、温压控赋存、构造控富集”的地质认识，即鄂西裂陷海槽的大小形态控制了页岩的发育规模和分布特征、物质来源的多样性和多变性（内源、外源、生物源）控制了储层的强非均质性、现今不同埋藏深度下的差异温压条件控制了页岩气的赋存状态、构造改造过程和现今构造特征控制了页岩气富集的差异性。

8.1.1 海槽控页岩

页岩中的TOC是决定页岩气含量的最重要因素之一，无论是海相还是陆相，要达到一定规模的页岩气聚集，首先要具备一定连续厚度的富有机质（TOC质量分数大于2%）页岩（Curtis J B，2002；Ross D J K and Bustin R，2008；Hao F et al.，2013）。富有机质页岩的形成过程中，有利条件的持续时间和低含氧区范围决定了优质页岩的厚度和范围（Li S Z et al.，2022）。这为页岩气的形成奠定了良好的地质基础，也直接决定了页岩气的资源潜力。

近些年，越来越多的学者认识到有机质富集不是由单一因素所决定，而是生物生产力、水体氧化还原状态、沉积速率等多个要素相互配置与耦合的结果（邱振和邹才能，2020；Ding J H et al.，2021；Li S Z et al.，2023a，b）。生物生产力高低与水体的营养程度密切相关，营养供给越充沛，生物生命活动越繁盛，通过光合作用固定碳的能力就越强，生物生产力也就越大。水体氧化还原状态是影响有机质保存的一个关键因素，有机质从形成到最终保存下来需要经过沉降过程，这一过程有机质会受到需氧和厌氧微生物的进一步降解，最终只有大约1%的原始生物有机质被保存下来（Middelburg J J and Meysman F J R，2007）。沉积速率（SR）在有机质富集与保存中扮演着双重角色（Ding J H et al.，2021）。前人研究表明（Ibach L E J，1982），当SR<5 cm/ka时，有机碳含量随着沉积速率的增加而增大，说明一定范围内相对较高的沉积速率有利于有机质保存；当SR>5 cm/ka时，有机碳含量随着沉积速率的增加而降低，反映过高的沉积速率会对有机质进行稀释，不利于有机质富集。

形成资源量丰富的页岩气有利区，需要富有机质黑色页岩有效厚度达到一定阈值，以保证有足够的有机质及充足的储集空间。北美页岩气富集区内有效页岩厚度最小为6 m（Fayetteville页岩），页岩气核心生产区厚度通常在30 m以上。在本研究区，城口—鄂西海槽和开江—梁平海槽共同控制下的台盆相是页岩气形成及富集的最有利相带，控制着富有机质页岩的稳定分布。

在4.1节中，通过元素地球化学分析了二叠系大隆组氧化还原条件和古生产力。氧化还原条件在垂向上变化较为频繁，但也表现出一定规律性，三个TOC含量高值段形成于缺氧—硫化沉积环境，其间隔可能形成于低氧—含氧沉积环境。除V/Cr外，TOC和Ni/Co、U/Th具有较好的正相关关系（图4.1.5），表明氧化还原环境对大隆组页岩有机质富集具有控制作用。古生产力指标Ni_{EF}、Cu_{EF}值均大于秘鲁上升流区域的平均值，反映了大隆组沉积期间非常高的古生产力。在纵向上与氧化还原条件一致，也整体表现为3个富集层段，指示了这3段非常高的古生产力，这说明大隆组页岩形成于高生产力背景下，具备有机质富集的基础，是控制有机质富集的重要因素。

根据上述分析，建立了鄂西海槽富有机质页岩形成模式（图8.1.1）。晚二叠世频繁爆发的火山活动，飘落的火山灰为海槽注入了大量的营养元素（Cu、Fe、Zn、P等），可能存在局部的热液喷口也为研究区注入了大量营养物质，促进了海洋透光层生物的勃发。鄂西海槽深水台盆相具有水深、水体循环差的特征，易形成水体分层且下部处于贫氧或缺氧环境，海洋生物在死亡后以“海洋雪”的方式沉降，在落入海底的过程中，分解需要消耗氧气，同时也进一步促进了缺氧环境，沉积的有机质被大量的保存下来，经过深埋成岩形成了现今的富有机质页岩。

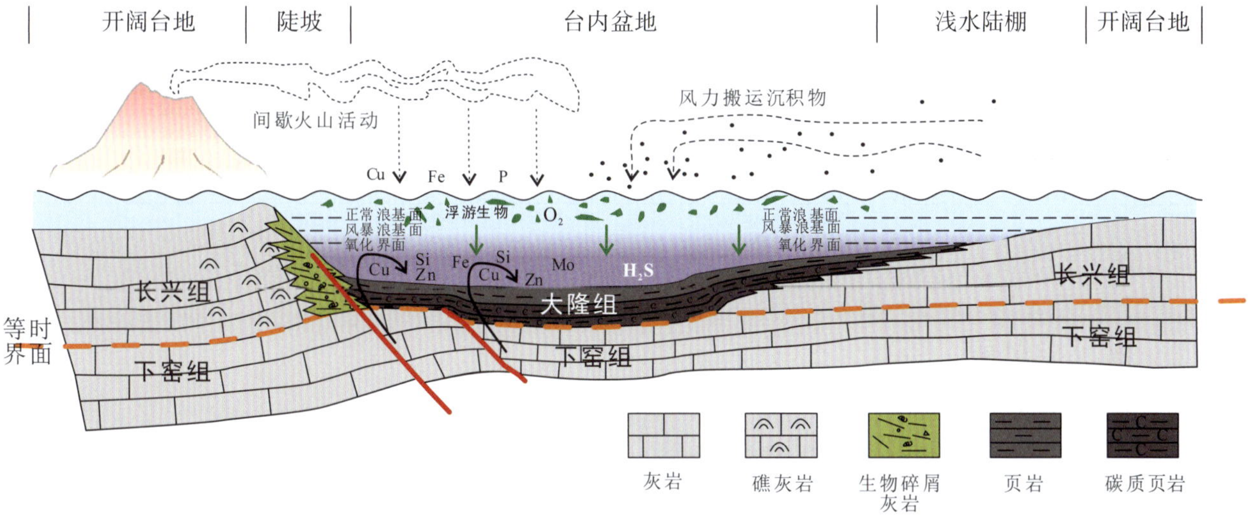

图8.1.1　晚二叠世鄂西—渝东地区大隆组台盆相富有机质页岩形成模式

城口—鄂西海槽在本区由重庆巫山—奉节地区向南进入研究区，一直延伸至湖北宣恩—鹤峰南部，预测最南端至湖南桑植。海槽沉积宽度88 km，沉积中心位于建始县。海槽范围内大隆组厚度超过30 m、平均TOC质量分数超过6%，具备形成大型页岩气田的条件。开江—梁平海槽在本区由重庆开江—万州地区向NE方向进入研究区，沿湖北利川、宣恩一带一直延伸至湖南桑植，与城口—鄂西海槽形成交叉汇集。海槽宽度约55 km，由于开江—梁平海槽已延伸很远才进入本区，且规模较城口—鄂西海槽小，因此大隆组页岩沉积厚度在15～30 m，平均约25.2 m。鄂西—渝东地区在两海槽的叠加控制下，由于海底地貌的差异性控制，有机质形成多个富集区，整体分布在万州—利川、奉节—建始—鹤峰等地区（图8.1.2）。

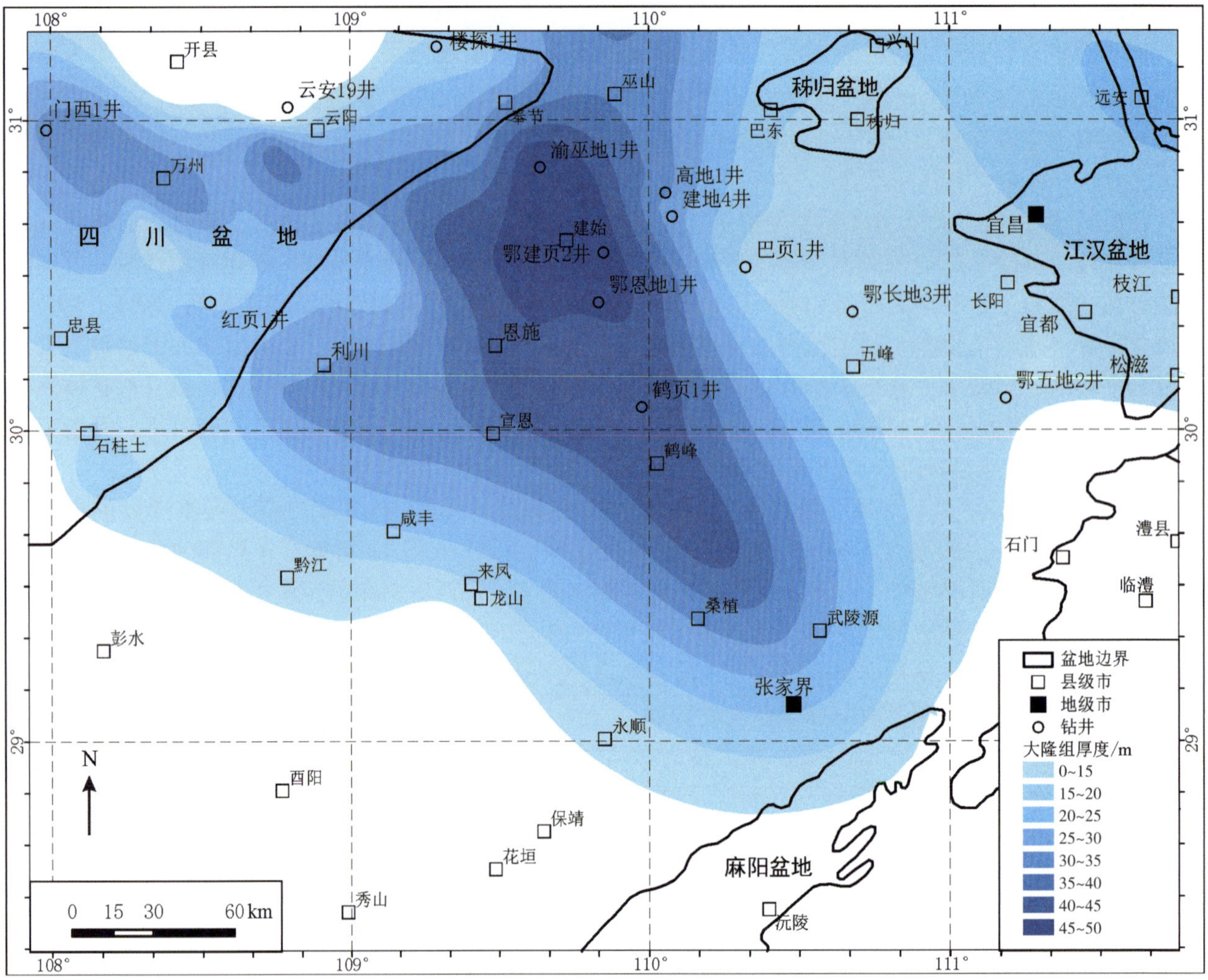

图8.1.2 鄂西—渝东地区大隆组富有机质页岩原始沉积厚度

8.1.2 物源控储层

（1）矿物具有多来源性

二叠系大隆组页岩矿物组成以内源矿物为主，外源矿物为辅。内源矿物包括生物成因石英、方解石、白云石、黄铁矿等。以渝巫地1井为例，内源矿物合计占比17.87%～100%，平均值为73.42%；外源矿物主要为黏土和长石，占0～82.13%，平均值为26.58%，约占1/4。不同矿物组成在纵向上变化快、变化范围大。

在扫描电镜下，通过元素面扫可以很好地识别各类矿物，并观察到矿物之间的接触关系。石英主要以广域状连片分布，呈微晶结构，前人对此已有较多深入研究，普遍认为主要来源于生物蛋白石-A向蛋白石-CT转化，最后逐渐形成微晶质石英集合体。生物成因的石英主要存在于硅质页岩岩相中，在该岩相下所发现的主要生物为放射虫以及少量的介壳生物，在扫描电镜下可看到放射虫的硅质骨架。通过对建地4井Fe-Mn-Al三角图分析，认为石英以生物石英为主，很少部分可能受到海底热液活动的影响。方解石和白云石在扫描电镜下主要呈颗粒状分布，部分具有较好的菱形晶型。黄铁矿多为草莓状黄铁矿，直径一般为4～10 μm，另有部分黄铁矿可能交代了原始生物，如图8.1.3所示，在成岩过程中海绵骨针被黄铁矿所交代，留下了原始生物的格架形貌。黏土矿物呈弥散状分布在页岩中，往往与石英、有机质及其他矿物接触。

不同的样品，矿物组成差异性较大，这种矿物的多来源、变化快造成了页岩岩相的强非均质性，也

图8.1.3　大降组扫描电镜下矿物识别

（a）扫描电镜照片；（b）元素扫描照片

影响着页岩的岩石力学性质、孔隙结构和气体的赋存方式和能力。黏土矿物一般情况下具有较多的微孔隙和较大的比表面积，能增加吸附气含量，但由于强压实作用，大隆组黏土矿物多转化为伊利石，而伊利石在黏土矿物中的吸附能力最弱（吉利明等，2012），直接导致大隆组黏土矿物对甲烷的吸附作用有限；石英含量的增加，可提高岩石的脆性，使地层易产生天然和诱导裂缝，增加游离气的储集空间和孔隙的连通能力。方解石在埋藏过程中可能发生胶结或溶解，降低或提高页岩的孔隙度和渗透率，大隆组页岩中的方解石主要以胶结作用为主。

（2）元素富集具有差异性

大隆组页岩主微量元素测试表明，同一页岩样品不同元素、不同页岩样品同种元素之间都具有较大差异性。

主量元素含量上，对建地4井大隆组页岩样品进行澳大利亚后太古宙平均页岩（PAAS）标准化，表现为Ca的高度富集，Si、Al、Fe、Mg相对亏损，且变化范围大（图8.1.4a）：CaO（PAAS标准化）分布范围为0.33～17.06，平均值为6.01；SO_2（PAAS标准化）分布范围为0.55～1.25，平均值为0.86；Al_2O_3（PAAS标准化）分布范围为0.10～1.19，平均值为0.62；Fe_2O_3（PAAS标准化）分布范围为0.35～1.03，平均值为0.63；MgO（PAAS标准化）分布范围为0.21～1.55，平均值为0.64。这反映了钙质成分较高，造成了其他元素的相对亏损。

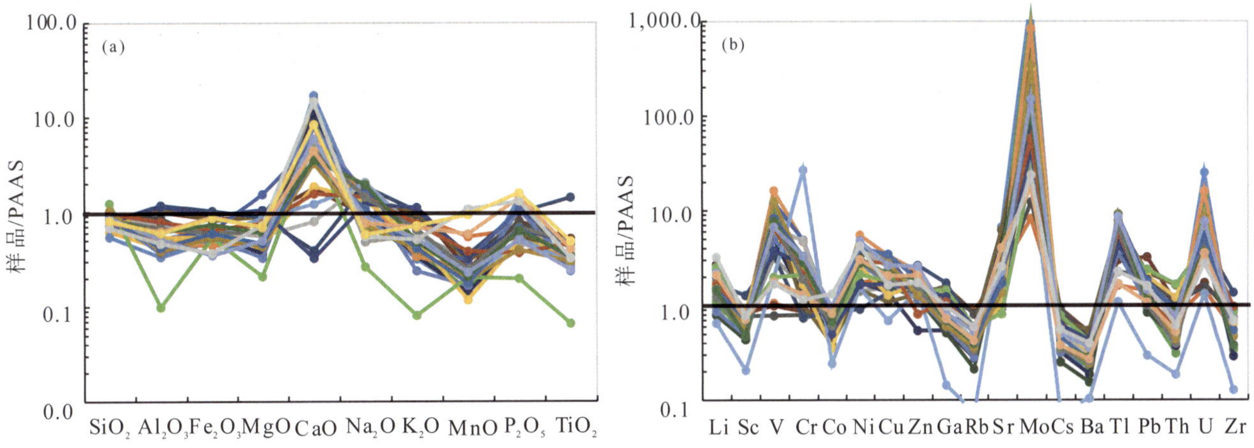

图8.1.4　建地4井大隆组页岩主量元素和微量元素富集差异性特征

微量元素含量上，表现为V、Cr、Ni、Cu、Zn、Mo、Tl、U高度富集，Mo超常富集，Sc、Co、Ga、Rb、Cs、Ba、Th、Zr等其他元素相对亏损（图8.1.4b）。V（PAAS标准化）分布范围为0.79～16.44，平均值为6.19；Cr（PAAS标准化）分布范围为0.74～27.04，平均值为3.15；Ni（PAAS标准化）分布范围为0.91～5.54，平均值为2.88；Cu（PAAS标准化）分布范围为0.69～3.46，平均值为2.04；Zn（PAAS标准化）分布范围为0.55～2.65，平均值为1.52；Mo（PAAS标准化）分布范围为8.26～1664.89，平均值为276.08；Tl（PAAS标准化）分布范围为1.09～9.21，平均值为5.50；U（PAAS标准化）分布范围为1.32～25.25，平均值为6.22。上述微量元素富集的差异性表明，氧化还原敏感元素和生物营养元素富集，而来自陆源的微量元素相对亏损。其中，Mo、Cr元素为幔源元素，其富集特征指示了海底热液活动的影响。

元素富集的差异性是海平面变化、生产力、氧化还原条件、陆源输入、海底热液活动共同作用的结果，导致了页岩储层物质组成、电性特征、力学性质等强非均质性。

（3）生物来源具有多样性

在显微镜下，硅质页岩中常见放射虫和海绵骨针化石，钙质页岩中可见到有孔虫、牙形石和部分宏观生物碎屑（图8.1.5），生物化石基本被碳酸盐、石英、黄铁矿等交代。一方面，这些放射虫、有孔虫等单细胞动物多以藻类、细菌为食物，反映了当时海洋中的藻类的大量繁盛；另一方面，这些单细胞动物和宏观生物对页岩生成油气的贡献作用基本可以忽略，但却反映了水深和沉积环境的变化。多种生物的大量出现表明该区晚二叠世海洋环境温暖、营养丰富、水体安静，同时不同类型生物的出现表明水深的频繁变化。

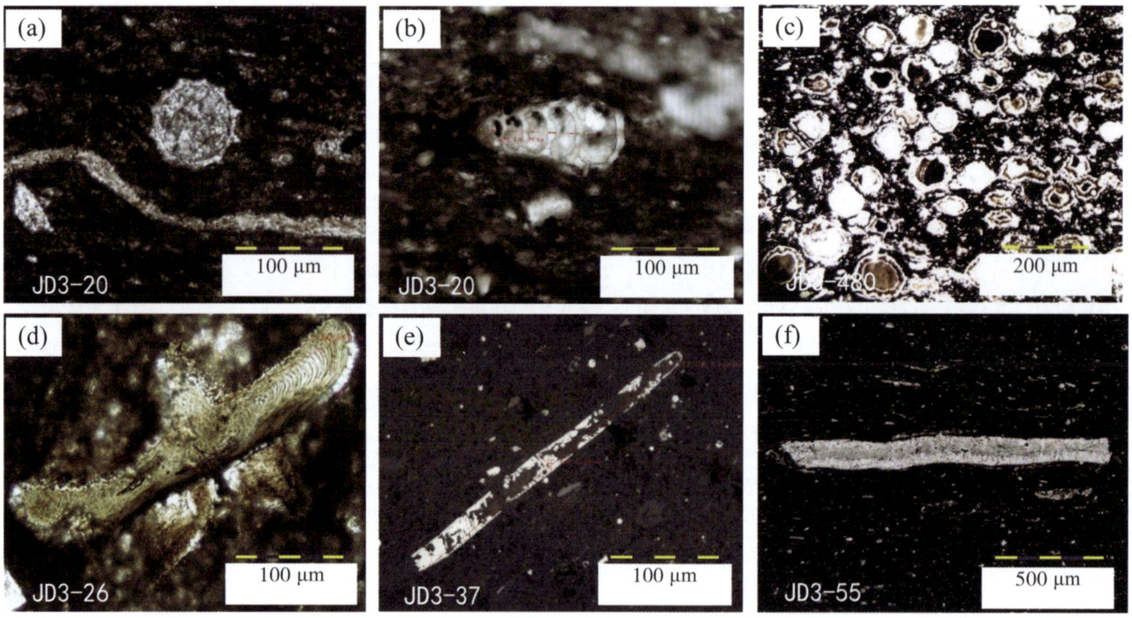

图8.1.5　大隆组不同生物化石

（a）有孔虫；（b）有孔虫；（c）放射虫；（d）牙形石；（e）海绵骨针；（f）宏观生物碎屑

在电子显微镜下，通过大量氩离子抛光页岩样品的观察，通常观察到2种类型有机质，分别为结构型有机质和无定型有机质。

结构型有机质，偏腐殖型，有机质孔不发育（图8.1.6a、b、e、f），它形成于沉积时及早期成岩演化阶段，保留了部分生物结构特征或沉积定向构造，样品中部分可观察到纤维状结构（图8.1.6a），并可看到维管束结构（图8.1.6b）。结构型有机质是残余的生物碎屑或埋藏成岩阶段形成的胶质、沥青质，不具备生烃能力或生烃潜力差，该类有机质个体较大，形态完整，一般＞10 μm，不发育孔隙，与无定

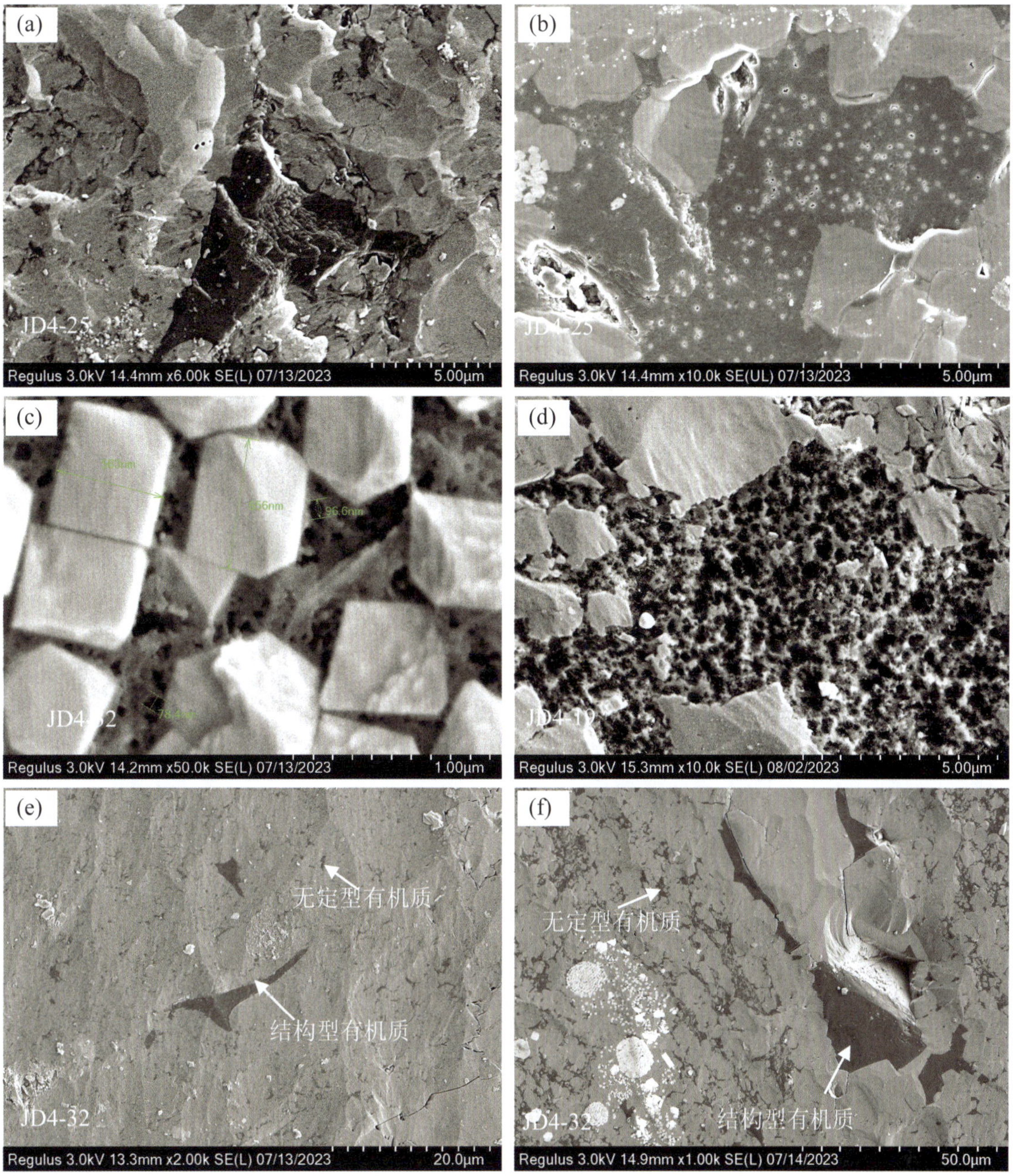

图8.1.6　大隆组页岩中不同来源的有机质

型有机质较易区别，因其碳质量分数高，可以增加页岩总有机碳含量，但对生烃及储集性能没有贡献或贡献较小。

无定型有机质，偏腐泥型，有机质孔发育（图8.1.6c、d、e、f），呈分散状，与硅质或黏土矿物交互生长（图8.1.6e、f），或充填于自生矿物晶间（图8.1.6c、d），其周边矿物具有自形特征；有机质孔隙发育，孔径为微孔—中孔，甚至大孔范畴，常见10 ~ 100 nm。它是成岩晚期液态烃在高演化阶段进一步热解生气的产物，发育丰富的蜂窝状孔隙结构，提供了比孤立有机质孔更广泛的连续渗透通道，具有最优质的生烃及储集性能。

同一样品中，可同时发育2种类型有机质，且发育的丰度和占比差异性很大。多种来源有机质类型决定了孔隙是否发育、孔隙的规模大小和丰度，直接决定了储集空间的非均质性。

8.1.3 温压控赋存

大隆组现今埋藏深度和温压条件控制着页岩气赋存状态，页岩气在地层条件下以吸附气和游离气为主要赋存形式。

（1）甲烷吸附特征和吸附气量模型

甲烷等温吸附实验结果（图7.4.1）表明，过剩吸附气含量随压力升高先增加后减小。在0～8 MPa时，由于游离甲烷密度随压力增加快速增加，大大增加了甲烷分子与有机质、黏土矿物等吸附矿物的接触次数，甲烷分子与固体界面间的范德华力束缚住了更多的甲烷分子停留在矿物和有机质表面。压力超过8 MPa后，随着吸附分子层变厚，远离界面的范德华力大幅度降低，吸附几近饱和，游离相甲烷密度的不断增加，导致过剩吸附量呈下降趋势。采用Langmuir模型对过剩吸附量校正为绝对吸附量后，甲烷的绝对吸附量随压力增加一直呈增加趋势，只是在压力超过8 MPa后，吸附能力受压力影响变小，吸附量增加缓慢，因此在8 MPa后大隆组页岩的甲烷吸附能力主要受温度影响，温度越高，吸附能力越弱。

Langmuir模型中通过P_L和V_L两个重要的参数表达吸附规律，前人研究表明，两个参数均与温度存在联系，当TOC含量不变时，可以采用以下两个公式简化描述两个参数：

$$V_L = a \cdot T + b \qquad \text{（式8.1.1）}$$

式中，V_L为页岩样品Langmuir体积，cm^3/g；T为温度，℃；a、b为拟合系数。

$$\ln P_L = \frac{\Delta H}{R(T+273.15)} - \frac{\Delta S^0}{R} + \ln p^0 \qquad \text{（式8.1.2）}$$

式中，ΔH为吸附焓，其值等于吸附热，kJ/mol；ΔS^0为标准吸附熵，J·mol^{-1}·K^{-1}；R为理想气体常数，取8.3145 J·mol^{-1}·K^{-1}；p^0为标准压力，取0.101 MPa；T为温度，℃。

当w（TOC）=8%（大隆组平均TOC质量分数）时，V_L的经验公式为：

$$V_L = -0.0101 \cdot w(\text{TOC}) + 5.0682 \qquad \text{（式8.1.3）}$$

P_L的经验公式为：

$$P_L = e^{0.00364-0.00072/(T+273.15)} \qquad \text{（式8.1.4）}$$

将上式代入Langmuir方程，即可求得大隆组页岩绝对吸附气量：

$$V_a = \frac{P \cdot V_L}{P+P_L} \qquad \text{（式8.1.5）}$$

式中，V_a为标准状态下的绝对吸附气量，cm^3/g；P为地层压力，MPa。

（2）超临界甲烷特征和游离气量模型

由于甲烷的临界温度为−82.59℃，临界压力为4.59 MPa，因此在地下超过500 m深度时，甲烷处于超临界状态，超临界状态不适用PVT方程。超临界状态下的高精度甲烷密度计算根据Setzmann和Wagner（1991）的状态方程，结果可从美国国家标准与技术研究院（NIST）下载获得（图8.1.7）。对比PVT计算甲烷密度和NIST甲烷密度发现（图8.1.8），在低压下PVT计算甲烷密度结果偏低，在0℃、15 MPa时，PVT方程计算结果偏小约25%；在高压下PVT计算甲烷密度结果偏高，在200℃、40 MPa时，PVT方程计算结果偏大约15%。

由于吸附相与游离相甲烷共同占据页岩孔隙，因此计算游离气含量时，需要对孔隙空间进行体积矫正，扣除吸附相所占据的孔隙体积，游离气赋存的最大空间等于页岩孔隙体积与吸附相体积之差：

$$V_{free} = V_p - V_{ads} \qquad \text{（式8.1.6）}$$

式中，V_{free}为地层条件下最大游离相赋存体积，cm^3/g；V_p为页岩的孔隙体积，cm^3/g；V_{ads}为地层条件下吸附相体积，cm^3/g。

孔体积和孔隙度的关系为：

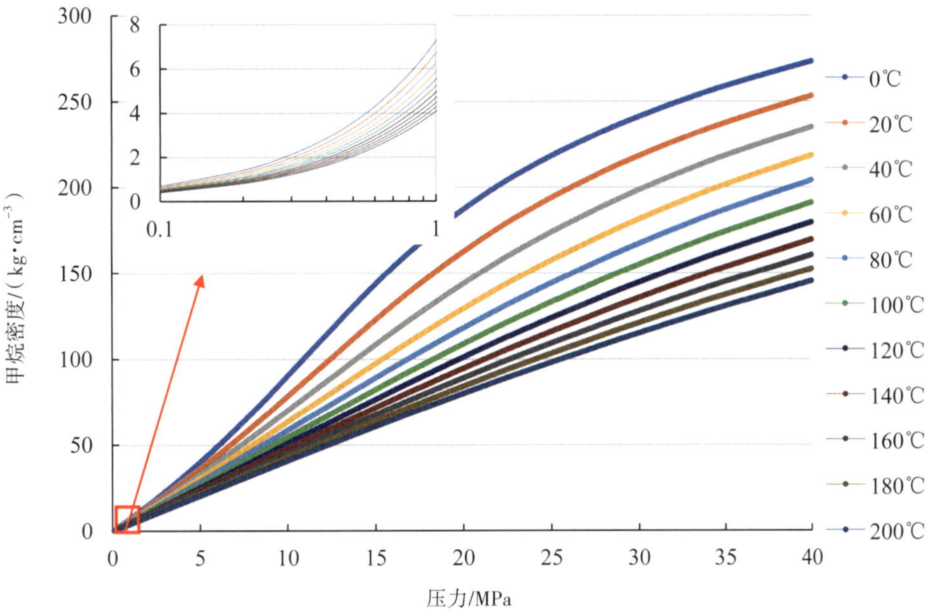

图8.1.7　超临界甲烷密度（据NIST）

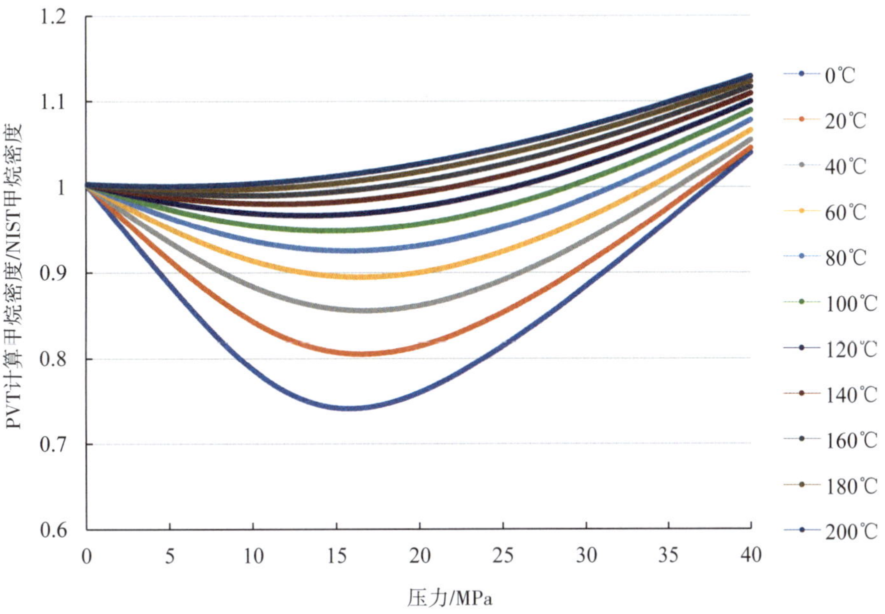

图8.1.8　PVT计算超临界甲烷密度误差

$$V_p = \frac{\varphi}{100 \cdot \rho_{rock}} \quad （式8.1.7）$$

式中，φ为地下页岩孔隙度，%；ρ_{rock}为地下页岩密度，g/cm^3。

吸附相体积可以由下式表达：

$$V_{ads} = V_a \cdot \frac{\rho_{std}}{\rho_{ads}} \quad （式8.1.8）$$

式中，V_a为页岩吸附甲烷在标准状态下体积，cm^3/g；ρ_{std}为标准状态下甲烷密度，0.716×10^{-3} g/cm^3；ρ_{ads}为

地下吸附态甲烷密度，g/cm³，一般认为，吸附态甲烷密度不会超过0.424 g/cm³（液态甲烷沸点密度，0.1 MPa）或0.373 g/cm³（基于范德华体积，Gensterblum et al.，2013）。

最终，游离气量计算公式为：

$$V_{\text{free}}=\left(\frac{\varphi}{100\cdot\rho_{\text{rock}}}-V_{\text{a}}\cdot\frac{\rho_{\text{std}}}{\rho_{\text{ads}}}\right)\cdot\frac{\rho_{\text{NIST}}}{\rho_{\text{std}}} \qquad （式8.1.9）$$

式中，V_{free}为页岩中游离气在标准状态下的体积，cm³/g。

（3）鄂西—渝东地区页岩气赋存状态模拟

根据甲烷等温吸附实验结果（图7.4.1），利用吸附气量模型（式8.1.5）和游离气量模型（式8.1.9），计算鄂西—渝东地区大隆组页岩在不同深度下的赋存状态（地表温度为20℃、地温梯度为2℃/100 m、地表压力为0.1 MPa、地层压力梯度为0.98 MPa/100 m）。计算结果显示，从纵向分布（图8.1.9）分析，中深层（>3500 m）高温高压环境有利于游离气赋存，中浅层（500～3500 m）温压更有利于吸附气赋存，浅表层（<500 m）两种类型都不利于赋存；从平面分布（图8.1.10）上看，四川盆地盆内地区以游离气为主要赋存状态，其中盆内隔挡式构造的坳陷区游离气比例最高，超过70%。在盆外鄂西复杂构造区以吸附气为主要赋存状态，其中盆外强抬升浅埋残留区吸附气比例最高，超过85%。

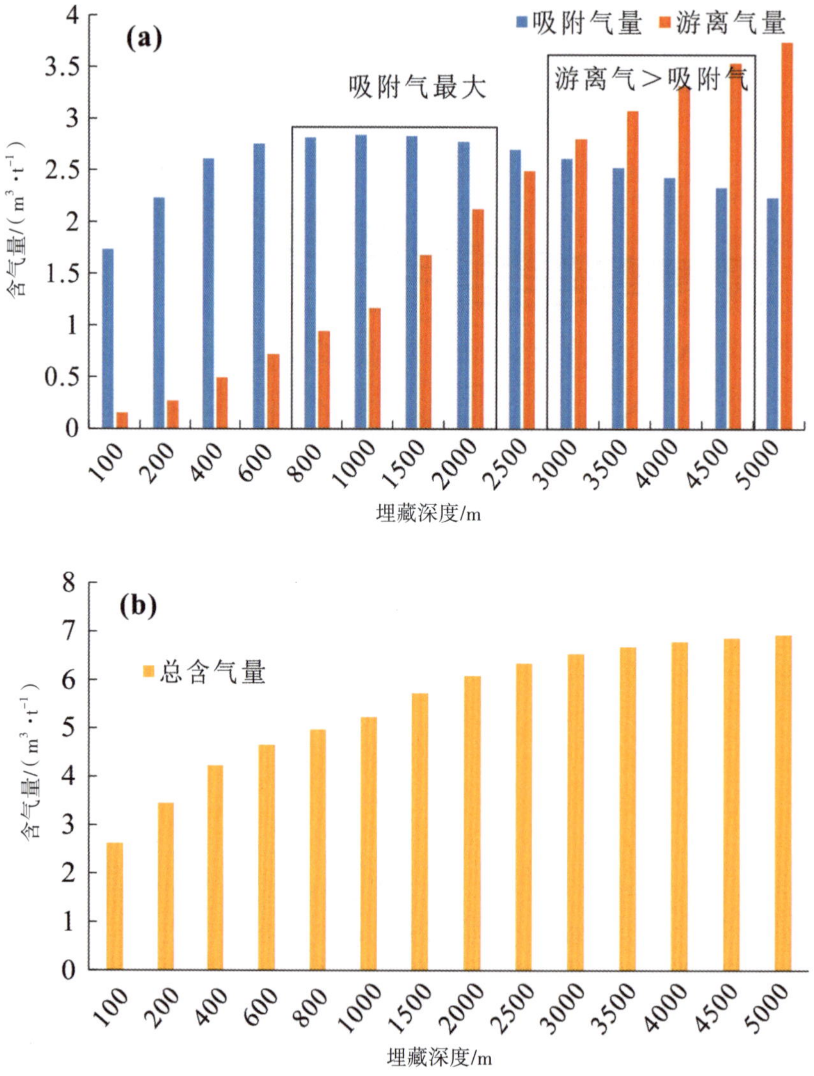

图8.1.9　不同深度页岩模拟含气量

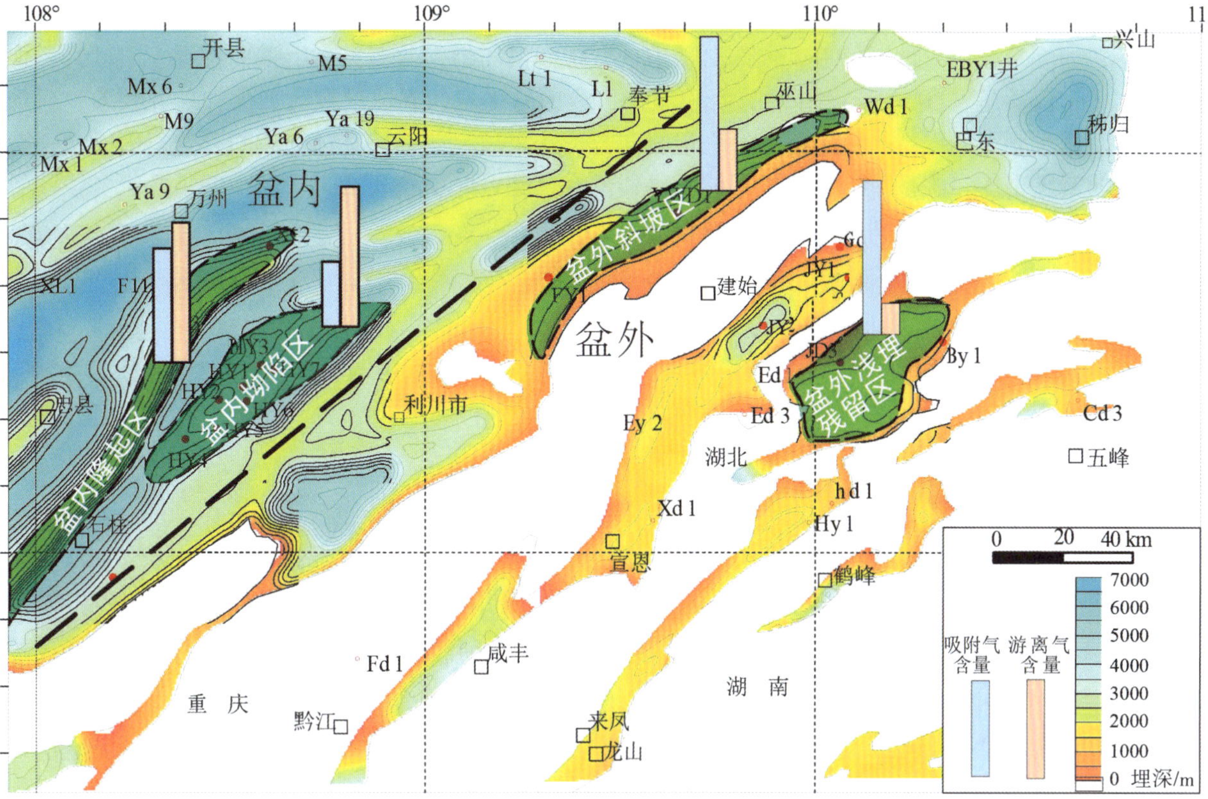

图8.1.10 鄂西—渝东地区不同地区页岩气赋存状态分布

8.1.4 构造控富集

鄂西—渝东地区构造演化复杂，从整体演化过程来看，加里东期—海西期处于拉张构造动力学环境，形成了一系列正断层，这些早期的基底深大断裂的发育，为晚期挤压背景下构造薄弱带变形而形成现今构造组合奠定了基础。自中三叠世末华北板块与华南板块沿秦岭发生碰撞以来，鄂西—渝东地区开始进入压性构造活动期，从此受到来自南东方向雪峰—江南古陆、北东方向大巴山、北部米仓山和西部龙门山的持续挤压（梅廉夫等，2010；张岳桥等，2010；邹玉涛等，2015）。从构造变形特征看，一系列北东向紧闭的斜歪褶皱、箱状褶皱、宽缓褶皱等与伴生断层组合形成复合褶—冲构造样式（图8.1.11）。

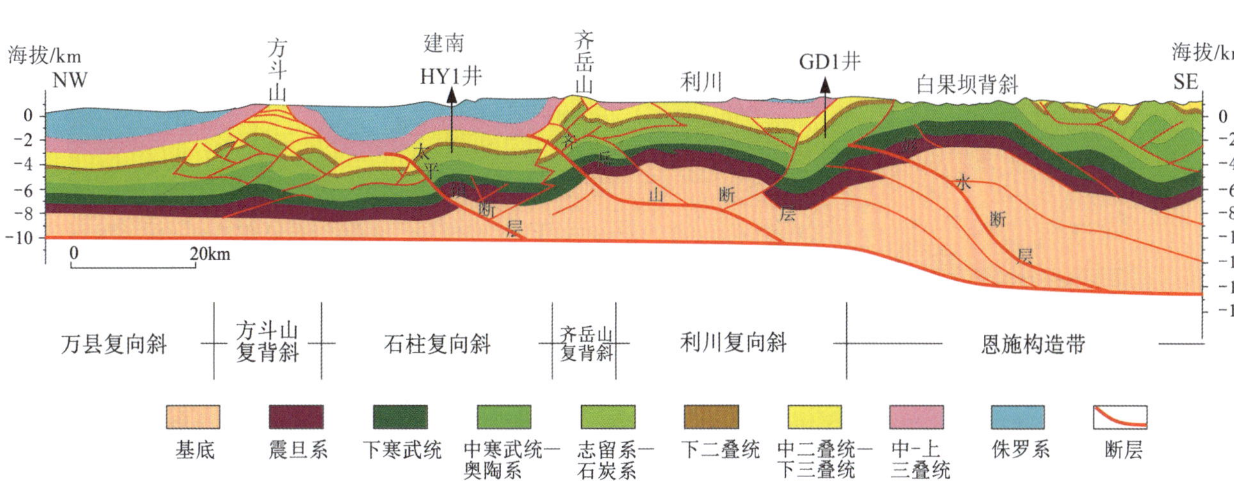

图8.1.11 鄂西—渝东地区构造剖面图
（据包汉勇等，2023）

构造抬升剥蚀程度是影响页岩气保存的重要条件。现今，盆内区经历构造抬升剥蚀较少，保存条件整体较好，如红星及周缘地区的地表核部出露中侏罗统沙溪庙组，两翼出露上侏罗统遂宁组砂岩，保存条件最好（包汉勇等，2023）。盆外湘鄂西褶皱带构造抬升强烈，剥蚀量较大，保存条件较差，目前背斜区二叠系基本剥蚀殆尽，残留二叠系的利川复向斜、花果坪复向斜、宜都—鹤峰复背斜和桑植—石门复向斜，两翼已出露二叠系，但向斜核部地表仍残留有三叠系厚层石灰岩，一般为中三叠统嘉陵江组甚至上三叠统巴东组，这些向斜核部保存条件较好。

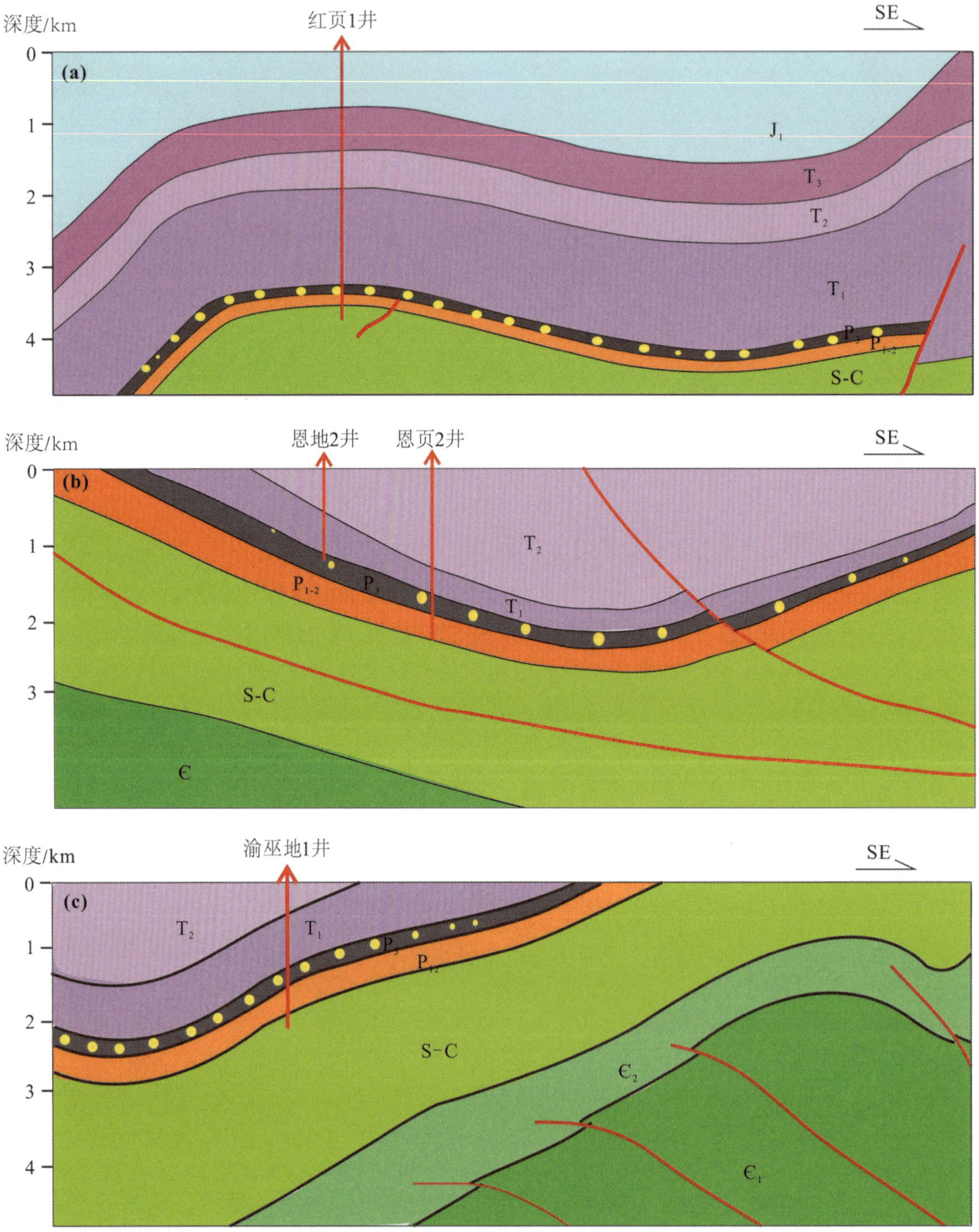

图8.1.12　鄂西—渝东地区页岩气构造保存模式

（a）红页1井宽缓背斜构造页岩气富集模式；（b）恩页2井残留向斜构造页岩气富集模式；（c）渝巫地1井低缓斜坡构造页岩气富集模式

断裂活动及性质也是页岩气保存的重要条件。影响该区页岩气保存的断裂构造主要为燕山期断裂，走向以北北东向为主，分布于研究区及周缘中西部区域，规模较大的有齐岳山断裂、建始—恩施断裂、新华断裂等。盆内虽然受抬升剥蚀影响较小，但断层规模大也会影响页岩气的保存，如红星地区北部龙驹坝构造处于齐岳山复背斜和方斗山复背斜交会处，地层高陡、断层通天，保存条件差（包汉勇等，2023）。盆外受区域性断裂的控制，形成了现今的复杂褶皱形态，残留向斜内部主要受派生断层的影响，在断层滑脱面作用下形成连续的小型褶曲，并未直接受到区域性断裂影响。页岩气的保存主要与区域性构造变形有关，远离大规模通天断层、区域构造变形较弱、地层倾角小于20°、层间的滑脱断层基本不发育等条件下，页岩气保存较好。

鄂西—渝东地区构造条件极其复杂，后期经历了强烈的挤压和抬升剥蚀作用。虽然页岩气藏具有较强的抗构造破坏能力（卢志远等，2021），但构造运动对页岩气的聚集仍然具有重要影响。后期构造运动造成本区页岩层不同程度抬升，从而控制页岩气的调整和富集，改变气藏的温压条件和赋存状态。在鄂西—渝东地区，页岩气主要富集于三种构造样式中：

（1）宽缓背斜

该样式主要出现在四川盆地盆内地区，例如红星区块。地层平缓，倾角较小，断裂不发育，地层形变相对较弱，页岩气保存条件好。该类型主要特征是存在于生烃坳陷中的低隆起区，是页岩气沿层理横向运移的有利聚集部位。控制该类型页岩气逸散的关键因素为断层的封闭性、埋深以及背斜宽缓程度。获得突破的红页1井（图8.1.12a），大隆组埋深为3300 m，含气量为3.74 m^3/t。

（2）残留向斜

该样式出现在盆外复杂构造抬升区，由于背斜隆起区的二叠系均遭受剥蚀，现今仅存相间分布的残留向斜构造。一般向斜核部距离出露区较远，页岩气相对富集。控制该类型页岩气富集的关键因素为距露头出露区的距离、断裂性质和断裂规模。例如恩页2井远离露头区（图8.1.12b），东侧有逆断层封堵，目的层埋深为1800 m，含气量＞3 m^3/t。

（3）低缓斜坡

该样式存在于较大且相对平缓的向斜翼部，即可存在于盆外也可存在于盆内。单斜地层较为平缓，构造整体变形较弱，深大断裂不发育，构造相对简单，页岩气保存较好。埋深较浅地区易发生侧向和垂向逸散，远离断裂带、向盆内方向随着埋深的增加，页岩气较为富集，控制该类型页岩气逸散的关键因素为断裂发育程度、埋深、距离页岩出露区距离等。部署在利川复向斜的渝巫地1井（图8.1.12c），大隆组埋深为1350 m，含气量为3. 34 m^3/t。

8.2 自封闭成藏机理

鄂西—渝东地区受到后期强烈改造，甚至导致大隆组出露遭受剥蚀，强烈的抬升剥蚀和挤压改造作用是过去一直未把本区大隆组富有机质页岩作为勘探目标的重要原因之一。大隆组上覆地层为下三叠统大冶组灰岩，下伏地层是下窑组灰岩，灰岩是一类相当致密的岩石，阻止了大隆组页岩气向上和向下的运移与散失。因此，大隆组页岩气的散失主要是顺层理面、沿上倾方向的散失，明确大隆组侧向封堵机理和保存条件十分重要。

本书顺层理方向采集了渝巫地1井大隆组富有机质硅质页岩样品，设计了含水页岩覆压甲烷驱替实验，探索含水页岩对页岩气的封闭机理。实验中分别对含水率（S_w）为0%、25%、50%、75%和100%的页岩柱塞样进行甲烷气体驱替—渗透实验，实验模拟设置围压32 MPa，岩石上游加5 MPa压力，维持24 h后增加3 MPa压力，循环往复直至下游检测到流量合计超过5 mL后停止实验。不同含水率页岩的驱替实验表明（图8.2.1），不同含水饱和度的页岩对甲烷的封闭能力具有巨大差异。当 S_w = 0%和25%时，甲烷在5 MPa压差下可以顺利通过页岩样品；当S_w = 50%时，含水页岩封闭性大大增加，在压差低于26 MPa时，甲烷无法通过，在29 MPa压差下才可以通过；当S_w = 75%时，封闭性达到最大，甲烷自始至终无法通过，复杂的气水关系可以增加页岩的侧向封堵能力，含水页岩阻止了页岩气向上倾方向继续运移、扩散和散失。S_w = 100%时，封闭性变小，压差达到14 MPa时气体极缓慢驱替水，当流量合计达到0.25 mL时打通优势运移通道，之后顺利通过页岩，流速跟压力呈正相关关系（图8.2.2）。

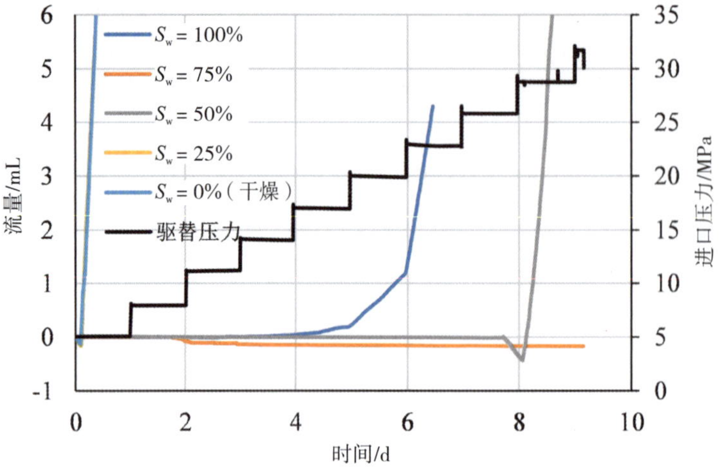

图8.2.1　不同含水饱和度页岩覆压甲烷驱替实验中流量与时间的关系

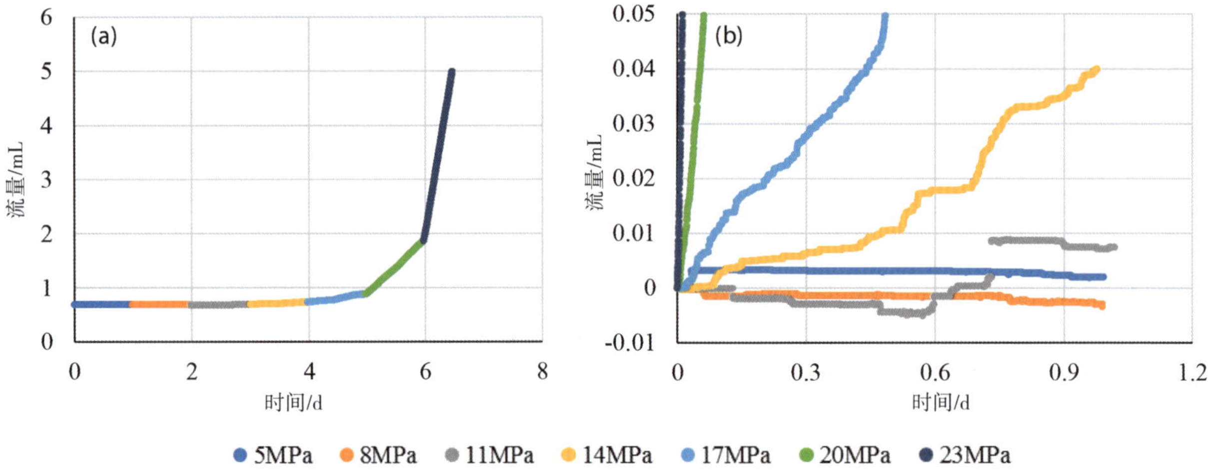

图8.2.2　S_w =100%时不同压力下绝对流量和相对流量与时间的关系

（a）绝对流量；（b）相对流量

8.3　页岩气成藏模式

根据含水页岩的甲烷封闭特征分析，结合鄂西—渝东地区抬升剥蚀和破坏情况，创新建立了适用于复杂构造区页岩气的向斜/单斜自封闭型页岩气成藏模式（图8.3.1），认为页岩由于含水率的不同具有自封闭作用，由于有机质官能团和黏土矿物的亲水性，外侧页岩受到地层水侵入，在浅层含水层和深层页岩气层之间形成气水过渡带。气水过渡带中存在两种作用导致页岩的气渗透性降低：①外源水优先吸附在基质矿物表面形成水膜，使狭缝通道（喉道）直径变小；②其余外源水被狭窄吼道束缚形成毛细管束缚水，毛管水与天然气的分界面由于界面张力的作用，形成阻碍气体向上倾方向继续运移的毛细管力。

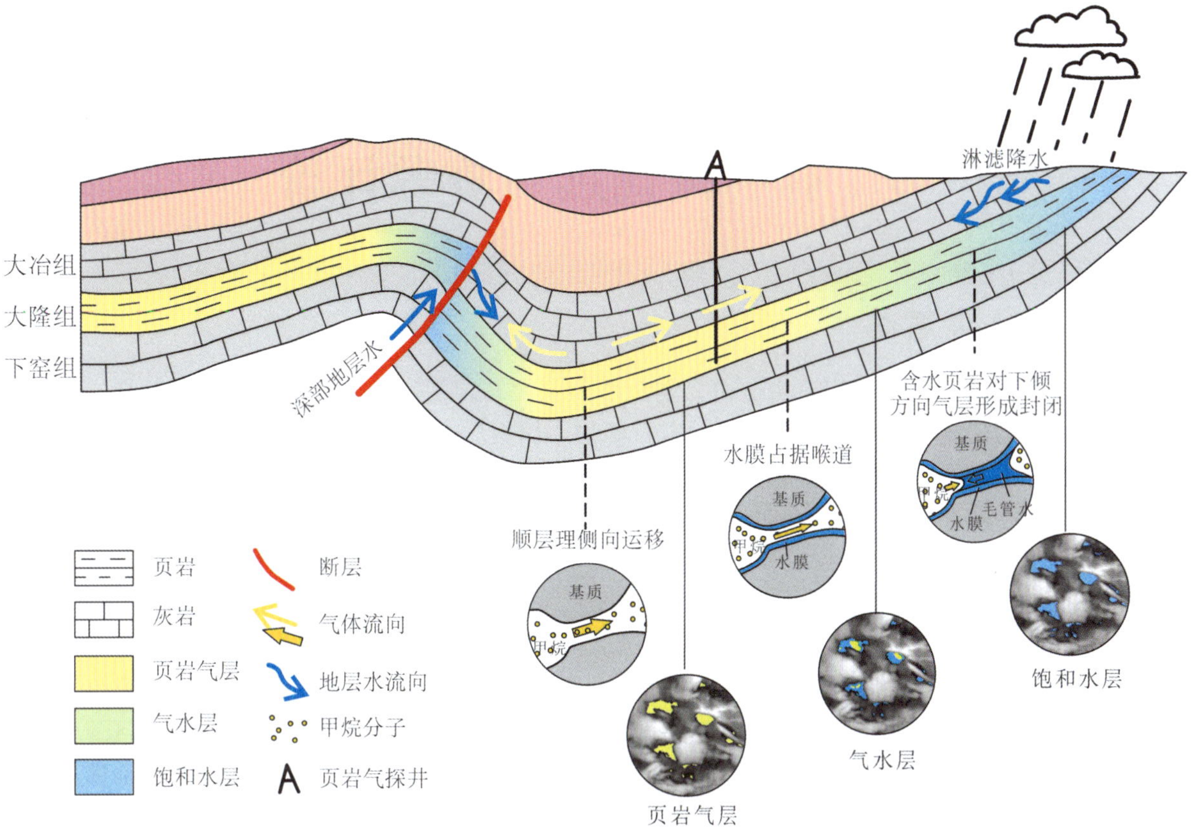

图8.3.1　向斜/单斜自封闭型页岩气成藏模式

因此，上倾方向含水页岩对深部页岩气产生封闭作用，使复杂抬升破坏区页岩气在距离露头较远的中深层得以长期保存，形成页岩气富集。上覆大冶组巨厚灰岩、下伏下窑组致密灰岩和侧向含水页岩的封闭作用共同控制使鄂西—渝东地区大隆组页岩气得以保存、成藏和富集。

9 有利区优选与资源评价

9.1 选区评价思路

页岩气选区评价是指以沉积或构造边界划分评价单元，以富有机质页岩层段或含气页岩层段为目标，综合运用页岩的空间展布、有机地化、岩石矿物、储集性能、保存条件和含气性等地质评价参数，以及技术、经济条件等为依据，进行页岩气评价单元的选区评价及优选。

在进行资源评价时，应该对评价的对象——评价单元有明确的限定。本次鄂西—渝东地区页岩气资源评价工作将页岩气选区划分为2个级别，分别为页岩气远景区和页岩气有利区，其中远景区包含有利区，每一个选区作为页岩气资源评价的一个评价单元。

具体实施过程中主要采用“沉积相带+构造保存+评价要素+钻井显示”四大方面条件综合分析的划分思路和方法。首先编制沉积相图，划分优质相带；在优质相带内，分析页岩气成藏地质条件及相关页岩气评价要素，编制评价要素图；在成藏地质条件有利及评价要素标准符合起算条件的地区，分析构造保存条件；在以上因素划定的区域内，扣除钻井显示页岩气含气量差的地区，最终划分出远景区和有利区。

9.1.1 远景区优选

从整体出发，以区域地质资料为基础，在区域构造、沉积及地层发育背景分析研究的基础上，查明含有机质泥页岩发育的区域地质条件，初步分析页岩气的形成条件，对评价区域进行以定性—半定量为主的评价。主要基于沉积环境、地层、构造等研究，采用类比、叠加、综合等技术，选择具备一定保存条件和页岩气资源前景的富有机质页岩分布区域，即页岩气远景区（图9.1.1a）。

9.1.2 有利区优选

结合泥页岩空间分布，在进行了地质条件调查并具备了地震资料、钻井（含参数浅井）以及实验测

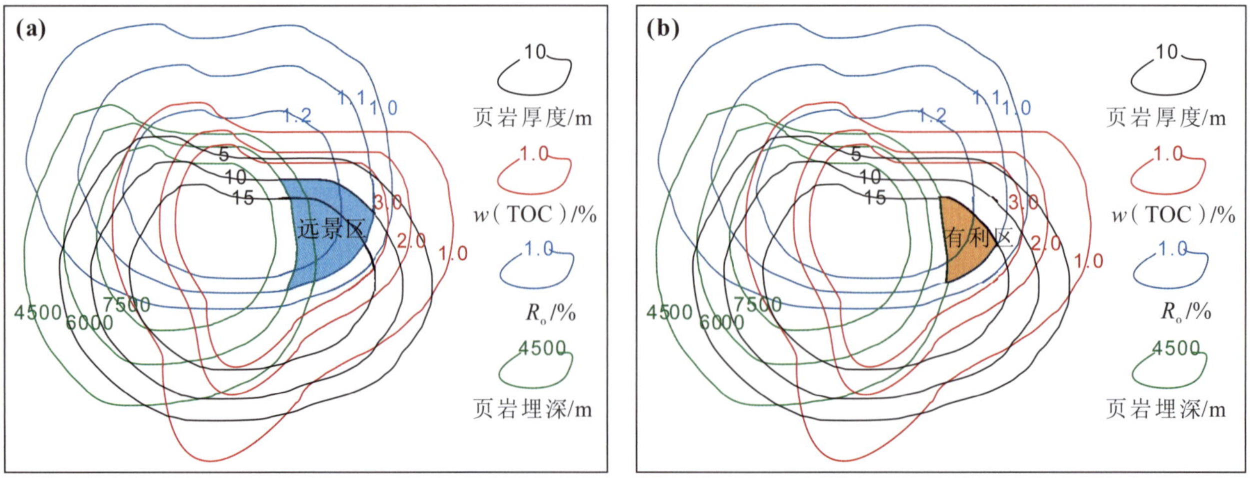

图9.1.1 页岩气远景区（a）有利区（b）优选示意图

试等资料，掌握了页岩沉积相特点、构造模式、页岩地化指标及储集特征等参数基础上，依据页岩发育规律、空间分布及含气量等关键参数，在远景区内进一步优选出有利区域。主要基于页岩分布、地化特征及含气性等研究，采用多因素叠加、综合地质评价等方法，在页岩气远景区内，优选钻井证实含有烃类气体的含气页岩分布区（图9.1.1b）。

9.2 选区评价参数

鄂西—渝东地区二叠系页岩气发育地质条件复杂，与南方其他地区类似，该地区页岩普遍经历了多期构造改造，保存条件复杂；因此，在选区工作中应结合该地区实际情况，以区域地质调查为基础，充分考虑富有机质页岩现今分布与保存现状，在分析本地区页岩气富集机理的基础上，结合以往资源评价工作，厘定有效页岩厚度、有机质丰度、热演化程度、埋深、含气量、孔隙发育程度、裂缝发育情况等页岩气资源评价参数的阈值，结合页岩气钻井显示情况，细致划分页岩气评价单元。

9.2.1 评价要素及起算条件

（1）页岩厚度

与常规油气藏形成与富集一样，商业性页岩气的有效厚度需达到一定范围，才能保证有足够的有机质及充足的储集空间以及压裂施工的实施。从页岩生气能力、页岩气储集方面考虑，泥页岩的厚度都是一个重要的影响因素，直接关系到页岩气资源量的大小。泥页岩生烃，并要成为页岩气藏，其厚度必须超过烃类排烃压力所对应的厚度，这样才能有足够的滞留烃赋存于储集层内部，而不同地区其地质背景不一样，其排烃厚度也有所不同。

贵州安场向斜安页1井钻遇五峰组—龙马溪组页岩厚度为28.6 m，其中龙马溪组为22.48 m，观音桥组为0.22 m，五峰组为5.9 m。高含气段：2311.5～2331 m，19.5 m，中含气段：2302.4～2311.5 m，9.1 m，w（TOC）平均值为4.7%，R_o平均值为2.09%，全烃最高为7.7%，总含气量为4.18～6.0 m^3/t；将安页1井优质泥页岩气层与邻区钻井进行了多参数对比分析，认为19.5 m的优质储层能够实现较好的开发效果。石柱复向斜红星地区，其二叠系大隆组（吴家坪组二段）优质页岩厚度为10～20 m，区域内红页1井、红页2井等页岩气钻井均取得了较好的页岩气产量。因此，在页岩气资源评价工作中，考虑到不同层系代表性钻井的页岩气赋存特征差异性以及压裂层段所需要的最小厚度，把远景区优质页岩层段单层厚度下限设置为10 m，有利区优质页岩层段单层厚度下限设置为15 m。

（2）TOC含量

在富有机质页岩中，有机碳（TOC）含量直接影响页岩储层含气量大小，不仅决定了富有机质页岩生气总量，也影响页岩气在其中的赋存方式和富集结果。在页岩生烃潜力评价中，页岩有机碳（TOC）含量和有机质类型是主要的影响因素之一，页岩中的有机质不仅是页岩气的母源，而且其强大的吸附能力，直接影响页岩的含气性。一般来讲，高有机质含量意味着页岩具有高吸附性、高含气性、高孔渗性和高放射性，TOC含量越高，页岩品质越好，越有利于页岩气的成藏和富集。因此，页岩气藏形成的最基本条件应该是页岩中富含有机质。一般当富有机质页岩热成熟度达生气阶段后，TOC含量越高，页岩气资源丰度越高。

本轮鄂西—渝东二叠系页岩气资源评价选区工作中，与同为海相页岩气的四川盆地焦石坝地区五峰组—龙马溪组进行对比。焦石坝地区五峰组—龙马溪组一段可分为三个亚段，其中下部为含骨针放射虫碳质笔石页岩，中部为含碳质含粉砂泥岩，上部为含粉砂质泥岩和灰黑色含碳质笔石泥页岩。根据涪陵焦石坝地区综合解释和测试求产，证实3个亚段均为页岩气储层，并结合页岩含气量及产量，以有机碳含量为主，参考脆性矿物含量，建立了焦石坝地区五峰组—龙马溪组一段页岩气层评价标准，其中，w（TOC）大于4.0%为Ⅰ类储层（好至极好），对应于一亚段；w（TOC）在2.0%～4.0%之间为Ⅱ类储层（较好），对应于二亚段；w（TOC）在1.0%～2.0%之间为Ⅲ类储层（中等），对应于三亚段；w（TOC）

小于1.0%为Ⅳ类储层（差）。其中将w（TOC）=1.0%作为了Ⅲ类储层的下限值。

综合以上分析，确定远景区TOC含量（质量分数）下限为1.0%，有利区TOC含量（质量分数）下限为2.0%。

（3）含气量

含气量是页岩储层含气多少的直接指标，直接反映页岩的开发潜力，页岩储层的含气量越高，页岩气经济开发前景就越好。页岩储层含气量的多少与页岩的生烃能力和储集能力有很大的相关性。在富有机质页岩中，有机碳（TOC）含量直接影响页岩储层含气量大小，不仅决定富有机质页岩生气总量，而且影响页岩气富集与赋存方式。

对国内外专家学者和机构提出的页岩气有利区评价参数统计发现各项参数存在一定的差异性。对包括中国焦石坝、长宁—威远和北美地区Barnett、Marcellus等13个页岩气田的各项参数进行了统计，分析发现，不同页岩气田的各项参数存在一定的差异性，其中统计含气量下限国外页岩气田最小值为1.13 m³/t，国内为1.19 m³/t。

参考其他地区资料，本轮资源评价将有利区含气量下限设置为1.0 m³/t。

（4）页岩热演化程度（R_o）

页岩的热演化程度对页岩含气量有着重要的影响，当页岩处于持续的天然气生成阶段时，可以不断形成的有机质孔隙可增加储集空间，补充页岩中可能存在的天然气散失，从而支撑了页岩孔隙，使其得以有效保存。鄂西—渝东地区二叠系大隆组富有机质页岩有机质成熟度整体适中，大部分地区位于2.0%～2.6%之间。

有机质结构发生变化会影响有机质孔隙度、比表面积、含气性的变化，通过统计分析与实验测试，可以发现随着页岩热演化程度的升高，页岩的生烃能力、孔隙度、含气量逐渐降低，在R_o超过3.7%之后，页岩含气性下降至1.0 m³/t以下（图9.2.1）。

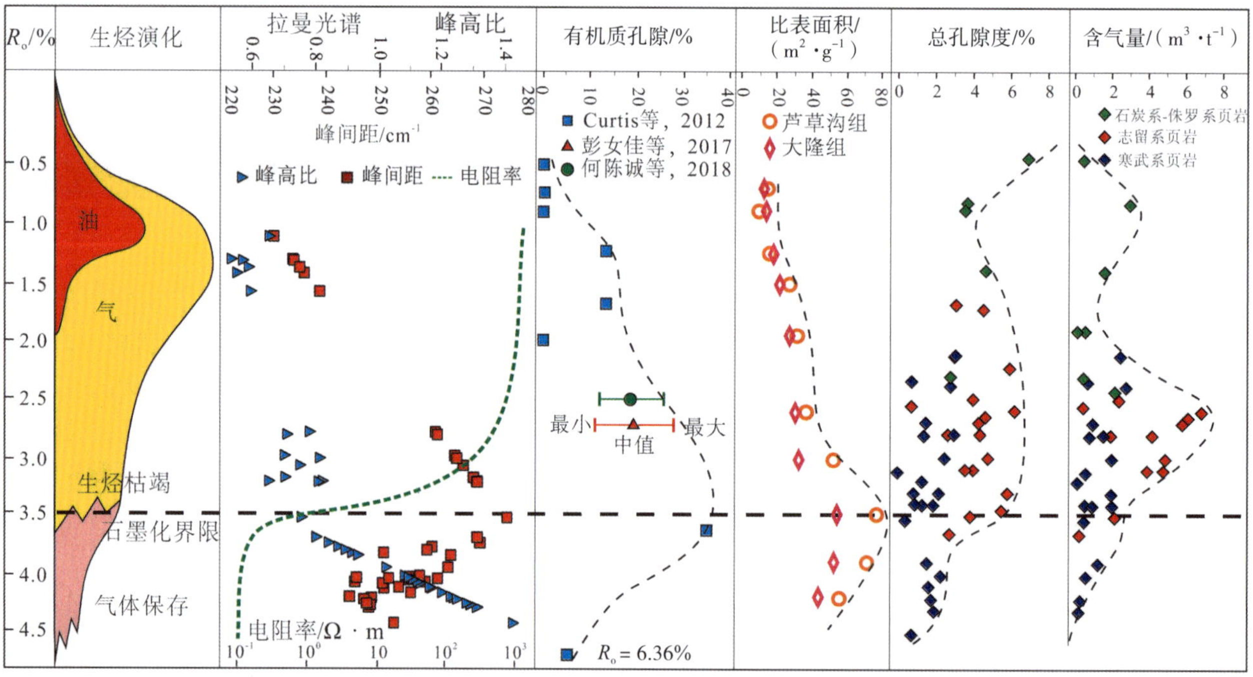

图9.2.1　南方地区部分页岩R_o与孔隙度的相关关系
（据侯宇光等，2021）

页岩热演化程度（R_o）达到3.7%以上，已经接近了有机质生烃的理论上限值，随着页岩生烃能力的枯竭，缺少甲烷补充的页岩储层难以维持来自烃类气体产生的流体压力，加之碳化作用促使有机质结构紧密、脆性增加，导致页岩储层的抗压性能降低；随着后压实作用的持续增强，页岩储层终将发生破裂、气体散失，继而有机质孔隙显著减小，页岩的总孔隙度和含气性必将大幅降低，直至低于工业标准。因此本轮评价工作把R_o=3.7%作为页岩气选区评价的成熟度上限标准。

（5）埋深

页岩具有一个显著的特征是横向渗透率远高于纵向渗透率，其主要原因是页理缝的存在，为避免页岩气的横向散失，必须要使得页理缝关闭。由于受到上覆地层的压实，页理缝等随埋藏深度的增加而持续降低，统计显示，埋深大于500 m时，泥岩水平缝能封闭，可以避免页岩气大规模侧向散失（徐壮等，2017）。因此可以把页岩气的最小埋深下限定为500 m，最大埋深定为目前技术经济可采性尚无法达到的深度6000 m，因此本轮资源评价工作中，确定页岩气远景区埋深范围为500～6000 m；为了获得良好的页岩气产量，同时考虑目前我国页岩气主流页岩气井钻探深度，本次资源评价工作将页岩气有利区埋深范围确定为1000～4500 m。

（6）孔隙度

页岩储层物性特征直接影响到页岩气藏最终的产能，同时页岩储层孔隙度对于气体赋存有着重要的影响，其渗透率对于烃类气体在页岩储层内部的运移也起着至关重要的作用。本身页岩储层具有低孔、特低渗的特点，但是由于其脆性矿物含量大，构造运动及异常高压所形成的微裂缝比较发育，构造活动较强时，物性特征也能够达到一定的条件。

通过建立不同层系、不同地区TOC含量与孔隙度的相关关系，判断孔隙度下限值。当w（TOC）=1.0%时，四川盆地内五峰组—龙马溪组页岩孔隙度φ=2.42%，四川盆地外五峰组—龙马溪组页岩孔隙度φ=2.29%；四川盆地内牛蹄塘组页岩孔隙度φ=2.06%，四川盆地外牛蹄塘组页岩孔隙度φ=2.01%。因此以w（TOC）=1.0%为下限时，确定海相页岩孔隙度φ的下限值为2.0%。

9.2.2 页岩气评价参数体系

针对鄂西—渝东地区大隆组页岩气地质特点的特殊性，参考以往资源评价研究成果，结合北美地区、国内成熟页岩气田的勘探开发情况，综合考虑当前的页岩气勘查现状和形势，本轮资源评价工作确定的页岩气评价单元选区参数如表9.2.1所示。

表 9.2.1 鄂西—渝东地区大隆组页岩气资源选区评价参数表

主要参数	全国页岩气资源潜力评价（2011—2015）		长江经济带页岩气资源潜力评价（2016—2018，海相）		鄂西—渝东地区页岩气资源潜力评价（本轮）	
	远景区	有利区	远景区	有利区	远景区	有利区
评价层系	震旦系—古近系		震旦系—石炭系		二叠系	
厚度/m		单层厚度≥10	累计厚度≥20		单层厚度≥10	单层厚度≥15
埋深/m	100～4500	300～4500	500～6000	1500～4500	500～6000	500～4500
含气量/（$m^3 \cdot t^{-1}$）		>0.5	>0.6	>1.2		>1
w（TOC）/%	0.50	2.00	1.00	2.00	1.0	2.0
R_o/%	>1.1	Ⅰ型干酪根>1.1；Ⅱ型干酪根>0.7	1.1～3.7		1.1～3.7	
孔隙发育程度					>2%，有机质孔较发育	
裂缝发育程度					层理缝发育	
地表条件	平原、丘陵、山区、沙漠及高原等	地形高差较小，如平原、丘陵、低山、中山、沙漠等				植被覆盖程度适中，供水条件良好，坡度平缓，地形条件具备一定的开发纵深

1）有效厚度：页岩气远景区单层厚度≥10 m，有利区单层厚度≥15 m。计算时应采用有效（处于生气阶段且有可能形成页岩气的）厚度进行赋值计算。

2）有机碳（TOC）含量：页岩气远景区w（TOC）≥1.0%，页岩气有利区w（TOC）≥2.0%。

3）镜质体反射率（R_o）：页岩气远景区和有利区页岩镜质体反射率R_o为1.1%～3.7%。

4）含气量：页岩气有利区页岩总含气量≥1.0 m^3/t。

5）埋藏深度：页岩气远景区页岩主体埋深在500～6000 m之间，页岩气有利区页岩主体埋深在1000～4500 m之间。

6）孔隙度及裂缝发育情况：孔隙度≥2%，有机质孔及层理缝较发育。

7）地表条件：页岩气有利区植被覆盖程度适中，供水条件良好，坡度平缓，地形条件具备一定的开发纵深。

9.3 远景区和有利区优选

在编制岩相古地理图的基础上，划分优质相带；在优质相带内，分析页岩气成藏地质条件及相关页岩气评价要素，编制评价要素图；在成藏地质条件有利及评价要素标准符合起算条件的地区，分析构造保存条件；在以上因素划定的区域内，扣除钻井显示页岩气含气量差或氮气含量高的地区，最终划分出二叠系大隆组的远景区和有利区。

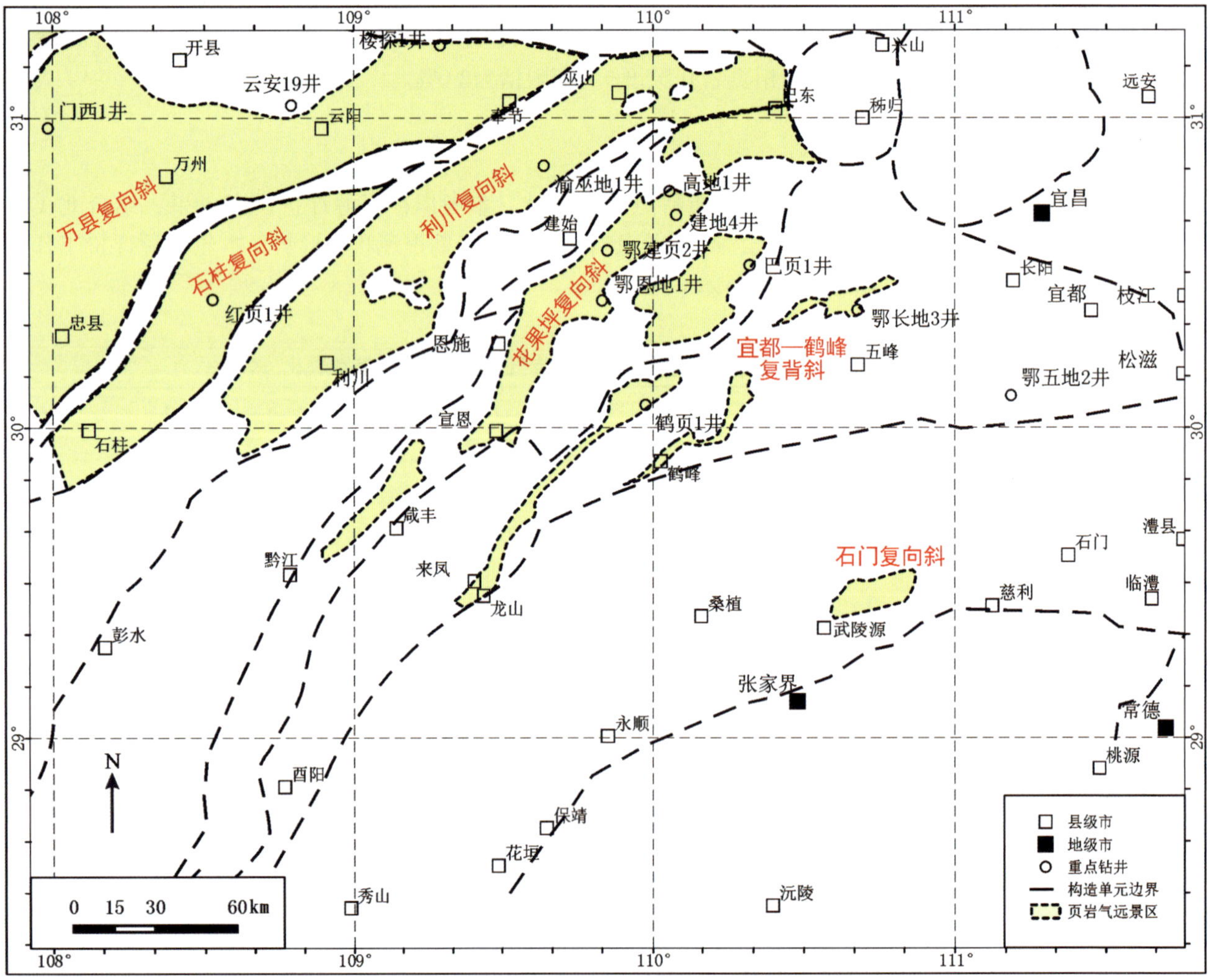

图9.3.1 鄂西—渝东地区二叠系大隆组页岩气远景区分布图

结合区域构造特征和页岩沉积条件，根据远景区优选标准参数，鄂西—渝东地区二叠系大隆组总计划分出6个二叠系页岩气远景区，即利川复向斜、石柱复向斜、花果坪复向斜、万县复向斜、宜都—鹤峰复背斜和石门复向斜远景区（图9.3.1）；根据有利区优选标准参数，鄂西—渝东地区二叠系大隆组总计划分出15个页岩气有利区。其中，利川复向斜远景区内部划分出利川有利区，石柱复向斜远景区内部划分出建南和石柱南有利区，花果坪复向斜远景区内部划分出建始—宣恩、咸丰、五峰西和巴东有利区，万县复向斜远景区内部划分出万州西、云阳、忠县和忠县东有利区，宜都—鹤峰复背斜远景区内部划分出鹤峰北、龙山和鹤峰有利区，石门复向斜远景区内部划分出武陵源有利区（图9.3.2）。

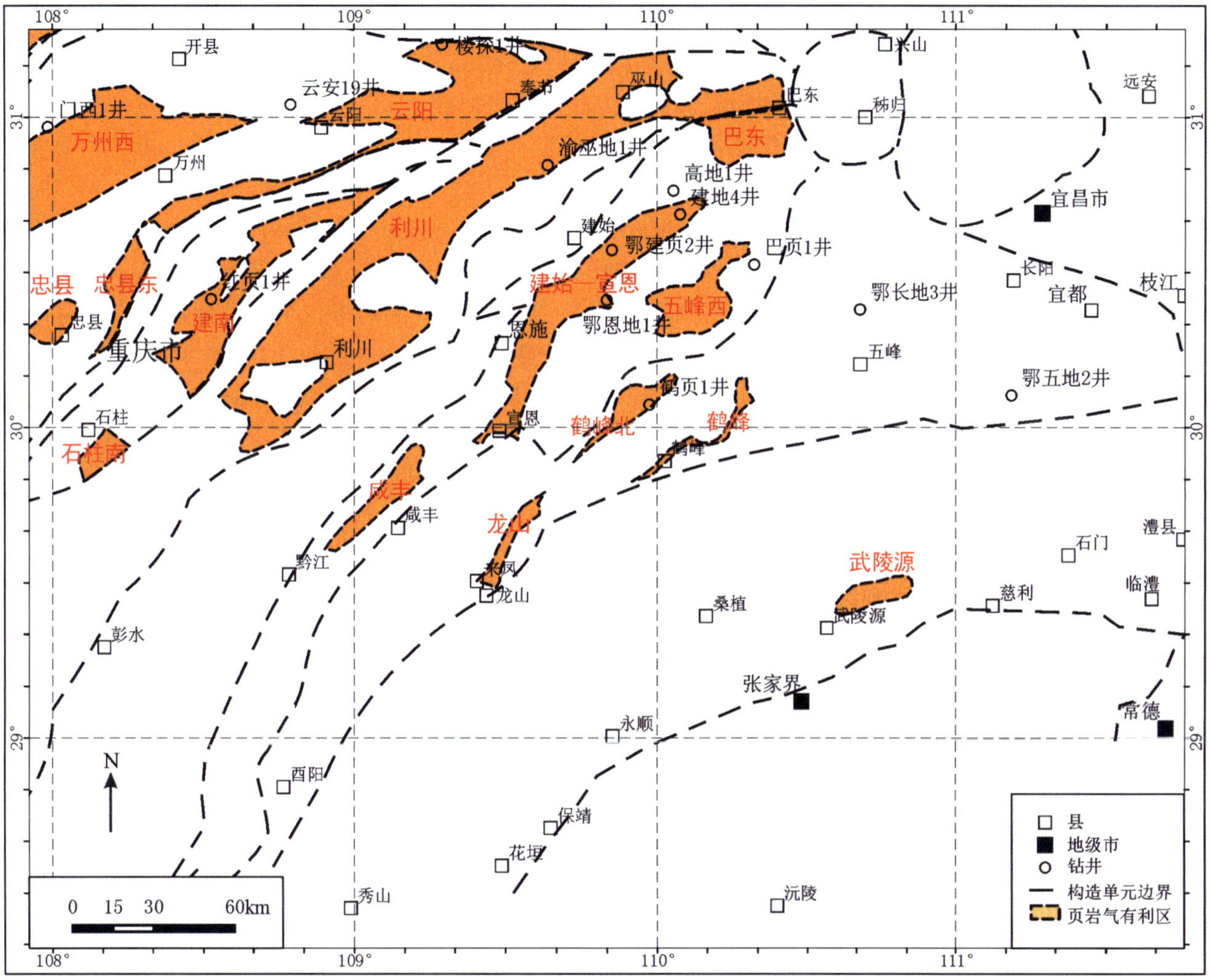

图9.3.2 鄂西—渝东地区二叠系大隆组页岩气有利区分布图

利川复向斜地区主体位于湖北省和重庆市。构造上位于湘鄂西隔槽式褶皱带西北部，利川复向斜内。地貌景观以中—低山和丘陵为主。根据远景区优选标准参数，在利川复向斜内圈定了一个远景区——利川复向斜远景区。利川复向斜远景区西侧为齐岳山断裂，东南侧和西南端以页岩埋深500 m等值线为边界，北侧及东北部以利川复向斜构造边界为限，面积合计5428.99 km^2。根据有利区优选标准参数，在利川复向斜远景区内优选了一个有利区——利川有利区。利川有利区西侧为齐岳山断裂，外部以页岩埋深1000 m等值线为边界，内部以页岩埋深4500 m等值线为边界，面积合计4374.94 km^2。

石柱复向斜地区主体位于湖北省和重庆市。构造上位于川东隔挡式褶皱带东北部，石柱复向斜内。地貌景观以中—低山和丘陵为主。根据远景区优选标准参数，在石柱复向斜内圈定了一个远景区——石柱复向斜远景区。该远景区东南侧为齐岳山断裂，西南部以页岩厚度10 m等值线为边界，西侧和北侧以石柱复向斜与方斗山复背斜边界为限，面积合计3256.13 km^2。根据有利区优选标准参数，在石柱复向斜远景区内优选了两个有利区——建南有利区和石柱南有利区。建南有利区东南侧、西侧为齐岳山断裂和页岩埋深4500 m等值线，西南部以页岩厚度15 m等值线为边界，面积合计为1104.85 km^2。石柱南有利区东南侧为齐岳山断裂，西南侧和东北侧以页岩厚度15 m等值线为边界，西北侧以埋深4500 m等值线为界，面积合计150.90 km^2。

花果坪复向斜地区主体位于湖北省。构造上位于湘鄂西隔槽式褶皱带东北部，花果坪复向斜内。地貌景观以中—低山为主。根据远景区优选标准参数，在花果坪复向斜内圈定了一个远景区——花果坪复向斜远景区。远景区主体西侧、西南端和东北端主要以大隆组页岩埋深500 m等值线为界，北部以花果坪复向斜构造边界为界，其主体东部另有一部分以页岩埋深500 m等值线为边界，面积合计3739.90 km^2。根据有利区优选标准参数，在花果坪复向斜远景区内优选了四个有利区——建始—宣恩有利区、咸丰有利区、五峰西有利区和巴东有利区。建始—宣恩有利区主体西侧、西南端和东北端以及内部以大隆组页岩埋深1000 m等值线为界，东南侧以大隆组页岩埋深1000 m等值线为界，面积合计1487.70 km^2。咸丰有利区主体西侧和东北端以大隆组页岩埋深1000 m等值线为界，西南部以页岩厚度15 m等值线为界，面积合计380.29 km^2。五峰西有利区以页岩埋深1000 m等值线为边界，东北端以页岩厚度15 m等值线为界，面积合计506.81 km^2。巴东有利区西侧以页岩埋深1000 m等值线为边界，东部以页岩厚度15 m等值线为界，北侧以花果坪复向斜构造单元边界为限，面积合计465.67 km^2。

万县复向斜地区主体位于四川省和重庆市。构造上位于川东隔挡式褶皱带东北部，万县复向斜内。地貌景观以低山和丘陵为主。根据远景区优选标准参数，在万县复向斜内圈定了一个远景区——万县复向斜远景区。万县复向斜远景区东南侧和西北端以万县复向斜构造单元边界为限，西部以评价区边界为限，北部以万县复向斜构造单元边界、页岩相变区和厚度10 m等值线为限，西南端以页岩相变区和页岩厚度10 m等值线为边界，面积合计8292.90 km^2。根据有利区优选标准参数，在万县复向斜远景区内优选了四个有利区——万州西有利区、云阳有利区、忠县有利区和忠县东有利区。万州西有利区东南、西北两侧以页岩埋深4500 m等值线为边界，东北端以页岩厚度15 m等值线为限，西南端以页岩相变线为界，面积合计1630.81 km^2。云阳有利区东南侧和北部以万县复向斜构造单元边界为限，西北侧以页岩厚度15 m等值线和埋深4500 m等值线为边界，西南端以页岩厚度15 m为限，面积合计1895.65 km^2。忠县有利区东南侧、西北侧和东北端以万县复向斜构造单元边界为限，西南端以页岩厚度15 m为限，面积合计148.38 km^2。忠县东有利区东南侧以万县复向斜构造单元边界为限，东北端以页岩厚度15 m为限，西侧以页岩埋深4500 m为限，面积合计308.78 km^2。

宜都—鹤峰复背斜地区主体位于湖北省和湖南省。构造上位于湘鄂西隔槽式褶皱带东北部，宜都—鹤峰复背斜内。地貌景观以中—低山为主。根据远景区优选标准参数，在宜都—鹤峰复背斜内圈定了一个远景区——宜都—鹤峰复背斜远景区。宜都—鹤峰复背斜远景区东南侧、西侧和东北侧以埋深500 m等值线为界，西南端以富有机质页岩厚度10 m等值线为界，面积合计1037.31 km^2。根据有利区优选标准参数，在宜都—鹤峰复背斜远景区内优选了三个有利区——鹤峰北有利区、龙山有利区和鹤峰有利区。鹤峰北有利区整体以埋深1000 m等值线为界，面积合计176.13 km^2。龙山有利区整体以埋深1000 m等值线为界，南侧以富有机质页岩厚度15 m等值线为界，面积合计206.23 km^2。鹤峰有利区整体以埋深1000 m等值线为界，面积合计186.8 km^2。

石门复向斜地区位于湖南省。构造上位于湘鄂西隔槽式褶皱带东南部，桑植石门复向斜内。地貌景观以丘陵为主。根据远景区优选标准参数，在桑植石门复向斜内圈定了一个远景区——石门复向斜远景区。石门复向斜远景区北侧以页岩埋深500 m等值线为边界，南部以评价区边缘为边界，面积合计205.21 km^2。根据有利区优选标准参数，在石门复向斜远景区内优选了一个有利区——武陵源有利区。武陵源有利区北侧以页岩埋深1000 m等值线为边界，南部以评价区边缘和页岩埋深4500 m等值线为边界，面积合计179.97 km^2。

9.4 资源评价方法

本次采用页岩气地质条件、生态环境、经济可采“三位一体”资源评价方法开展资源评价工作。首先，在地质条件分析的前提下，确立适宜本地区地质条件的评价参数体系，优选评价单元，在此基础上开展页岩气资源量评价；其次，在扣除生态保护红线区范围后的区域开展资源评价工作，获得生态环境允许的页岩气资源量；最后，按照勘探开发全成本经济可采资源评价方法开展最终的经济可采资源量评价。

9.4.1 地质资源评价

（1）评价方法优选

由于我国页岩气基础地质研究起步晚，除四川盆地及周缘五峰组—龙马溪组页岩气外，国内页岩气尚未形成大规模的开发，缺少大量的生产井及生产数据，其资源评价主要集中在静态法中的类比法、体积法、成因法、特尔菲法。最早张金川于2008年采用多种方法（类比法、体积法、成因法、特尔菲法）对中国各个盆地页岩气资源进行了初步评价计算。体积法是目前应用最广泛、精度相对最高的方法（张金川等，2008；董大忠等，2009；龙鹏宇等，2009；李延钧等，2013、李玉喜等，2011）。为了摸清我国页岩气资源潜力，初步优选出有利区，为国家编制经济社会发展规划和能源中长期发展规划提供科学依据，国土资源部（现自然资源部）于2010年开始组织开展全国页岩气资源潜力调查评价及有利区优选工作，针对我国当时页岩气资源评价特点和资料条件，建立了概率体积法预测页岩气资源潜力，该方法在项目中得到了推广应用。

鄂西—渝东地区构造活动强烈，二叠系大隆组页岩气形成富集条件差异性大，总体勘探程度偏低，且区内不同地区勘探程度存在较大差异性，在页岩气资源评价中既要考虑地质因素的不确定性，也要考虑技术、经济上的不确定性。

根据目前已有的页岩气资源评价方法，并结合鄂西—渝东地区页岩气实际勘探情况，确定出两种评价方法：概率体积法和类比法（表9.4.1）。

1）概率体积法：概率体积法是根据含气页岩的厚度、面积、密度和含气量对页岩气资源量快速直接的评价方法。页岩气以游离态和吸附态的方式共存，含气量主要由游离气含量和吸附气含量相加得到。根据研究区资料情况，针对有含气厚度等值线图、有钻井并获得了现场解析含气量数据的评价单元采用了此方法。

表 9.4.1 分级分类页岩气资源评价方法

勘查程度	资料情况、勘查程度划分依据	评价方法
中等	有二维地震资料，有少量预探井或区域探井等资料，有部分分析测试资料，基本地质条件较清楚，可获得该地区部分评价关键参数	概率体积法
低	仅有重、磁、电等非震物化探资料，没有针对目的层的地震、钻井等一系列资料数据，地质条件不清楚，评价关键参数缺乏	类比法

2）类比法：类比法是用于油气调查工作程度相对较低地区的一种简单快速评价方法，可以细分为含气量类比法和资源丰度类比法。本次评价中采用的类比法为参数类比法中的含气量类比法。在缺乏钻井数据的前提下，用类比法将调查工作程度较低地区（评价区）的富有机质页岩与调查工作程度较高地区（类比区）的含气页岩进行沉积、构造、有机地化、岩石矿物、储集性能等页岩气形成富集条件进行比较，计算相似系数，获取含气量、资源丰度等关键数据，预测评价区页岩气资源量。

（2）页岩气地质资源评价方法流程

页岩气资源评价流程可以分为以下几个步骤进行，主要包括评价区基础地质条件研究、评价单元划分、关键参数确定、资源量分级评价及资源分布特征、资源量可信度评估等几个方面，具体流程见图9.4.1。

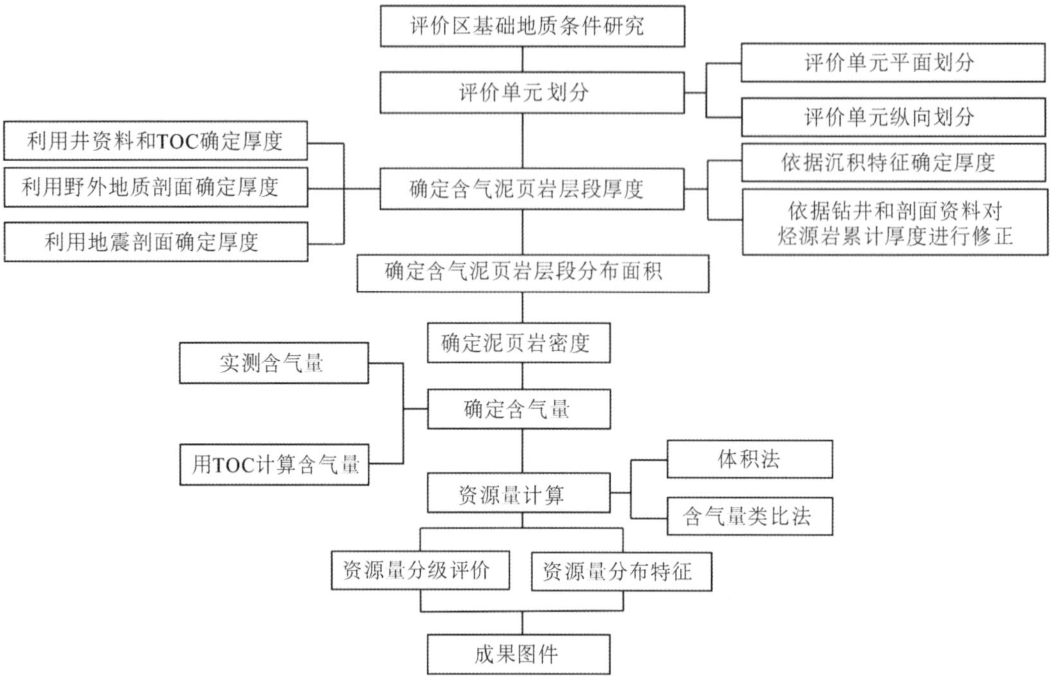

图9.4.1　鄂西—渝东地区页岩气资源评价流程图

1）评价区基础地质条件研究：在对页岩气进行资源评价时，必须对其地质背景进行分析，研究其形成富集的基础地质条件，研究和分析的内容主要包括：区域构造、沉积及地层发育背景；含有机质泥页岩发育的区域地质条件；页岩气的形成富集条件；页岩气勘探程度与发现情况。

2）划分评价单元：以沉积盆地为基本实体单元，并根据盆地具体情况进行评价单元的进一步细化。单元的细化要遵守页岩气生成和聚集的客观规律，以具有一定保存条件的富有机质页岩展布确定范围。本次页岩气资源评价单元划分，页岩气远景区以1：50万地质图为依据，以富有机质页岩层段（层系）为对象，按一级构造单元或（和）次一级构造单元进行评价单元划分；页岩气有利区以1：20万或1：25万地质图为依据，以含气岩层段（层系）为对象，按二级构造单元进行评价单元划分。

3）确定页岩气资源评价的关键参数：富有机质页岩具有普遍的含气性，寻找页岩气富集区并通过合适的工程措施获得工业气流，是页岩气勘探开发的关键和目标。页岩气藏在构造特征、储集空间类型、储集物性、富集机理等方面与常规气藏有较大差异。国外各大石油公司在页岩气选区评价中所采用的关键参数大致有2类，即地质条件类参数和工程技术条件类参数，前者控制页岩气的生成与富集，包括含气页岩面积、厚度、有机质丰度、类型、成熟度、脆性矿物含量及油气显示等；后者控制页岩气的开发成本，包括埋藏深度、顶底板条件、地表地貌条件、道路交通和管道市场等。

4）计算资源量：

①概率体积法计算公式：

$$Q_{总}=Q_{吸}+Q_{游}=S\cdot H\cdot \rho\cdot G/100 \quad （式9.4.1）$$

式中，$Q_{总}$为待求的页岩气总资源量，$10^8\ m^3$；$Q_{吸}$为吸附气资源量，$10^8\ m^3$；$Q_{游}$为游离气资源量，$10^8\ m^3$；S为评价单元面积，km^2；H为含气泥页岩段厚度，m；ρ为泥页岩密度，t/m^3；G为含气量（吸附气含量与游离气含量之和），m^3/t。

在式中，计算范围面积S是常数，而厚度H、含气量G两个参数都是在其参数总体中的一个随机抽样值。假设共有M个评价单元，则总资源量Q为：

$$Q=\sum_{i=1}^{M}Q_i \quad \text{（式9.4.2）}$$

②含气量类比法：

含气量类比法是以含气量作为主要类比参数的资源评价方法，其资源量计算基本公式为：

$$Q=\sum_{i=1}^{n}S_i\times h\times\rho\times G_i\times\alpha_i\ ) \quad \text{（式9.4.3）}$$

输出结果：Q为预测区的页岩气总资源量，10^{12} m^3；

输入参数：S_i为预测区含气泥页岩层段分布面积，km^2；

h为预测区含气泥页岩层段厚度，m；

G_i为类比标准区含气量，t/m^3；

a_i为预测区类比标准区与评价区的类比相似系数，由下式计算得到：

$$\alpha_i=\frac{\text{预测区地质类比总分}}{\text{标准区地质类比总分}} \quad \text{（式9.4.4）}$$

i为预测区子区的个数（i块或i层）。

影响含气量的主要参数、权值、取值标准见表9.4.2。

表 9.4.2　含气量类比法取值标准

参数类型	参数名称	权值	分值			
			1.0～0.75	0.75～0.5	0.5～0.25	0.25～0
油气源条件（0.7）	页岩累计厚度/m	0.1	＞200	200～100	100～50	50～20
	w（TOC）/%	0.3	＞4	4～2	2～1	＜1
	干酪根类型	0.1	Ⅰ型	$Ⅱ_1$型	$Ⅱ_2$型	Ⅲ型
	成熟度R_o/%	0.2	1.2～2.0	1.0～1.2或2.0～2.5	0.7～1.0或2.5～3.0	0.4～0.7或3.0～4.5
	生烃高峰时间	0.1	古近纪以后	白垩纪	三叠纪、侏罗纪	古生代
	页岩单层厚度/m	0.2	≥50	30～50	10～30	≤10
储集条件（0.2）	脆性指数/%	0.3	＞60	60～40	40～20	＜20
	孔隙度/%	0.4	＞6	6～4	4～2	＜2
	微裂缝发育程度	0.3	发育	较发育	发育一般	不发育
综合配套条件（0.1）	构造复杂程度	0.2	断裂不发育、褶皱宽缓	断裂较少、褶皱较宽缓	断裂较发育或褶皱较紧闭	断裂发育、褶皱紧闭
	埋藏深度/m	0.8	2000～3000	3000～3500或2000～1500	3500～4000或1500～1000	＞4000或＜1000

5）结果汇总：对统一要求（方法、标准、时间、算法等）条件下所得的资源量计算结果采用概率算法进行累加求和，对资源量结果统一采用概率法进行表征。对于选区结果，采用统一要求进行图形表达。

6）合理可靠性分析：影响页岩气资源评价结果的因素较多，包括计算单元的地质条件和复杂程度、资料程度和质量、评价参数获取方法和精度、评价时间和背景等。所得的资源量计算结果具有一定的时效性，取决于勘探进度、资料程度以及认识水平的变化。资源评价结果与一定阶段内的地质认识程度和技术水平有关，计算结果受资料掌握程度影响较大，计算结果的合理可靠性依赖于参数赋值的把握程度。一般来说，参数数据量越大，数据的空间分布越均匀，资源评价的结果就越可靠。

（3）页岩气地质资源评价关键参数获取

1）确定含气泥页岩层段厚度：在评价单元划分的基础上，确定含气泥页岩层段厚度，统计每口井含气泥页岩层段（系统）的厚度，并绘制含气泥页岩厚度等厚图。

在中高勘探程度区根据钻井资料来标定有效厚度，系统有效厚度以烃源岩的开始和结束作为系统划分的主要依据，并同时结合测井曲线、气测数据、TOC数据。纵向上，在有页岩气钻井的情况下，可先根据钻井岩芯和岩屑等录井资料来确定黑色页岩厚度，然后通过TOC和测井资料划分富有机质页岩层段的厚度，再根据页岩含气性、气测异常和测井资料综合确定含气页岩层段的厚度，最终作为参与页岩气资源评价的厚度。平面上可考虑结合泥页岩有效层段的厚度与有机碳含量等值线图来共同确定。

在缺少钻井资料的情况下，也可根据含气泥页岩层段出露的野外地质剖面，按泥页岩类、砂岩类、碳酸盐类等分类计算厚度，并据此对评价区域进行推测。

如果地震资料精度能识别评价单元，建议通过井震结合，应用地震资料追踪有效泥页岩层段，保证平面上厚度等值线图的精度和可靠性。

2）确定含气页岩层段分布面积：通过沉积相带、构造特征、保存条件和页岩埋深等多项指标优选出页岩气远景区、有利区，每个独立的选区作为一个独立的评价单元，将选区评价成果图件矢量化后，导入资源评价软件可直接读出评价单元面积。

3）页岩密度：吸附气主要赋存在泥页岩中，并且利用含气饱和度、含水饱和度法计算含气量，也需要岩石的密度，因此，确定页岩的密度参数很有必要，具体方法采用实测、测井曲线、地震或类比方法获取密度。

4）确定含气量：含气量数据的确定需进行可靠性分析，按照数据的可靠性程度来选择确定含气量的方法。岩石中的含气量等于吸附气含量、游离气含量和溶解气含量之和。

含气量计算公式：

$$G_{总} = G_{吸}+G_{游}+ G_{溶} \quad （式9.4.5）$$

式中，$G_{总}$为含气量，m^3/t；$G_{吸}$为吸附气含量，m^3/t；$G_{游}$为游离气含量，m^3/t；$G_{溶}$为溶解气含量，m^3/t。

由于岩石中所含的溶解气量极少，故岩石的含气量可近似表示为吸附气含量与游离气含量之和。

$$G_{总} \approx G_{吸}+G_{游} \quad （式9.4.6）$$

式中，$G_{吸}$为吸附含气量，m^3/t；$G_{游}$为游离含气量，m^3/t。

其中，解析气量根据现场解析气实测数据获得。解析法是测量页岩含气量的最直接方法，通常在取芯现场完成。钻井取芯过程中，待岩芯提上井口后迅速将其装入样品罐，在模拟地层温度条件下测量页岩中天然气的释放总量，该值通常是吸附气量与游离气量两者之和。

如果待评价区页岩气资料较少，可根据页岩气资源类比参数赋值标准，对比相似背景评价单元页岩气主要评价参数，对远景区评价参数进行打分，并根据不同的赋值权重，类比计算获得含气量。

9.4.2 技术可采评价

（1）计算原理

页岩气可采系数是指同一地质单元中，在现行的经济和技术条件下，可采出的资源量占地质资源量的比例。北美地区主要页岩气田可采系数见表9.4.3。

页岩气可采资源量指在现行的经济和技术条件下，预期从某一具有明确物理边界的页岩范围内可能采出并具有经济意义的天然气数量。

页岩气可采资源量可由地质资源量与可采系数相乘而得：

$$Q_r = Q_t\, k \quad （式9.4.7）$$

$$k=（q_o-q_r）/ q_o \quad （式9.4.8）$$

表 9.4.3　北美地区主要页岩气田可采系数

页岩气田	Barnett	Fayetteville	Haynesville	Marcellus	Woodford
地质资源量/10^{12} m^3	9.26	1.47	20.30	42.48	0.65
可采资源量/10^{12} m^3	1.25	1.18	7.11	7.42	0.32
可采系数/%	13.46	80.27	35.01	17.46	49.23

（据刘竞等，2014）

$$Q_r=(q_o-q_r)Q_t/q_o \quad （式9.4.9）$$

式中，Q_r为页岩气可采资源量，10^8 m^3；Q_t为页岩气地质资源量，10^8 m^3；k为可采系数，无量纲；q_o为泥页岩原始含气量，m^3/t；q_r为泥页岩残余含气量，m^3/t。

（2）鄂西—渝东地区可采系数计算方法

1）方法选择。

页岩气技术可采资源量计算可视具体情况结合使用类比法、成因法及动态法等。鄂西—渝东地区二叠系目前还未形成工业化页岩气生产，故需要获得生气量和排气量参数的成因法和需要获得生产数据的动态法并不适用。而类比法在页岩气勘探初期应用比较广泛，适用于本区页岩气技术可采资源量的计算。类比法是根据评价区与标准区油气成藏条件的相似性，由已知标准区的油气资源可采系数估算未知评价区资源可采系数的资源评价方法。标准区和评价区类比参数根据勘探开发程度的不同而存在差异。

2）类比模型及参数选择。

类比法需要寻找相似地质背景条件和参数特征的标准区。目前，我国南方海相页岩气实现商业化生产的主要为重庆涪陵地区和四川威远地区，鄂西—渝东地区二叠系大隆组页岩气资源类型与之具有一定的相似性，可采用类比法确定可采系数。考虑到远景区和有利区的划分原则，本次可采系数评价参数确定为页岩埋深、页岩厚度、有机碳含量、有机质成熟度、总含气量。

3）可采系数确定。

目前，重庆涪陵、四川长宁—威远等南方海相页岩气主要产区采用的技术可采系数为0.25（孙焕泉等，2023；周庆凡，2022）。技术可采系数以涪陵焦石坝区块等为类比模型（表9.4.4），分别计算鄂西—渝东地区页岩气远景区、有利区的技术可采系数。

表 9.4.4　我国主要页岩气产区技术可采系数

油气田	区块	含气面积/km^2	地质储量			技术可采储量/10^8 m^3	技术可采系数
			游离气/10^8 m^3	吸附气/10^8 m^3	合计/10^8 m^3		
涪陵	焦页1—焦页3井区	106.45	609.9	457.6	1067.50	266.9	0.25
涪陵	焦页4—焦页5井区	277.09	1657.4	1081.0	2738.48	684.6	0.25
威远	威远—威202	48.23	198.76	74.75	273.51	68.38	0.25
长宁	上罗—宁201	91.17	545.41	289.23	834.64	208.66	0.25
长宁	上罗—YS108	68.47	271.67	255.49	527.16	131.79	0.25

根据涪陵页岩气田页岩气主要参数特征并结合鄂西—渝东地区二叠系大隆组页岩气实际参数，将页岩厚度、页岩埋深、有机碳含量（w(TOC)）、有机质成熟度（R_o）、总含气量的权值分别定为0.2，0.3，0.1，0.1和0.3，并建立了各项参数取值标准（表9.4.5）。

其中，由于页岩埋深决定了页岩气的可采性，故赋值最大，为0.3；鄂西—渝东地区二叠系大隆组页岩沉积厚度差别较大，沉积相是页岩气富集成藏的主控因素，页岩含气量的多少与页岩厚度相关性强，故赋值0.2；有机碳含量（w(TOC)）是页岩生烃潜力的重要指标，对二叠系页岩气而言，其页岩

表 9.4.5 鄂西—渝东地区页岩气资源技术可采系数类比参数赋值标准

参数名称	权值	赋值				
		4 ~ 5	3 ~ 4	2 ~ 3	1 ~ 2	≤1
页岩厚度/m	0.2	≥150	100 ~ 150	50 ~ 100	20 ~ 50	≤20
页岩埋深/m	0.3	1000 ~ 3000	3000 ~ 3500	3500 ~ 4000	4000 ~ 4500	4500 ~ 6000或0 ~ 1000
w(TOC)/%	0.1	≥6.0	4.0 ~ 6.0	2.0 ~ 4.0	0.5 ~ 2.0	≤0.5
R_o/%	0.1	2.0 ~ 2.5	2.5 ~ 3.0	3.0 ~ 3.5	3.5 ~ 4.0	≥4.0
总含气量/($m^3 \cdot t^{-1}$)	0.3	≥4.0	3.0 ~ 4.0	2.0 ~ 3.0	1.0 ~ 2.0	≤1

含气量与TOC含量相关性较高，赋值0.1；成熟度过低或过高均不利于天然气的生成，赋值0.1。含气量是地质资源量的最直接指标，对于页岩气技术可采资源而言，页岩含气量的多少反映了其可采潜力的大小，故赋值0.3。将各个类比参数的分值和权值相乘后求和，分别作为评价区和标准区地质系数。

根据页岩气资源技术可采系数类比参数赋值标准，对比重庆涪陵页岩气田主要评价参数（平均值），对远景区、有利区评价参数页岩埋深、页岩厚度、有机碳含量（w(TOC)）、有机质成熟度（R_o）、总含气量进行打分，并根据不同的赋值权重，计算涪陵页岩气田、远景区、有利区的地质评价系数。对比涪陵、长宁、威远、Haynesville页岩气田技术可采系数，计算出鄂西—渝东地区二叠系大隆组页岩气远景区页岩气技术可采系数为0.18，有利区页岩气技术可采系数为0.20（表9.4.6）。

表 9.4.6 鄂西—渝东地区二叠系大隆组页岩气资源技术可采系数计算

评价单元	参数情况	页岩厚度/m	埋深/m	w(TOC)/%	R_o/%	总含气量/($m^3 \cdot t^{-1}$)	地质评价系数	技术可采系数
涪陵页岩气田	参数值	70.8	2645	2.66	2.59	5.2	4.30	0.25
	参数打分	3.5	5	2.2	3.8	5		
长宁页岩气田	参数值	46	1500 ~ 3000	2.0 ~ 4.5	2.8 ~ 3.2	5	4.29	0.25
	参数打分	3	5	2.5	4.4	5		
威远页岩气田	参数值	34	2500 ~ 3000	2.0 ~ 6.0	2.5 ~ 3.0	5	4.29	0.25
	参数打分	3	5	2.5	4.4	5		
Haynesville页岩气田	参数值	91	3048 ~ 4115	0.5 ~ 4.0	2.2 ~ 3.2	2.8 ~ 9.3	4.65	0.3
	参数打分	4.5	4.5	4.5	4.5	5		
鄂西—渝东页岩气远景区	参数值	10 ~ 50	500 ~ 6000	2.0 ~ 9.0	2.0 ~ 2.6	1 ~ 7.0	3.15	0.18
	平均值	25	500 ~ 6000	4	2.3	3.5		
鄂西—渝东页岩气有利区	参数值	15 ~ 50	1000 ~ 4500	2.0 ~ 9.0	2.0 ~ 2.6	1 ~ 7.0	3.46	0.20
	平均值	30	1000 ~ 4500	4	2.3	4		

9.4.3 生态环境评价

党的十八大以来，以习近平同志为核心的党中央高度重视社会主义生态文明建设，坚持把生态文明建设作为统筹推进“五位一体”总体布局和协调推进“四个全面”战略布局的重要内容。页岩气资源是一种重要的战略资源，正确处理其勘探开发与环境保护间的关系具有重大意义，只有协调处理好绿水青山和金山银山的关系，做到在保护中开发，在开发中保护，坚定不移走以生态优先、绿色发展为导向的高质量发展新路子，才能推动页岩气行业的可持续发展。

（1）页岩气勘探开发对生态环境的潜在影响

由于页岩气资源赋存的特殊性，在开发利用过程中，需要使用以压裂为主的储层改造技术。目前广泛应用的压裂技术是水力压裂，在高压条件下，将大量水、砂和化学添加剂的混合物（其中水和砂的含量在99%以上）通过钻孔打入地下，对地层进行液压破碎，从而将其中的页岩气储备释放出来。压裂技术的应用，在提高开采效率的同时，增加了带来生态环境影响的风险，主要体现在三方面。

1）水资源消耗。

压裂施工要消耗大量的水资源。鄂西部分地区碳酸盐岩溶洞发育，严重缺水，开展储层压裂改造，将消耗大量当地宝贵的水资源，从而对当地的生态环境和人民生活带来严峻考验。

2）水和土壤污染。

在压裂作业过程中，压裂液中的某些化学添加剂可能直接通过断裂、裂缝系统自地下深处缓慢向上运移至地表或浅层，也可能因为采气管道的质量问题或操作不当而泄漏到地下水层中，从而通过污染物在环境中的迁移转化对河流、湖泊、蓄水层等水资源造成污染。

3）甲烷泄露。

天然气的主要成分是甲烷，页岩气井泄漏甲烷的概率和总量比常规天然气井要多。甲烷泄漏可能来自页岩气开发过程中的故意排气、设备弊端引发的泄漏，或者水力压裂作业过程引发的泄露。

（2）生态环境保护对页岩气勘探开发的新要求

自改革开放以来，我国陆续颁布了《矿产资源法》《矿山安全法》《土地管理法》《专属经济区和大陆架法》《环境保护法》《海洋环境保护法》《环境影响评价法》《大气污染防治法》《固体废物污染环境防治法》《水污染防治法》《土壤污染防治法》等涉及油气开发的法律，以及20多项矿产资源配套法规和规章。这些法律法规中均涉及油气资源进行勘探开发时应注意生态环境保护和开展环境影响评价。

2017年中共中央办公厅、国务院办公厅印发《关于划定并严守生态保护红线的若干意见》（厅字〔2017〕2号），文件中指出，生态保护红线原则上按禁止开发区域的要求进行管理。因国家重大战略资源勘查需要，在不影响主体功能定位的前提下，经依法批准后予以安排勘查项目。2018年印发的《关于全面加强生态环境保护　坚决打好污染防治攻坚战的意见》中指出，要建立以国家公园为主体的自然保护地体系，依法依规解决自然保护地内的矿业权合理退出问题。

（3）页岩气绿色勘探开发

在页岩气勘探开发全过程中，应当注意以下方面：

1）强化顶层设计，节约用地，最大限度减少对自然的扰动。

整体规划，对勘探开发全过程中道路、电力线、管线、站场等进行全要素全生命周期规划部署；坚持绿色开发理念，规模推进平台井、丛式井应用，减少站场占压土地。目前，页岩气商业开采技术已经较为成熟，应用丛式井、平台井和水平井等技术可大大减少占地和避让敏感区。

2）提升技术，争取实现全过程清洁生产。

制定严格的施工环保管理办法，在钻井和压裂施工过程中，严格遵守，杜绝泥浆渗漏等污染情况的发生。强化源头污染预防，实现全过程清洁生产。固体废物控制方面：全面实行钻井废弃物不落地技术和清洁修井作业，源头控制，减少固废、危废的产生量。生产废水控制方面：压裂过程等需要大量的水资源，回收压裂后返排的压裂液，利用污水处理装置进行处理。一方面节约用水，另一方面减少压裂液等对环境的污染。

3）生产管理改善周边生态环境。

在开发建设中高度注重周边环境保护，积极改善和绿化矿区环境；井场作业结束后，在条件适宜的地区积极推进土地复垦工作。及时复垦，进行原貌复原，争取减少勘探开采对生态环境的扰动。

（4）鄂西—渝东地区页岩气生态环境评价

鄂西—渝东地区生态环境脆弱，能源结构不尽合理，亟需加大清洁能源勘探开发力度。鄂西—渝东地区具有巨大的页岩气资源潜力，页岩气资源的开发工作能够有效降低能源消耗及污染物排放，减弱当地能源资源与生态环境压力，对改善能源结构、助推绿色发展具有重大意义。页岩气开发带来环境、经济等利益的同时，勘探开发中面临的环境风险也不可忽视，包括水资源消耗、居民饮水安全、地质环境污染等生态地质环境问题。因此，在开展页岩气资源评价时，应同步开展生态环境评价，确保将页岩气开发对环境的影响降至最低。

本次页岩气资源生态环境评价是将保护生态红线区与各层系页岩气远景区、有利区范围叠合，在扣除生态保护红线区范围后的区域开展资源评价工作，获得生态环境允许的页岩气资源量。

9.4.4 经济性评价

随着页岩气勘探开发不断深入，国家对页岩气开发带来的经济效益及其对生态环境的影响程度越来越重视，因此有必要延长页岩气资源评价的“产业链”，在原有地质资源评价的基础上，继续拓展至经济评价。对应评价结果也依次从地质资源量拓展至经济资源量，以提升资源评价结果的价值链。从而分析不同页岩气价格条件下评价区内页岩气资源经济性，确定关键价格节点，形成页岩气资源动态评价，为国家油气资源发展规划和战略部署提供依据。

本轮资源评价工作采用勘探开发全成本法，针对分布于生态红线以外的评价单元开展页岩气经济评价。勘探开发全成本是指以一定的地质单元为对象，在油气资源的勘探、开发、弃置等整个过程中发生的所有费用的总和，包括探明成本、视开发成本、视经营成本、弃置费和营业税金及附加5个部分。勘探开发全成本分摊到单位油气资源量（每桶原油或每立方米天然气）即为单位勘探开发全成本。

目前，我国大部分地区还未形成工业化页岩气生产，无法直接获得相关页岩气勘探开发成本。适宜采用类比法，以已开发油气田和已申报探明储量油气田为标准区，收集获得已知页岩气田的勘探开发全成本数据（表9.4.7），计算得出各商业化产区页岩气资源寿命期内经济可采成本为0.762元/m^3，寿命期外成本为1.983元/m^3。同时，对成熟的商业化页岩气区块地质背景、勘探程度及资料基础开展研究，建立地质参数与经济参数对应关系（表9.4.8）。

页岩气勘探开发成本主要受地质条件、地表条件及开发难度等方面的因素影响。本次评价类比参数确定为页岩埋深、压力系数、资源丰度、地形地貌、植被覆盖率、水源条件、管网距离等参数。

各评价单位页岩气经济评价参数计算公式如下：

$$E=\sum_{i=1}^{n}(Ei\cdot Ri) \qquad (式9.4.10)$$

式中，n为要素个数，E为参数分值，R为参数权重系数。

将评价单元生态红线区以外的区域与标准区对比，分析其参数的相似性，类比获得未知评价单元的勘探开发全成本，进而得出各评价单元不同油气价格条件下经济性可采资源量。

表 9.4.7 主要页岩气探明储量区块勘探开发全成本数据

序号	区块名称	目标层系	地表条件	气藏埋深/m	单位探明成本/（元·m^{-3}）	单位视开发成本/（元·m^{-3}）	单位视经营成本/（元·m^{-3}）		单位弃置成本/（元·m^{-3}）	商品率/%	综合税率/%	勘探开发全成本/（元·m^{-3}）	
							寿命期内	寿命期外				寿命期内	寿命期外
1	威远	O_3w-S_1l	丘陵	2919	0.020	0.540	0.250	1.250	0.027	98	6	0.909	1.994
2	威远	O_3w-S_1l	丘陵	3206	0.020	0.346	0.280	1.420	0.017	98	6	0.720	1.957
3	涪陵	O_3w-S_1l	丘陵	3615	0.080	0.259	0.280	1.400	0.003	96	6	0.689	1.930
4	涪陵	O_3w-S_1l	丘陵	3457	0.080	0.276	0.300	1.500	0.004	96	6	0.731	2.061
5	南川	O_3w-S_1l	低山	2720	0.020	0.380	0.300	1.500	0.020	96.5	6	0.794	2.117
6	威荣	O_3w-S_1l	丘陵	3702	0.020	0.380	0.240	1.250	0.020	96.5	6	0.728	1.841
平均值					0.040	0.364	0.275	1.387	0.015	96.83	6	0.762	1.983

表 9.4.8 鄂西—渝东地区评价单元页岩气经济参数评价

参数类型及权重		参数分级及打分		
		1.00 ~ 0.75	0.75 ~ 0.50	0.50 ~ 0.00
地质条件（0.5）	页岩埋深（0.4）	500 ~ 3500 m	3500 ~ 4500 m	4500 ~ 6000 m
	页岩气品质（0.2）	好	中	差
	压力系数（0.2）	>1.2	1.2 ~ 1.0	<1.0
	资源丰度（0.2）	高（≥6）	中（2 ~ 6）	低（<2）
地表条件（0.3）	地形地貌（0.6）	丘陵为主	低山为主	中高山为主
	植被覆盖率（0.4）	<30	30 ~ 60	>60
其他条件（0.2）	水源条件（0.4）	充足	较充足	无水源
	管网距离（0.6）	不需要新建管网	适量新建管网	大量新建管网

各评价单元勘探开发全成本计算公式如下：

$$P_{评价单元}=P_{标准区}/E \quad （式9.4.11）$$

式中，P为勘探开发全成本，E为参数分值。

以利川有利区丘陵地区为例，该区页岩气地质条件良好，资源丰度适中，地表植被较为茂盛，水源较为充足；同时距离主要管网及天然气消费区距离适中，适量新建管网即可充分利用开采的页岩气资源，加权计算本区埋深在3500 m以浅的区域经济评价参数为0.875，与商业区块类比，可得本区页岩气资源寿命期内经济可采成本为0.874元/m^3，寿命期外成本为2.253元/m^3。

9.5 资源评价结果

9.5.1 地质资源和技术可采评价

鄂西—渝东地区总计划分出利川复向斜远景区、石柱复向斜远景区、花果坪复向斜等共计6个二叠系页岩气远景区，以及利川有利区、建南有利区、石柱南有利区等15个有利区。这些远景区及有利区富有机质页岩厚度较大，埋深适中，前期通过页岩气地质调查评价工作，证实本区二叠系页岩气地质条件良好，具有良好的页岩气资源潜力和勘探前景（表9.5.1、表9.5.2）。

鄂西—渝东地区统一采用了概率体积法和类比法开展了资源评价工作，其远景区总面积为21960.45 km^2，对资源量计算结果采用概率算法进行累加求和，并统一采用概率法进行表征。鄂西—渝东地区二叠系大隆组页岩气地质资源量（P50）为44972.62 × 10^8 m^3，页岩气技术可采资源量（P50）为8095.07 × 10^8 m^3（表9.5.3）。

鄂西—渝东地区二叠系大隆组页岩气有利区总面积为13203.92 km^2，页岩气地质资源量（P50）为31855.40 × 10^8 m^3，页岩气技术可采资源量（P50）为6371.08 × 10^8 m^3（表9.5.4）。

9.5.2 生态环境评价

扣除生态保护红线区范围后的区域开展资源评价工作，获得生态环境允许的页岩气资源量。生态红线区外页岩气远景区面积为17346.98 km^2，地质资源量为34283.19 × 10^8 m^3（图9.5.1，表9.5.5），占远景区地质资源总量的76.23%。生态红线区外有利区面积为10410.34 km^2，资源量为24082.11 × 10^8 m^3（图9.5.2，表9.5.6），占有利区地质资源总量的75.60%。

总的来说，鄂西—渝东地区二叠系大隆组页岩气资源主要位于生态红线外，页岩气勘查开发工作对环境影响较小。

表 9.5.1 鄂西—渝东地区二叠系大隆组页岩气远景区资源评价指标

页岩气资源评价指标	利川复向斜远景区	石柱复向斜远景区	花果坪复向斜远景区	万县复向斜远景区	宜都—鹤峰复背斜远景区	石门复向斜远景区
面积/km^2	5428.99	3256.13	3739.90	8292.90	1037.31	205.21
页岩厚度/m	15 ~ 50	10 ~ 25	15 ~ 50	10 ~ 35	10 ~ 45	15 ~ 26
页岩埋深/m	500 ~ 5000	2500 ~ 5500	500 ~ 3500	2500 ~ 6000	500 ~ 3000	500 ~ 5000
有机质类型	$Ⅱ_1$型为主，少量为$Ⅱ_2$型	$Ⅱ_1$型为主	$Ⅱ_1$型为主	$Ⅱ_1$型为主	$Ⅱ_1$型为主	$Ⅱ_1$型为主
w(TOC)/%	4 ~ 8	3 ~ 8	3 ~ 8	3 ~ 7	3 ~ 8	3 ~ 4
R_o/%	2.5%左右	2.0 ~ 2.6	2.5%左右	2.5%左右	2.0 ~ 2.6	2.5%左右
密度/($t·m^{-3}$)	2.56	2.56	2.56	2.56	2.56	2.56
总含气量/($m^3·t^{-1}$)	1.68 ~ 5.03	1.91 ~ 7.04	1.03 ~ 6.53	1.34 ~ 4.03	1.13 ~ 2.16	1.30 ~ 3.89
页岩气发现情况	渝巫地1井直井压裂试获日产4234 m^3气流	红页1HF井试获日产8.9×10^4 m^3气流	鄂建页2井、鄂恩页2井获3 m^3/t以上含气量	/	鹤地1井获页岩气显示	/
地表条件	中—低山和丘陵	中—低山和丘陵	中—低山和丘陵	中—低山和丘陵	中—低山和丘陵	丘陵
地质资源量(P50)/10^8 m^3	15092.00	7439.72	7576.56	13299.60	1305.82	258.93
地质资源丰度(P50)/10^8 $m^3·km^{-2}$	2.78	2.28	2.03	1.60	1.26	1.26
技术可采资源量(P50)/10^8 m^3	2716.56	1339.15	1363.78	2393.93	235.05	46.61
技术可采资源丰度(P50)/10^8 $m^3·km^{-2}$	0.50	0.41	0.36	0.29	0.23	0.23

表 9.5.2 鄂西—渝东地区二叠系大隆组页岩气有利区资源评价指标

页岩气资源评价指标	利川	建南	石柱南	建始—宣恩	咸丰	巴东	五峰西	万州西	云阳	忠县	忠县东	鹤峰北	龙山	鹤峰	武陵源
面积/km^2	4374.94	1104.85	150.90	1487.70	380.29	465.67	506.81	1630.81	1895.65	148.38	308.78	176.13	206.23	186.83	179.97
厚度/m	18 ~ 50	15 ~ 30	15	26 ~ 50	15 ~ 31	16 ~ 30	16 ~ 45	15 ~ 30	15 ~ 35	15	15 ~ 25	40	15 ~ 30	30 ~ 45	15 ~ 26
埋深/m	1000 ~ 4500	2000 ~ 4500	2000 ~ 4500	1000 ~ 2500	1000 ~ 2500	1000 ~ 3500	1000 ~ 1500	2500 ~ 4500	2500 ~ 4500	2500 ~ 4500	2500 ~ 4500	1000 ~ 2000	1000 ~ 1500	1000 ~ 3000	1000 ~ 4500
有机质类型	$Ⅱ_1$型为主	$Ⅱ_1$型为主	$Ⅱ_1$型为主	$Ⅱ_1$型为主	$Ⅱ_1$型为主	$Ⅱ_1$型为主	$Ⅱ_1$型为主	$Ⅱ_1$型为主	$Ⅱ_1$型为主	$Ⅱ_1$型为主	$Ⅱ_1$型为主	$Ⅱ_1$型为主	$Ⅱ_1$型为主	$Ⅱ_1$型为主	$Ⅱ_1$型为主
w(TOC)/%	4 ~ 8	4 ~ 8	3 ~ 4	4 ~ 9	3 ~ 5	5 ~ 8	5 ~ 8	3 ~ 7	3 ~ 7	3 ~ 5	3 ~ 6	5 ~ 7	3 ~ 5	5 ~ 6	3 ~ 4
R_o/%	2.4 ~ 2.6	2.4 ~ 2.6	2.4 ~ 2.6	1.8 ~ 2.8	2.2 ~ 2.6	2.2 ~ 2.6	1.8 ~ 2.6	2.4 ~ 2.6	2.4 ~ 2.6	2.4 ~ 2.6	2.4 ~ 2.6	2.2 ~ 2.6	2.2 ~ 2.4	2.2 ~ 2.4	2.0 ~ 2.2
密度/($t·m^{-3}$)	2.56	2.56	2.56	2.56	2.56	2.56	2.56	2.56	2.56	2.56	2.56	2.56	2.56	2.56	2.56
总含气量/($m^3·t^{-1}$)	1.68 ~ 5.03	1.91 ~ 7.04	1.91 ~ 7.04	1.03 ~ 6.53	1.03 ~ 6.53	1.03 ~ 6.53	1.03 ~ 6.53	1.34 ~ 4.03	1.34 ~ 4.03	1.34 ~ 4.03	1.34 ~ 4.03	1.13 ~ 2.16	1.13 ~ 2.16	1.13 ~ 2.16	1.30 ~ 3.89
地表条件	中—低山和丘陵	中—低山和丘陵	中—低山和丘陵	中—低山和丘陵	中—低山和丘陵	中—低山和丘陵	中—低山和丘陵	中—低山和丘陵	中—低山和丘陵	中—低山和丘陵	中—低山和丘陵	中—低山和丘陵	中—低山和丘陵	中—低山和丘陵	丘陵
地质资源量(P50)/10^8 m^3	13217.88	3090.64	274.59	4455.79	718.89	833.98	555.05	3430.28	3833.87	156.89	336.07	277.10	189.66	254.90	229.79
地质资源丰度(P50)/10^8 m^3·km^{-2}	3.02	2.80	1.82	3.00	1.89	1.79	1.10	2.10	2.02	1.06	1.09	1.57	0.92	1.36	1.28
技术可采资源量(P50)/10^8 m^3	2643.58	618.13	54.92	891.16	143.78	166.80	111.01	686.06	766.77	31.38	67.21	55.42	37.93	50.98	45.96
技术可采资源丰度(P50)/10^8 m^3·km^{-2}	0.60	0.56	0.36	0.60	0.38	0.36	0.22	0.42	0.40	0.21	0.22	0.31	0.18	0.27	0.26

表 9.5.3　鄂西—渝东地区二叠系大隆组页岩气远景区资源量汇总

评价单元	面积/km^2	地质资源量（P50）/10^8 m^3	技术可采资源量（P50）/10^8 m^3
利川复向斜远景区	5428.99	15092.00	2716.56
石柱复向斜远景区	3256.13	7439.72	1339.15
花果坪复向斜远景区	3739.90	7576.56	1363.78
万县复向斜远景区	8292.90	13299.60	2393.93
宜都—鹤峰复背斜远景区	1037.31	1305.82	235.05
石门复向斜远景区	205.22	258.93	46.61
总计	21960.45	44972.62	8095.07

表 9.5.4　鄂西—渝东地区二叠系大隆组页岩气有利区资源量汇总

评价单元	面积/km^2	地质资源量（P50）/10^8 m^3	技术可采资源量（P50）/10^8 m^3
利川有利区	4374.94	13217.88	2643.576
建南有利区	1104.85	3090.64	618.128
石柱南有利区	150.90	274.59	54.9188
建始—宣恩有利区	1487.70	4455.79	891.158
咸丰有利区	380.29	718.89	143.7774
五峰西有利区	506.81	555.05	111.0108
巴东有利区	465.67	833.98	166.7958
万州西有利区	1630.81	3430.28	686.056
云阳有利区	1895.65	3833.87	766.774
忠县有利区	148.38	156.89	31.3786
忠县东有利区	308.78	336.07	67.214
武陵源有利区	179.97	229.79	45.9588
鹤峰北有利区	176.13	277.10	55.4208
龙山有利区	206.23	189.66	37.9326
鹤峰有利区	186.83	254.90	50.9806
总计	13203.92	31855.40	6371.08

表 9.5.5　鄂西—渝东地区远景区生态环境资源评价

评价单元	生态红线内			生态红线外		
	面积/km^2	地质资源量/10^8 m^3	技术可采资源量/10^8 m^3	面积/km^2	地质资源量/10^8 m^3	技术可采资源量/10^8 m^3
利川复向斜远景区	1954.44	5433.12	977.96	3474.55	9658.88	1738.60
石柱复向斜远景区	1302.45	2975.89	535.66	1953.68	4463.83	803.49
花果坪复向斜远景区	299.19	606.13	109.1	3440.71	6970.43	1254.68
万县复向斜远景区	995.15	1595.95	287.27	7297.75	11703.65	2106.66
宜都—鹤峰复背斜远景区	62.24	78.35	14.11	975.07	1227.47	220.94
石门复向斜远景区	0	0	0	205.22	258.93	46.61
总计	4613.47	10689.43	1924.1	17346.98	34283.19	6170.97

表 9.5.6　鄂西—渝东地区有利区生态环境资源评价

评价单元	生态红线内			生态红线外		
	面积/km^2	地质资源量/$10^8\ m^3$	技术可采资源量/$10^8\ m^3$	面积/km^2	地质资源量/$10^8\ m^3$	技术可采资源量/$10^8\ m^3$
利川有利区	1749.98	5287.15	1057.43	2624.96	7930.73	1586.15
建南有利区	464.04	1298.07	259.62	640.81	1792.57	358.51
石柱南有利区	15.09	27.46	5.49	135.81	247.13	49.43
建始—宣恩有利区	74.38	222.79	44.56	1413.32	4233.00	846.60
咸丰有利区	0.00	0.00	0.00	380.29	718.89	143.78
五峰西有利区	25.34	27.75	5.55	481.47	527.30	105.46
巴东有利区	102.45	183.48	36.70	363.22	650.50	130.10
万州西有利区	114.16	240.12	48.03	1516.65	3190.16	638.03
云阳有利区	227.48	460.06	92.01	1668.17	3373.81	674.76
忠县有利区	11.87	12.55	2.51	136.51	144.34	28.87
忠县东有利区	0.00	0.00	0.00	308.78	336.07	67.21
武陵源有利区	0.00	0.00	0.00	179.97	229.79	45.96
鹤峰北有利区	8.81	13.85	2.77	167.32	263.25	52.65
龙山有利区	0.00	0.00	0.00	206.23	189.66	37.93
鹤峰有利区	0.00	0.00	0.00	186.83	254.90	50.98
总计	2793.58	7773.29	1554.66	10410.34	24082.11	4816.42

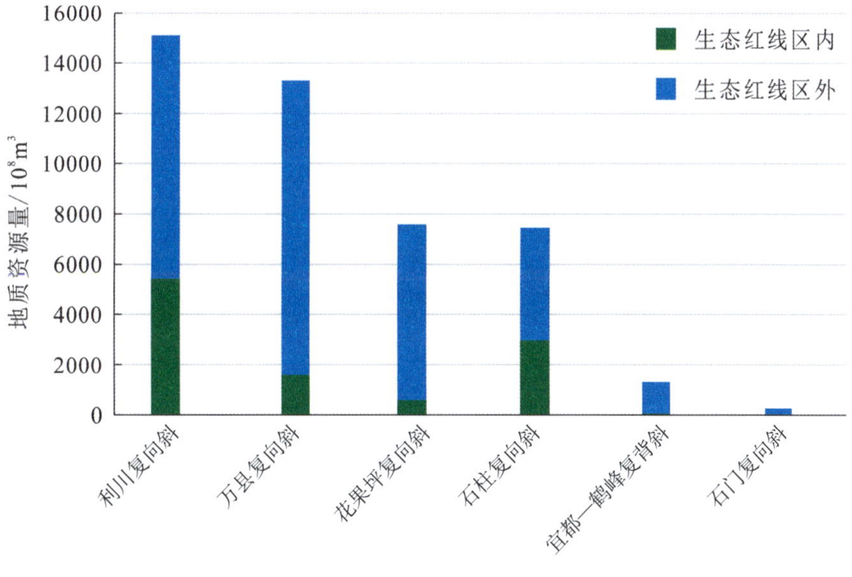

图9.5.1　鄂西—渝东地区页岩气远景区生态红线区内外地质资源量分布

9.5.3　经济性评价

对于远景区，计算获得利川复向斜、石柱复向斜、花果坪复向斜、万县复向斜、宜都—鹤峰复背斜和石门复向斜勘探开发全成本（图9.5.3），分别为0.874～3.009元/m^3、0.890～3.080元/m^3、0.900～2.700元/m^3、0.933～3.129元/m^3、0.944～2.738元/m^3和0.962～3.032元/m^3，其中，寿命期内勘探开发全成本分别为0.874～1.168元/m^3、0.890～1.195元/m^3、0.900～1.048元/m^3、0.933～1.214元/m^3、0.944～1.063元/m^3、0.962～1.178元/m^3，寿命期外勘探开发全成本分别为2.253～3.009元/m^3、2.292～3.080元/m^3、2.319～2.700元/m^3、2.404～3.129元/m^3、2.433～2.738元/m^3、2.479～3.032元/m^3。

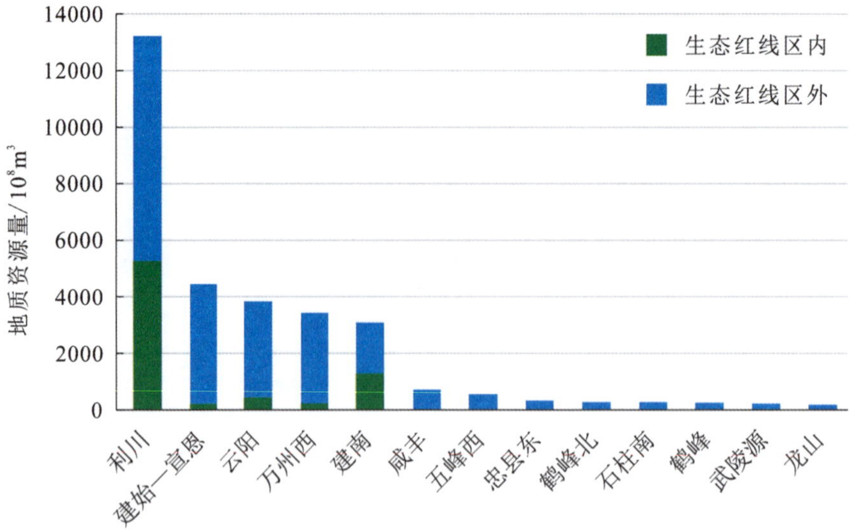

图9.5.2 鄂西—渝东地区页岩气有利区生态红线区内外地质资源量分布

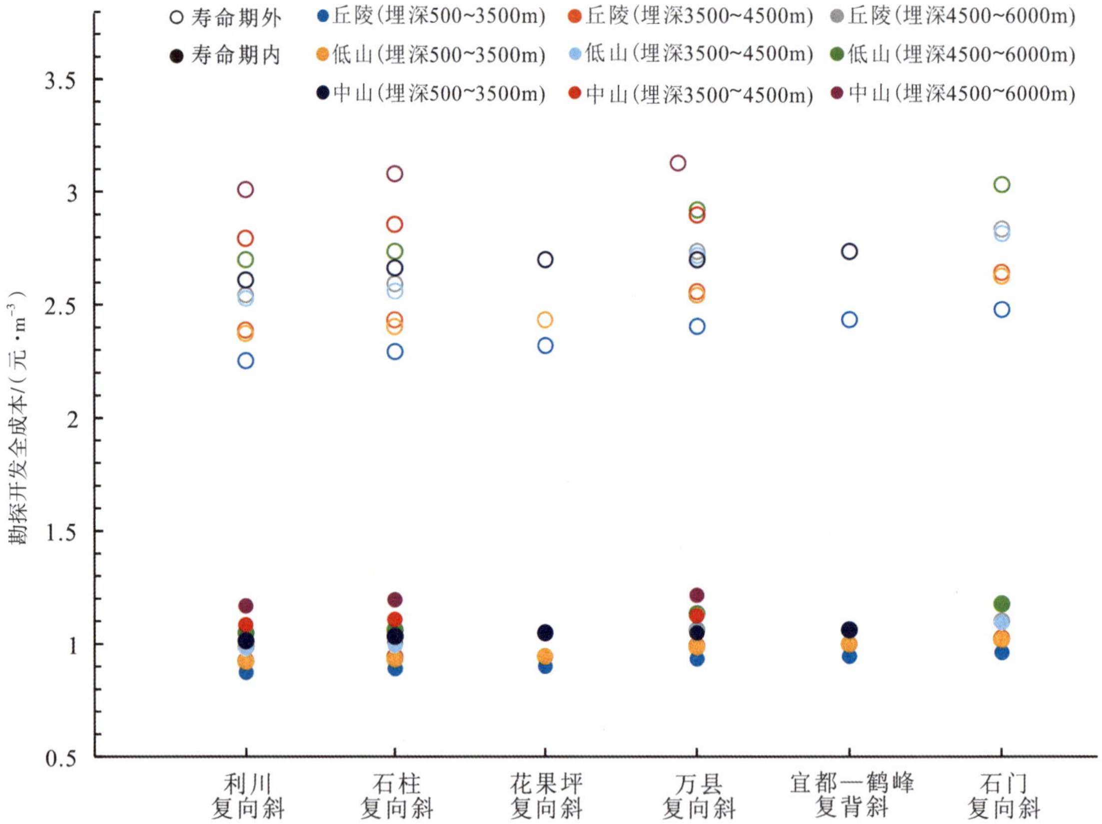

图9.5.3 鄂西—渝东地区页岩气远景区勘探开发全成本分布

对于有利区，分别计算获得利川、建南、石柱南、建始—宣恩、万州西、云阳、咸丰五峰西、巴东、忠县、鹤峰北、忠县东、龙山、鹤峰、武陵源等15个有利区勘探开发全成本（图9.5.4）。总的来看，利川、建南、石柱南、建始—宣恩、万州西、云阳等有利区页岩气资源量较大，勘探开发成本较低，适宜加大页岩勘探开发工作力度。

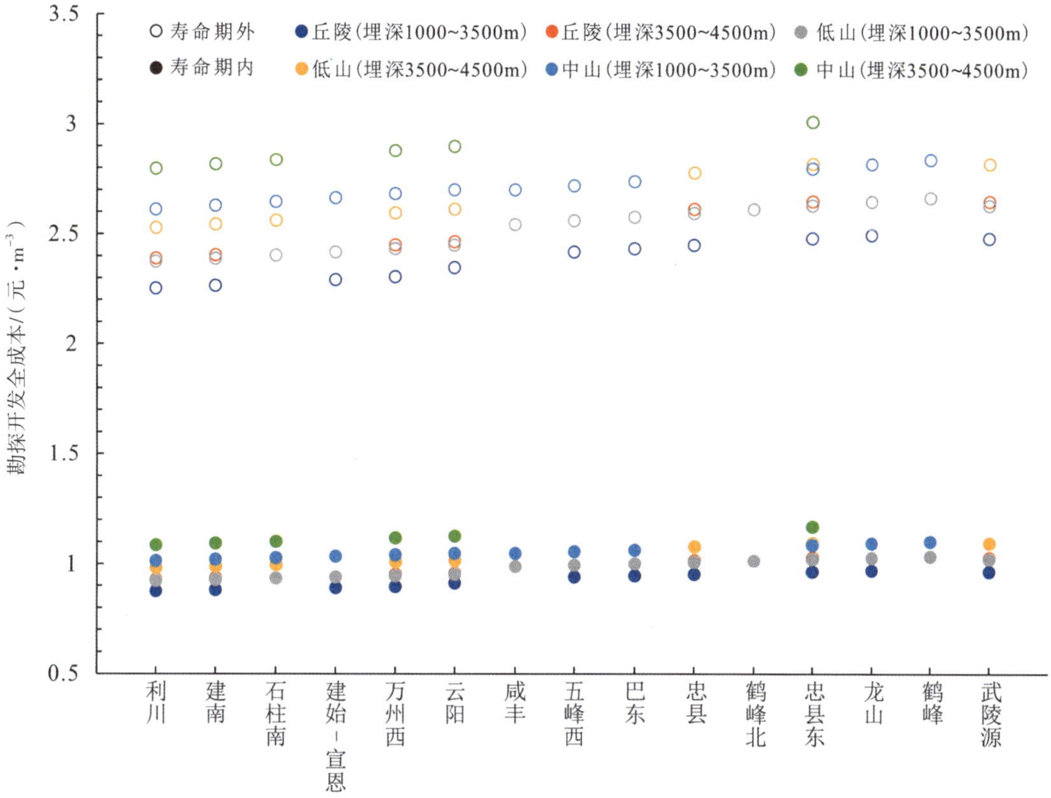

图9.5.4　鄂西—渝东地区页岩气有利区勘探开发全成本分布

在天然气价格≤1.0元/m^{3}时，远景区经济可采资源量为0.20×10^{12} m^3，有利区经济可采资源量为0.19×10^{12} m^3；在天然气价格≤1.5元/m^{3}时，远景区经济可采资源量为0.43×10^{12} m^3，有利区经济可采资源量为0.34×10^{12} m^3；在天然气价格≤2.0元/m^{3}时，远景区经济可采资源量为0.44×10^{12} m^3，有利区经济可采资源量为0.35×10^{12} m^3；在天然气价格≤2.5元/m^{3}时，远景区经济可采资源量为0.51×10^{12} m^3，有利区经济可采资源量为0.41×10^{12} m^3；在天然气价格>2.5元/m^{3}时，远景区经济可采资源量为0.62×10^{12} m^3，有利区经济可采资源量为0.48×10^{12} m^3（图9.5.5a、图9.5.5b）。

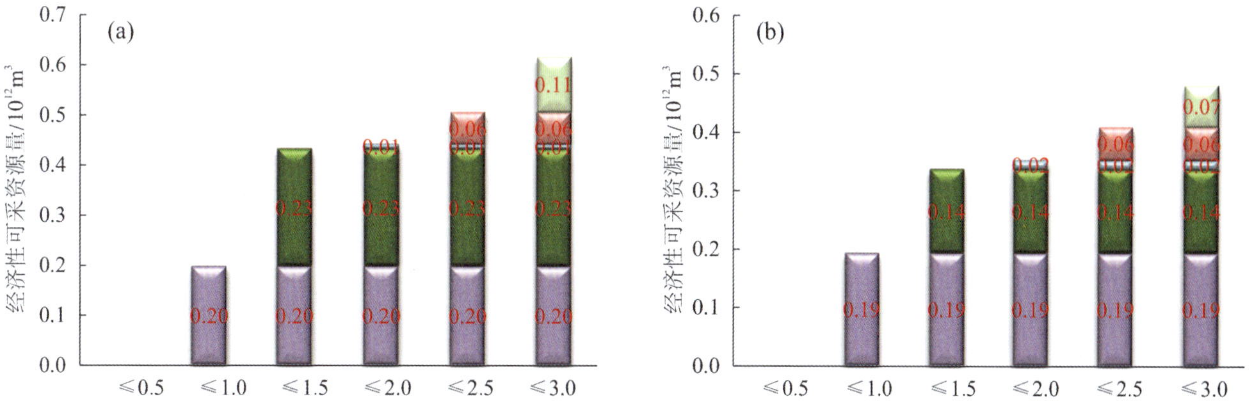

图9.5.5　鄂西—渝东地区页岩气经济可采资源量汇总

（a）远景区；（b）有利区

表 9.5.7　鄂西—渝东地区页岩气有利区评价类别指标及有利区评价

评价参数		地质特征							工程与地表条件		以往勘探情况			有利区分级评价
		烃源条件		储集条件		保存条件								
		w(TOC)/%	R_o/%	含气量/($m^3 \cdot t^{-1}$)	单层泥页岩厚度/m	顶底板岩性	破坏程度	压力系数	埋藏深度/m	地貌交通条件	见油气情况	钻探程度	物化探程度	
评价类别及评价指标	Ⅰ	≥2.0	3.0～1.8	≥3.0	≥30	膏盐岩类	极轻微破坏	≥1.8	<3500	平原、丘陵为主，交通便利	已获工业气流	钻井较多，钻遇层位齐全	有三维或高密度测网的二维	利川、建南、石柱南、建始—宣恩
	Ⅱ	2.0～1.0	1.5～1.8，或3.0～3.5	3.0～2.0	30～20	泥岩	较轻破坏	1.8～1.2	3500～4500	低山为主	见气显示	少量钻井，主要层位均钻达	有较高密度测网的二维	万州西、云阳
	Ⅲ	1.0～0.5	1.0～1.5，或3.5～4.0	2.0～1.0	20～10	粉砂质泥岩	较严重破坏	1.2～0.9	4500～6000	中山为主	证实存在有效烃源岩	少量钻井，并且主要层位未钻达	有一定测网密度的二维	咸丰、五峰西、巴东、忠县、忠县东、鹤峰北、龙山、鹤峰、武陵源
备注		关键	关键	关键	关键				关键		关键			

9.5.4 有利区分级评价

综合考虑各有利区地质条件和钻井显示情况，将页岩气地质条件优越、页岩气资源量较大、工程与地表条件良好、勘探程度高且已获得页岩气重大发现或突破的地区划定为一类有利区；将页岩气地质条件较好、工程与地表条件较好、勘探程度较高的页岩气资源量较大的地区划定为二类有利区；将其他有利区划定为三类有利区（表9.5.7）。

鄂西—渝东地区二叠系大隆组页岩气有利区中，利川、建南、石柱南、建始—宣恩等四个有利区，页岩气地质条件优越，页岩气资源量较大，丰度较高，且已经获得了页岩气重大发现或突破，可将其划定为一类有利区；万州西、云阳等两个有利区，富有机质页岩分布面积广，厚度大，保存条件较好，具有较大的页岩气资源量和较高的页岩气资源丰度，可将其划定为二类有利区；其余页岩气有利区，具备一定的页岩气资源，可将其划定为三类有利区。

9.6 资源分布特征

9.6.1 地理环境分布特征

从地形地貌上看，鄂西—渝东绝大部分地区地形以山地及丘陵为主。本次资源评价分别对评价区丘陵、低山、中山地区的页岩气资源进行了统计。

页岩气远景区内丘陵地区资源量为10667.12×10^8 m^3，低山地区资源量为17205.53×10^8 m^3，中山地区资源量为17099.97×10^8 m^3（表9.6.1，图9.6.1）。

有利区内丘陵地区资源量为4761.67×10^8 m^3，低山地区资源量为12056.96×10^8 m^3，中山地区资源量为15036.77×10^8 m^3（表9.6.2，图9.6.2）。

表 9.6.1 鄂西—渝东地区页岩气远景区不同地理条件资源分布统计

评价单元	资源量/10^8 m^3			
	丘陵	低山	中山	小计
利川复向斜远景区	2263.80	3018.40	9809.80	15092.00
石柱复向斜远景区	371.99	3719.86	3347.87	7439.72
花果坪复向斜远景区	378.83	5303.59	1894.14	7576.56
万县复向斜远景区	7314.78	4654.86	1329.96	13299.60
宜都—鹤峰复背斜远景区	130.58	457.04	718.20	1305.82
石门复向斜远景区	207.14	51.79	0.00	258.93
总计	10667.12	17205.53	17099.97	44972.62

表 9.6.2 鄂西—渝东地区页岩气有利区不同地理条件资源分布统计

评价单元	资源量/10^8 m^3			
	丘陵	低山	中山	小计
利川有利区	1321.79	2643.58	9252.52	13217.88
建南有利区	154.53	772.66	2163.45	3090.64
石柱南有利区	0.00	96.11	178.49	274.59
建始—宣恩有利区	89.12	3475.52	891.16	4455.79
咸丰有利区	0.00	647.00	71.89	718.89
五峰西有利区	44.40	205.37	305.28	555.05

续表

评价单元	资源量/10^8 m^3			
	丘陵	低山	中山	小计
巴东有利区	41.70	333.59	458.69	833.98
万州西有利区	1715.14	1200.60	514.54	3430.28
云阳有利区	766.77	2300.32	766.77	3833.87
忠县有利区	101.98	54.91	0.00	156.89
忠县东有利区	302.46	33.61	0.00	336.07
武陵源有利区	195.32	34.47	0.00	229.79
鹤峰北有利区	0.00	5.54	271.56	277.10
龙山有利区	28.45	151.73	9.48	189.66
鹤峰有利区	0.00	101.96	152.94	254.90
总计	4761.67	12056.96	15036.77	31855.40

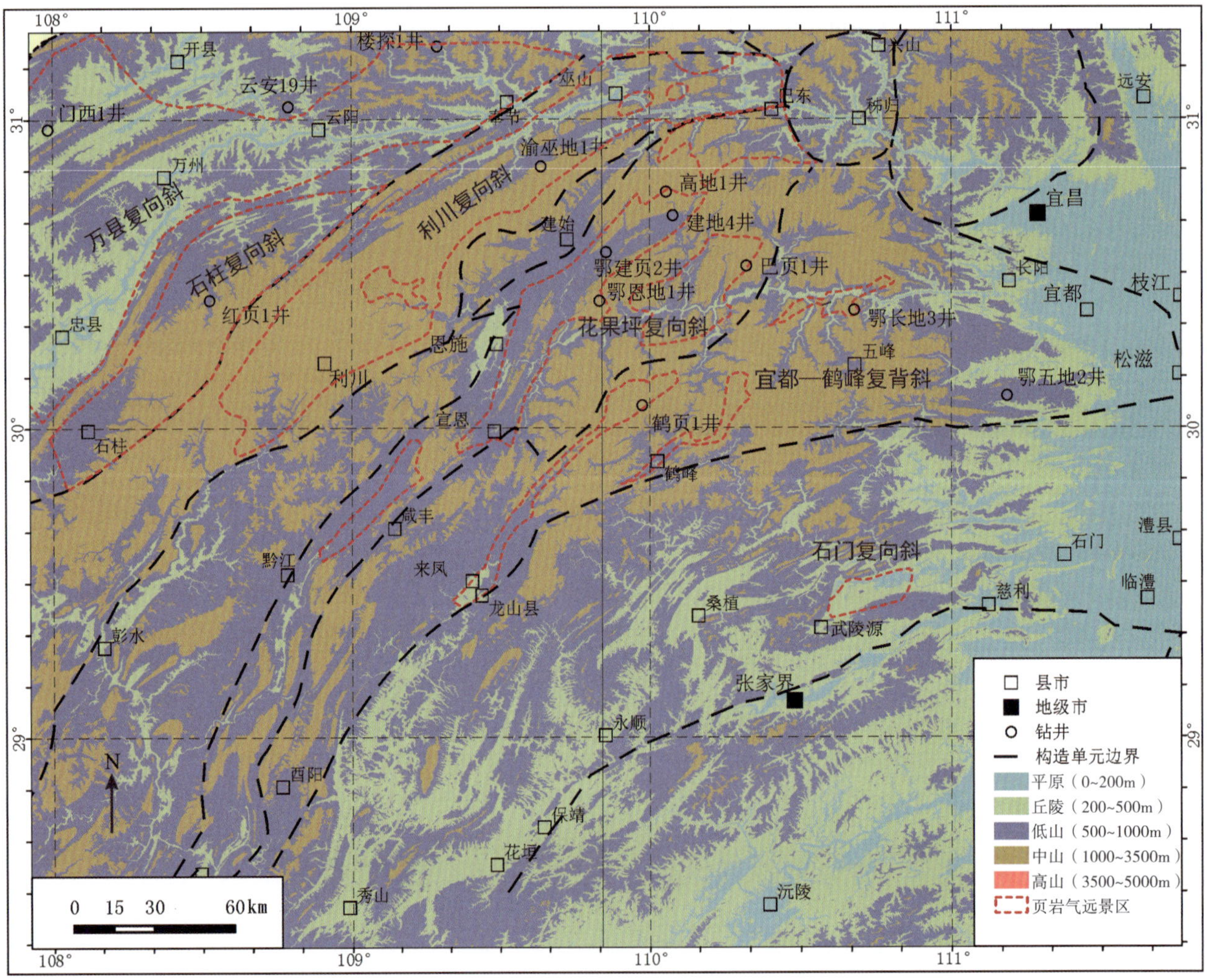

图9.6.1 鄂西—渝东地区页岩气远景区地理条件分布图

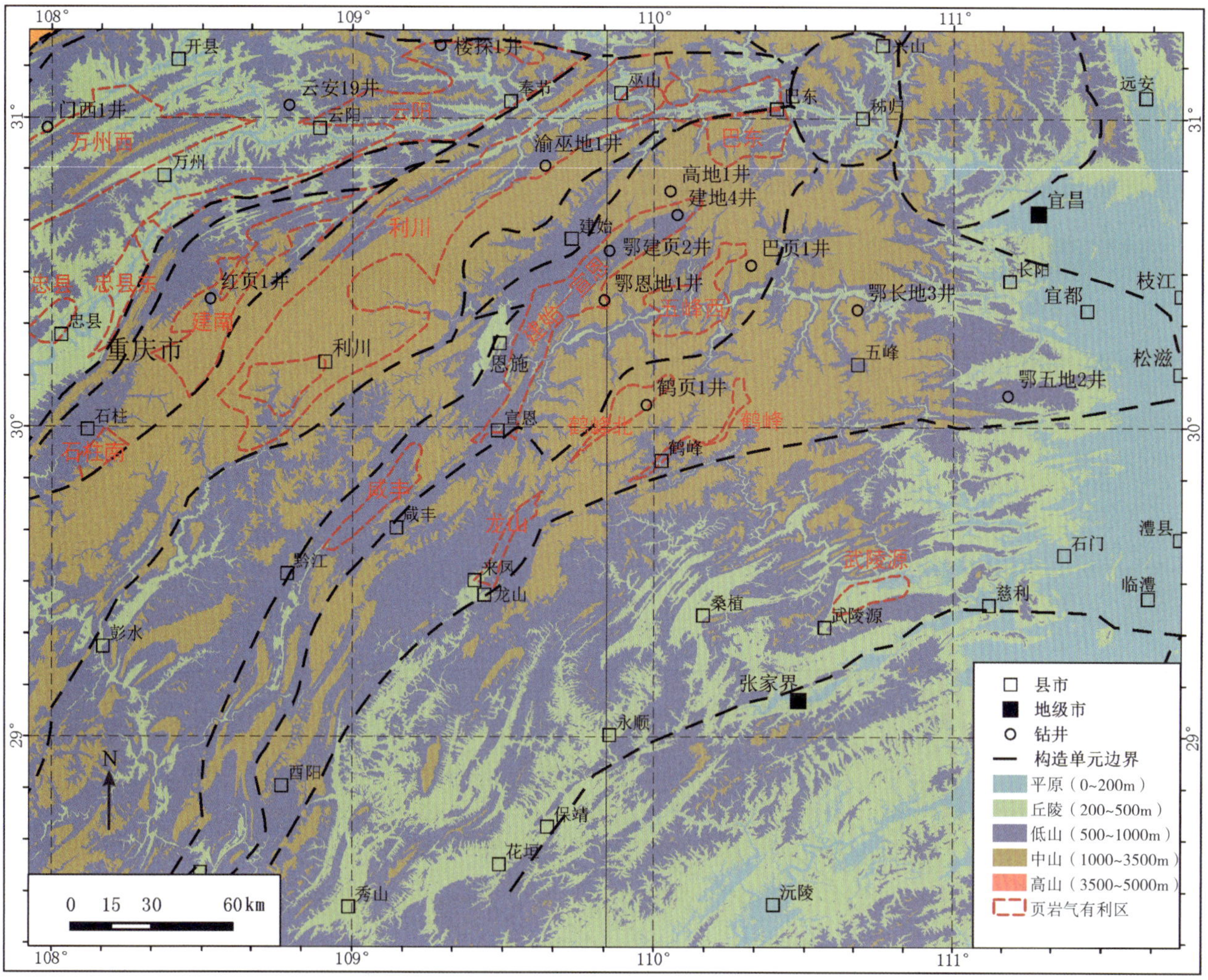

图9.6.2 鄂西—渝东地区页岩气有利区地理条件分布图

9.6.2 行政区域分布特征

从行政区域上看，本次评价的鄂西—渝东地区二叠系大隆组页岩气资源绝大部分分布于湖北省及重庆市，另在四川和湖南两省有少量分布。本次资源评价分别对各省市所占页岩气资源进行了统计。

页岩气远景区内，湖北省资源量为$19427.82\times10^8\ m^3$，重庆市资源量为$24800.14\times10^8\ m^3$，四川省资源量为$345.71\times10^8\ m^3$，湖南省资源量为$398.93\times10^8\ m^3$（表9.6.3，图9.6.3）。

有利区内，湖北省资源量为$15868.05\times10^8\ m^3$，重庆市资源量为$15679.00\times10^8\ m^3$，四川省资源量为$28.26\times10^8\ m^3$，湖南省资源量为$280.34\times10^8\ m^3$（表9.6.4，图9.6.4）。

9.6.3 矿权划分分布特征

从矿权归属上看，本次评价的鄂西—渝东地区二叠系大隆组页岩气资源部分分布于中国石油、中国石化及其他页岩气勘查开发企业矿权范围内。本次资源评价对矿权空白区所占页岩气资源进行了统计。

页岩气远景区内矿权空白区面积为7058.66 km^2，地质资源量为$15371.17\times10^8\ m^3$，占远景区地质资源总量的34.18%。有利区内矿权空白区面积为5645.62 km^2，资源量为$13791.62\times10^8\ m^3$，占有利区地质资源总量的43.29%（图9.6.5、图9.6.6）。其中，湖北省境内矿权空白区页岩气地质资源量较为可观。

表 9.6.3　鄂西—渝东地区页岩气远景区不同行政区域资源分布统计

评价单元	地质资源量/10^8 m^3				
	湖北省	重庆市	四川省	湖南省	小计
利川复向斜远景区	9030.23	6061.75	0.00	0.00	15092.00
石柱复向斜远景区	1655.22	5784.49	0.00	0.00	7439.72
花果坪复向斜远景区	7576.56	0.00	0.00	0.00	7576.56
万县复向斜远景区	0.00	12953.90	345.71	0.00	13299.60
宜都—鹤峰复背斜远景区	1165.82	0.00	0.00	140.00	1305.82
石门复向斜远景区	0.00	0.00	0.00	258.93	258.93
总计	19427.82	24800.14	345.71	398.93	44972.62

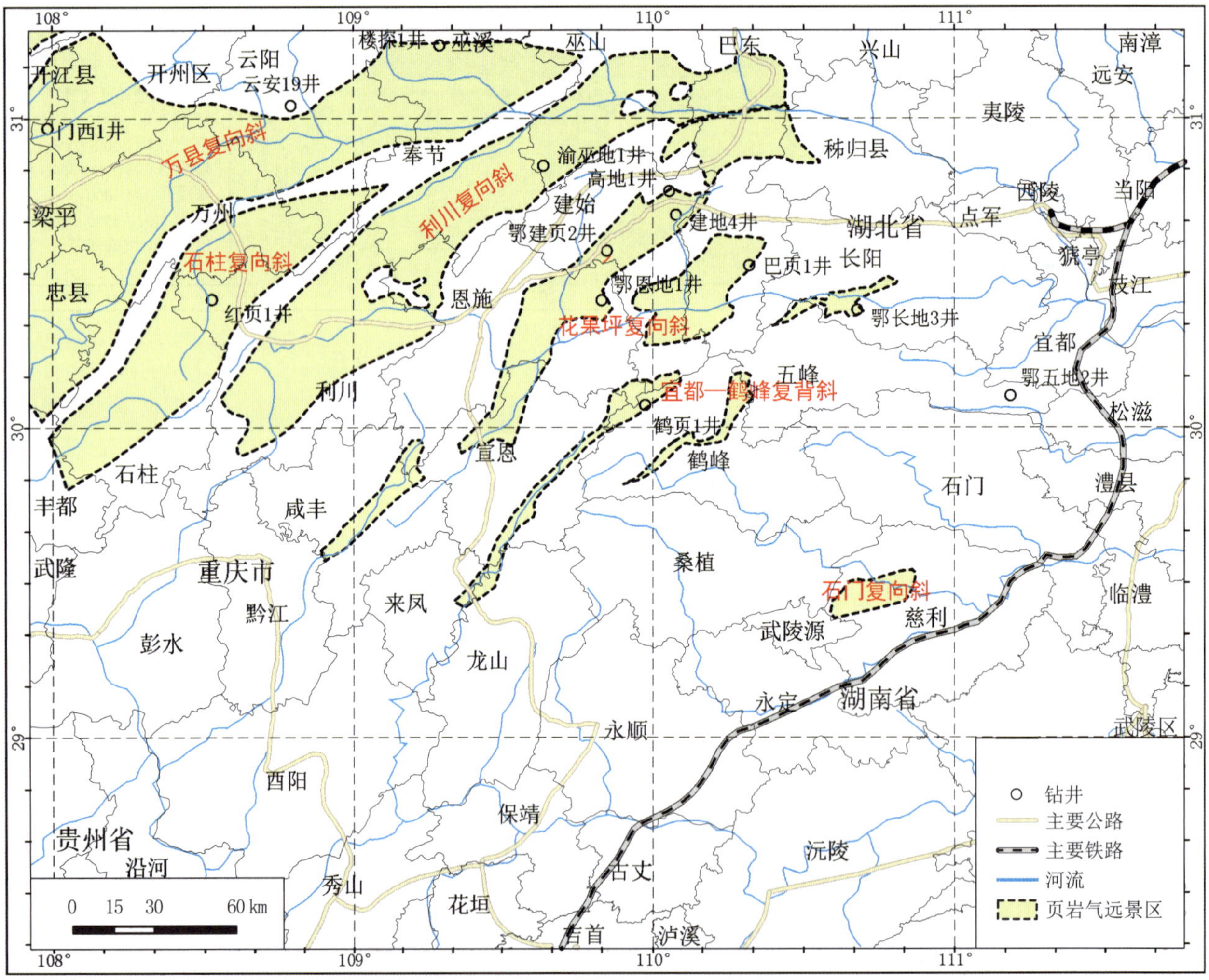

图9.6.3　鄂西—渝东地区页岩气远景区行政区域分布

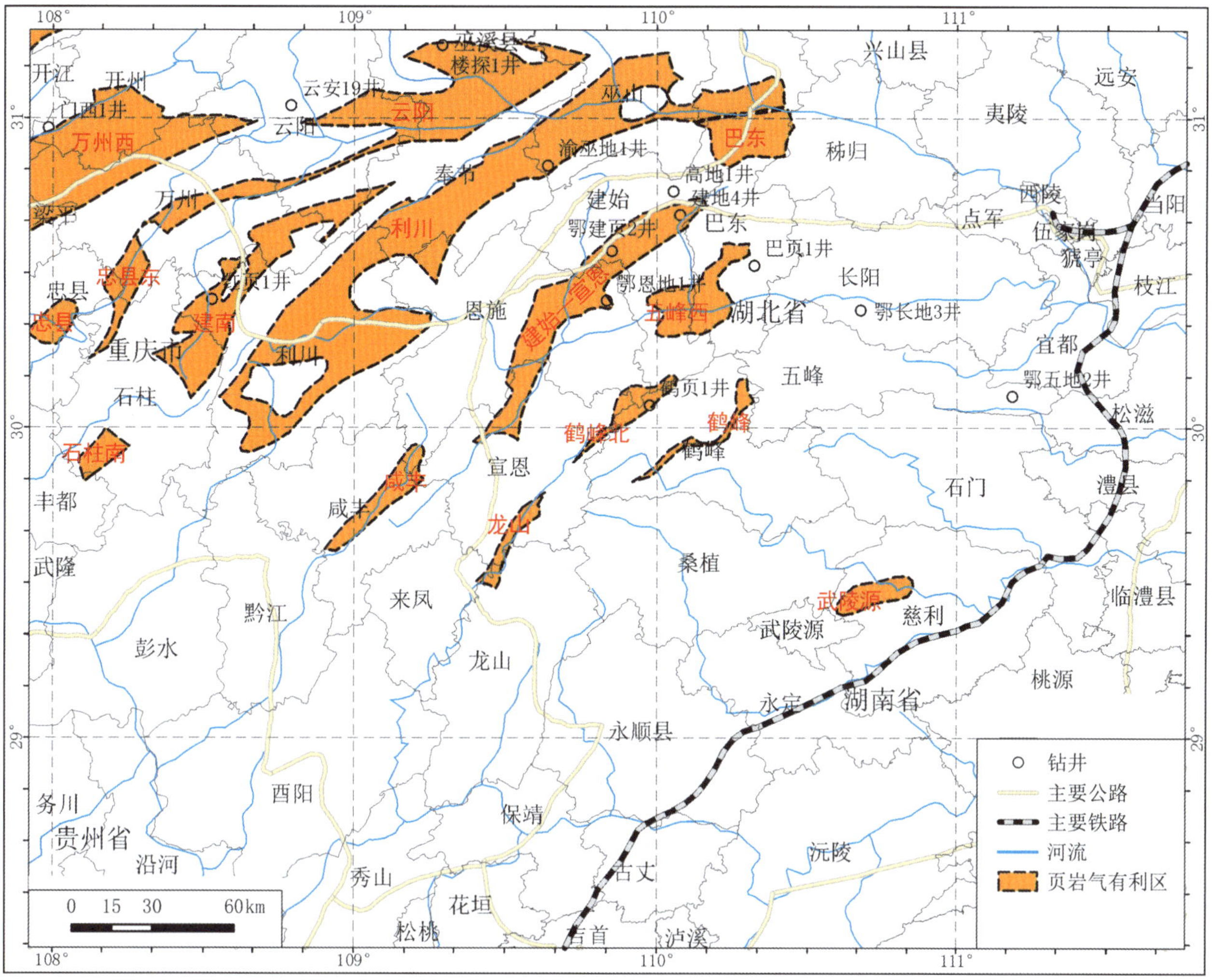

图9.6.4　鄂西—渝东地区页岩气有利区行政区域分布

表 9.6.4　页岩气有利区不同行政区域资源分布统计表

评价单元	地质资源量/10^8 m^3				
	湖北省	重庆市	四川省	湖南省	小计
利川有利区	7541.12	5676.76	0.00	0.00	13217.88
建南有利区	1091.83	1998.80	0.00	0.00	3090.64
石柱南有利区	0.00	274.59	0.00	0.00	274.59
建始—宣恩有利区	4455.79	0.00	0.00	0.00	4455.79
咸丰有利区	718.89	0.00	0.00	0.00	718.89
五峰西有利区	555.05	0.00	0.00	0.00	555.05
巴东有利区	833.98	0.00	0.00	0.00	833.98
万州西有利区	0.00	3402.01	28.26	0.00	3430.28
云阳有利区	0.00	3833.87	0.00	0.00	3833.87
忠县有利区	0.00	156.89	0.00	0.00	156.89
忠县东有利区	0.00	336.07	0.00	0.00	336.07
武陵源有利区	0.00	0.00	0.00	229.79	229.79

续表

评价单元	地质资源量/10^8 m^3				
	湖北省	重庆市	四川省	湖南省	小计
鹤峰北有利区	277.10	0.00	0.00	0.00	277.10
龙山有利区	139.37	0.00	0.00	50.55	189.66
鹤峰有利区	254.90	0.00	0.00	0.00	254.90
总计	15868.05	15679.00	28.26	280.34	31855.40

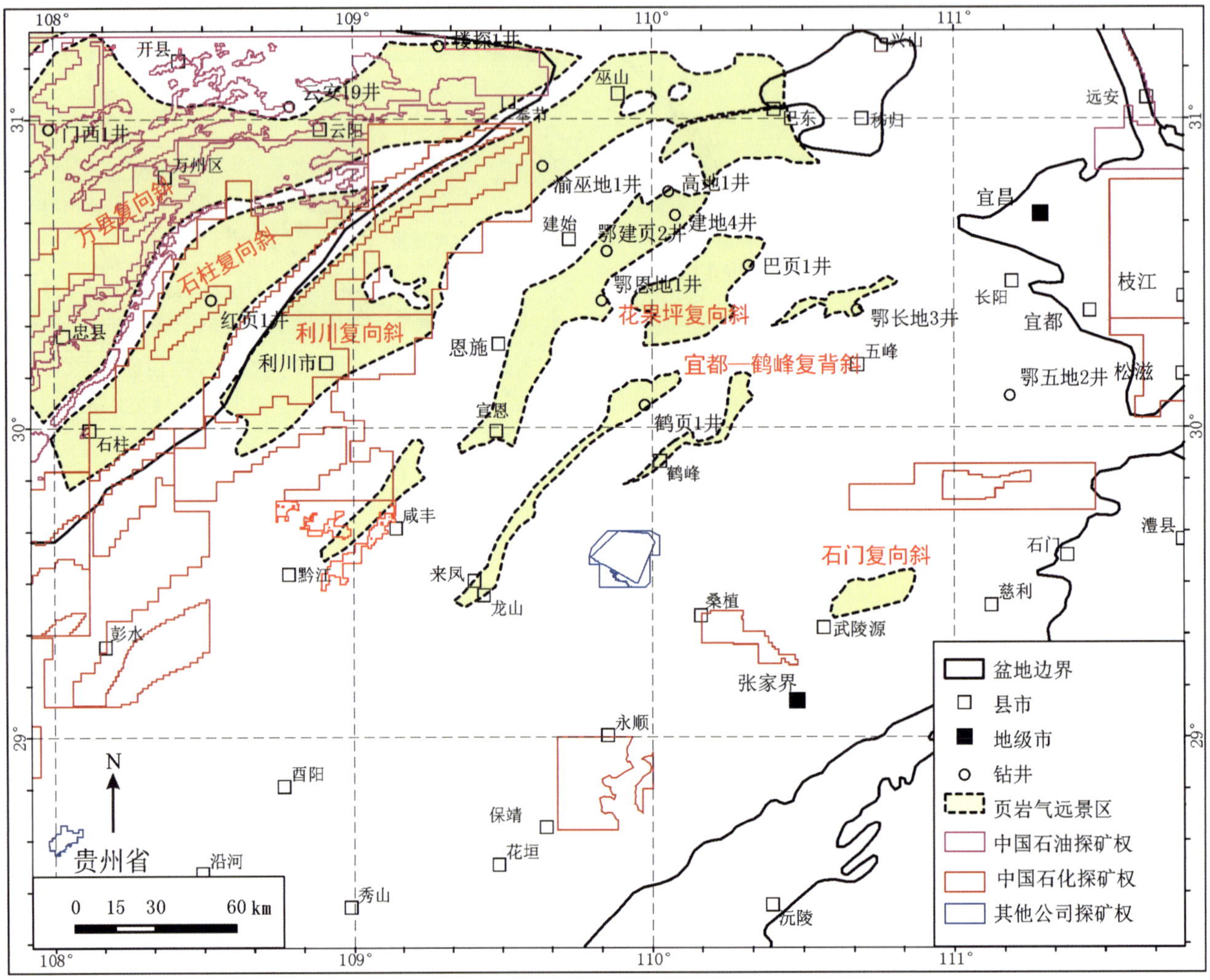

图9.6.5　鄂西—渝东地区页岩气远景区矿权分布图
（矿权数据截至2023年底）

9.6.4　埋藏深度分布特征

结合页岩气勘探开发难度和技术进展程度，本次资源评价对页岩气资源按照500～2000 m、2000～3500 m、3500～4500 m和4500～6000 m四个级别分别进行了统计。从埋藏深度上看，本次评价的鄂西—渝东地区二叠系大隆组页岩气资源主要分布于较适宜勘探开发的3500 m以浅深度。

页岩气远景区内500～2000 m范围内资源量为14186.39×10^8 m^3，2000～3500 m范围内资源量为

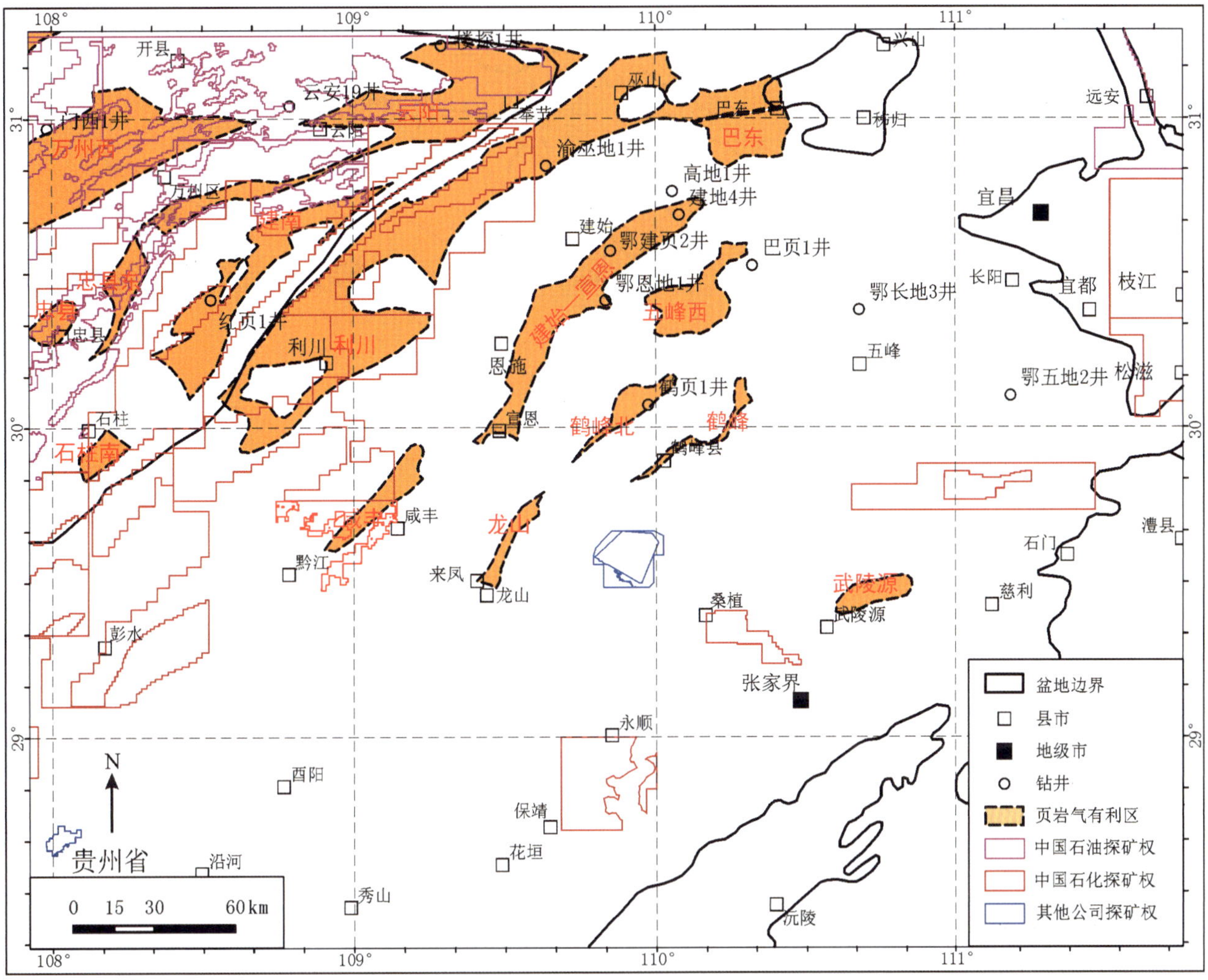

图9.6.6 鄂西—渝东地区页岩气有利区矿权分布图
（矿权数据截至2023年底）

$15721.68 \times 10^8\ m^3$，3500～4500 m范围内资源量为$4771.88 \times 10^8\ m^3$，4500～6000 m范围内资源量为$10292.67 \times 10^8\ m^3$（表9.6.5，图9.6.7）。

表 9.6.5 鄂西—渝东地区页岩气远景区不同埋藏深度资源分布统计表

评价单元	地质资源量/$10^8\ m^3$				
	500～2000 m	2000～3500 m	3500～4500 m	4500～6000 m	小计
利川复向斜远景区	6129.80	7400.21	547.58	1014.41	15092.00
石柱复向斜远景区	58.16	2256.78	1831.96	3292.81	7439.72
花果坪复向斜远景区	6085.18	1491.37	0.00	0.00	7576.56
万县复向斜远景区	540.33	4476.90	2341.98	5940.39	13299.60
宜都—鹤峰复背斜远景区	1269.34	36.47	0.00	0.00	1305.82
石门复向斜远景区	103.58	59.94	50.35	45.05	258.93
总计	14186.39	15721.68	4771.88	10292.67	44972.62

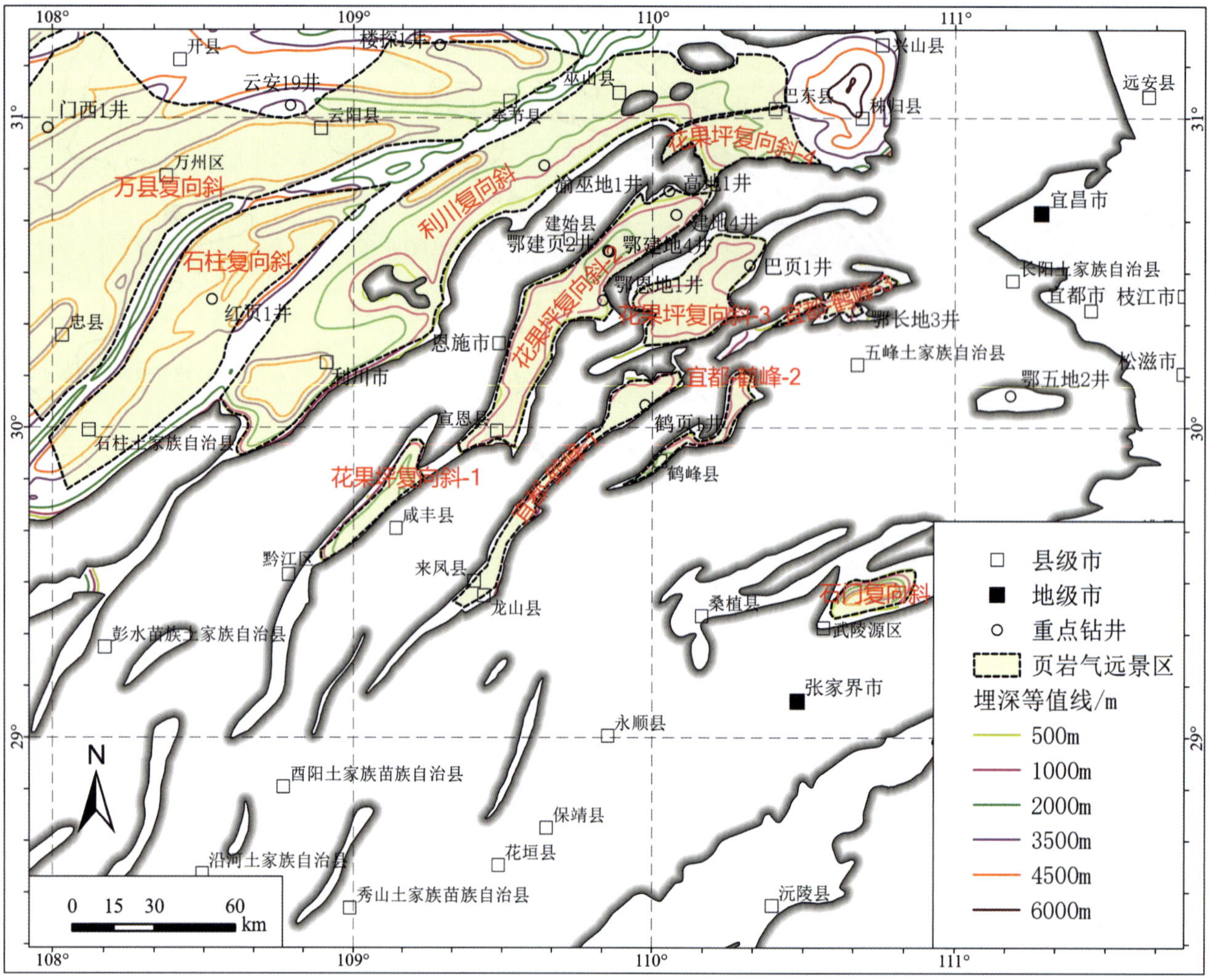

图9.6.7 鄂西—渝东地区页岩气远景区埋藏深度分布图

有利区内1000～2000 m范围内资源量为11542.69×10^8 m^3，2000～3500 m范围内资源量为15596.71×10^8 m^3，3500～4500 m范围内资源量为4715.98×10^8 m^3（表9.6.6，图9.6.8）。

表 9.6.6 鄂西—渝东地区页岩气有利区不同埋藏深度资源分布统计

评价单元	地质资源量/10^8 m^3			
	1000～2000 m	2000～3500 m	3500～4500 m	小计
利川有利区	4774.58	7876.57	566.74	13217.88
建南有利区	78.93	1324.55	1687.15	3090.64
石柱南有利区	0.00	212.01	62.58	274.59
建始—宣恩有利区	4002.12	453.67	0.00	4455.79
咸丰有利区	306.27	412.62	0.00	718.89
五峰西有利区	555.05	0.00	0.00	555.05
巴东有利区	405.25	428.73	0.00	833.98
万州西有利区	0.00	2470.89	959.38	3430.28
云阳有利区	686.62	2012.45	1134.81	3833.87

续表

评价单元	地质资源量/10^8 m^3			
	1000 ~ 2000 m	2000 ~ 3500 m	3500 ~ 4500 m	小计
忠县有利区	0.00	100.81	56.09	156.89
忠县东有利区	0.00	145.15	190.92	336.07
武陵源有利区	57.78	113.69	58.31	229.79
鹤峰北有利区	231.52	45.58	0.00	277.10
龙山有利区	189.66	0.00	0.00	189.66
鹤峰有利区	254.90	0.00	0.00	254.90
总计	11542.69	15596.71	4715.98	31855.40

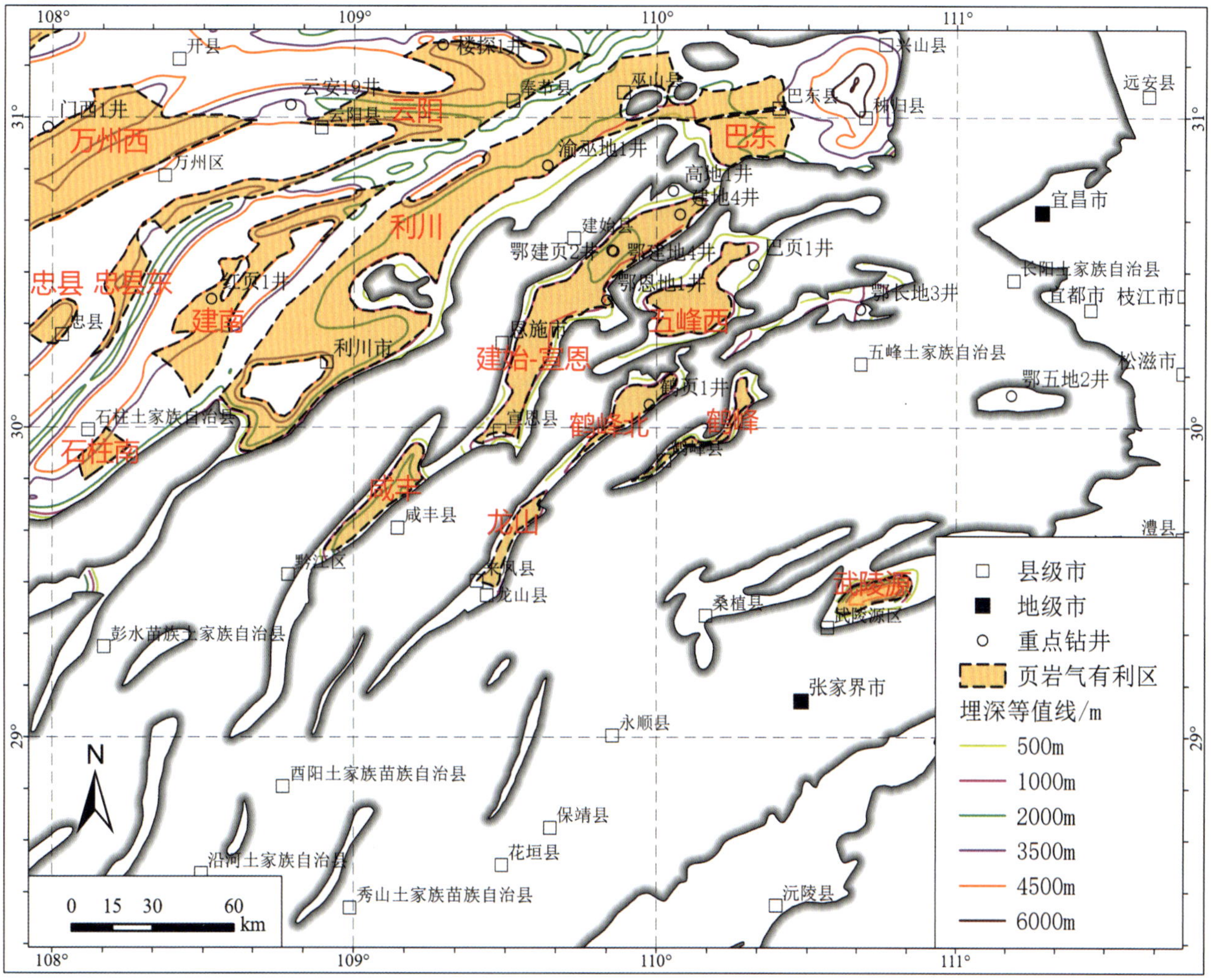

图 9.6.8　鄂西—渝东地区页岩气有利区埋藏深度分布图

主要参考文献及资料

白净，邹磊落，赵亮，等. 2020. 含油气区地下水特征分析及意义[J]. 化学工程与装备，10：166–168.

包汉勇，赵帅，梁榜，等. 2023. 川东红星地区二叠系吴家坪组页岩气富集高产主控因素与勘探启示[J]. 中国石油勘探，28（1）：71–82.

操应长，梁超，韩豫，等. 2023. 基于物质来源及成因的细粒沉积岩分类方案探讨[J]. 古地理学报，25（4）：729–741.

曹磊，郭英海，赵恒，等. 2023. 下扬子地区大隆组页岩孔隙发育特征及主控因素[J]. 岩石矿物学杂志，42（5）：652–662.

曹涛涛，邓模，刘虎，等. 2021. 吴家坪组页岩储层特征及甲烷吸附能力——以鄂西利川地区为例[J]. 中国矿业大学学报，50（1）：138–153.

陈鸿鹏. 2020. 鄂西地区二叠系孤峰组与大隆组页岩沉积与储层特征[D]. 成都：成都理工大学.

陈建平，李伟，倪云燕，等. 2018. 四川盆地二叠系烃源岩及其天然气勘探潜力（一）——烃源岩空间分布特征[J]. 天然气工业，38（5）：1–16.

蔡雄飞，冯庆来，顾松竹，等. 2011. 海退型陆棚相：烃源岩形成的重要部位——以中、上扬子地区北缘上二叠统大隆组为例[J]. 石油与天然气地质，32（1）：29–37.

戴金星. 1993. 利用轻烃鉴别煤成气和油型气[J]. 石油勘探与开发，（5）：26–32.

邓宏文，钱凯. 1993. 沉积地球化学与环境分析[M]. 兰州：甘肃科学技术出版社.

邓铭哲. 2018. 黄陵背斜及邻区构造建模[D]. 北京：中国地质大学（北京）.

丁道桂，刘光祥，潘文蕾，等. 2003. 鄂西渝东区烃源及油气保存条件研究[R]. 内部报告.

丁江辉，张金川，石刚，等. 2021. 皖南地区上二叠统大隆组页岩沉积环境与有机质富集机理[J]. 石油与天然气地质，42（1）：158–172.

丁文龙，许长春，久凯，等. 2011. 泥页岩裂缝研究进展[J]. 地球科学进展，26（2）：135–144.

董大忠，程克明，王世谦，等. 2009. 页岩气资源评价方法及其在四川盆地的应用[J].天然气工业，29（5）：33–39.

董大忠，梁峰，管全中，等. 2022. 四川盆地五峰组—龙马溪组页岩气优质储层发育模式及识别评价技术[J]. 天然气工业，42（8）：96–111.

董庆民，胡忠贵，陈世悦，等. 2021. 川东北地区长兴组—飞仙关组碳酸盐岩同位素地球化学响应及其地质意义[J]. 石油与天然气地质，42（6）：1307–1320.

冯增昭，杨玉卿，金振奎，等. 1997. 中国南方二叠纪岩相古地理[M]. 东营：石油大学出版社.

高玉巧，高和群，何希鹏，等. 2019. 四川盆地东南部页岩气同位素分馏特征及对产能的指示意义[J]. 石油实验地质，41（6）：865–870.

国家能源局. 2019. 页岩脆性指数测定及评价方法：NB/T 10248—2019 [S].

郭谨豪，胡国艺，何坤，等. 2023. 川北地区二叠系大隆组烃源岩地球化学特征及沉积环境[J]. 岩性油气藏，35（5）：139–152.

郭彤楼. 2016. 中国式页岩气关键地质问题与成藏富集主控因素[J]. 石油勘探与开发，43（3）：317–326.

郭旭升. 2014. 南方海相页岩气“二元富集”规律——四川盆地及周缘龙马溪组页岩气勘探实践认识[J].地质学报，88（7）：1209–1218.

何斌，徐义刚，肖龙，等. 2003. 峨眉山大火成岩省的形成机制及空间展布：来自沉积地层学的新证据[J]. 地质学报，77（2）：194–203.

何希鹏. 2021. 四川盆地东部页岩气甜点评价体系与富集高产影响因素[J]. 天然气工业，41(1)：59–71.
何治亮，胡宗全，聂海宽，等. 2017. 四川盆地五峰组—龙马溪组页岩气富集特征与“建造—改造”评价思路[J]. 天然气地球科学，28(5)：724–733.
侯宇光，张坤朋，何生，等. 2021. 南方下古生界海相页岩极低电阻率成因及其地质意义[J]. 地质科技通报，40(1)：80–89.
湖北省地质调查院. 2021. 中国区域地质志 · 湖北志[M]. 北京：地质出版社.
湖北省地质调查院. 2021. 鄂西地区二叠系页岩气富集条件与选区评价项目成果报告[R]. 武汉：湖北省自然资源厅项目资料.
胡明毅，魏欢，邱小松，等. 2012. 鄂西利川见天坝长兴组生物礁内部构成及成礁模式[J]. 沉积学报，30(1)：33–42.
黄金亮，邹才能，李建忠，等. 2012. 川南志留系龙马溪组页岩气形成条件与有利区分析[J]. 煤炭学报，37(5)：782–787.
吉利明，邱军利，张同伟，等. 2012. 泥页岩主要黏土矿物组分甲烷吸附实验[J]. 地球科学，37(5)：1043–1050.
贾敏. 2019. 川东北地区五峰组—龙马溪组泥页岩特征及有机质富集机理研究[D]. 兰州：兰州大学.
姜在兴，梁超，吴靖，等. 2013. 含油气细粒沉积岩研究的几个问题[J]. 石油学报，34(6)：1031–1039.
姜在兴，张建国，孔祥鑫，等. 2023. 中国陆相页岩油气沉积储层研究进展及发展方向[J]. 石油学报，44(1)：45–71.
金之钧，胡宗全，高波，等. 2016. 川东南地区五峰组—龙马溪组页岩气富集与高产控制因素[J]. 地学前缘，23(1)：1–10.
黎茂稳，金之钧，董明哲，等. 2020. 陆相页岩形成演化与页岩油富集机理研究进展[J]. 石油实验地质，42(4)：489–505.
李昂. 2018. 复杂构造区下古生界海相页岩气“工程甜点”评价及预测[D]. 北京：中国地质大学（北京）.
李飞，刘珠江，陈斐然，等. 2023. 川东北地区二叠系大隆组泥岩硅质成因及对可压性影响[J]. 天然气地球科学，34(2)：349–358.
李剑，王晓波，侯连华，等. 2021. 四川盆地页岩气地球化学特征及资源潜力[J]. 天然气地球科学，32(8)：1093–1106.
李建青，方朝刚，吴通，等. 2022. 江苏句容地区五峰组—高家边组泥页岩稀土元素特征及沉积环境[J]. 地质通报，41(9)：1516–1527.
李世臻，周志，李飞，等. 2024. 鄂西—渝东地区上二叠统大隆组页岩气富集条件与勘探有利区[J]. 天然气工业，44(5)：1–15.
李霄. 2015. 滇东宣威晚二叠世含煤岩系中火山灰的物质组成与来源[D]. 北京：中国矿业大学（北京）.
李雄. 2016. 鄂西—渝东晚二叠世长兴期古地理格局及生物礁展布的再认识[J]. 古地理学报，18(2)：197–206.
李艳芳，邵德勇，吕海刚，等. 2015. 四川盆地五峰组—龙马溪组海相页岩元素地球化学特征与有机质富集的关系[J]. 石油学报，36(12)：1470–1483.
李延钧，张烈辉，冯媛媛，等. 2013. 页岩有机碳含量测井评价方法及其应用[J].天然气地球科学，24(1)：169–176.
李英强，何登发，李双建. 2020. 湘鄂西—渝东褶皱带多重滑脱构造变形特征与构造模型[J]. 地质科学，55(3)：894–908.
李玉喜，乔德武，姜文利，等. 2011. 页岩气含气量及页岩气地质评价综述[J]. 地质通报，30(2–3)：308–317.
李忠权，冉隆辉，陈更生，等. 2002. 川东高陡构造成因地质模式与含气性分析[J]. 成都理工学院学报，29(6)：605–610.
廖东良，路保平，陈延军. 2019. 页岩气地质甜点评价方法——以四川盆地焦石坝页岩气田为例[J]. 石油学报，40(2)：144–151.
廖东良，路保平. 2018. 页岩气工程甜点评价方法——以四川盆地焦石坝页岩气田为例[J]. 天然气工业，38(2)：43–50.
刘本培，全秋琦. 1996. 地史学教程[M]. 北京：地质出版社.
刘方槐. 1991. 盖层在气藏保存和破坏中的作用及其评价方法[J]. 天然气地球科学，(5)：220–227.
刘恒，童召军，乔洪国，等. 2023. 下扬子地区望江拗陷上二叠统大隆组—吴家坪组富有机质页岩元素特征及古环境意义[J]. 天然气勘探与开发，46(2)：74–83.
刘竞，徐海棠，余果，等. 2013. 四川盆地页岩气开发指标与开发潜力分析[J]. 天然气勘探与开发，37(2)：45–47，52.
刘树根，马文辛，Jansa Luba，等. 2011. 四川盆地东部地区下志留统龙马溪组页岩储层特征[J]. 岩石学报，27(8)：2239–2252.
刘惟庆. 2019. 鄂西地区上二叠统大隆组富有机质页岩岩相与储层特征研究[D]. 武汉：中国地质大学.
龙鹏宇，张金川，聂海宽，等. 2011. 泥页岩裂缝发育特征及其对页岩气聚集与产出意义[J]. 天然气地球科学，22(3)：525–532.

楼章华，李梅，金爱民，等. 2008. 中国海相地层水文地质地球化学与油气保存条件研究[J]. 地质学报，82（3）：387–396.
卢志远，何治亮，余川，等. 2021. 复杂构造区页岩气富集特征——以四川盆地东南部丁山地区下古生界五峰组—龙马溪组为例[J]. 石油与天然气地质，42（1）：86–97.
马永生，蔡勋育，赵培荣. 2018. 中国页岩气勘探开发理论认识与实践[J]. 石油勘探与开发，45（4）：561–574.
梅廉夫，刘昭茜，汤济广，等. 2010. 湘鄂西—川东中生代陆内递进扩展变形：来自裂变径迹和平衡剖面的证据[J]. 地球科学，35（2）：161–175.
牟传龙，肖朝晖，王秀平，等. 2022. 鄂西南地区二叠系大隆组页岩气资源潜力分析[M]. 北京：科学出版社.
能源行业页岩气标准化技术委员会. 2021. 海相页岩（气）地球化学评价方法：NB/T 10844–2021[S]. 北京：国家能源局.
牛卫涛，朱斗星，蒋立伟，等. 2021. 复杂山地页岩气藏“甜点”综合评价技术——以昭通国家级页岩气示范区为例[J]. 天然气地球科学，32（10）：1546–1558.
牛志军，段其发，徐光洪. 2000. 鄂西地区大隆组沉积类型及地质时代[J]. 地层学杂志，24（2）：151–155.
邱岐. 2021. 下扬子巢湖地区二叠系大隆组页岩特征及潜力分析[J]. 复杂油气藏，14（2）：8–14.
邱振，邹才能. 2020. 非常规油气沉积学：内涵与展望[J]. 沉积学报，38（1）：1–29.
任泓霖. 2020. 鄂西渝东—湘鄂西地区主要断裂特征及演化[D]. 武汉：长江大学.
石强，蒋春碧，陈鹏，等. 2021. 基于游离气为核心的页岩气层类型划分方法——以川南地区下志留统龙马溪组海相页岩气层为例[J]. 天然气工业，41（2）：37–46.
孙健，易积正，胡德高. 2018. 北美主要页岩层系油气地质特征[M]. 北京：中国石化出版社.
孙龙德，赵文智，刘合，等. 2023. 页岩油“甜点”概念及其应用讨论[J]. 石油学报，44（1）：1–13.
田望学，张汉金，李雄伟，等. 2007. 鄂西南二叠系层序地层与盆地演化[J]. 资源环境与工程，21（2）：6.
王洪江，刘光祥. 2011. 中上扬子区热场分布与演化[J]. 石油实验地质，33（2）：160–164.
王红岩，刘钰洋，张晓伟，等. 2023. 基于层次分析法的页岩气储层地质工程一体化甜点评价：以昭通页岩气示范区太阳页岩气田海坝地区X井区为例[J]. 地球科学，48（1）：92–109.
王明筱，文虎，倪楷，等. 2023. 四川盆地北部大隆组页岩气地质条件及勘探潜力[J]. 西南石油大学学报（自然科学版），45（1）：13–23.
王志刚. 2015. 涪陵页岩气勘探开发重大突破与启示[J]. 石油与天然气地质，36（1）：1–6.
王宗秀，等. 2021. 中国地质调查项目“南方地区构造演化控制页岩气形成与分布调查”成果报告[R].
吴福元，李献华，郑永飞，等. 2007. Lu–Hf 同位素体系及其岩石学应用[J]. 岩石学报，23（2）：36.
吴蓝宇，胡东风，陆永潮，等. 2016. 四川盆地涪陵气田五峰组—龙马溪组页岩优势岩相[J]. 石油勘探与开发，43（2）：189–197.
吴群，彭金宁. 2013. 川东北地区埋藏史及热史分析——以普光2井为例[J]. 石油实验地质，35（2）：133–138.
杨巍，张廷山，魏国齐，等. 2015. 城口—鄂西海槽西侧晚二叠世碳酸盐台地边缘发育新认识[J]. 高校地质学报，21（1）：79–93.
杨扬，樊骐铖，王海青，等. 2022. 长宁页岩气储层分级测井评价标准及应用[J]. 测井技术，46（5）：599–605.
姚素平，吴聿元，余文端，等. 2022. 下扬子区孤峰组—大隆组露头剖面特征与岩相变化[J]. 油气藏评价与开发，12（1）：215–232.
余晓宇，丁小辉，梁斌，等. 2012. 中扬子区东缘中古生界对冲构造体系形成与演化[J]. 地质科学，47（2）：333–346.
沈树忠，张华，张以春，等. 2019. 中国二叠纪综合地层和时间框架[J]. 中国科学：地球科学，49（1）：160–193.
舒良树. 2012. 华南构造演化的基本特征[J]. 地质通报，31（7）：1035–1053.
帅燕华，刘可禹，胡国艺，等. 2021. 四川盆地深层前寒武系天然气超晚期成藏及勘探意义[J]. 地质学报，95（11）：3400–3412.
苏林 B A. 1956. 天然水系中的油田水[M]. 王成义，译. 北京：石油工业出版社.

孙焕泉，蔡勋育，胡德高，等. 2023. 页岩气立体开发理论技术与实践——以四川盆地涪陵页岩气田为例[J]. 石油勘探与开发，50(3)：573–584.

徐国盛，曹俊峰，朱建敏，等. 2009. 鄂西渝东地区典型构造流体封存箱划分及油气藏的形成与演化[J]. 成都理工大学学报，36(6)：621–630.

徐立明. 2007. 鄂西渝东地区构造演化分析[D]. 武汉：中国地质大学（武汉）.

徐壮，石万忠，翟刚毅，等. 2017. 扬子地区下寒武统与下志留统黑色页岩孔隙度与有机碳关系差异性及原因[J]. 地球科学，42(7)：1223–1234.

颜丹平，汪新文，刘友元. 2000. 川鄂湘边区褶皱构造样式及其成因机制分析[J]. 现代地质，14(1)：37–44.

虞人育. 1989. 湖北省鄂西土家族苗族自治州地质图及说明书：1/20万[R]. 湖北省第二地质大队.

袁玉松，孙冬胜，周雁，等. 2010. 中上扬子地区印支期以来抬升剥蚀时限的确定[J]. 地球物理学报，53(2)：362–370.

袁玉松，孙冬胜，沃玉进，等. 2010. 中上扬子海相层系埋藏史与构造运动的关系[J]. 地质科学，45(3)：707–717.

曾联波，马诗杰，田鹤，等. 2023. 富有机质页岩天然裂缝研究进展[J]. 地球科学，48(7)：2427–2442.

翟常博，牟传龙，梁薇，等. 2021. 鄂西地区二叠系孤峰组—大隆组沉积演化及其页岩气地质意义[J]. 矿物岩石，41(4)：114–124.

张广明，刘勇，刘建东，等. 2015. 页岩储层体积压裂的地应力变化研究[J]. 力学学报，47(6)：965–972.

张国伟，郭安林，王岳军，等. 2013. 中国华南大陆构造与问题[J]. 中国科学：地球科学，43(10)：1553–1582.

张金才，亓原昌. 2020. 地应力对页岩储层开发的影响与对策[J]. 石油与天然气地质，41(4)：776–783.

张金川，徐波，聂海宽，等. 2008. 中国页岩气资源量勘探潜力[J]. 天然气工业，28(6)：136–140.

张少龙，闫建平，石学文，等. 2022. 深层页岩气甜点分类的地质–工程评价指标体系及应用：以四川盆地LZ地区五峰组—龙马溪组为例[J]. 中南大学学报（自然科学版），53(9)：3666–3680.

张岳桥，施炜，李建华，等. 2010. 大巴山前陆弧形构造带形成机理分析[J]. 地质学报，84(9)：1300–1315.

张旭亮. 2019. 鄂西—渝东地区构造演化及成因机制[D]. 北京：中国地质大学（北京）.

张宗言，何卫红，张阳杨，等. 2009. 湖南桑植县仁村坪上二叠统—下三叠统底部菊石动物群序列及其区域对比[J]. 地质科技情报，28(1)：23–30.

赵迪斐，张家明，郭英海，等. 2023. 储层精细评价潜在关键关联指标：页岩沉积构造及其量化问题研究评述[J]. 非常规油气，10(1)：11–20.

赵建华，金之钧. 2021. 泥岩成岩作用研究进展与展望[J]. 沉积学报，39(1)：58–72.

赵靖舟，李军，徐泽阳. 2017. 沉积盆地超压成因研究进展[J]. 石油学报，38(9)：973–998.

赵圣贤，李博，郑健，等. 2024. 川西南缘天宫堂构造五峰—龙马溪组页岩不同纹层内部结构差异及其控制机理[J]. 地学前缘，6.

赵宗举，周慧，陈轩，等. 2012. 四川盆地及邻区二叠纪层序岩相古地理及有利勘探区带[J]. 石油学报，33(S2)：35–51.

郑斌嵩. 2019. 晚二叠世—早三叠世鄂西海槽沉积演化及其大地构造意义——兼论华南PTB斑脱岩的来源[D]. 武汉：中国地质大学.

郑和荣，亓原昌，吴心霞，等. 2019. 美国页岩油气生储特征图册[M]. 北京：地质出版社.

中华人民共和国自然资源部. 2020. 页岩气资源量和储量估算规范：DZ–T 0254—2020 [S].

周庆凡. 2022. 页岩油气资源评价基本问题的讨论[J]. 石油与天然气地质，43(1)：26–33.

周雁，王成善，陈洪德，等. 2002. 中扬子区海相地层油气成藏有利区层序样式分析[J]. 沉积与特提斯地质，22(1)：22–30.

周志，等. 2021. 国家科技重大专项“复杂构造区海相页岩气保存条件研究”成果报告[R].

朱志澄. 2002. 构造地质学（第二版）[M]. 武汉：中国地质大学出版社，81–127.

卓皆文，王剑，汪正江，等. 2009. 鄂西地区晚二叠世沉积特征与台内裂陷槽的演化[J]. 新疆石油地质，30(3)：300–303.

邹才能，赵群，丛连铸，等. 2021. 中国页岩气开发进展、潜力及前景[J]. 天然气工业，41(1)：1-14.

邹晓艳，李贤庆，王元，等. 2022. 川南地区五峰组—龙马溪组深层页岩储层特征和含气性[J]. 天然气地球科学，33(4)：654-665.

邹玉涛，段金宝，赵艳军，等. 2015. 川东高陡断褶带构造特征及其演化[J]. 地质学报，89(11)：2046-2052.

Adachi M，Yamamoto K，Sugisaki R. 1986. Hydrothermal chert and associated siliceous rocks from the northern Pacific：their geological significance as indication od ocean ridge activity[J]. Sedimentary Geology，47(1-2)：125-148.

Addison R，Harrison R K，Land D H，et al. 1983. Volcanogenic tonsteins from Tertiary coal measures，East Kalimantan，Indonesia[J]. International Journal of Coal Geology 3(1)：1-30.

Algeo T J，Li C. 2020. Redox classification and calibration of redox thresholds in sedimentary systems[J]. Geochimica et Cosmochimica Acta，287：8-26.

Algeo T J，Maynard J B. 2004. Trace-element behavior and redox facies in core shales of Upper Pennsylvanian Kansas-type cyclothems[J]. Chemical Geology，206(3-4)：289-318.

Aplin A C，Macquaker J H S. 2011. Mudstone diversity：Origin and implications for source，seal，and reservoir properties in petroleum systems[J]. AAPG Bulletin，95(12)：2031-2059.

Böning P，Fröllje H，Beck M，et al. 2012. Underestimation of the authigenic fraction of Cu and Ni in organic-rich sediments[J]. Marine Geology，323-325：24-28.

Chalmers G R，Bustin R M and Power I M. 2012. Characterization of gas shale pore systems by porosimetry，pycnometry，surface area，and field emission scanning electron microscopy/transmission electron microscopy image analyses：Examples from the Barnett，Woodford，Haynesville，Marcellus，and Doig units[J]. AAPG Bulletin，96(6)：1099-1119.

Curtis J B. 2002. Fractured shale-gas systems[J]. AAPG Bulletin，86(11)：1921-1938.

Curtis M E，Sondergeld C H，Ambrose R J，et al. 2012. Microstructural investigation of gas shales in two and three dimensions using nanometer-scale resolution imagine[J]. AAPG Bulletin，96：665-677.

Ding J H，Zhang J C，Huo Z P，et al. 2021. Controlling factors and formation models of organic matter accumulation for the Upper Permian Dalong Formation black shale in the Lower Yangtze Region，South China：Constraints from geochemical evidence[J]. ACS Omega，6(5)，3681-3692.

Gale J F，Laubach S E，Olson J E，et al. 2014. Natural fractures in shale：A review and new observations[J]. AAPG Bulletin，98(11)：2165-2216.

Gasparik M，Bertier P，Gensterblum Y，et al. 2014. Geological controls on the methane storage capacity in organic-rich shales[J]. International Journal of Coal Geology，123：34-51.

Gasparik M，Ghanizadeh A，Bertier P，et al. 2012. High-pressure methane sorption isotherms of black shales from the Netherlands[J]. Energy & Fuels，26(8)：4995-5004.

Gensterblum Y，Merkel A，Busch A，et al. 2013. High-pressure CH_4 and CO_2 sorption isotherms as a function of coal maturity and the influence of moisture[J]. International Journal of Coal Geology，118：45-57.

Gudbrandsson S，Wolff-Boenisch D，Gislason S R，et al. 2014. Experimental determination of plagioclase dissolution rates as a function of its composition and pH at 22°C [J]. Geochimica et Cosmochimica Acta，139：154-172.

Hao F，Zou H Y，Lu Y C. 2013. Mechanisms of shale gas storage：Implications for shale gas exploration in China[J]. AAPG Bulletin，97(8)，1325-1346.

Hatch R，Leventhal J S. 1992. Relationship between inferred redox potential of the depositional environment and geochemistry of the Upper Pennsylvanian(Missourian) Stark Shale Member of the Dennis Limestone，Wabaunsee County，Kansas，U. S. A. [J]. Chemical Geology，99(1-3)：65-82.

Holser W, Schidlowski M, Mackenzie F T. 1988. Biogeochemical Cycles of Carbon and Sulfur[M]. Chemical Cycles in the Evolution of the Earth.

Horsfield B, Douglas A G. 1980. The influence of minerals on the pyrolysis of kerogens[J]. Geochimica et Cosmochimica Acta, 44(8): 1119–1131.

Ibach L E J. 1982. Relationship between sedimentation rate and total organic carbon content in ancient marine sediments[J]. AAPG Bulletin, 66, 170–183.

Jacob H. 1985. Disperse solid bitumens as an indicator for migration and maturity in prospecting for oil and gas[J]. Erdol Kohle, 38(8): 365–365.

Ji L, Zhang T, Milliken K L, et al. 2012. Experimental investigation of main controls to methane adsorption in clay-rich rocks[J]. Applied Geochemistry, 27(12): 2533–2545.

Ji W, Song Y, Rui Z, et al. 2017. Pore characterization of isolated organic matter from high matured gas shale reservoir[J]. International Journal of Coal Geology, 174: 31–40.

Jones B, Manning D A C. 1994. Comparison of geochemical in-dices used for the interpretation of palaeoredox conditions in ancient mudstones[J]. Chemical Geology, 111(1–4): 111–129.

Johns W D, Shimoyama A. 1972. Clay minerals and petroleum-forming reactions during burial and diagenesis[J]. AAPG Bulletin, 56(11): 2160–2167.

Lewan M D. 1997. Experiments on the role of water in petroleum formation[J]. Geochimica et Cosmochimica Acta, 61(17): 3691–3723.

Li S Z, Liu X F, Cen C, et al. 2023a. Sedimentary paleoenvironment and organic matter accumulation model of the Lower Silurian Gaojiabian Formation shales in the Lower Yangtze region, South China[J]. Geoenergy Science and Engineering, 221, 211347.

Li S Z, Xu Q C, Liu M, et al. 2024. Formation, evolution, reconstruction of black shales and their influence on shale oil and gas resource[J]. China Geology, 7(3), 551–585.

Li S Z, Zhou Z, Nie H K, et al. 2023b. Organic matter accumulation mechanisms in the Wufeng-Longmaxi shales in western Hubei Province, China and paleogeographic implications for the uplift of the Hunan-Hubei Submarine high[J]. International Journal of Coal Geology, 270: 104223.

Li S Z, Zhou Z, Nie H K, et al. 2022. Distribution characteristics, exploration and development, geological theories research progress and exploration directions of shale gas in China[J]. China Geology, 5(1): 110–135.

Li T, Li H P, Xu L P. 2018. An experimental study of interaction between pure water and alkaline feldspar at high temperatures and pressures[J]. Acta Geochimica, 37(1): 60–67.

Loucks R G, Reed R M, Ruppel S C, et al. 2012. Spectrum of pore types and networks in mudrocks and a descriptive classification for matrix-related mudrock pores[J]. AAPG Bulletin, 96(6): 1071–1098.

Mastalerz M, Schimmelmann A, Drobniak A, et al. 2013. Porosity of Devonian and Mississippian New Albany Shale across a maturation gradient: Insights from organic petrology, gas adsorption, and mercury intrusion[J]. AAPG Bulletin, 97(10): 1621–1643.

Miao F, Wu D, Liu X, et al. 2022. Methane adsorption on shale under in situ conditions: Gas-in-place estimation considering in situ stress[J]. Fuel, 308: 121991.

Middelburg J J, Meysman F J R. 2007. Burial at sea[J]. Science, 316(5829), 1294–1295.

Pan L, Xiao X, Tian H, et al. 2016. Geological models of gas in place of the Longmaxi shale in Southeast Chongqing, South China[J]. Marine and Petroleum Geology, 73: 433–444.

Reisa A, Erhardta A M, McGlue M M, et al. 2019. Evaluating the effects of diagenesis on the $\delta^{13}C$ and $\delta^{18}O$ compositions of carbonates in a mud–rich depositional environment: A case study from the Midland Basin, USA[J]. Chemical Geology, 524: 196–212.

Rimstidt J D, Chermak J A, Schreiber M E. 2017. Processes that control mineral and element abundances in shales[J]. Earth–Science Reviews, 171: 383–399.

Ross D J K, Bustin R. 2008. Characterizing the shale gas resource potential of Devonian–Mississippian strata in the Western Canada sedimentary basin: Application of an integrated formation evaluation[J]. AAPG Bulletin, 92(1), 87–125.

Setzmann U, Wagner W. 1991. A new equation of state and tables of thermodynamic properties for methane covering the range from the melting line to 625 K at pressures up to 1000 MPa [J]. Journal of Physical and Chemical reference data, 20(6): 1061–1155.

Sun S S, McDonough W F. 1989. Chemical and isotopic systematics of oceanic basalts: implications for mantle composition and processes[J]. Geological Society, London, Special Publications, 42(1): 313–345.

Tan J, Weniger P, Krooss B, et al. 2014. Shale gas potential of the major marine shale formations in the Upper Yangtze Platform, South China, Part Ⅱ: Methane sorption capacity[J]. Fuel, 129: 204–218.

Taylor S R, McLennan S M. 1985. The continental crust: Its composition and evolution[M]. Oxford: Blackwell Scientific Publications.

Tian H, Pan L, Xiao X, et al. 2013. A preliminary study on the pore characterization of Lower Silurian black shales in the Chuandong Thrust Fold Belt, southwestern China using low pressure N_2 adsorption and FE–SEM methods[J]. Marine and Petroleum Geology, 48: 8–19.

Tribovillard N, Algeo T J, Lyons T, et al. 2006. Trace metals as paleoredox and paleoproductivity proxies: an update[J]. Chemical Geology, 232: 12–32.

Tyson R V, Pearson T H. 1991. Modern and ancient continental shelf anoxia: an overview. In: Tyson R V, Pearson T H(Eds.), Modern and Ancient Continental Shelf Anoxia[M]. London: Geological Society, Special Publications, 58: 1–26.

Westermann S, Stein M, Matera V, et al. 2013. Rapid changes in the redox conditions of the western Tethys Ocean during the early Aptian oceanic anoxic event[J]. Geochimica et Cosmochimica Acta, 121: 467–486.

Winchester J A, Floyd P A. 1977. Geochemical discrimination of different magma series and their differentiation products using immobile elements[J]. Chemical Geology, 20: 325–343.

Yamamoto K. 1987. Geochemical characteristics and depositional environments of cherts and associated rocks in the Franciscan and Shimanto Terranes[J]. Sedimentary Geology, 52(1–2): 65–108.

Wang Y, Wang L, Wang J, et al. 2018. Characterization of organic matter pores in typical marine and terrestrial shales, China[J]. Journal of Natural Gas Science and Engineering, 49: 56–65.

Yang R, Hu Q, He S, et al. 2019. Wettability and connectivity of overmature shales in the Fuling gas field, Sichuan Basin(China)[J]. AAPG Bulletin, 103(3): 653–689.

Yang X G, Guo S B. 2022. Gas content evolution in western Guizhou and differential occurrence in China of Permian shale with type Ⅲ kerogen [J]. Journal of Petroleum Science and Engineering, 208: 109464.

Zhang K, Peng J, Wang X, et al. 2020. Effect of organic maturity on shale gas genesis and pores development: a case study on marine shale in the upper Yangtze region, South China[J]. Open Geosciences, 12(1): 1617–1629.

Zhang L F, Wang H Y, Dong D Z, et al. 2023. Gravity–flow deposits and implications for unconventional oil and gas in the Ordovician–Silurian Wufeng–Longmaxi Formation, Sichuan Basin, South China[J]. AAPG Bulletin, 107(6): 957–988.

Zhang T, Ellis G S, Ruppel S C, et al. 2012. Effect of organic–matter type and thermal maturity on methane adsorption in shale–gas systems[J]. Organic Geochemistry, 47: 120–131.